第三版

MongoDB 技術手冊

MongoDB: The Definitive Guide

Powerful and Scalable Data Storage

Shannon Bradshaw, Eoin Brazil, and
Kristina Chodorow 著

吳曜撰 譯

O'REILLY®

本書獻給我們的家人，感謝他們給予的時間、空間以及支持，
也感謝他們的愛，讓我們能夠完成本書。

獻給 *Anna*、*Sigourney*、*Graham* 和 *Beckett*。—*Shannon*

以及 *Gemma*、*Clodagh* 和 *Bronagh*。—*Eoin*

目錄

第一部分　MongoDB 簡介

第二部分　設計你的應用程式

前言

本書架構

本書分為六個部分，涵蓋了開發、管理以及部署資訊。

開始使用 MongoDB

在第一章中，我們提供 MongoDB 的背景知識：它為何被創造、它嘗試要達成的目的以及為什麼你應該在專案中選擇使用它。我們會在第二章中介紹更多的細節：MongoDB 的核心概念以及專有名詞。第二章也會介紹初次使用 MongoDB 的方式，並且配合命令列界面開始使用資料庫。接下來的兩章會包含開發者使用 MongoDB 開發時的必要基礎知識。在第三章中，我們會描述該如何執行基本的寫入動作，包含如何在不同層級的安全性和速度下執行。第四章則會解釋要如何找到文件並且建立複雜的查詢。本章也涵蓋了要如何在結果中遞迴以及用來限制、跳過或是排序結果的選項。

使用 MongoDB 開發

在第五章中，會介紹什麼是索引，以及要如何為 MongoDB 的集合建立索引。第六章會解釋要如何使用一些特別型態的索引以及集合。第七章涵蓋了一些使用 MongoDB 來聚集資料的技巧，包含計算數量、尋找唯一值、群組文件、聚集框架，以及將這些結果寫入一個集合中。第八章則會介紹交易：交易是什麼、要如何最好地在你的應用程式中使用它們，以及要如何調整。最後，這個部分的最後一章會說明要如何設計應用程式：提供要撰寫一個搭配使用 MongoDB 的應用程式時，所需要的一些技巧。

複製

複製的部分從第十章開始，第十章會告訴你一個在本機上設定一個複製組的快速方法，並且會涵蓋許多可供使用的設定選項。接著第十一章涵蓋了各種跟複製相關的概念。第十二章會展示複製是如何跟你的應用程式互動，而第十三章則從管理的面向來看運行一個複製組。

分片

分片的部分從第十四章開始，介紹如何快速的在本地端設定。第十五章會概述叢集的元件並且說明要如何設定它們。第十六章則會依照各種不同的應用程式來建議要如何選擇分片鍵。最後，第十七章則涵蓋了分片叢集的管理。

應用程式管理

接下來兩章會涵蓋從應用程式的角度來看 MongoDB 的管理。第十八章討論要如何審視 MongoDB 在做的事情。第十九章包含 MongoDB 的安全性，以及要如何配置驗證和軟體部署的授權。第二十章會解釋 MongoDB 如何耐久地儲存資料。

伺服器管理

最後一個部分主要介紹伺服器的管理。第二十一章涵蓋要啟動或是停止 MongoDB 時常見的選項。第二十二章討論監控時要查看什麼內容，並且要如何解讀數據。第二十三章解釋在各種型態的部署下，要如何產生備份以及還原備份。最後，第二十四章會討論在部署 MongoDB 時要謹記在心的一些系統設定。

附錄

附錄 A 會解釋 MongoDB 的版本命名的規則以及要如何在 Windows、OS X 以及 Linux 上安裝。附錄 B 則會詳細的介紹 MongoDB 內部運作方式：它的儲存引擎、資料格式以及通訊協定。

本書中的慣例

以下的印刷慣例在本書中被使用：

斜體

代表新的詞彙、URL、電子郵件地址、檔案名稱以及檔案附檔名。

定寬字（Constant width）

用來列出程式，內文中參照程式的元素，如變數、函式名稱、資料庫、資料型態、環境變數、敘述以及關鍵字。

定寬粗體字（**Constant width bold**）

顯示指令或是其他應該由使用者鍵入的文字。

定寬斜體字（*Constant width italic*）

顯示應該由使用者提供的值或是當下狀況決定的值置換的文字。

 這個圖示表示提示或建議。

 這個圖示表示備忘。

 這個圖示表示警告或注意事項。

使用範例程式

在 *https://github.com/mongodb-the-definitive-guide-3e/mongodb-the-definitive-guide-3e*
可以下載額外的內容（如程式碼範例以及習題等）。

若你有技術方面的問題，或是使用程式碼範例時的問題，請寄送電子郵件至
bookquestions@oreilly.com。

本書可以幫助你完成工作。通常來說，假如是本書中提供的程式碼，你可以使用在你的
程式以及文件中。除非你複製了一大部分的程式碼，要不然你不用向我們取得同意。舉
例來說，撰寫一個程式，其中使用了許多本書提供的程式碼並不需要取得同意。販賣或
是散佈從 O'Reilly 的書籍中取得範例程式的光碟則需要取得同意。回答此書的問題並且
引用範例程式不需要取得同意。在你的產品文件中合併了顯著數量的本書中的範例程式
則需要取得同意。

我們會很感謝你加附出處，但這不是必要的。出處通常包含了標題、作者、出版商以及
ISBN。舉例來說：*"MongoDB: The Defini-tive Guide*, Third Edition by Shannon Bradshaw,
Eoin Brazil, and Kristina Chodorow (O'Reilly). Copyright 2020 Shannon Bradshaw and
Eoin Brazil, 978-1-491-95446-1"。

若你認為上述皆未提到你的使用方式，歡迎你寄信至 *permissions@oreilly.com* 與我們聯
絡。

MongoDB 簡介

## 第一章

簡介

MongoDB 是個強大有彈性且可擴充的資料庫。它結合了水平擴展（scale out），以及如次要索引、範圍查詢、排序、聚集以及地理資訊索引等特色。本章包含造就 MongoDB 的主要設計決策。

容易使用

MongoDB 是一個文件導向（*document-oriented*）資料庫，它並不是關聯式資料庫。不使用關聯式資料庫的最主要原因，是因為這樣可以使得水平擴展更為容易，但當然還有其他的優點。

文件導向資料庫的基礎概念是將「列」（row）的概念用更彈性的模型：「文件」（document）來表達。為了要允許能夠內嵌文件以及陣列，文件導向的作法能夠用單一筆記錄來表示複雜的階級關係。這樣可讓使用物件導向程式語言的開發者，用更自然的方法規劃他們的資料。

MongoDB 也沒有預先定義的綱要（schema）：文件的鍵與值並沒有固定的型態或大小。因為沒有固定的綱要，所以當有需要新增或移除欄位時就變得更簡單。通常來說，這樣會讓開發變得更快速。也能更容易的作任何實驗。開發者能夠嘗試各種不同的資料模型，然後選擇最好的一種繼續開發。

設計為可擴充

應用程式的資料集合大小會以無法想像的速度成長。因為可使用頻寬的增加和便宜的儲存裝置，使得就算是小規模的應用程式也需要儲存以往許多資料庫無法處理的資料量。上兆位元組的資料，前所未有的資料量，現在都已經很普遍了。

因為開發者要儲存的資料量持續成長，會面臨到困難的抉擇：要如何擴充資料庫？擴充資料庫有兩種方式：垂直擴充（scale up），也就是換成更強大的機器；水平擴充（scale out），也就是在多台機器上放置分割過後的資料。垂直擴充通常較簡單達成，但它有一些缺點：大型機器通常價格昂貴，並且最終會達到其物理極限，以至於花再多的錢也無法再購買到更高階的機器。另外一種方法就是水平擴充：增加儲存空間，或是增加讀取和寫入動作的吞吐量，然後購買額外的伺服器，並且將它們加入到叢集中。這樣既便宜又擁有更好的擴充性，然而要管理數千台機器一定比管理一台機器要困難。

MongoDB 就是設計用來水平擴充的。它的文件導向資料模型能夠讓資料簡單的分割到多台伺服器上。MongoDB 自動會負責叢集中的資料平衡以及負載平衡，自動重新分配文件，並且將讀取與寫入導向對的機器，如圖 1-1 所示。

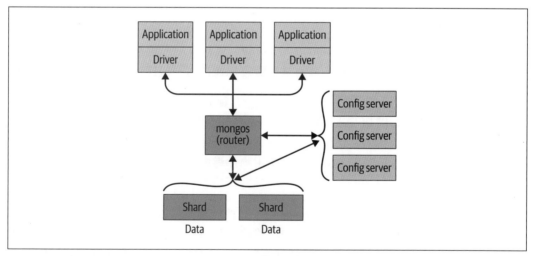

圖 1-1　在多個伺服器上使用分片來將 MongoDB 水平擴充

應用程式會知道 MongoDB 叢集的拓墣，或者它是否實際上是一個叢集，而不是在資料庫連線另一端的單一節點。這讓開發者能夠專注於應用程式的開發，而不是想著要如何擴充。相同地，舉例來說，若現存的部署因為要能夠支援更多的負載而需要被擴充，導致要變更拓墣，仍然能夠維持相同的應用程式邏輯。

許多的功能 ...

MongoDB 是個適合一般用途的資料庫，所以除了建立、讀取、更新和刪除資料之外，它提供了多數資料庫管理系統所擁有的功能，以及許多其他的功能。這些包括：

索引（*Indexing*）

> MongoDB 支援泛型次要索引，並且提供唯一、組合、地理資訊和全文檢索等索引。在階層結構上的次要索引，如巢狀文件和陣列，也有提供。並且讓開發者能夠利用這點來為資料建立各種不同的模型，藉此找出最適合自己的應用程式的索引方式。

聚集（*Aggregation*）

> MongoDB 支援基於資料處理管道（data processing pipeline）概念的聚集框架。聚集管道讓你能夠藉由處理一連串在伺服器端相對單純的階段資料，建立複雜的分析引擎，將你的資料庫最佳化。

特別的集合和索引種類

> MongoDB 支援存活時間（time-to-live, TTL）集合，讓資料能夠在特定的時間失效，如某些會談或是固定大小（覆蓋）集合，用來保存近期的資料，例如資料日誌。MongoDB 也支援部分索引，只讓符合特定條件的文件被索引，用以增加效能並且減少所需的儲存空間。

檔案儲存

> MongoDB 支援一種用來儲存大型檔案以及檔案資訊的簡單協定。

某些在關聯式資料庫常見的功能並沒有出現在 MongoDB 中，如常見的複雜連接（join）。MongoDB 在 3.2 版之後，能夠藉由使用 $lookup 聚集運算子有限制的支援連接。在 3.6 版中，開始支援使用多個連接條件式的複雜連接，以及支援多個不相關的子查詢組合。MongoDB 對連接的如此設計，主要是為了要達到擴充性而作的架構性選擇，因為這些功能在分散式系統中都很難有效率的運作。

... 而不犧牲速度

效能是 MongoDB 的最大目標，也造就了它的設計。MongoDB 在它的 WiredTiger 儲存引擎中使用機會鎖（opportunistic locking）的機制來最大化並行性與吞吐量。它盡可能的使用記憶體當成快取，並且嘗試自動地為查詢選擇正確的索引。簡單來說，幾乎所有 MongoDB 的規劃都是設計用來維持高效能的。

雖然 MongoDB 很強大並且也包含關聯式資料庫的許多功能，但它並不是想要做到任何關聯式資料庫可以做到的事情。只要有可能，資料庫伺服器會將處理程序以及邏輯卸除至客戶端（經由驅動程式或是使用者的程式碼來做到）。維持以上的設計，就是為什麼 MongoDB 可以達到如此高效能的其中一個原因了。

設計哲學

在本書的內容中，我們會花些時間解釋，在 MongoDB 開發中選擇特定選項的背後，決定的理由或是動機。藉此，我們希望能夠分享 MongoDB 背後的設計哲學。然而，最佳總結 MongoDB 專案的說法就是它專注的重點：建立全方位的資料儲存方案，並且是可擴充、有彈性和快速的。

## 第二章

開始使用

MongoDB 非常強大，但你可以容易地開始使用它。在本章我們會介紹一些關於 MongoDB 的基本概念：

- 文件（*document*）是 MongoDB 中資料的基本單位，大致上就跟關聯式資料庫管理系統中的「列」（row）類似，但文件又富含更多意義。

- 同樣的，集合（*collection*）可以想像成一張擁有動態綱要的表格（table）。

- 一個單一 MongoDB 的實體可以管理多個獨立的資料庫，每個資料庫都有可以擁有自己的集合。

- 每個文件都有一個叫做「_id」的鍵（key），它在整個文件的集合中是唯一的。

- MongoDB 擁有簡單但強大的工具，叫做「*mongo shell*」。它內建支援管理 MongoDB 的實體，以及能夠使用 MongoDB 查詢語言來操縱資料。它也是一個包含完整功能的 JavaScript 直譯器，讓使用者能夠建立並且讀取他們自己為了各種不同目的所產生的腳本程式。

文件

在 MongoDB 中，最核心的概念就是文件：一個有序的鍵值（key／value）集合。文件的呈現方式會因為程式語言的不同而有所不同，但多數的程式語言都有可以搭配的資料結構，例如 map、hash 或是 dictionary。舉例來說，在 JavaScript 中，文件可以用物件來表示：

```
{"greeting" : "Hello, world!"}
```

這個簡單的文件包含一個鍵，"greeting"，並且有個對應的值："Hello, world!"。多數的文件都會比這個簡單文件複雜，且通常會包含多個鍵值對：

    {"greeting" : "Hello, world!", "views" : 3}

如你所見，文件中的值並不只是二進位的大型物件。它可能是數種不同資料型態中的一種（或甚至是一整個內嵌的文件，請見第 20 頁的「內嵌文件」）。在這個範例中，"greeting" 的值是一個字串，而 "views" 的值是一個整數。

文件中的鍵是字串。任何 UTF-8 的字元都可以當成鍵，但有一些例外：

*   鍵不能包含 \0 字元（空字元，null）。這個字元是用來表示鍵的結束。

*   點（.）以及錢號（$）字元擁有特別的性質，並且應該只在某些狀況下使用，這點在之後的章節會敘述。通常來說，它們應該要被視為保留字元，而且若不當的使用它們，驅動程式會回報錯誤。

MongoDB 是區分大小寫且區分型態的。舉例來說，以下的文件是不同的：

    {"count" : 5}
    {"count" : "5"}

以下的文件也是不同的：

    {"count" : 5}
    {"Count" : 5}

最後一件要注意的事情是，MongoDB 中的文件不能含有重複的鍵。舉例來說，下面的例子便是個不合法的文件：

    {"greeting" : "Hello, world!", "greeting" : "Hello, MongoDB!"}

集合

集合（*collection*）代表一群文件。若將 MongoDB 中的文件類比為關聯式資料庫的列，那麼集合可以被類比為表格。

動態綱要

集合擁有動態綱要（*dynamic schemas*）。這代表在單一集合中的文件可以擁有任意數量的不同「樣貌」。舉例來說，下面兩個文件可以儲存在同一個集合內：

```
{"greeting" : "Hello, world!", "views": 3}
{"signoff": "Good night, and good luck"}
```

請注意上面的兩個文件，擁有不同的鍵、不同數量的鍵以及不同型態的值。因為任何的文件都可以被放入任何的集合中，通常就會產生一個問題：「為什麼我們需要分成很多個集合？」既然我們不需要將不同種類的文件的綱要分開，為什麼我們應該需要使用一個以上的集合？以下列出一些好的理由：

- 將不同種類的文件放在同一個集合內，對於開發者及管理者來說可能是個噩夢。開發者必須確保每個查詢僅會回傳特定綱要的文件，或是要確保執行查詢的程式可以處理不同種類的文件。試想，若單純要查詢部落格文章內容時，還要將包含作者資訊的文件給去除掉將會是件麻煩瑣碎的事情。

- 取得集合中的文件列表會比在一個集合中抽出特定型態的文件要快得多。舉例來說，若每個文件中都有一個 "type" 欄位用來定義文件的種類，值可能為 "skim"、"whole" 或 "chunky monkey"。要從單一集合中找出含有某一種值的文件，跟將其分為三個不同的集合然後對正確的集合查詢，就速度來說一定是前者比較慢。

- 將相同種類的文件歸類在同一個集合內可以讓資料存放更有效率。若要從一個僅存放部落格文章的集合中取出文章內容，需要的磁碟搜尋以及讀取的時間會較短，若要從一個混合文章內容以及作者資訊的集合內取出文章則需要較長的時間。

- 當建立索引時我們也同時開始在加強文件的結構。（尤其是在建立唯一索引時。）這些索引在不同的集合會不同的被定義。若在相同的集合中僅放入單一種類的文件，那麼在建立索引時會較有效率。

有許多合理的理由要我們建立綱要，並且將相關種類的文件放在一起。儘管預設可以不用這麼做，但為應用程式定義綱要是良好的習慣，而且還可以使用 MongoDB 的文件驗證功能和許多程式語言有支援的物件——文件對映函式庫。

命名

集合是用它的名稱來被辨別的。集合的名稱可以是任何的 UTF-8 字串，但有一些限制：

- 空字串（""）不是個合法的集合名稱。
- 集合名稱不能包含 \0 字元（空字元，null），因為它代表集合名稱的結束。

- 不應該建立任何名稱開頭為 *system.* 的集合，這是保留給系統使用的集合前綴字。舉例來說，*system.users* 集合是用來保存資料庫的使用者，而 *system.namespaces* 集合則是用來存放資料庫中所有集合的資訊。

- 使用者建立的集合名稱中，不應該包含錢號（*$*）這個保留字元。許多的驅動程式可以在集合名稱中使用 *$*，因為有些由系統產生的集合名稱中會包含它。但除非是要存取這些集合，要不然不應該在名稱中使用 *$*。

子集合

組織集合最常見的方法，就是使用點（.）字元來分開名稱空間的子集合。舉例來說，一個部落格的應用程式可能就會有名稱為 *blog.posts* 的集合以及另一個名稱為 *blog.authors* 的不同集合。這只是單純用來組織集合，在 *blog* 集合以及其子集合之間並沒有任何關係，甚至 *blog* 集合本身根本不需要存在。

雖然子集合並沒有任何特別的性質，但它們很有用，並且也跟許多 MongoDB 工具配合使用。舉例來說：

- GridFS 是儲存大型檔案的協定，它使用子集合來儲存檔案的元資訊，並且將其與檔案內容塊分開（請見第六章有更詳細關於 GridFS 的資訊）。

- 大多數的驅動程式提供一些方便的語法來存取指定集合的子集合。舉例來說，在資料庫命令列界面中，`db.blog` 會回傳 *blog* 集合，而 `db.blog.posts` 會回傳 *blog.posts* 集合。

對許多使用案例來說，在 MongoDB 中，子集合是一個用來組織資料的好方法。

資料庫

MongoDB 除了會使用集合來組織文件，也會將集合組織成資料庫。單一實體的 MongoDB 可以使用數個資料庫，每個資料庫都可以擁有零個或多個集合。較好的做法是，把單一應用程式用到的所有資料儲存在相同的資料庫中。若要在相同的 MongoDB 伺服器上存放數個應用程式的資料或是不同使用者的資料，那麼使用數個分開的資料庫將會是非常方便的。

如同集合，資料庫也是用它的名稱來被辨別的。資料庫的名稱可以是任何的 UTF-8 字串，但有一些限制：

- 空字串（""）不是個合法的資料庫名稱。

- 資料庫名稱不能包含這些字元：斜線（/）、反斜線（\）、點號（.）、雙上引號（"）、星號（*）、小於（<）、大於（>）、冒號（:）、直式連接號（|）、問號（?）、錢號（$）、單一空白（' '）或是空字元（\0）。簡單來說，使用 ASCII 的英數字即可。

- 資料庫名稱是區分大小寫的。

- 資料庫名稱至多僅能達到 64 bytes 大小。

以前，在使用 WiredTiger 儲存引擎之前，資料庫名稱會成為檔案系統中的檔案。但現在已經不是這樣了。不過這也解釋了為何會有上述的那些限制。

還有一些被保留的資料庫名稱，你可以直接存取，但它們有特殊的意義。以下分別列出：

admin

　　admin 資料庫扮演著認證以及授權的角色。除此之外，需要有管理者才能操作的一些程序才能存取這個資料庫。請見第十九章，有更多關於 *admin* 資料庫的資訊。

local

　　這個資料庫專為單一伺服器儲存資料。在複製集中，*local* 資料庫儲存在複製程序中使用到的資料。這個資料庫永遠不會被複製。（請見第十章，有更多關於複製以及本地資料庫的資訊）。

config

　　分片的 MongoDB 叢集（見第十四章）會使用 *config* 資料庫來儲存每個分片的資訊。

在集合名稱前面加上包含它的資料庫名稱，你可以得到稱為**名稱空間**（*namespace*）的完整集合名稱。舉例來說，若在 *cms* 資料庫中使用 *blog.posts* 集合，該集合的名稱空間就會是 *cms.blog.posts*。名稱空間的長度限制為 120 bytes，但在實際上使用時應該要少於 100 bytes。想要得知更多關於名稱空間以及在 MongoDB 中集合的內部表示方式，請見附錄 B。

開始使用 MongoDB

要起始伺服器，在你選擇的 Unix 命令列環境中執行 *mongod* 執行檔：

```
$ mongod
2016-04-27T22:15:55.871-0400 I CONTROL  [initandlisten] MongoDB starting :
pid=8680 port=27017 dbpath=/data/db 64-bit host=morty
2016-04-27T22:15:55.872-0400 I CONTROL  [initandlisten] db version v4.2.0
2016-04-27T22:15:55.872-0400 I CONTROL  [initandlisten] git version:
```

```
34e65e5383f7ea1726332cb175b73077ec4a1b02
2016-04-27T22:15:55.872-0400 I CONTROL   [initandlisten] allocator: system
2016-04-27T22:15:55.872-0400 I CONTROL   [initandlisten] modules: none
2016-04-27T22:15:55.872-0400 I CONTROL   [initandlisten] build environment:
2016-04-27T22:15:55.872-0400 I CONTROL   [initandlisten]     distarch: x86_64
2016-04-27T22:15:55.872-0400 I CONTROL   [initandlisten]     target_arch: x86_64
2016-04-27T22:15:55.872-0400 I CONTROL   [initandlisten] options: {}
2016-04-27T22:15:55.889-0400 I JOURNAL   [initandlisten]
journal dir=/data/db/journal
2016-04-27T22:15:55.889-0400 I JOURNAL   [initandlisten] recover :
no journal files
present, no recovery needed
2016-04-27T22:15:55.909-0400 I JOURNAL   [durability] Durability thread started
2016-04-27T22:15:55.909-0400 I JOURNAL   [journal writer] Journal writer thread
started
2016-04-27T22:15:55.909-0400 I CONTROL   [initandlisten]
2016-04-27T22:15:56.777-0400 I NETWORK   [HostnameCanonicalizationWorker]
Starting hostname canonicalization worker
2016-04-27T22:15:56.778-0400 I FTDC      [initandlisten] Initializing full-time
diagnostic data capture with directory '/data/db/diagnostic.data'
2016-04-27T22:15:56.779-0400 I NETWORK   [initandlisten] waiting for connections
on port 27017
```

若你是使用 Windows，請執行：

```
> mongod.exe
```

 若要取得更多關於在你的系統上安裝 MongoDB 的詳細資訊，請見附錄 A，或是 MongoDB 文件中適當的安裝指南（*https://oreil.ly/5WP5e*）。

執行時若不加入任何的參數，*mongod* 會使用預設的資料目錄，*/data/db/*（在 Windows 上的話則會在目前所在的磁碟下的 *\data\db*）。若該資料目錄尚未存在或是不可被寫入，那麼伺服器會啟動失敗。在啟動 MongoDB 之前，建立資料目錄（如 mkdir -p /data/db/）並且確保你的使用者有該目錄的寫入權限，是非常重要的事情。

在啟動時，伺服器會印出版本以及系統資訊，然後開始等待連接。預設 MongoDB 會聆聽在 27017 連接埠上的接口連接。若連接埠不能使用，伺服器也會啟動失敗－最常見的原因是有其他 MongoDB 的實體已經在執行中。

你應該永遠要保護好 *mongod* 實體。詳見第十九章，有更多關於 MongoDB 的安全資訊。

你可以在執行 *mongod* 伺服器的命令列界面中鍵入 Ctrl-C 來安全地停止 *mongod*。

請見第二十一章，有更多關於起始或是停止 MongoDB 的資訊。

簡介 MongoDB 命令列界面

MongoDB 擁有 JavaScript 命令列界面，允許藉由命令列來跟 MongoDB 實體互動。這個界面在執行管理工作、檢閱執行中的實體或單純試用某些功能時非常有用。*mongo* 命令列界面對於使用 MongoDB 來說是非常重要的工具，並且在接下來的內容中會被大量使用。

執行命令列界面

要起始命令列界面，執行 *mongo* 執行檔：

```
$ mongo
MongoDB shell version: 4.2.0
connecting to: test
>
```

命令列界面起始時會自動嘗試連接到本機上的 MongoDB 伺服器，所以要確認在起始命令列界面之前已經起始了 *mongod*。

該命令列界面是個有完整功能的 JavaScript 直譯器，可以執行任何的 JavaScript 程式。讓我們執行一些簡單的數學運算來說明：

```
> x = 200;
200
> x / 5;
40
```

我們也可以使用所有標準的 JavaScript 函式庫：

```
> Math.sin(Math.PI / 2);
1
> new Date("20109/1/1");
ISODate("2019-01-01T05:00:00Z")
> "Hello, World!".replace("World", "MongoDB");
Hello, MongoDB!
```

我們甚至可以定義並且呼叫 JavaScript 函式：

```
> function factorial (n) {
... if (n <= 1) return 1;
... return n * factorial(n - 1);
... }
> factorial(5);
120
```

請注意，你可以建立多行的命令。當你按 Enter 時，命令列界面會偵測 JavaScript 的敘述是否完整，若並不完整，會允許你在下一行繼續輸入。連續按三次 Enter 將會取消目前的指令，並且將你帶回 > 提示符號。

MongoDB 客戶端

雖然執行 JavaScript 的能力很厲害，但命令列界面真正強大的地方是，它同時也是一個獨立的 MongoDB 客戶端。在起始時，命令列界面會連接到 MongoDB 伺服器上的 *test* 資料庫，並且指派該資料庫連接到 db 全域變數。該變數是藉由命令列界面存取 MongoDB 的主要進入點。

要查看目前 db 被指派的資料庫為何，只要鍵入 db 並且按 Enter：

```
> db
test
```

命令列界面包含一些在 JavaScript 中並不合法但卻被實作的附加語法，主要是為了讓使用 SQL 命令列界面的使用者能夠熟悉。這些附加的語法並不提供任何額外的功能，但它們讓語法的使用更簡單。舉例來說，其中一個最重要的動作就是選擇要使用的資料庫：

```
> use video
switched to db video
```

現在若查看 db 變數，你會發現它指向 *video* 資料庫：

```
> db
video
```

因為這是 JavaScript 命令列界面，鍵入變數名稱會導致該名稱被視為是敘述式。而它的值（在此範例中，是資料庫的名稱）就會被印出。

你也能夠用 db 變數來存取集合。舉例來說：

```
> db.movies
```

會回傳在目前的資料庫中的 *movies* 集合。現在我們能夠從命令列來存取集合，我們便能夠執行幾乎所有的資料庫操作。

在命令列界面中執行基本動作

我們可以藉由命令列界面中的四個基礎指令（CRUD）：建立（create）、讀取（read）、更新（update）以及刪除（delete）來管理並且檢視資料。

建立（Create）

insertOne 指令會在一個集合中新增一個文件。舉例來說，我們想要儲存一部電影。首先，我們會建立一個稱作 movie 的本地變數，它會是一個以 JavaScript 的物件型態來表示的文件。它會擁有 "title"、"director" 以及 "year"（該電影上映的年份）這些鍵：

```
> movie = {"title" : "Star Wars: Episode IV - A New Hope",
... "director" : "George Lucas",
... "year" : 1977}
{
        "title" : "Star Wars: Episode IV - A New Hope",
        "director" : "George Lucas",
        "year" : 1977
}
```

這個物件是一個合法的 MongoDB 文件，所以我們可以使用 insertOne 方法來將其存入 *movies* 集合中：

```
> db.movies.insertOne(movie)
{
        "acknowledged" : true,
        "insertedId" : ObjectId("5721794b349c32b32a012b11")
}
```

該部電影已經儲存到資料庫內了。我們可以在集合上呼叫 find 指令來檢視：

```
> db.movies.find().pretty()
{
        "_id" : ObjectId("5721794b349c32b32a012b11"),
        "title" : "Star Wars: Episode IV - A New Hope",
        "director" : "George Lucas",
        "year" : 1977
}
```

我們可以看到有個 "_id" 鍵被加入文件中，而其他的鍵值對則跟我們之前輸入的一樣。在本章的最後會解釋為何 "_id" 鍵會出現。

讀取（Read）

find 指令跟 findOne 指令能夠用在查詢集合。若我們只想要看集合中的一個文件，我們可以使用 findOne 指令：

```
> db.movies.findOne()
{
        "_id" : ObjectId("5721794b349c32b32a012b11"),
        "title" : "Star Wars: Episode IV - A New Hope",
        "director" : "George Lucas",
        "year" : 1977
}
```

find 指令以及 findOne 指令也能夠以查詢文件的格式傳入一些條件。這樣將會由查詢條件限制回傳的文件。使用 find 指令時，命令列界面會自動顯示最多 20 筆符合的文件，但仍然可以取得更多的文件。（請見第四章取得更多關於查詢的資訊。）

更新（Update）

若我們想要修改發佈的內容，可以使用 updateOne 指令。updateOne 指令（至少）需要兩個參數：第一個是找到要被更新文件的查詢條件，第二個是描述更新要如何被執行的文件。假設我們決定要讓之前建立的電影能夠被給予評論，我們需要在文件中新增一個鍵，來儲存評論的陣列。

要執行這個更新，我們需要使用一個更新運算子，set：

```
> db.movies.updateOne({title : "Star Wars: Episode IV - A New Hope"},
... {$set : {reviews: []}})
WriteResult({"nMatched": 1, "nUpserted": 0, "nModified": 1})
```

現在該文件有了 "reviews" 鍵。若我們再次呼叫 find 指令，將可以看到新鍵：

```
> db.movies.find().pretty()
{
        "_id" : ObjectId("5721794b349c32b32a012b11"),
        "title" : "Star Wars: Episode IV - A New Hope",
        "director" : "George Lucas",
        "year" : 1977,
        "reviews" : [ ]
}
```

請見第 37 頁的「更新文件」，有關於更新文件的更詳盡資訊。

刪除（Delete）

deleteOne 指令和 deleteMany 指令會將文件從資料庫中永久刪除。這兩個方法都會需要一個查詢參數，用來過濾出要被刪除的特定文件。舉例來說，接下來的指令將會移除我們剛建立的電影：

```
> db.movies.deleteOne({title : "Star Wars: Episode IV - A New Hope"})
```

使用 deleteMany 指令會刪除所有符合條件的文件。

資料型態

本章開頭涵蓋了關於文件的基礎知識。現在你已經可以起始執行 MongoDB 並且在命令列界面中嘗試執行一些東西了，本節將會更深入些。MongoDB 文件中的值，支援廣泛的資料型態。在本節我們將會簡介所有支援的型態。

基本資料形態

MongoDB 中的文件可以被想像是類 JSON 的物件，概念上就如同 JavaScript 中的物件。JSON（*http://www.json.org*）是資料的簡單呈現法：它的規格可以只用一段文章就描述完（該網站證明了這件事），並且僅列出六種資料型態。就很多方面來說這都是件好事：它能夠很容易地被理解、分析以及記住。從另一方面來看，JSON 的表達能力較受限制，因為僅有空字元（null）、布林（boolean）、數字（numeric）、字串（string）、陣列（array）以及物件（object）這些型態。

雖然這些型態已經能夠允許極大量的表達性，但仍有一些沒被使用的型態，在多數的應用程式中卻是重要的，尤其是要跟資料庫搭配時。舉例來說：JSON 沒有日期型態，這將會讓與日期相關的動作更為煩人。雖然有數字型態，但並沒有辦法分辨浮點數與整數，更不用說區分 32-bit 與 64-bit 的數字了。它也沒有辦法呈現其他常用的型態，例如正規表示式或是函數。

MongoDB 增加了一些額外的資料型態，但也保持 JSON 必要的鍵值對架構。雖然每個型態的值實際上如何被呈現，是根據程式語言決定的，但下面的列表會列出常見被支援的型態，以及它們在命令列界面中呈現文件時是如何被表示的。這些常見的型態為：

空字元（*Null*）

　　空字元可以用來表示一個空的值或是不存在的屬性：

　　{"x" : null}

布林（*Boolean*）

　　布林型態用來表示 " 真 "（true）或 " 假 "（false）的值：

　　{"x" : true}

數字（*Number*）

　　命令列界面中預設使用 64-bit 浮點數。因此，以下數字在命令列界面中都是「正常」的：

　　{"x" : 3.14}
　　{"x" : 3}

　　至於整數，則分別使用 NumberInt 和 NumberLong 這兩個類別來表示 4-byte 和 8-byte 正負整數。

　　{"x" : NumberInt("3")}
　　{"x" : NumberLong("3")}

字串（*String*）

　　所有 UTF-8 字元的字串都會使用字串形態來表示：

　　{"x" : "foobar"}

日期（*Date*）

　　MongoDB 使用 64-bit 整數來儲存從 Unix 時間（1970 年 1 月 1 日）起算的毫秒值。時區則不會被儲存：

　　{"x" : new Date()}

正規表示式（*Regular expression*）

查詢可以使用正規表示式，使用 JavaScript 的正規表示式語法：

{"x" : /foobar/i}

陣列（*Array*）

值的集合或是清單可以表示為陣列：

{"x" : ["a", "b", "c"]}

內嵌文件（*Embedded document*）

文件內可以包含整個文件，如同將文件內嵌在父文件中的值：

{"x" : {"foo" : "bar"}}

物件編號（*Object ID*）

物件編號是給文件使用的 12-byte 編號：

{"x" : ObjectId()}

第 21 頁的「_id 與 ObjectIds」中有更多詳細資訊。

還有一些比較不常見但你可能會需要的型態，包括：

二元進位資料（*Binary data*）

二元進位資料是位元組的字串。它不能在命令列界面中被維護。二元進位資料是要在資料庫中儲存非 UTF-8 字串的唯一方法。

程式碼（*Code*）

MongoDB 可以在查詢或文件中儲存 JavaScript 程式碼：

{"x" : function() { /* ... */ }}

最後，還有一些型態，多數是在內部被使用（或被其他形態取代）。之後有需要會再敘述。

若想要知道更多關於 MongoDB 資料格式的資訊，請見附錄 B。

日期

在 JavaScript 中，Date 類別被 MongoDB 的日期型態使用。當建立一個新的 Date 物件時，永遠要呼叫 new Date()，而不是單純呼叫的 Date()。直接把建構函式當成函式呼叫（也就是呼叫時不包含 new）會回傳以字串表示的日期，而不是 Date 物件。這並不是

MongoDB 的決定，而是 JavaScript 本來就是這樣運作的。若你無法永遠都小心的使用 Date 建構函式，那麼常常會造成日期跟字串的混亂。字串跟日期並無法互相匹配，所以這樣在執行移除、更新、查詢……等幾乎所有的動作時，都會造成問題。

要查看 JavaScript 中 Date 類別的完整解釋，以及可被它的建構函式接受的格式，請見 ECMAScript 規格的第 15.9 節（*http://www.ecma-international.org*）。

在命令列界面中顯示的日期，會使用本地時區的設定。然而，在資料庫中儲存日期的值，僅是從 1970 年 1 月 1 日起算的毫秒值，並沒有儲存相關的時區資訊。（當然，時區資訊可以被存在其他的鍵值內。）

陣列

陣列是可以被使用在有序的動作（如 list、stack 或 queue）以及無序的動作（如 set）上的值。

在下方的文件中，"things" 鍵擁有一個陣列的值：

```
{"things" : ["pie", 3.14]}
```

如我們可以從範例看到的，陣列能夠包含不同資料型態的值（在這個例子中，是一個字串以及一個浮點數）。事實上，陣列的值可以是任何正常鍵值對所支援的值的型態，甚至也包含了巢狀陣列。

其中一件關於陣列的好事就是，MongoDB「了解」它們的結構，並且知道要如何接觸到陣列的內部，來在其內容上執行動作。這讓我們能夠在陣列上作查詢，並且使用它們的內容來建立索引。舉例來說，在前一個範例中，MongoDB 可以查詢到在 "things" 陣列中包含 3.14 這個元素的所有文件。若這是一個常用的查詢，你甚至可以在 "things" 鍵上建立索引來提升查詢的速度。

MongoDB 也允許使用原子性（atomic）更新來改變陣列的值，例如取出陣列並且將 "pie" 值改為 pi。我們會在本書各處中看到更多關於這些型態的操作範例。

內嵌文件

文件能夠被用在鍵的值之中。這就被稱作**內嵌文件**（*embedded document*）。內嵌文件能夠被用來更自然的組織資料，而不只是單純的鍵值對平坦結構。

舉例來說，若我們有個文件是表示一個人並且想要儲存他的地址，我們便可以在內嵌的 "address" 文件中巢狀儲存這個資訊：

```
{
    "name" : "John Doe",
    "address" : {
        "street" : "123 Park Street",
        "city" : "Anytown",
        "state" : "NY"
    }
}
```

在上面的範例中，"address" 鍵的值是一個內嵌文件，該文件擁有 "street"、"city" 以及 "state" 這些鍵值對。

如同陣列，MongoDB「了解」內嵌文件的結構，並且也可以接觸內嵌文件的內部，來建立索引、執行查詢或是更新內容。

我們稍後會更深入的討論綱要設計，但就算用這個基本範例，也能夠開始發現內嵌文件可以改變我們使用資料的方式。在關聯式資料庫中，這個文件也許會在兩個不同的表格（一個是 *people* 而一個是 *addresses*）中被建立為兩個不同的列。若使用 MongoDB，我們可以在 "person" 文件中直接內嵌 "address" 文件。因此若適當的使用，內嵌文件可以提供更自然的資訊表示方法。

相對而言，若使用 MongoDB 可能會有較多資料重複的問題。假如在關聯式資料庫中的 *addresses* 是個獨立的表格，並且我們需要修正某個地址的打字錯誤。修正該筆資料後，當我們對 *people* 與 *addresses* 表格執行連接（join）的動作，所有使用該地址的人的地址都會是修正過後的地址。但若使用 MongoDB，那麼我們需要對每個人的文件都做一次修正的動作。

_id 與 ObjectIds

每個儲存在 MongoDB 的文件一定擁有 "_id" 鍵。"_id" 鍵的值可以是任何的型態，但它預設為 ObjectId 型態。在單一集合中，每個文件 "_id" 的值必定是唯一的，以保證在集合中的每個文件都可以唯一地被辨識。也就是說，若你有兩個集合，每個集合都可以有一個 "_id" 的值為 123 的文件。然而，單一集合中都不能擁有多於一個 "_id" 值為 123 的文件。

ObjectIds

ObjectId 是 "_id" 的預設型態。ObjectId 類別設計的非常輕量,就算在不同的機器上也能很輕易的產生全域唯一的值。主要因為 MongoDB 的分散式本質,所以使用 ObjectIds,而不是使用更傳統的,像是一個自動增加值的主鍵:自動增加值的主鍵在跨伺服器要同步時是困難且耗費時間的。因為 MongoDB 最初的設計就是一個分散式資料庫,所以要能夠在分片環境中產生唯一的辨識值是非常重要的。

ObjectId 使用 12 bytes 來儲存,所以可以用 24 個十六進位數字的字串來表示:每一個 byte 代表兩個數字。這會讓它們看起來比較大,進而使得一些人緊張。重要的是要知道,雖然 ObjectId 通常看起來是個巨大的十六進位字串,但該字串事實上比實際儲存的資料要長兩倍。

若快速的連續建立多個新的 ObjectId,你會發現每次只有最後幾個數字改變。另外,若你相隔幾秒鐘才產生一個 ObjectId,在字串中間的幾個數字將會改變。這是因為 ObjectId 建立的方式使然。一個 ObjectId 的 12 個位元組是如下被產生的:

```
0          1    2              3 4 5 6 7 8 9 10 11
時間戳記    隨機  計數器(隨機起始值)
```

ObjectId 的前四個位元組是從 1970 年 1 月 1 日起算的時間戳記,以秒為單位。這樣提供了幾個有用的屬性:

- 時間戳記,在結合了接下來的五個位元組(稍後會描述)後,提供了以秒為辨識粒度的獨特性。

- 因為時間戳記在最前面,代表 ObjectId 大致上會以插入的順序排列。這並不是絕對的保證,但會產生一些好的特性,例如能讓 ObjectId 有效率的被索引。

- 在這四個位元組中存在每個文件被建立的時間戳記。多數的驅動程式會提供方法來從 ObjectId 抽取這個資訊。

因為目前的時間被用在 ObjectId 中,有些使用者會擔心是否要同步所有伺服器的時鐘。雖然同步時鐘在某些原因之下是個好想法(見第 475 頁中「同步時鐘」),但實際的時間戳記值並不影響 ObjectId,只要它總是新的(每秒都會更新)且持續增加就好了。

ObjectId 接下來的五個位元組是隨機值。最後的三個位元組是一個計數器,它的起始值也是隨機的,主要是用來防止在不同機器上產生相同的 ObjectId。

因此 ObjectId 最前面的九個位元組能保證在每一秒，不同機器的不同程序都會產生唯一的值。最後三個位元組就很單純是一個計數器，負責確保在單一程序中每一秒內的唯一性。這讓我們在一秒內可以為每一個程序產生至多 256^3（16,777,216）個唯一的 ObjectId。

_id 的自動產生

如之前所述，當一個文件被插入時並沒有包含 "_id" 鍵時，該文件將會自動被加入 "_id" 鍵。這個程序可以由 MongoDB 伺服器來處理，但通常在客戶端就會被驅動程式處理完。

使用 MongoDB 命令列界面

本節會教你要如何使用命令列界面、客製化它，並且使用一些更進階的功能。

雖然在前面的範例中，我們連接到的是本地的 *mongod* 實體，但你可以將命令列界面連接到能夠連線到的任何 MongoDB 實體。要將 *mongod* 連線到不同的機器或是連接埠，只要在開始命令列界面時指定主機名稱（hostname）、連接埠（port）和資料庫即可：

```
$ mongo some-host:30000/myDB
MongoDB shell version: 4.2.0
connecting to: some-host:30000/myDB
>
```

這樣 db 就會連線到 *some-host:30000* 的 myDB 資料庫。

有時在啟動 *mongo* 命令列界面時不需要連線到任何的 *mongod*。若在起始命令列界面時加上 --nodb 參數，在啟動時就不會嘗試去連線到任何資料庫：

```
$ mongo --nodb
MongoDB shell version: 4.2.0
>
```

啟動之後，你可以藉由執行 new Mongo("*hostname*") 指令來連線到任意的 *mongod*：

```
> conn = new Mongo("some-host:30000")
connection to some-host:30000
> db = conn.getDB("myDB")
myDB
```

在執行這兩個指令之後，你便能夠正常的使用 db 變數。你能夠在任何時候使用這些指令來連線到不同的資料庫或伺服器。

使用命令列界面的技巧

因為 *mongo* 單純是個 JavaScript 命令列界面，所以你可以查詢 JavaScript 的線上文件來取得協助。至於 MongoDB 特有的功能，在命令列界面中也內建一些說明文件，使用 help 指令就可以存取：

```
> help
    db.help()                  help on db methods
    db.mycoll.help()           help on collection methods
    sh.help()                  sharding helpers
    ...

    show dbs                   show database names
    show collections           show collections in current database
    show users                 show users in current database
    ...
```

資料庫層級的說明文件可以藉由 db.help() 指令來取得，而集合層級的說明文件可以藉由 db.foo.help() 指令來存取。

還有個好方法能夠了解某個函數是用來做什麼的，就是直接鍵入函數名稱但不要鍵入括號。這樣會印出該函數的 JavaScript 原始碼。舉例來說，若我們好奇 update 函數是怎麼運作的或是忘記參數的順序，我們可以執行以下的動作：

```
> db.movies.updateOne
function (filter, update, options) {
    var opts = Object.extend({}, options || {});

    // Check if first key in update statement contains a $
    var keys = Object.keys(update);
    if (keys.length == 0) {
        throw new Error("the update operation document must contain at
        least one atomic operator");
    }
    ...
```

在命令列界面中執行腳本程式

除了直接在命令列界面中輸入程式，你也能夠將 JavaScript 檔案傳入並且執行。只要在命令列中傳入腳本檔案：

```
$ mongo script1.js script2.js script3.js
MongoDB shell version: 4.2.1
connecting to: mongodb://127.0.0.1:27017
```

```
MongoDB server version: 4.2.1

loading file: script1.js
I am script1.js
loading file: script2.js
I am script2.js
loading file: script3.js
I am script3.js
...
```

mongo 命令列界面會執行每一個列出的腳本程式然後結束。

若你想要在非預設的主機或連接埠的 *mongod* 連線上執行腳本程式，先指定位址，然後指定腳本程式：

```
$ mongo server-1:30000/foo --quiet script1.js script2.js script3.js
```

這樣將會以 db 指向在 *server-1:30000* 上 *foo* 資料庫的設定來執行這三個腳本程式。

你可以在腳本程式內使用 print 函式來將內容印出到 stdout（如之前的腳本程式）。這讓你可以將命令列界面當成指令管道的一部分。若你正計劃要將一個命令列界面腳本程式的輸出作為其他指令的輸入，可以在指令加上 --quite 參數，來防止「MongoDB shell version v4.2.0」被印出。

你也能使用 load 函式來在互動式命令列界面中執行腳本程式：

```
> load("script1.js")
I am script1.js
true
>
```

腳本程式能夠存取 db 變數（以及其他的全域變數）。然而，如 use db 或 show collections 等命令列界面的輔助方法是無法在檔案中使用的。表 2-1 會顯示對照於這些輔助方法的合法 JavaScript。

表 2-1　與命令列界面輔助方法相等的 JavaScript

輔助方法	相等方法
use video	db.getSisterDB("video")
show dbs	db.getMongo().getDBs()
show collections	db.getCollectionNames()

你也可以使用腳本程式來在命令列界面中注入變數。舉例來說，你能夠使用一個腳本程式來起始化你常用到的輔助方法函式。例如，以下的腳本程式在本書第三部分以及第四部分會很有幫助。它定義了一個叫做 connectTo 的函式，該函式能夠連線到在本地執行於特定連接埠的資料庫，並且將 db 設定至該連線：

```
// defineConnectTo.js

/**
 * Connect to a database and set db.
 */
var connectTo = function(port, dbname) {
    if (!port) {
        port = 27017;
    }

    if (!dbname) {
        dbname = "test";
    }
    db = connect("localhost:"+port+"/"+dbname);
    return db;
};
```

若你在命令列界面中讀入這個腳本程式，connectTo 就會被定義：

```
> typeof connectTo
undefined
> load('defineConnectTo.js')
> typeof connectTo
function
```

除了加入輔助方法函式之外，你也能夠使用腳本程式來自動化常見任務與管理活動。

命令列界面預設會在你起始界面的目錄中尋找（使用 pwd() 來看目前所在的目錄）腳本程式。若腳本程式並未在目前的目錄中，你可以指定相對路徑或是絕對路徑。舉例來說，若你將 *defineConnectTo.js* 這個腳本程式放在 *~/my-scripts* 中，那麼你可以藉由 load("/home/myUser/my-scripts/defineConnectTo.js") 指令來讀取它。注意，load 不能理解 ~ 的意義。

你能夠使用 run 指令來在命令列界面中執行命令列程式。你可以將要傳入的參數當作函式的參數：

```
> run("ls", "-l", "/home/myUser/my-scripts/")
sh70352| -rw-r--r--  1 myUser myUser 2012-12-13 13:15 defineConnectTo.js
sh70532| -rw-r--r--  1 myUser myUser 2013-02-22 15:10 script1.js
```

```
sh70532|  -rw-r--r--   1 myUser myUser 2013-02-22 15:12 script2.js
sh70532|  -rw-r--r--   1 myUser myUser 2013-02-22 15:13 script3.js
```

通常來說這個用處不大，因為輸出的格式很奇怪，而且也不支援管道（pipe）。

建立 .mongorc.js

若你很常需要讀取腳本程式，你可能會想要將其放入 *.mongorc.js* 檔案中。當任何時候你啟動命令列界面時都會執行這個檔案。

舉例來說，假設你想要命令列界面在你登入時歡迎你。在你的家目錄中建立一個叫做 *.mongorc.js* 的檔案，然後在該檔案內加入以下內容：

```
// .mongorc.js

    var compliment = ["attractive", "intelligent", "like Batman"];
    var index = Math.floor(Math.random()*3);

    print("Hello, you're looking particularly "+compliment[index]+" today!");
```

然後，在你啟動命令列界面時，你將會看到類似如下的訊息：

```
$ mongo
MongoDB shell version: 4.2.1
connecting to: test
Hello, you're looking particularly like Batman today!
>
```

更實際上來說，你能夠使用這個腳本程式來設定任何你想要使用的全域變數、長變數名稱的較短別名或是覆寫內建的函式。其中一個 *.mongorc.js* 最常被使用的狀況就是，將某些「較危險」的命令列界面輔助方法移除。你能夠覆寫如 dropDatabase 或 deleteIndexes 等函式，將其改為沒有任何動作或是未定義的：

```
var no = function() {
    print("Not on my watch.");
};

// Prevent dropping databases
db.dropDatabase = DB.prototype.dropDatabase = no;

// Prevent dropping collections
DBCollection.prototype.drop = no;

// Prevent dropping an index
```

```
DBCollection.prototype.dropIndex = no;

// Prevent dropping indexes
DBCollection.prototype.dropIndexes = no;
```

現在若你嘗試要呼叫這些函式,將只會回傳一個錯誤訊息。請注意,這個方法並沒有辦法幫助你對付惡意的使用者,它只能防止你不小心打錯指令。

你也能夠在起始命令列界面時使用 `--norc` 選項,在起始時就不會讀取 *.mongorc.js* 檔案了。

客製化提示符號

預設的命令列界面提示符號可以被覆寫,只要將 `prompt` 變數設定為字串或是函式即可。舉例來說,若你要執行一個要數分鐘才能完成的查詢,你可能會想要在提示符號處顯示目前的時間,這樣就可以知道上個指令是何時完成的:

```
prompt = function() {
    return (new Date())+"> ";
};
```

另一種方便的提示符號是顯示目前正在使用的資料庫:

```
prompt = function() {
    if (typeof db == 'undefined') {
        return '(nodb)> ';
    }

    // Check the last db operation
    try {
        db.runCommand({getLastError:1});
    }
    catch (e) {
        print(e);
    }

    return db+"> ";
};
```

注意,提示符號函式應該要回傳字串,並且要非常小心的處理例外狀況:若提示符號變成回傳例外內容一定很令人困惑!

通常來說,在你的提示符號函式內應該要呼叫 `getLastError`。它會在寫入時攔截錯誤,並且當命令列界面斷線時(例如重啟 *mongod*)會自動重連。

假如你每次都想要使用客製化的提示符號（或是設定一些能夠在命令列界面中切換的客製提示符號），那麼 *.mongorc.js* 檔案是設定提示符號的好地方。

編輯複雜的變數

在命令列界面中對於「多行」的支援是受限的：你沒辦法編輯上一行的內容，所以假設當你在第十五行時才發現第一行有一個地方打錯字，也沒辦法補救了。因此，對於大區塊的程式碼或是物件，你可能會想要使用編輯器來編輯它們。要做到這件事，在命令列界面中（或是在環境變數內）設定 EDITOR 變數即可：

```
> EDITOR="/usr/bin/emacs"
```

現在，若你想要編輯一個變數，鍵入 *edit varname*，舉例來說：

```
> var wap = db.books.findOne({title: "War and Peace"});
> edit wap
```

當你完成變更後，儲存然後離開編輯器即可。該變數將會被處理，並且被讀取回命令列界面中。

在 *.mongorc.js* 檔案中加上 EDITOR="*/path/to/editor*";，然後你就不用再擔心需要重複設定了。

不方便的集合名稱

通常使用 db.*collectionName* 語法都可以正確取得該集合，除非該集合的名稱剛好是一個保留字或是一個非法的 JavaScript 屬性名稱。

舉例來說，若我們想要存取 *version* 集合，我們不能使用 db.version，因為 db.version 是 db 內的一個方法（它會回傳目前執行的 MongoDB 伺服器的版本。）：

```
> db.version
function () {
    return this.serverBuildInfo().version;
    }
```

要正確的存取到 *version* 集合，我們必須使用 getCollection 函數：

```
> db.getCollection("version");
test.version
```

當集合名稱並非合法的 JavaScript 屬性名稱時也可以這樣使用，像是 *foo-bar-baz* 或 *123abc*（JavaScript 屬性名稱只能包含英文字、數字、*$* 以及 _，名稱第一個字也不能是數字）。

另一個躲避不合法的屬性的方式，就是使用存取陣列的語法。在 JavaScript 中，x.y 跟 x['y'] 是相同的。這代表著，子集合除了直接使用名稱來存取之外，也可以使用變數來存取。因此，若你需要在每個 *blog* 子集合上執行某些動作，你可以如下般反覆地執行：

```
var collections = ["posts", "comments", "authors"];

for (var i in collections) {
    print(db.blog[collections[i]]);
}
```

而不用這樣：

```
print(db.blog.posts);
print(db.blog.comments);
print(db.blog.authors);
```

注意，你不能直接使用 db.blog.i，因為這樣會被解譯為 test.blog.i，而不是 test.blog.posts。你必須使用 db.blog[i] 的語法，i 才會被解譯為一個變數。

你能夠使用這個技巧來存取擁有奇怪名稱的集合：

```
> var name = "@#&!"
> db[name].find()
```

嘗試直接使用 db.@#&! 查詢是不合法的，但用 db[name] 就可以。

## 第三章

建立、更新以及刪除文件

本章涵蓋了將資料移入或移出資料庫的基本知識，包含以下的內容：

- 在一個集合中新增文件

- 從一個集合中移除文件

- 更新現存的文件

- 在安全性層級與速度之間為這些動作正確地作出抉擇

插入文件

插入是將資料新增至 MongoDB 的基本方法。要將一個文件插入至一個集合中，使用集合的 `insertOne` 方法：

```
> db.movies.insertOne({"title" : "Stand by Me"})
```

這麼做會新增 `"_id"` 鍵至文件中（假如並未存在文件中），並且儲存至 MongoDB 中。

insertMany

當你需要插入多個文件到一個集合內時，可以使用 `insertMany`。這個方法讓你可以將文件的陣列傳入資料庫中。這是極度有效率的，因為你的程式不會讓每個要插入的文件都在資料庫之間來回傳送，而是一次大批的插入。

在命令列界面中，你能夠做如下的嘗試：

```
> db.movies.drop()
true
> db.movies.insertMany([{"title" : "Ghostbusters"},
...                       {"title" : "E.T."},
...                       {"title" : "Blade Runner"}]);
{
      "acknowledged" : true,
       "insertedIds" : [
            ObjectId("572630ba11722fac4b6b4996"),
            ObjectId("572630ba11722fac4b6b4997"),
            ObjectId("572630ba11722fac4b6b4998")
      ]
}
> db.movies.find()
{ "_id" : ObjectId("572630ba11722fac4b6b4996"), "title" : "Ghostbusters" }
{ "_id" : ObjectId("572630ba11722fac4b6b4997"), "title" : "E.T." }
{ "_id" : ObjectId("572630ba11722fac4b6b4998"), "title" : "Blade Runner" }
```

一次傳入數十個、數百個或甚至數千個文件，可以大大地加快插入的速度。

當你要插入多個文件到單一個集合時，insertMany 就非常有用。若你只是要匯入原始資料（例如從一個資料來源或是 MySQL），有像 *mongoimport* 的命令列工具可以取代批次插入用來匯入資料。另一方面來說，通常在存入 MongoDB 之前會作資料的轉換（將日期資訊轉換為日期型態或是加上自己定義的 "_id"），所以 insertMany 也可以被用來匯入資料。

目前版本的 MongoDB 並不允許大於 48MB 的訊息，所以在單一的批次插入中是有大小限制的。若你嘗試插入超過 48MB 的內容，許多驅動程式會將內容分割成多個 48MB 大小的批次插入。詳情請見你的驅動程式文件。

當使用 insertMany 來執行大量插入時，若陣列中有個文件產生了某個錯誤，結果會因為你選的動作是有序的還是無序的而有所不同。insertMany 中的第二個參數可以指定一個操作選項的文件。在選項文件中將 "ordered" 鍵設為 true 能夠確保文件被插入的順序會跟傳入的順序是相同的。若設為 "false" 則 MongoDB 可能會因為要提升效率而重組插入順序。若沒有任何的排序被指定，則預設會是有序地插入。對有序插入來說，傳到 insertMany 的陣列就定義了插入的順序。若有個文件產生了插入錯誤，那麼在該文件之後的任何文件都不會被插入。若是無序插入，MongoDB 則會嘗試插入所有的文件，不管有沒有文件發生錯誤。

在這個範例中，因為預設是有序插入，只有前兩個文件會被插入。第三個文件會產生錯誤，因為你不能插入兩個擁有相同 "_id" 的文件：

```
> db.movies.insertMany([
... {"_id" : 0, "title" : "Top Gun"},
... {"_id" : 1, "title" : "Back to the Future"},
... {"_id" : 1, "title" : "Gremlins"},
... {"_id" : 2, "title" : "Aliens"}])
2019-04-22T12:27:57.278-0400 E QUERY [js] BulkWriteError: write
error at item 2 in bulk operation :
BulkWriteError({
    "writeErrors" : [
        {
            "index" : 2,
            "code" : 11000,
            "errmsg" : "E11000 duplicate key error collection:
            test.movies index: _id_ dup key: { _id: 1.0 }",
            "op" : {
                "_id" : 1,
                "title" : "Gremlins"
            }
        }
    ],
    "writeConcernErrors" : [ ],
    "nInserted" : 2,
    "nUpserted" : 0,
    "nMatched" : 0,
    "nModified" : 0,
    "nRemoved" : 0,
    "upserted" : [ ]
})
BulkWriteError@src/mongo/shell/bulk_api.js:367:48
BulkWriteResult/this.toError@src/mongo/shell/bulk_api.js:332:24
Bulk/this.execute@src/mongo/shell/bulk_api.js:1186:23
DBCollection.prototype.insertMany@src/mongo/shell/crud_api.js:314:5
@(shell):1:1
```

若我們指定為無序插入，在陣列中的第一個、第二個跟第四個文件將會被插入。只有第三個文件插入失敗，因為擁有重複的 "_id"：

```
> db.movies.insertMany([
... {"_id" : 3, "title" : "Sixteen Candles"},
... {"_id" : 4, "title" : "The Terminator"},
... {"_id" : 4, "title" : "The Princess Bride"},
... {"_id" : 5, "title" : "Scarface"}],
... {"ordered" : false})
```

```
2019-05-01T17:02:25.511-0400 E QUERY      [thread1] BulkWriteError: write
error at item 2 in bulk operation :
BulkWriteError({
  "writeErrors" : [
    {
      "index" : 2,
      "code" : 11000,
      "errmsg" : "E11000 duplicate key error index: test.movies.$_id_
      dup key: { : 4.0 }",
      "op" : {
        "_id" : 4,
        "title" : "The Princess Bride"
      }
    }
  ],
  "writeConcernErrors" : [ ],
  "nInserted" : 3,
  "nUpserted" : 0,
  "nMatched" : 0,
  "nModified" : 0,
  "nRemoved" : 0,
  "upserted" : [ ]
})
BulkWriteError@src/mongo/shell/bulk_api.js:367:48
BulkWriteResult/this.toError@src/mongo/shell/bulk_api.js:332:24
Bulk/this.execute@src/mongo/shell/bulk_api.js:1186.23
DBCollection.prototype.insertMany@src/mongo/shell/crud_api.js:314:5
@(shell):1:1
```

若你仔細的研究這些範例,你可能會發現這兩次對 insertMany 呼叫的結果輸出會提示,還有除了單純插入之外的其他動作可以被用來大量的寫入資料。儘管 insertMany 並不支援除了插入之外的動作,MongoDB 支援一個大量寫入的 API,允許你在單一呼叫內就批次處理多個不同種類的操作。雖然這已經超過本章的範圍,你仍然可以在 MongoDB 文件中找到關於大量寫入 API 的資訊(*https://docs.mongodb.org/manual/core/bulk-write-operations/*)。

插入驗證

MongoDB 在資料要開始被插入時會做基本的檢查:它會確認文件的基本結構,並且假如 "_id" 欄位不存在時會加上它。其中一個基本的結構確認是文件大小:所有的文件都必須小於 16MB。這某種程度是有點武斷的限制(未來可能會增加),最主要是想要防止太差

的綱要設計，並且保證有一致的效能。想要查看 *doc* 文件的 Binary JSON（BSON）的位元組大小，可以在命令列界面中執行 `Object.bsonsize(doc)`。

16MB 大概是多大的大小呢？給你一點概念：《戰爭與和平》的全文僅有 3.14MB。

這些最小限度的檢查也代表著，要插入不合法的資料是相對容易的（若你想要這麼做）。因此，你應該只能允許可以信任的來源，像是你的應用程式伺服器，連接到資料庫。所有主要程式語言（以及幾乎所有的其他語言）的驅動程式在傳入任何資料至資料庫前，會檢查資料的合法性（文件太大，包含非 UTF-8 字串或是使用無法辨識的型態）。

insert

在 3.0 版之前的 MongoDB，insert 是用來插入文件的主要方法。MongoDB 在 3.0 伺服器版本發佈時，它的驅動程式公佈了新的增刪修查（CRUD）API。MongoDB 3.2 版的 *mongo* 命令列界面也支援這個 API，包含了 `insertOne`、`insertMany` 和一些其他的方法。目前的這個增刪修查 API 的目標，就是要讓所有增刪修查的動作的名稱，不管是在驅動程式還是在命令列界面中都是一致且清楚的。雖然像 `insert` 這些指令因為向前相容的原因所以還是可以被使用，但在未來的應用程式內應該要避免被使用。你應該要使用 `insertOne` 和 `insertMany` 來建立文件。

移除文件

現在在資料庫中有資料了，我們來試試刪除。增刪修查 API 提供了 `deleteOne` 和 `deleteMany` 指令可以用來刪除資料。這兩個方法中的第一個參數是過濾器文件。過濾器文件中會指定一群條件，符合條件的文件就會被刪除。若要刪除 "_id" 的值為 4 的文件，可以在 *mongo* 命令列界面中使用 `deleteOne`，如下所示：

```
> db.movies.find()
    { "_id" : 0, "title" : "Top Gun"}
    { "_id" : 1, "title" : "Back to the Future"}
    { "_id" : 3, "title" : "Sixteen Candles"}
    { "_id" : 4, "title" : "The Terminator"}
    { "_id" : 5, "title" : "Scarface"}
> db.movies.deleteOne({"_id" : 4})
{ "acknowledged" : true, "deletedCount" : 1 }
> db.movies.find()
    { "_id" : 0, "title" : "Top Gun"}
    { "_id" : 1, "title" : "Back to the Future"}
    { "_id" : 3, "title" : "Sixteen Candles"}
    { "_id" : 5, "title" : "Scarface"}
```

在這個範例中，我們用的這個過濾器只會匹配到一個文件，因為 "_id" 的值在一個集合中會是唯一的。然而，我們也能夠指定能夠在單一集合中匹配到多個文件的過濾器。在這種狀況下，deleteOne 會刪除匹配到過濾器的第一個文件。哪個文件會第一個被找到則取決於許多原因，包括文件被插入時的順序、文件被如何更新（對某些儲存引擎來說）或是指定了什麼索引等。如同任何的資料庫操作，請確定你知道使用 deleteOne 後會對資料產生什麼影響。

若要刪除所有符合配對器的文件，可以使用 deleteMany：

```
> db.movies.find()
    { "_id" : 0, "title" : "Top Gun", "year" : 1986 }
    { "_id" : 1, "title" : "Back to the Future", "year" : 1985 }
    { "_id" : 3, "title" : "Sixteen Candles", "year" : 1984 }
    { "_id" : 4, "title" : "The Terminator", "year" : 1984 }
    { "_id" : 5, "title" : "Scarface", "year" : 1983 }
> db.movies.deleteMany({"year" : 1984})
{ "acknowledged" : true, "deletedCount" : 2 }
> db.movies.find()
    { "_id" : 0, "title" : "Top Gun", "year" : 1986 }
    { "_id" : 1, "title" : "Back to the Future", "year" : 1985 }
    { "_id" : 5, "title" : "Scarface", "year" : 1983 }
```

以更實際的例子來說，假設你想要從 *mailing.list* 集合中將所有 "opt-out" 鍵的值為 true 的使用者移除：

```
> db.mailing.list.deleteMany({"opt-out" : true})
```

在 3.0 版之前的 MongoDB，remove 是用來刪除文件的主要方法。MongoDB 在 3.0 伺服器版本發佈時，它的驅動程式公佈了 deleteOne 和 deleteMany 方法，MongoDB 3.2 版中也開始支援這些方法。雖然 remove 指令因為向前相容的原因所以還是可以被使用，但你應該要在你的應用程式內使用 deleteOne 和 deleteMany。目前的增刪修查 API，對於名稱語意表示得更清楚，特別是對於多文件的操作。這能夠幫助應用程式開發者減少遇到使用舊版 API 時的一些問題。

drop

在一個集合中，可以使用 deleteMany 來移除所有的文件：

```
> db.movies.find()
    { "_id" : 0, "title" : "Top Gun", "year" : 1986 }
    { "_id" : 1, "title" : "Back to the Future", "year" : 1985 }
    { "_id" : 3, "title" : "Sixteen Candles", "year" : 1984 }
```

```
    { "_id" : 4, "title" : "The Terminator", "year" : 1984 }
    { "_id" : 5, "title" : "Scarface", "year" : 1983 }
> dh.movies.deleteMany({})
{ "acknowledged" : true, "deletedCount" : 5 }
> db.movies.find()
```

移除文件相對來說是個很快速的動作。然而，若你想要清除整個集合，使用 drop 會更快：

```
> db.movies.drop()
true
```

然後在空的集合中再重建索引。

當資料被移除之後，就永遠不見了。並沒有辦法能夠復原刪除或是復原 drop 動作，也沒有辦法回復被刪除的文件，除非從資料之前備份的版本還原。第二十三章對於 MongoDB 的備份和還原有更詳細的討論。

更新文件

當文件被存在資料庫中，可以使用以下其中之一的更新方法來改變它：updateOne、updateMany 和 replaceOne。updateOne 跟 updateMany 的第一個參數是過濾器文件，第二個參數是修飾子文件（用來描述要作的改變）。replaceOne 的第一個參數也是過濾器文件，但第二個參數是一個文件，會將符合第一個參數條件的文件用第二個參數中的文件置換掉。

更新動作是原子性執行的：若兩個更新同時發生，先到達伺服器的那個請求會先被套用，然後另一個才會被套用。因此，互相衝突的更新可以安全的送至伺服器，而不用擔心任何的文件會被損毀：最後的更新將會「獲勝」。若你不想要預設的行為，可以考慮文件版本控制（Document Versioning）模式（見第 216 頁的「綱要設計模式」）。

文件替換

replaceOne 就是用一個新的文件把找到的文件替換掉。當需要對綱要作極大的變化時是非常有用的（請見第九章的綱要移植策略）。舉例來說，若要對使用者文件作大幅度的修改，假設原本的使用者文件如下：

```
{
    "_id" : ObjectId("4b2b9f67a1f631733d917a7a"),
    "name" : "joe",
```

```
        "friends" : 32,
        "enemies" : 2
    }
```

我們想要想將 "friends" 和 "enemies" 欄位移動到 "relationships" 子文件內。我們可以在命令列界面中改變文件的結構，然後使用 replaceOne 改變資料庫的版本：

```
> var joe = db.users.findOne({"name" : "joe"});
> joe.relationships = {"friends" : joe.friends, "enemies" : joe.enemies};
{
    "friends" : 32,
    "enemies" : 2
}
> joe.username = joe.name;
"joe"
> delete joe.friends;
true
> delete joe.enemies;
true
> delete joe.name;
true
> db.users.replaceOne({"name" : "joe"}, joe);
```

現在，執行 findOne 會顯示，文件的結構已經被更新了：

```
{
    "_id" : ObjectId("4b2b9f67a1f631733d917a7a"),
    "username" : "joe",
    "relationships" : {
        "friends" : 32,
        "enemies" : 2
    }
}
```

常見的錯誤是，查詢條件匹配到多於一個的文件，然後因為第二個參數而建立了重複的 "_id" 的值。資料庫會丟出錯誤，並且不會有任何的東西被改變。

舉例來說，假如我們建立了數個含有相同 "name" 的文件，但我們沒有發現：

```
> db.people.find()
{"_id" : ObjectId("4b2b9f67a1f631733d917a7b"), "name" : "joe", "age" : 65},
{"_id" : ObjectId("4b2b9f67a1f631733d917a7c"), "name" : "joe", "age" : 20},
{"_id" : ObjectId("4b2b9f67a1f631733d917a7d"), "name" : "joe", "age" : 49},
```

假如現在是第二個 Joe 的生日，所以想要幫他 "age" 鍵的值加一，我們會想要這樣做：

```
> joe = db.people.findOne({"name" : "joe", "age" : 20});
{
    "_id" : ObjectId("4b2b9f67a1f631733d917a7c"),
    "name" : "joe",
    "age" : 20
}
> joe.age++;
> "db.people.replaceOne({"name" : "joe"}, joe);"
E11001 duplicate key on update
```

發生什麼事？當執行更新時，資料庫會尋找符合 {"name" : "joe"} 的文件。它找到的第一個文件會是 65 歲的 Joe。它會嘗試要使用 joe 變數的文件作替換，但在集合中已經有一個相同 "_id" 的文件。因此更新會失敗，因為 "_id" 鍵的值必須要是唯一的。要避免這種狀況的最好做法，就是要保證更新時都指定了唯一的文件，也許可以用匹配 "_id" 鍵來達成。接下來的範例，就是個正確可以被使用的更新：

```
> db.people.replaceOne({"_id" : ObjectId("4b2b9f67a1f631733d917a7c")}, joe)
```

在過濾器中使用 "_id" 也會很有效率，因為 "_id" 的值就是形成集合主要索引的基礎。我們會在第五章中，涵蓋關於主要索引、次要索引以及索引是如何影響更新和其他動作等的內容。

使用更新運算子

通常只有文件的某一部分需要被更新。你可以使用原子性更新運算子（*update operators*）來更新文件中的特定欄位。更新運算子是特別的鍵，可以用來指定複雜的更新動作，如修改、新增或移除鍵，也可以操縱陣列以及內嵌文件。

假設要在一個集合內儲存網站的分析資料，並且當有人瀏覽網頁時都要將計數器加一。我們可以使用更新運算子來自動的達到這樣的效果。每個 URL 跟它的網頁瀏覽數字都存在如下的文件中：

```
{
    "_id" : ObjectId("4b253b067525f35f94b60a31"),
    "url" : "www.example.com",
    "pageviews" : 52
}
```

每次只要有人瀏覽頁面，我們便能藉由它的 URL 找到頁面並且使用 "$inc" 這個運算子來增加 "pageviews" 鍵的值。

```
> db.analytics.updateOne({"url" : "www.example.com"},
... {"$inc" : {"pageviews" : 1}})
{ "acknowledged" : true, "matchedCount" : 1, "modifiedCount" : 1 }
```

現在，若我們執行 findOne，就可以看到 "pageviews" 的值被加一了：

```
> db.analytics.findOne()
{
    "_id" : ObjectId("4b253b067525f35f94b60a31"),
    "url" : "www.example.com",
    "pageviews" : 53
}
```

當使用運算子時，"_id" 的值不能夠被改變。（注意，在取代整個文件時，"_id" 的值是可以被改變的。）其他任何鍵的值，包括其他被建立唯一索引的鍵的值，都可以被修改。

開始使用 "$set" 修飾子

"$set" 會為某個鍵設定值。若該鍵尚未存在，它將會被建立。這在更新綱要或是新增使用者定義的鍵時是非常有用的。舉例來說，假設你有個簡單的使用者基本資料，存在如下的文件中：

```
> db.users.findOne()
{
    "_id" : ObjectId("4b253b067525f35f94b60a31"),
    "name" : "joe",
    "age" : 30,
    "sex" : "male",
    "location" : "Wisconsin"
}
```

這是個相當簡單的使用者基本資料。若使用者想要在基本資料中儲存他最愛的書本，便可以使用 "$set" 來新增：

```
> db.users.updateOne({"_id" : ObjectId("4b253b067525f35f94b60a31")},
... {"$set" : {"favorite book" : "War and Peace"}})
```

現在文件將會包含 "favorite book" 鍵：

```
> db.users.findOne()
{
    "_id" : ObjectId("4b253b067525f35f94b60a31"),
    "name" : "joe",
    "age" : 30,
```

```
        "sex" : "male",
        "location" : "Wisconsin",
        "favorite book" : "war and peace"
    }
```

若使用者發現他其實是喜歡別的書，"$set" 便可以被用來改變值：

```
> db.users.updateOne({"name" : "joe"},
... {"$set" : {"favorite book" : "Green Eggs and Ham"}})
```

"$set" 甚至能夠用來改變它修飾的鍵的型態。舉例來說，若反覆無常的使用者發現他實際上有很多本喜歡的書，他可以將 "favorite book" 鍵的值變為陣列：

```
> db.users.updateOne({"name" : "joe"},
... {"$set" : {"favorite book" :
...     ["Cat's Cradle", "Foundation Trilogy", "Ender's Game"]}})
```

若使用者發現他根本不喜歡閱讀，他可以使用 "$unset" 來移除該鍵：

```
> db.users.updateOne({"name" : "joe"},
... {"$unset" : {"favorite book" : 1}})
```

現在，文件會變回跟本範例開始時一樣的狀態。

你也能夠使用 "$set" 來接觸並且修改內嵌文件：

```
> db.blog.posts.findOne()
{
    "_id" : ObjectId("4b253b067525f35f94b60a31"),
    "title" : "A Blog Post",
    "content" : "...",
    "author" : {
        "name" : "joe",
        "email" : "joe@example.com"
    }
}
> db.blog.posts.updateOne({"author.name" : "joe"},
... {"$set" : {"author.name" : "joe schmoe"}})

> db.blog.posts.findOne()
{
    "_id" : ObjectId("4b253b067525f35f94b60a31"),
    "title" : "A Blog Post",
    "content" : "...",
    "author" : {
        "name" : "joe schmoe",
```

```
            "email" : "joe@example.com"
        }
    }
```

在新增、修改或移除鍵時，一定要使用 $ 修飾子。大家剛開始常會犯的錯誤，就是會試著用類似以下的更新方法將鍵的值設為其他值：

```
> db.blog.posts.updateOne({"author.name" : "joe"},
... {"author.name" : "joe schmoe"})
```

這將會導致錯誤。更新文件必須要包含更新運算子。之前版本的增刪修查 API 並不會捕捉這類的錯誤。在這種狀況下，早期的更新方法會直接將整個文件取代。也是因為這個缺點，所以才會創造出新版的增刪修查 API。

增加與減少

"$inc" 修飾子可以用來修改現存鍵的值或是建立尚未存在的鍵。在更新分析資料、名譽值、投票數量或是任何可改變的數字值時是非常有用的。

假設我們要建立一個遊戲的集合，用來儲存遊戲並且在分數變更時更新它。以彈珠檯的遊戲作例子，當玩家開始遊戲時，我們要插入一個文件，裡面包含遊戲的名稱以及玩該遊戲的玩家名稱：

```
> db.games.insertOne({"game" : "pinball", "user" : "joe"})
```

當彈珠擊中緩衝器時，玩家的分數應該要被增加。因為彈珠檯的分數計算其實是很自由的，所以我們假設玩家的基本分數單位是 50 分。我們可以使用 "$inc" 修飾子來增加 50 分到使用者的分數上：

```
> db.games.updateOne({"game" : "pinball", "user" : "joe"},
... {"$inc" : {"score" : 50}})
```

更新後再來看該文件，應該會如下所示：

```
> db.games.findOne()
{
    "_id" : ObjectId("4b2d75476cc613d5ee930164"),
    "game" : "pinball",
    "user" : "joe",
    "score" : 50
}
```

因為 "score" 鍵尚未存在，所以它會被 "$inc" 建立，並且設定增加的量為 50。

若彈珠落在「獎金」的格子內，我們要增加 10,000 分到分數中。這可以藉由傳入不同的值到 "$inc" 中達成：

```
> db.games.updateOne({"game" : "pinball", "user" : "joe"},
... {"$inc" : {"score" : 10000}})
```

若我們現在看該遊戲，可以看到如下的文件：

```
> db.games.findOne()
{
    "_id" : ObjectId("4b2d75476cc613d5ee930164"),
    "game" : "pinball",
    "user" : "joe",
    "score" : 10050
}
```

"score" 鍵已經存在並且擁有一個數字值，所以伺服器會將它增加 10,000。

"$inc" 跟 "$set" 很類似，但它是用來增加（或是減少）數字的。"$inc" 只能用在型態為整數、長整數、雙精倍數浮點數或實數上。若它被用在任何其他型態的值上，將會發生錯誤。這包含了許多程式語言會自動轉換至數字的型態，如空字元、布林值或是數字字元的字串：

```
> db.strcounts.insert({"count" : "1"})
WriteResult({ "nInserted" : 1 })
> db.strcounts.update({}, {"$inc" : {"count" : 1}})
WriteResult({
  "nMatched" : 0,
  "nUpserted" : 0,
  "nModified" : 0,
  "writeError" : {
    "code" : 16837,
    "errmsg" : "Cannot apply $inc to a value of non-numeric type.
    {_id: ObjectId('5726c0d36855a935cb57a659')} has the field 'count' of
    non-numeric type String"
  }
})
```

而且，"$inc" 鍵的值也必須要是數字。你不能夠增加一個字串、陣列或是非數字的值。這麼做伺服器會回傳「Modifier "$inc" allowed for numbers only」的錯誤訊息。要修改其他型態的值，要使用 "$set" 或是其中一個接下來會敘述的陣列操作。

陣列運算子

在更新運算子廣泛的類別中，有些是用來管理陣列的。陣列是常見且強大的資料結構：不只是個可以由索引來參照資料的清單，也可以是個集合。

新增元素。"$push" 會在陣列存在時新增一個元素至陣列的尾端，若陣列不存在則會建立一個新的陣列。舉例來說，假設要儲存部落格文章並且要加上一個包含陣列的 "comments" 鍵。我們能夠將一則評論推入尚未存在的 "comments" 陣列中，這樣將會建立陣列並且新增評論：

```
> db.blog.posts.findOne()
{
    "_id" : ObjectId("4b2d75476cc613d5ee930164"),
    "title" : "A blog post",
    "content" : "..."
}
> db.blog.posts.updateOne({"title" : "A blog post"},
... {"$push" : {"comments" :
...     {"name" : "joe", "email" : "joe@example.com",
...     "content" : "nice post."}}})
{ "acknowledged" : true, "matchedCount" : 1, "modifiedCount" : 1 }
> db.blog.posts.findOne()
{
    "_id" : ObjectId("4b2d75476cc613d5ee930164"),
    "title" : "A blog post",
    "content" : "...",
    "comments" : [
        {
            "name" : "joe",
            "email" : "joe@example.com",
            "content" : "nice post."
        }
    ]
}
```

現在，若我們想要新增另一則評論，直接再次使用 "$push" 即可：

```
> db.blog.posts.updateOne({"title" : "A blog post"},
... {"$push" : {"comments" :
...     {"name" : "bob", "email" : "bob@example.com",
...     "content" : "good post."}}})
{ "acknowledged" : true, "matchedCount" : 1, "modifiedCount" : 1 }
> db.blog.posts.findOne()
{
    "_id" : ObjectId("4b2d75476cc613d5ee930164"),
    "title" : "A blog post",
```

```
        "content" : "...",
        "comments" : [
            [
                "name" : "joe",
                "email" : "joe@example.com",
                "content" : "nice post."
            },
            {
                "name" : "bob",
                "email" : "bob@example.com",
                "content" : "good post."
            }
        ]
    }
```

這是 "push" 的其中一種簡單用法，但你也能夠將它用在很複雜的陣列操作上。MongoDB 查詢語言提供了一些操作的修飾子，其中也包括 "$push" 的修飾子。你可以在一個操作中推入多個值，只要使用 "$push" 的修飾子 "$each"：

```
> db.stock.ticker.updateOne({"_id" : "GOOG"},
... {"$push" : {"hourly" : {"$each" : [562.776, 562.790, 559.123]}}})
```

這樣會將三個新的值放到陣列中。

若你想要讓陣列最大只能成長到某個大小，你便能夠在 "$push" 時使用 "$slice" 修飾子來確保陣列大小不會超過某個值，有效地建立前 N 個物件的清單：

```
> db.movies.updateOne({"genre" : "horror"},
... {"$push" : {"top10" : {"$each" : ["Nightmare on Elm Street", "Saw"],
...                         "$slice" : -10}}})
```

這個範例限制陣列只能擁有最後 10 個被放入的元素。

若一個陣列在執行完 push 後小於 10 個元素，那麼所有的元素都會被保留。若陣列有超過 10 個元素，那麼只有最後的 10 個元素會被保留。因此，"$slice" 可以被用來在文件中建立佇列（queue）。

最後，你可以在切割前對 "$push" 操作套用 "$sort" 修飾子：

```
> db.movies.updateOne({"genre" : "horror"},
... {"$push" : {"top10" : {"$each" : [{"name" : "Nightmare on Elm Street",
...                                     "rating" : 6.6},
...                                    {"name" : "Saw", "rating" : 4.3}],
...                         "$slice" : -10,
...                         "$sort" : {"rating" : -1}}}})
```

這將會依照在陣列中的物件的 "rating" 欄位來排序，然後保存前 10 筆資料。請注意，在使用 "$push" 搭配這些修飾子時必須要跟 "$each" 一起使用，不能單獨只使用 "$slice" 或 "$sort"。

將陣列當成集合使用。你也許會想要把陣列當成集合（set）來使用：只有在值未出現時才新增該值到陣列中。這可以藉由在查詢文件中使用 "$ne" 來達成。舉例來說，若想要將一位作者放入引用的清單內，但只有在該作者不在清單內時才需要被放入，可以使用如下的方法：

```
> db.papers.updateOne({"authors cited" : {"$ne" : "Richie"}},
... {$push : {"authors cited" : "Richie"}})
```

這也可以使用 "$addToSet" 來達成，尤其在 "$ne" 沒辦法被使用或是用 "$addToSet" 來敘述有更好的作用的時候。

舉例來說，假如有個文件是代表使用者。你也許會要為每個使用者記錄他們所擁有的電子郵件信箱集合：

```
> db.users.findOne({"_id" : ObjectId("4b2d75476cc613d5ee930164")})
{
    "_id" : ObjectId("4b2d75476cc613d5ee930164"),
    "username" : "joe",
    "emails" : [
        "joe@example.com",
        "joe@gmail.com",
        "joe@yahoo.com"
    ]
}
```

當要加入別的電子郵件信箱時，可以使用 "$addToSet" 來防止加入重複的值：

```
> db.users.updateOne({"_id" : ObjectId("4b2d75476cc613d5ee930164")},
... {"$addToSet" : {"emails" : "joe@gmail.com"}})
{ "acknowledged" : true, "matchedCount" : 1, "modifiedCount" : 0 }
> db.users.findOne({"_id" : ObjectId("4b2d75476cc613d5ee930164")})
{
    "_id" : ObjectId("4b2d75476cc613d5ee930164"),
    "username" : "joe",
    "emails" : [
        "joe@example.com",
        "joe@gmail.com",
        "joe@yahoo.com",
    ]
}
```

```
> db.users.updateOne({"_id" : ObjectId("4b2d75476cc613d5ee930164")},
... {"$addToSet" : {"emails" : "joe@hotmail.com"}})
{ "acknowledged" : true, "matchedCount" : 1, "modifiedCount" : 1 }
> db.users.findOne({"_id" : ObjectId("4b2d75476cc613d5ee930164")})
{
    "_id" : ObjectId("4b2d75476cc613d5ee930164"),
    "username" : "joe",
    "emails" : [
        "joe@example.com",
        "joe@gmail.com",
        "joe@yahoo.com",
        "joe@hotmail.com"
    ]
}
```

你也能夠使用 "$each" 搭配 "$addToSet" 來新增多個唯一值，這是使用 "$ne" 搭配 "$push" 的組合無法達成的。舉例來說，若使用者想要新增多於一個電子郵件信箱位址時，我們可以使用以下這些運算子：

```
> db.users.updateOne({"_id" : ObjectId("4b2d75476cc613d5ee930164")},
... {"$addToSet" : {"emails" : {"$each" :
...     ["joe@php.net", "joe@example.com", "joe@python.org"]}}})
{ "acknowledged" : true, "matchedCount" : 1, "modifiedCount" : 1 }
> db.users.findOne({"_id" : ObjectId("4b2d75476cc613d5ee930164")})
{
    "_id" : ObjectId("4b2d75476cc613d5ee930164"),
    "username" : "joe",
    "emails" : [
        "joe@example.com",
        "joe@gmail.com",
        "joe@yahoo.com",
        "joe@hotmail.com",
        "joe@php.net",
        "joe@python.org"
    ]
}
```

移除元素。還有一些方法是用來從陣列中移除元素的。若想要把陣列當成佇列或是堆疊，可以使用 "$pop" 來從兩端移除元素。{"$pop" : {*key* : 1}} 會從陣列的尾端移除一個元素。{"$pop" : {*key* : -1}} 則會從起始端移除。

有時元素會因為一些跟它的位置無關的特定條件而被移除。"$pull" 就是用來從陣列移除符合指定條件的元素。舉例來說，若我們有一個待辦事項的清單，但這些事項並沒有特定的順序：

```
> db.lists.insertOne({"todo" : ["dishes", "laundry", "dry cleaning"]})
```

若我們想要先去洗衣服（laundry），可以使用下列的方法將其從清單中移除：

```
> db.lists.updateOne({}, {"$pull" : {"todo" : "laundry"}})
```

現在若重新查詢，將會發現陣列中僅剩下兩個元素：

```
> db.lists.findOne()
{
    "_id" : ObjectId("4b2d75476cc613d5ee930164"),
    "todo" : [
        "dishes",
        "dry cleaning"
    ]
}
```

拉出（pull）會移除所有符合的文件，而不只是單一符合條件的文件。假設有一個陣列是 [1, 1, 2, 1]，執行 pull 1，會得到一個單一元素的陣列 [2]。

陣列運算子只能用在值為陣列的鍵上。舉例來說，你不能推入（push）一個值到整數上，也不能從字串中移出（pop）任何東西。對於這些型態的值，要使用 "$set" 或 "$inc" 修飾子來變更它們。

位置性的陣列修飾。當一個陣列內擁有多個值並且又想要修改其中一些值時，陣列管理會變得較困難。有兩個方法可以管理在陣列中的值：使用位置或是使用位置運算子（錢（$）字元）。

陣列使用從零開始的索引，並且可以使用如同文件的鍵般的索引來選擇元素。舉例來說，假設有個文件包含一個有一些內嵌文件的陣列，像是擁有一些評論的部落格文章：

```
> db.blog.posts.findOne()
{
    "_id" : ObjectId("4b329a216cc613d5ee930192"),
    "content" : "...",
    "comments" : [
        {
            "comment" : "good post",
            "author" : "John",
            "votes" : 0
        },
        {
            "comment" : "i thought it was too short",
            "author" : "Claire",
            "votes" : 3
        },
        {
```

```
        "comment" : "free watches",
        "author" : "Alice",
        "votes" : -5
    },
    {
        "comment" : "vacation getaways",
        "author" : "Lynn",
        "votes" : -7
    }
    ]
}
```

若想要增加第一個評論的投票數量，可以使用下列的方法：

```
> db.blog.updateOne({"post" : post_id},
... {"$inc" : {"comments.0.votes" : 1}})
```

然而在許多的狀況中，在不先查詢文件並且檢查之前，我們不會知道要被修改的陣列索引為何。要解決這個問題，MongoDB 有一個位置性運算子，"$" 字元，用來找出在陣列中的哪個元素符合查詢文件，並且更新該元素。舉例來說，若有個使用者叫做 John，想要變更他的名字成 Jim，我們便可以使用位置性運算子來在評論中替換他的名字：

```
> db.blog.updateOne({"comments.author" : "John"},
... {"$set" : {"comments.$.author" : "Jim"}})
```

位置性運算子只會更新第一個符合的文件。因此，若 John 留下了多於一個的評論，只有在第一則評論中的名字會被改變。

使用陣列過濾器更新。MongoDB 在 3.6 版時提供了更新陣列元素的其他選擇：arrayFilters。這個選項讓我們能夠修改符合特定條件的陣列元素。舉例來說，若我們想要將擁有五個以上差評的評論隱藏，我們可以執行如下的指令：

```
db.blog.updateOne(
    {"post" : post_id },
    { $set: { "comments.$[elem].hidden" : true } },
    {
      arrayFilters: [ { "elem.votes": { $lte: -5 } } ]
    }
)
```

這個指令會把 elem 定義為每個在 "comments" 陣列符合條件的元素的辨識子。若在 elem 中的評論的 votes 值小於等於 -5，我們會在 "comments" 文件中加入一個叫做 "hidden" 的欄位，並且將值設為 true。

Upserts

upsert 是更新的一種特別型態。若沒有任何的文件符合過濾器條件，一個結合過濾器條件以及更新文件的新文件將會被建立。若有任何符合條件的文件，那麼該文件將會正常的被更新。更新插入（upserts）是非常有用的，因為只要用相同的程式碼就可以建立並且更新文件了。

讓我們回到前面記錄網站每個頁面的瀏覽次數的範例。若不使用插入更新，我們要試著去尋找 URL 然後增加瀏覽次數，若該 URL 不存在則要新增一個文件。若我們將該邏輯用 JavaScript 寫出來，將會類似如下所呈現的：

```
// check if we have an entry for this page
blog = db.analytics.findOne({url : "/blog"})

// if we do, add one to the number of views and save
if (blog) {
  blog.pageviews++;
  db.analytics.save(blog);
}
// otherwise, create a new document for this page
else {
  db.analytics.insertOne({url : "/blog", pageviews : 1})
}
```

每次有人瀏覽了一個頁面，我們就得要查詢資料庫然後執行更新或是插入。若在多個程序中同時執行這個程式，還有可能會造成數個相同 URL 的文件要被插入的競賽情況（race condition）。

我們可以使用更新插入來消除可能的競賽情況，並且減少程式碼的量（updateOne 和 updateMany 的第三個參數是用來指定是否為更新插入的選項文件）：

```
> db.analytics.updateOne({"url" : "/blog"}, {"$inc" : {"pageviews" : 1}},
... {"upsert" : true})
```

這行程式跟前面那個區塊的程式做完全相同的事，唯一的差別就是它的速度更快並且是原子性的！新的文件會使用查詢條件文件當作基礎，然後套用任何的修飾文件建立而成。

舉例來說，若執行一個插入更新來尋找某個鍵，並且想要增加該鍵的值，該增加將會套用至匹配到的文件：

```
> db.users.updateOne({"rep" : 25}, {"$inc" : {"rep" : 3}}, {"upsert" : true})
WriteResult({
    "acknowledged" : true,
```

```
        "matchedCount" : 0,
        "modifiedCount" : 0,
        "upsertedId" : ObjectId("5a93b07aaea1cb8780a4cf72")
    })
> db.users.findOne({"_id" : ObjectId("5727b2a7223502483c7f3acd")} )
{ "_id" : ObjectId("5727b2a7223502483c7f3acd"), "rep" : 28 }
```

插入更新會建立一個新的文件，內含 "rep" 鍵並將值指定為 25，然後將該鍵的值增加 3，最終會得到一個 "rep" 為 28 的文件。若並未指定插入更新的選項，{"rep" : 25} 將不會找到任何文件，所以不會有任何事情發生。

若再次執行 upsert（搭配 {"rep" : 25} 的條件），它將會建立另一個新的文件。這是因為該條件並未在集合中找到符合的文件。（它的 "rep" 為 28。）

當文件被建立時，有時候某些欄位就要被設定好，但又不要在隨後的更新被改變。這就是 "$setOnInsert" 的作用。"$setOnInsert" 是個在文件最初被建立時，只會為欄位設定值的動作。因此，我們可以做如下的事情：

```
> db.users.updateOne({}, {"$setOnInsert" : {"createdAt" : new Date()}},
... {"upsert" : true})
{
    "acknowledged" : true,
    "matchedCount" : 0,
    "modifiedCount" : 0,
    "upsertedId" : ObjectId("5727b4ac223502483c7f3ace")
}
> db.users.findOne()
{
    "_id" : ObjectId("5727b4ac223502483c7f3ace"),
    "createdAt" : ISODate("2016-05-02T20:12:28.640Z")
}
```

若我們再次執行這個更新，它將會匹配到現存的文件，所以不會有文件再被插入，所以 "createdAt" 欄位也不會被變更：

```
> db.users.updateOne({}, {"$setOnInsert" : {"createdAt" : new Date()}},
... {"upsert" : true})
{ "acknowledged" : true, "matchedCount" : 1, "modifiedCount" : 0 }
> db.users.findOne()
{
    "_id" : ObjectId("5727b4ac223502483c7f3ace"),
    "createdAt" : ISODate("2016-05-02T20:12:28.640Z")
}
```

注意，你通常不需要儲存 "createdAt" 欄位，因為 ObjectIds 就會包含文件被建立時的時間戳記。然而，在建立額外的欄位、初始計數器以及對沒有使用 ObjectIds 的集合來說，"$setOnInsert" 是很有用的。

save 命令列界面輔助函式

save 是一個命令列界面函式，讓你在某個文件不存在時插入它，在文件存在時則更新它。它僅有一個參數：文件。若該文件包含 "_id" 鍵，save 將會執行更新插入。要不然它會執行插入。這是個非常方便的函式，讓程式設計師可以快速的在命令列界面修改文件：

```
> var x = db.testcol.findOne()
> x.num = 42
42
> db.testcol.save(x)
```

若不使用 save，最後一行將會變成更麻煩的：

```
db.testcol.replaceOne({"_id" : x._id}, x)
```

更新多個文件

截至目前為止，本章都是用 "updateOne" 來說明更新動作。"updateOne" 只會更新符合過濾器條件的第一個文件。若有多個符合條件的文件，它們將不會被改變。若要更新所有符合過濾器條件的文件，就要使用 "updateMany"。"updateMany" 跟 "updateOne" 的意義是相同的，所使用的參數也相同。最主要的差異是可能會被變更的文件數量。

當要執行綱要移植或是對某些使用者提供新功能時，"updateMany" 就會是一個強大的工具。舉例來說，假設我們想要對每一個在某天生日的使用者贈送禮物。我們便能夠使用 updateMany 來新增一個 "gift" 到他們的帳號。如下：

```
> db.users.insertMany([
... {birthday: "10/13/1978"},
... {birthday: "10/13/1978"},
... {birthday: "10/13/1978"}])
{
    "acknowledged" : true,
    "insertedIds" : [
        ObjectId("5727d6fc6855a935cb57a65b"),
        ObjectId("5727d6fc6855a935cb57a65c"),
        ObjectId("5727d6fc6855a935cb57a65d")
    ]
}
```

```
> db.users.updateMany({"birthday" : "10/13/1978"},
... {"$set" : {"gift" : "Happy Birthday!"}})
{ "acknowledged" : true, "matchedCount" : 3, "modifiedCount" : 3 }
```

對 updateMany 的呼叫會把我們剛剛新增到 *users* 集合的三個文件，新增 **"gift"** 欄位。

回傳更新後的文件

在某些狀況下，回傳修改過後的文件是很重要的。在早期版本的 MongoDB 中，findAndModify 是用在這種狀況的方法。它對於管理佇列以及執行需要原子性「取得並且設定」的其他操作來說，是非常方便的。然而，findAndModify 很容易導致使用者出錯，因為它是一個結合了三個不同種類操作的複雜方法：刪除、置換以及更新（包含插入更新）。

MongoDB 3.2 版發佈了三個命令列界面的新集合方法，來提供 findAndModify 的功能，但它們的名稱在語意上來說更簡單被學習以及記憶：findOneAndDelete、findOneAndReplace 和 findOneAndUpdate。舉例來說，這些方法跟 updateOne 的最主要差異就是，這些方法讓你能夠原子性的取得修改過後的文件的值。MongoDB 4.2 版更擴充了 findOneAndUpdate 來允許更新的聚集管道。這個管道可以由以下不同的階段組合而成：$addFields 及其別名 $set、$project 及其別名 $unset，以及 $replaceRoot 及其別名 $replaceWith。

假設我們有個程序的集合，要依照某個順序執行。每個程序用一個文件以如下的格式來表示：

```
{
    "_id" : ObjectId(),
    "status" : state,
    "priority" : N
}
```

"status" 是一個字串，可能是 **"READY"**、**"RUNNING"** 或是 **"DONE"**。我們需要找到在 **"READY"** 狀態中，有最高優先順序（priority）的工作，執行該程序的函數，然後將其狀態更新至 **"DONE"**。我們會試著查詢準備好的程序、依照優先順序排序然後將最高優先順序的程序狀態更新為 **"RUNNING"**。當執行完成後，更新狀態至 **"DONE"**。這些動作如下所示：

```
var cursor = db.processes.find({"status" : "READY"});
ps = cursor.sort({"priority" : -1}).limit(1).next();
db.processes.updateOne({"_id" : ps._id}, {"$set" : {"status" : "RUNNING"}});
do_something(ps);
db.processes.updateOne({"_id" : ps._id}, {"$set" : {"status" : "DONE"}});
```

這個演算法並不好，因為可能會造成競賽問題。假設我們有兩個執行緒同時執行，第一個執行緒（稱為 A）取得了文件，另一個執行緒（稱為 B）在 A 將該文件狀態更新為 "RUNNING" 之前也取得了相同的文件，兩個執行緒就會執行相同的程序。我們可以藉由把確認狀態的條件放入更新的查詢中來避免此狀況，但這樣會變得複雜：

```
var cursor = db.processes.find({"status" : "READY"});
cursor.sort({"priority" : -1}).limit(1);
while ((ps = cursor.next()) != null) {
    var result = db.processes.updateOne({"_id" : ps._id, "status" : "READY"},
                              {"$set" : {"status" : "RUNNING"}});

    if (result.modifiedCount === 1) {
        do_something(ps);
        db.processes.updateOne({"_id" : ps._id}, {"$set" : {"status" : "DONE"}});
        break;
    }
    cursor = db.processes.find({"status" : "READY"});
    cursor.sort({"priority" : -1}).limit(1);
}
```

並且，若時機剛好，其中一個執行緒可能永遠都在做事，而另一個執行緒則一直無意義的挑選工作並且失敗。例如執行緒 A 可能永遠在抓取程序，接著 B 嘗試取得相同的程序且失敗了，然後讓 A 做了所有的工作。

這種狀況就適合使用 findOneAndUpdate。findOneAndUpdate 會回傳物件，並且在單一的動作中更新它。在這種狀況中，會如下所示：

```
> db.processes.findOneAndUpdate({"status" : "READY"},
... {"$set" : {"status" : "RUNNING"}},
... {"sort" : {"priority" : -1}})
{
    "_id" : ObjectId("4b3e7a18005cab32be6291f7"),
    "priority" : 1,
    "status" : "READY"
}
```

請注意，回傳文件狀態仍然是 "READY"，因為 findOneAndUpdate 方法預設會在文件被修改前就先回傳文件的狀態。若我們將選項文件中的 "returnNewDocument" 欄位設為 true，它就會回傳更新過後的文件。選項文件會在 findOneAndUpdate 的第三個參數被傳入：

```
> db.processes.findOneAndUpdate({"status" : "READY"},
... {"$set" : {"status" : "RUNNING"}},
... {"sort" : {"priority" : -1},
...  "returnNewDocument": true})
```

```
{
    "_id" : ObjectId("4b3e7a18005cab32be6291f7"),
    "priority" : 1,
    "status" : "RUNNING"
}
```

因此，該程式變為如下：

```
ps = db.processes.findOneAndUpdate({"status" : "READY"},
                                   {"$set" : {"status" : "RUNNING"}},
                                   {"sort" : {"priority" : -1},
                                    "returnNewDocument": true})
do_something(ps)
db.process.updateOne({"_id" : ps._id}, {"$set" : {"status" : "DONE"}})
```

除了這個之外，還有其他兩個方法你應該要注意。findOneAndReplace 使用相同的參數，並且會依照 returnNewDocument 欄位的值，在文件被置換前或被置換後回傳符合過濾器的文件。findOneAndDelete 也很類似，但它不用一個更新文件當作參數，而且能夠設定的選項也比其他兩個方法少。findOneAndDelete 會回傳被刪除的文件。

## 第四章

查詢

本章會詳細的介紹查詢。主要涵蓋的部分如下：

- 你能夠作範圍查詢、集合查詢、不等式以及更多使用 $ 字元的條件式。

- 查詢會回傳一個資料庫游標（cursor），在你需要時會延遲地批次回傳文件。

- 有許多子動作可以在游標上執行，包含跳過一定數量的結果、限制回傳的結果數量以及排序結果。

簡介查詢

find 方法用來在 MongoDB 中執行查詢。查詢會回傳在集合中文件的子集合，有可能沒有任何文件，也有可能是整個集合文件。find 方法的第一個參數決定了哪些文件要被回傳，它是一個指定什麼查詢條件要被執行的文件。

一個空的查詢文件（如 {}）會找到集合內的所有文件。若沒有傳入查詢文件至 find 中，它預設就會傳入 {}。舉例來說，如下：

```
> db.c.find()
```

會回傳在集合 c 中的所有文件（並且是批次的回傳這些文件）。

當我們開始在查詢文件中加入鍵值對時，便開始限制我們的搜尋。對於多數的型態，通常都可以正確運作：數字匹配數字、布林值匹配布林值，而字串匹配字串。對簡單型態

的查詢，只要直接指定想要找的值即可。舉例來說，要找到所有 **"age"** 值為 27 的文件，
只要在查詢文件中加入一個鍵值對：

```
> db.users.find({"age" : 27})
```

若我們想要找到一個字串，如鍵為 **"username"** 且值為 **"joe"** 的文件，可以使用下面的鍵
值對：

```
> db.users.find({"username" : "joe"})
```

多重條件的查詢，可以藉由將許多的鍵值對加入到查詢文件中達成，它們將會被解釋
為「條件 1 AND 條件 2 AND... AND 條件 N」。舉例來說，想要找到所有 **"age"** 為 27 且
"username" 為 **"joe"** 的使用者，可以如下的查詢：

```
> db.users.find({"username" : "joe", "age" : 27})
```

指定要回傳的鍵

有時候你並不需要文件中所有的鍵值對都被回傳。若在這種狀況下，你可以在 `find`（或
是 `findOne`）的第二個參數中，指定你想要回傳的鍵。這麼做可以減少資料傳輸的量、時
間以及在客戶端解碼文件所需的記憶體。

舉例來說，若你有一個使用者集合，但是只對 **"username"** 以及 **"email"** 這兩個鍵有興趣，
那麼使用下面的查詢就可以得到只有這些鍵的回傳：

```
> db.users.find({}, {"username" : 1, "email" : 1})
{
    "_id" : ObjectId("4ba0f0dfd22aa494fd523620"),
    "username" : "joe",
    "email" : "joe@example.com"
}
```

如你在上面的輸出中所見的，**"_id"** 鍵預設會被回傳，就算它並沒有被指定也一樣。

你也能夠在第二個參數中指定某些鍵值對不要在查詢結果中出現。舉例來說，你有個擁
有許多鍵的文件，而你唯一知道的事情，就是你永遠不會需要 **"fatal_weakness"** 鍵被回
傳：

```
> db.users.find({}, {"fatal_weakness" : 0})
```

這也可以用來防止 **"_id"** 鍵被回傳：

```
> db.users.find({}, {"username" : 1, "_id" : 0})
{
```

```
        "username" : "joe",
    }
```

限制

在查詢中會有一些限制。查詢文件中的值，傳入資料庫時都必須要是常數。（當然，在你的程式碼中它可以是一個普通的變數。）也就是說，它不能參照文件中的其他鍵。舉例來說，若我們想要維護一個存貨清單，而我們有 "in_stock" 以及 "num_sold" 兩個鍵，我們沒有辦法藉由下面的查詢來比較它們的值：

```
> db.stock.find({"in_stock" : "this.num_sold"}) // 沒辦法成功
```

有很多方法可以達到這個效果（請見在第 69 頁的「$where 查詢」），但若稍微的重新架構文件通常可以得到較好的效能，因為這樣的話就只要使用正常的查詢即可。在這個範例中，我們可以使用 "initial_stock" 以及 "in_stock" 這兩個鍵來代替。然後，每次只要有人買一個商品，我們將 "in_stock" 的值減 1。最後，當我們想要知道有什麼物件是缺貨的狀態時，只要用以下的簡單查詢即可：

```
> db.stock.find({"in_stock" : 0})
```

查詢條件

查詢除了前一節所敘述的完全匹配之外，還可以做許多事，它們可以用更複雜的條件來匹配文件，如範圍、OR 語句以及否定。

查詢條件式

"$lt"、"$lte"、"$gt" 以及 "$gte" 都是比較運算子，分別代表 <、<=、> 以及 >=。它們可以被結合在一起，用來查詢範圍的值。舉例來說，要查詢年紀在 18 歲至 30 歲之間的（包含 18 歲以及 30 歲）的使用者，可以這麼做：

```
> db.users.find({"age" : {"$gte" : 18, "$lte" : 30}})
```

這會找到 "age" 鍵的值大於等於 18 以及小於等於 30 的所有文件。

這些範圍查詢的型態對於日期運算是非常有用的。舉例來說，想要找到在 2007 年 1 月 1 日前註冊的使用者，可以這麼做：

```
> start = new Date("01/01/2007")
> db.users.find({"registered" : {"$lt" : start}})
```

取決於你是如何建立並且儲存日期的，日期的完全匹配可能沒這麼有用，因為日期是以毫秒形式儲存的。通常你會需要查詢一整天、一週或是一個月，因此範圍查詢是必要的。

想要查詢鍵的值並不等於某個值的文件時，你必須要使用另一個比較條件運算子，"$ne"，也就是「不等於」的意思。若你想要找到所有使用者名稱不為 "joe" 的使用者，你可以如下查詢他們：

```
> db.users.find({"username" : {"$ne" : "joe"}})
```

"$ne" 可以使用在任何的型態上。

OR 查詢

在 MongoDB 中有兩個方法可以做到 OR 查詢。"$in" 可以用來查詢單一鍵中的多個值。"$or" 則比較通泛一些，它可以用來在多重鍵之間查詢多個給定的值。

若想要用多於一個的可能值來查詢單一鍵，就可以搭配 "$in" 使用條件的陣列。舉例來說，假設我們要賣彩券，而得獎的號碼分別為 725、542 以及 390。想要找尋有這三個值的文件，可以用以下的查詢：

```
> db.raffle.find({"ticket_no" : {"$in" : [725, 542, 390]}})
```

"$in" 非常有彈性，並且允許你指定不同型態的條件與不同型態的值。舉例來說，若我們想要慢慢的移植綱要，將使用者編號改為使用者名稱，我們可以這樣查詢兩者：

```
> db.users.find({"user_id" : {"$in" : [12345, "joe"]})
```

這會找出 "user_id" 等於 12345 的文件，也會找出 "user_id" 等於 "joe" 的文件。

若 "$in" 中給了一個只有單一值的陣列，它的行為就會像完全匹配一樣。舉例來說，{ticket_no : {$in : [725]}} 會匹配出跟 {ticket_no : 725} 相同的文件。

"$in" 的相反就是 "$nin"，"$nin" 會回傳不符合陣列中任何條件的所有文件。若我們想要列出所有買了彩券卻沒有得獎的人，可以使用下面的方式查詢：

```
> db.raffle.find({"ticket_no" : {"$nin" : [725, 542, 390]}})
```

這個查詢會回傳有買彩券但沒有買到這些號碼的所有人。

"$in" 讓你可以對單一鍵使用 OR 查詢，但若我們想要找出 "ticket_no" 為 725 且 "winner" 為 true 的文件呢？對於這種查詢，則需要使用 "$or" 條件式。"$or" 可以使用可能條件的陣列。在彩券的例子中，使用 "$or" 會如下：

```
> db.raffle.find({"$or" : [{"ticket_no" : 725}, {"winner" : true}]})
```

"$or" 能夠包含其他的條件式。舉例來說，若想要試著匹配任何三個 "ticket_no" 的值或是 "winner" 鍵，可以這樣使用：

```
> db.raffle.find({"$or" : [{"ticket_no" : {"$in" : [725, 542, 390]}},
...                         {"winner" : true}]})
```

對於一個正常的 AND 形式查詢，最好能夠在越少的參數情況下，盡可能的縮小結果。而對於 OR 形式的查詢則是相反的：它們在第一個參數匹配到越多文件的時候會最有效率。

儘管 "$or" 總是能夠正常運作，但盡可能使用 "$in"，可以讓查詢優化器更有效率的處理你的查詢。

$not

"$not" 是一個元條件式：它可以用在任何其他條件之上。舉個例子，來看看模數運算子："$mod"。"$mod" 會查詢鍵的值若除以第一個參數所得的餘數為第二個參數的文件：

```
> db.users.find({"id_num" : {"$mod" : [5, 1]}})
```

前個查詢會回傳 "id_num" 為 1，6，11，16，... 等的使用者。若想要回傳 "id_num" 為 2，3，4，5，7，8，9，10，12，... 等的使用者，則可以使用 "$not"：

```
> db.users.find({"id_num" : {"$not" : {"$mod" : [5, 1]}}})
```

"$not" 在結合基本的正規表示式（正規表示式的使用方式在第 62 頁的「正規表示式」中有介紹），來找出所有不符合某個模式的文件時是非常有用的。

特定型態的查詢

如第二章所敘述的內容，MongoDB 可以在文件中使用極廣泛的型態。有些型態在查詢中會有較特別的行為。

null

null 的行為有一些詭異。它當然會匹配到自己，若有個集合擁有下列的文件：

```
> db.c.find()
{ "_id" : ObjectId("4ba0f0dfd22aa494fd523621"), "y" : null }
{ "_id" : ObjectId("4ba0f0dfd22aa494fd523622"), "y" : 1 }
{ "_id" : ObjectId("4ba0f148d22aa494fd523623"), "y" : 2 }
```

如預期的，可以用下列的方式來查詢 "y" 鍵為 null 的文件：

```
> db.c.find({"y" : null})
{ "_id" : ObjectId("4ba0f0dfd22aa494fd523621"), "y" : null }
```

然而，null 不單會匹配到它自己，也會匹配到「不存在」。因此，查詢某個鍵的值為
null 時，也會回傳所有沒有該鍵的文件：

```
> db.c.find({"z" : null})
{ "_id" : ObjectId("4ba0f0dfd22aa494fd523621"), "y" : null }
{ "_id" : ObjectId("4ba0f0dfd22aa494fd523622"), "y" : 1 }
{ "_id" : ObjectId("4ba0f148d22aa494fd523623"), "y" : 2 }
```

若單純只是想要找值為 null 的鍵，我們可以確認該鍵為 null，並且使用 "$exists" 條件
式來確認是否存在：

```
> db.c.find({"z" : {"$eq" : null, "$exists" : true}})
```

正規表示式

"$regex" 提供在查詢內使用正規表示式來對字串作模式匹配的能力。正規表示式在彈性
的字串查詢時非常有用。舉例來說，若想要找到名稱為 Joe 或是 joe 的使用者，可以使用
正規表示式來作不分大小寫的匹配：

```
> db.users.find( {"name" : {"$regex" : /joe/i } })
```

正規表示式旗標（如 i）是被允許使用但不是必要的。若想要匹配的不只是不分大小寫的
joe，還想要匹配到 joey，則可以繼續改良正規表示式：

```
> db.users.find({"name" : /joey?/i})
```

MongoDB 使用 Perl 相容正規表示式（PCRE）函式庫來匹配正規表示式，所以任何被
PCRE 允許的正規表示式語法都會被 MongoDB 允許。當要真正在查詢內使用正規表示式
時，先用 JavaScript 命令列界面來檢查語法會是個好方法，因為這樣可以確認它真的有
找到你想搜尋的文件。

MongoDB 在作前綴的正規表示式（如 /^joey/）時會使用索引。索引並
不能被用在不分大小寫的搜尋內（/^joey/i）。正規表示式若是以脫字
符號（^）或是左錨點符號（\A）開頭，它就是一個「前綴表示式」。若
正規表示式使用區分大小寫的查詢，那麼若該欄位有索引，便可藉由索
引中的值來查詢。若它也是個前綴表示式，那麼藉由從索引內的前綴產
生的範圍，便會限制搜尋的值。

正規表示式也能夠查詢到自己。非常少的人會將正規表示式插入資料庫中，但若你這麼做，你可以用它自己查詢到：

```
> db.foo.insertOne({"bar" : /baz/})
> db.foo.find({"bar" : /baz/})
{
    "_id" : ObjectId("4b23c3ca7525f35f94b60a2d"),
    "bar" : /baz/
}
```

查詢陣列

查詢一個陣列的元素就如同查詢非陣列一樣。舉例來說，若有個陣列是水果的清單，如下：

```
> db.food.insertOne({"fruit" : ["apple", "banana", "peach"]})
```

下面的查詢將會找到這個文件：

```
> db.food.find({"fruit" : "banana"})
```

這樣就如同我們有個看起來像是這樣的（不合法的）文件：{"fruit" : "apple", "fruit" : "banana", "fruit" : "peach"}，然後用它來查詢。

"$all"

若需要用多於一個的元素來匹配陣列，可以使用 "$all"。這讓你能夠匹配多個元素。舉例來說，假設我們建立一個有三個元素的集合：

```
> db.food.insertOne({"_id" : 1, "fruit" : ["apple", "banana", "peach"]})
> db.food.insertOne({"_id" : 2, "fruit" : ["apple", "kumquat", "orange"]})
> db.food.insertOne({"_id" : 3, "fruit" : ["cherry", "banana", "apple"]})
```

然後使用 "$all" 查詢所有同時包含 "apple" 以及 "banana" 元素的文件：

```
> db.food.find({fruit : {$all : ["apple", "banana"]}})
{"_id" : 1, "fruit" : ["apple", "banana", "peach"]}
{"_id" : 3, "fruit" : ["cherry", "banana", "apple"]}
```

順序並不造成任何影響。請注意，在第二個結果中的 "banana" 出現在 "apple" 之前。使用 "$all" 搭配一個元素的陣列跟不使用 "$all" 是相同的。舉例來說，{fruit : {$all : ['apple']} 跟 {fruit : 'apple'} 會找到相同的文件。

你也能夠使用整個陣列來作完全匹配的查詢。然而，若少了任何的元素或是多了任何的元素，完全匹配將無法找到該文件。舉例來說，以下的查詢將會匹配到之前三個文件中的第一個文件：

```
> db.food.find({"fruit" : ["apple", "banana", "peach"]})
```

但這樣就無法：

```
> db.food.find({"fruit" : ["apple", "banana"]})
```

這樣也沒有辦法：

```
> db.food.find({"fruit" : ["banana", "apple", "peach"]})
```

若想要查詢一個陣列中的特定元素，可以使用 *key.index* 的語法來指定索引位置：

```
> db.food.find({"fruit.2" : "peach"})
```

陣列永遠是從零開始索引的，所以這麼作將會匹配到陣列的第三個元素是 "peach" 的文件。

"$size"

另一個常用的查詢陣列的條件式是 "$size"，它允許你用陣列的大小來查詢陣列。以下是個範例：

```
> db.food.find({"fruit" : {"$size" : 3}})
```

常見的查詢是用陣列大小的範圍來查詢。"$size" 不能跟其他 $ 字元為前綴的條件式結合（在這個範例中是 "$gt"），但這個查詢可以藉由加入 "size" 鍵到文件中來達成。然後，每次在陣列中新增一個元素時，增加 "size" 中的值。若原本的更新如下：

```
> db.food.update(criteria, {"$push" : {"fruit" : "strawberry"}})
```

它可以簡單的變為：

```
> db.food.update(criteria,
... {"$push" : {"fruit" : "strawberry"}, "$inc" : {"size" : 1}})
```

增加值是非常快的，所以任何效能的降低都是可以被忽略的。如此的儲存文件允許你如下般的查詢：

```
> db.food.find({"size" : {"$gt" : 3}})
```

不幸的是，這個方法沒辦法跟 "$addToSet" 運算子搭配使用。

"$slice"

如同本章稍早前提到的，find 中非必要的第二個參數指定了要回傳的鍵。"$slice" 這個特別的運算子能夠用來回傳一個陣列鍵的子集元素。

舉例來說，假設有一個部落格文章的文件，而我們想要回傳前十筆的評論：

```
> db.blog.posts.findOne(criteria, {"comments" : {"$slice" : 10}})
```

若我們想要最後十筆評論，則可以使用 -10：

```
> db.blog.posts.findOne(criteria, {"comments" : {"$slice" : -10}})
```

"$slice" 也能夠使用偏移量搭配元素數量來回傳中間的結果：

```
> db.blog.posts.findOne(criteria, {"comments" : {"$slice" : [23, 10]}})
```

這麼做會跳過前 23 個元素，然後回傳第 24 個到第 33 個元素。若陣列中僅有少於 33 個元素，它會儘可能的回傳最多個元素。

除非有特別指定，要不然在使用 "$slice" 時，文件所有的鍵都會被回傳。這不像其他的鍵修飾子，回傳時它們會跳過那些未被提及的鍵。舉例來說，若有個部落格文章的文件如下：

```
{
    "_id" : ObjectId("4b2d75476cc613d5ee930164"),
    "title" : "A blog post",
    "content" : "...",
    "comments" : [
        {
            "name" : "joe",
            "email" : "joe@example.com",
            "content" : "nice post."
        },
        {
            "name" : "bob",
            "email" : "bob@example.com",
            "content" : "good post."
        }
    ]
}
```

然後我們執行 "$slice" 來取得最後的評論，我們會得到：

```
> db.blog.posts.findOne(criteria, {"comments" : {"$slice" : -1}})
{
```

```
            "_id" : ObjectId("4b2d75476cc613d5ee930164"),
            "title" : "A blog post",
            "content" : "...",
            "comments" : [
                {
                    "name" : "bob",
                    "email" : "bob@example.com",
                    "content" : "good post."
                }
            ]
        }
```

"title" 以及 "content" 仍然都會被回傳，就算它們沒有明確的被包含在鍵的修飾子中。

回傳符合條件的陣列元素

當你知道元素的索引位置時，使用 "$slice" 會很有幫助，但有時候你想要任何符合條件的陣列元素。你可以使用 $ 字元運算子來回傳匹配到的元素。以前面的部落格範例來說，你可以使用如下的方法取得 Bob 的評論：

```
> db.blog.posts.find({"comments.name" : "bob"}, {"comments.$" : 1})
{
    "_id" : ObjectId("4b2d75476cc613d5ee930164"),
    "comments" : [
        {
            "name" : "bob",
            "email" : "bob@example.com",
            "content" : "good post."
        }
    ]
}
```

注意，對每個文件來說，它只會回傳第一個匹配的：若 Bob 在該文章中留了多個評論，只有在 "comments" 陣列中的第一個評論會被回傳。

陣列與範圍查詢的互動

文件中的非陣列元素必須要匹配到查詢條件中的每一個敘述。舉例來說，若你查詢 {"x" : {"$gt" : 10, "$lt" : 20}}，"x" 必須要同時大於 10 且小於 20。然而，若一個文件中的 "x" 欄位是陣列，若查詢的每個條件都有元素可以滿足，文件就會被找出，但*每個查詢條件可以分別被不同的元素滿足*。

要理解這個行為的最好方式就是來看一個範例。假設我們有如下的文件：

```
{"x" : 5}
{"x" : 15}
{"x" : 25}
{"x" : [5, 25]}
```

若我們想要找出 "x" 介於 10 跟 20 之間的所有文件，我們很自然的會下這個查詢：{"x" : {"$gt" : 10, "$lt" : 20}}，然後取得一個文件 {"x" : 15}。然而，執行這個查詢，我們會得到兩個文件：

```
> db.test.find({"x" : {"$gt" : 10, "$lt" : 20}})
{"x" : 15}
{"x" : [5, 25]}
```

5 跟 25 都沒有介於 10 跟 20 之間，但該文件被回傳是因為，25 滿足了第一個條件敘述（大於 10），而 5 滿足了第二個條件敘述（小於 20）。

這讓在陣列上的範圍查詢變得無用：一個範圍會匹配到任何多元素的陣列。有一些其他的方法可以得到預期的行為。

第一，你能夠使用 "$elemMatch" 來讓 MongoDB 強制對陣列中的每個元素比較這兩個條件式。然而，麻煩的是 "$elemMatch" 並無法匹配到非陣列的元素：

```
> db.test.find({"x" : {"$elemMatch" : {"$gt" : 10, "$lt" : 20}}})
> // no results
```

{"x" : 15} 文件無法匹配到該查詢，因為它的 "x" 欄位不是陣列。也就是說，若要將陣列值與非陣列值混合在一個欄位內，你必須要有個好理由。許多的使用情況都不需要混合使用。對沒有混用的狀況來說，"$elemMatch" 提供了對陣列元素範圍查詢的良好解決方案。

若在你要查詢的欄位有建立索引（見第五章），你便能夠使用 min 和 max，來限制查詢所拜訪的索引範圍，讓它只在 "$gt" 與 "$lt" 值之間：

```
> db.test.find({"x" : {"$gt" : 10, "$lt" : 20}}).min({"x" : 10}).max({"x" : 20})
{"x" : 15}
```

現在這只會拜訪從 10 到 20 的索引，而 5 跟 25 的輸入將會跳過。只有在查詢的欄位上有索引時才能夠使用 min 和 max，而且你必須要將該索引的所有欄位傳給 min 和 max。

在可能包含陣列的文件上使用 min 和 max 作範圍查詢通常是個好主意。在陣列上使用 "$gt"/"$lt" 查詢的索引是沒有效率的。它基本上會接受任何的值，所以它將會搜尋每一個索引值，而不只是搜尋在範圍內的值。

在內嵌文件上查詢

有兩個方法可以用來查詢內嵌文件：整個文件的查詢或是單獨鍵值對的查詢。

對整個內嵌文件作查詢就如同一個普通的查詢。舉例來說，若有個如下的文件：

```
{
    "name" : {
        "first" : "Joe",
        "last" : "Schmoe"
    },
    "age" : 45
}
```

我們可以用如下的查詢來尋找某個叫做 Joe Schmoe 的人：

```
> db.people.find({"name" : {"first" : "Joe", "last" : "Schmoe"}})
```

然而，對於整個子文件的查詢必須完全匹配到該子文件。若 Joe 決定要加一個中名的鍵，這個查詢將再也無法運作，因為它無法匹配到整個內嵌文件！這種查詢也是有順序性的：像是 {"last" : "Schmoe", "first" : "Joe"} 就沒辦法匹配到該文件。

若可能的話，只查詢內嵌文件的特定鍵是個較好的做法。然後，若綱要改變時，所有的查詢不會馬上發生錯誤，因為它們並不是完全匹配。你可以使用點（.）記號來查詢內嵌的鍵：

```
> db.people.find({"name.first" : "Joe", "name.last" : "Schmoe"})
```

現在，若 Joe 新增了更多的鍵，這個查詢還是會匹配到他的姓跟名。

點記號是查詢文件跟其他文件種類之間最主要的差異。查詢文件可以包含「點」，點代表「接觸至內嵌文件」。點記號也是造成要被插入的文件不能包含點字元的原因。使用者常常會因為這個原因，而在試著把 URL 存為鍵時發生錯誤。其中一個解決的辦法是，在插入前以及取出後執行全域取代，將在 URL 中不合法的字元（也就是點 (.) 字元）置換掉。

當內嵌文件的結構更複雜時，匹配內嵌文件會變得比較難處理。舉例來說，假設我們有儲存部落格的文章，並且想要找到 Joe 對文章的評分至少為五分的評論。我們可以使用如下的方法找出文章：

```
> db.blog.find()
{
    "content" : "...",
    "comments" : [
        {
```

```
                  "author" : "joe",
                  "score" : 3,
                  "comment" : "nice post"
              },
              {
                  "author" : "mary",
                  "score" : 6,
                  "comment" : "terrible post"
              }
          ]
    }
```

現在，並沒有辦法使用 db.blog.find({"comments" : {"author" : "joe", "score" : {"$gte" : 5}}})。內嵌文件的匹配必須要匹配到整個文件，這樣無法匹配到 "comment" 鍵。若執行 db.blog.find({"comments.author" : "joe", "comments.score" : {"$gte" : 5}}) 也無法做到，因為作者條件跟分數條件可能會匹配到不一樣的評論。因此，它可能會回傳前面所示的文件：第一個評論匹配到 "author" : "joe" 的條件，而第二個評論則匹配到 "score" : 6 的條件。

若想要修正查詢條件，而又不需要指定每一個鍵，那麼可以使用 "$elemMatch"。這個命名有點不清楚的條件式，允許你可以部分指定條件，來匹配到一個陣列中的單一內嵌文件。正確的查詢看起來應該是這樣：

```
> db.blog.find({"comments" : {"$elemMatch" :
... {"author" : "joe", "score" : {"$gte" : 5}}}})
```

"$elemMatch" 允許我們「聚集」我們的條件。所以，只有當要在單一內嵌文件中匹配多於一個鍵時才需要使用到它。

$where 查詢

鍵值對對查詢而言是很有表達性的，但仍有些查詢是無法被呈現的。對那些無法達成的查詢，可以使用 "$where" 子句，它允許在查詢之中直接執行 JavaScript。這讓你可以在查詢中做到（幾乎）所有的事情。以安全性來說，"$where" 子句的使用應該要被高度限制或是消除。終端使用者應該要永遠不被允許直接使用 "$where" 子句。

最常見的狀況就是，想要比較一個文件中兩個鍵的值。舉例來說，有如下的文件：

```
> db.foo.insertOne({"apple" : 1, "banana" : 6, "peach" : 3})
> db.foo.insertOne({"apple" : 8, "spinach" : 4, "watermelon" : 4})
```

想要找到任兩個欄位是相同的文件。在第二個文件中，"spinach" 跟 "watermelon" 有相同的值，我們想要這種文件被回傳。MongoDB 應該永遠不會有類似功能的 $ 條件式，所以我們可以搭配 "$where" 子句使用 JavaScript 來達成：

```
> db.foo.find({"$where" : function () {
... for (var current in this) {
...     for (var other in this) {
...         if (current != other && this[current] == this[other]) {
...             return true;
...         }
...     }
... }
... return false;
... }});
```

若該函式回傳 true，該文件將會是結果集合的一部分；若它回傳 false 則不會被加入結果集合內。

除非必要的情況下，要不然 "$where" 查詢不應該被使用：它會比普通的查詢要慢上許多。每個文件必須要從 BSON 被轉換為 JavaScript 物件，然後執行 "$where" 中的內容。索引在 "$where" 查詢中也發揮不了效用。因此，應該只有在沒有任何其他方法查詢的狀況下才使用 "$where"。你能夠使用其他的查詢結合 "$where" 子句，來減低它所造成的效能傷害。若可能，將索引用在非 $where 子句的查詢來過濾結果，而 "$where" 表示式則僅用來微調查詢結果。MongoDB 3.6 版新增了 $expr 運算子，讓 MongoDB 查詢語言能夠使用聚集表示式。因為不用執行 JavaScript 所以這會比 $where 快，也很推薦在可能時將 $where 運算子置換掉。

其他作複雜查詢的方法，就是使用其中一種聚集工具，這將會在第七章中介紹。

游標（Cursor）

資料庫會使用*游標*來從 find 方法回傳結果。游標在客戶端的實作，通常允許你控制大量從查詢回傳的最終輸出。你能夠限制結果的數量、跳過某些數量的結果、結合任何的鍵來排序或是執行許多其他強大的動作。

要在命令列界面中建立一個游標，可以將一些文件放入集合中，在其上執行查詢並且指定結果至一個本地變數（用 "var" 定義的變數就是本地的）。在此，我們建立一個非常簡單的集合並且查詢它，並且把結果存在 cursor 這個變數中：

```
> for(i=0; i<100; i++) {
...      db.collection.insertOne({x : i});
... }
> var cursor = db.collection.find();
```

這麼做的好處是，一次可以看一個結果。若將結果儲存在全域變數中或是不儲存在變數中，MongoDB 命令列界面將會自動的遞迴顯示前幾個文件。這也是我們截至目前為止所看到的，這在想要看一個集合內有什麼文件是很方便的，但通常真正在命令列界面中開發程式時並不會希望這樣。

想要遞迴結果，可以在游標上使用 next 方法。你能夠使用 hasNext 方法來確認是否還有其他的結果。對於查詢結果的典型迴圈如下所示：

```
> while (cursor.hasNext()) {
...      obj = cursor.next();
...      // do stuff
... }
```

cursor.hasNext() 會確認下一個結果是否存在，而 cursor.next() 則會取得它。

cursor 類別也實作了 JavaScript 的遞迴界面，所以你能夠在 forEach 迴圈中使用它：

```
> var cursor = db.people.find();
> cursor.forEach(function(x) {
...      print(x.name);
... });
adam
matt
zak
```

當你呼叫 find 時，命令列界面並不會馬上查詢資料庫。它會等到真正開始要求結果時才送出查詢，這樣在查詢被執行之前，還能允許你在查詢之上串聯其他的選項。幾乎所有在 cursor 物件上的方法都會回傳游標本身，因此可以依照任何順序來串聯它們。舉例來說，下面所有的查詢都相等：

```
> var cursor = db.foo.find().sort({"x" : 1}).limit(1).skip(10);
> var cursor = db.foo.find().limit(1).sort({"x" : 1}).skip(10);
> var cursor = db.foo.find().skip(10).limit(1).sort({"x" : 1});
```

此時，查詢尚未真正被執行。所有這些函數都只是建立查詢。現在，假設我們呼叫以下的方法：

```
> cursor.hasNext()
```

此時，查詢將會被送至伺服器。命令列界面會一次抓取前 100 個結果或是前 4MB 的結果（看哪個比較小），所以下一次呼叫 next 或 hasNext 時將不用再對伺服器查詢。當客戶端已經瀏覽完第一組結果後，命令列界面會再次聯絡資料庫，並且使用 getMore 請求來要求更多的結果。getMore 請求基本上包含了游標辨識子，並且會詢問資料庫是否還有更多的結果，若有的話則會回傳下一批資料。這個過程將會持續進行，直到游標被耗盡並且回傳了所有的結果。

限制、略過以及排序

最常見的查詢選項就是限制回傳的結果數量、略過一定數量的結果以及排序。這些動作必須在查詢被送到資料庫前被加上。

要設定限制，將 limit 函式串聯在 find 之後即可。舉例來說，若僅要回傳 3 個結果，如下使用：

```
> db.c.find().limit(3)
```

若在集合中匹配到查詢的文件少於三個，則只有匹配到文件數量的文件會被回傳。limit 是用來設定上限而並非下限。

skip 跟 limit 非常相似：

```
> db.c.find().skip(3)
```

這麼做會略過前三個匹配到的文件並且回傳剩下的文件。若在集合中的文件少於三個，它將不會回傳任何的文件。

sort 需要一個物件：鍵值對的集合，鍵為鍵的名稱而值為排序的方向。排序的方向可以為 1（遞增）或 -1（遞減）。若給予多個鍵，結果將會依照鍵的順序排序。舉例來說，若想要依照 "username" 遞增且 "age" 遞減的方式排序結果，可以這樣做：

```
> db.c.find().sort({username : 1, age : -1})
```

這三個方法可以被結合在一起。這樣對於分頁的功能是非常有用的。舉例來說，假設你營運一間線上商店，並且顧客要搜尋 *mp3*。若你一頁想要呈現 50 筆結果，並且依照價錢從高到低排序，可以這麼做：

```
> db.stock.find({"desc" : "mp3"}).limit(50).sort({"price" : -1})
```

若顧客點擊「下一頁」來看更多的結果，你可以在查詢上直接使用 skip，這將會略過前 50 筆匹配到的文件（使用者已經在第一頁上看過了）：

```
> db.stock.find({"desc" : "mp3"}).limit(50).skip(50).sort({"price" : -1})
```

然而，大量的略過並不是非常有效率的，所以接下來會提供一些建議來避免它們。

比較順序

MongoDB 對於型態之間如何比較存在個階級制度。舉例來說，有時單一鍵會有多個型態，整數與布林值或是字串與 null。若在擁有混合型態的鍵上執行排序，這些型態會依照事先定義好的順序被排序。從最小到最大的值，這些排序如下：

1. 最小值

2. null

3. 數字（整數、長整數、浮點數、實數）

4. 字串

5. 物件 / 文件

6. 陣列

7. 二元進位資料

8. 物件編號

9. 布林值

10. 日期

11. 時間戳記

12. 正規表示式

13. 最大值

避免大量略過

使用 skip 來略過小數量的文件是可以的。但對於略過大數量的結果，skip 會很慢，因為它必須要先找到結果，然後將所有跳過的結果丟棄。多數的資料庫會在索引中保存更多的元資料來幫助略過的動作，但 MongoDB 目前並不支援這種方式，所以應該要避免使用大量的略過。通常你可以依照前一個查詢的結果來計算下一個查詢。

不使用略過來分頁結果

達到分頁效果最簡單的方法就是使用 limit 來回傳結果的第一頁，然後從最開始來產生偏移量來顯示每一頁的結果：

```
> // do not use: slow for large skips
> var page1 = db.foo.find(criteria).limit(100)
> var page2 = db.foo.find(criteria).skip(100).limit(100)
> var page3 = db.foo.find(criteria).skip(200).limit(100)
...
```

然而，依照查詢的不同，通常都可以找到不使用 skip 而分頁的方法。舉例來說，假設要依照 "date" 遞減的方式來顯示文件。我們可以用下列的方法來取得第一頁的結果：

```
> var page1 = db.foo.find().sort({"date" : -1}).limit(100)
```

然後，假設時間欄位的值是唯一的，可以使用最後一個文件 "date" 中的值來當作取得下一頁的條件：

```
var latest = null;

// display first page
while (page1.hasNext()) {
    latest = page1.next();
    display(latest);
}

// get next page
var page2 = db.foo.find({"date" : {"$lt" : latest.date}});
page2.sort({"date" : -1}).limit(100);
```

這麼做，查詢就不用包括 skip 了。

隨機找文件

要如何從一個集合中隨機取得一個文件，這是個常見的問題。直覺（但很慢）的解法是，計算文件的數量然後執行 find，並且隨機跳過 0 到集合文件數量的文件：

```
> // do not use
> var total = db.foo.count()
> var random = Math.floor(Math.random()*total)
> db.foo.find().skip(random).limit(1)
```

這麼做來取得隨機的元素是非常沒有效率的：要先計算文件數量（若使用條件過濾，將會非常耗費資源），然後要略過大數量的元素也非常耗費時間。

這需要一些先見，但若你知道將會在一個集合中尋找隨機的元素，還有更多有效率的方法可以做。其中一個技巧是在每個文件被插入前增加一個額外的隨機鍵。舉例來說，若使用命令列界面，我們可以使用 `Math.random()` 函數（將會產生一個介於 0 與 1 之間的隨機數字）：

```
> db.people.insertOne({"name" : "joe", "random" : Math.random()})
> db.people.insertOne({"name" : "john", "random" : Math.random()})
> db.people.insertOne({"name" : "jim", "random" : Math.random()})
```

現在，當想要從集合中找一個隨機文件，可以計算一個隨機值，並且將它當做查詢的條件，就可以不使用 `skip` 了：

```
> var random = Math.random()
result = db.people.findOne({"random" : {"$gt" : random}})
```

當然，隨機的值可能有機會會大於集合中任何 `"random"` 中的值，這樣將不會回傳任何的結果。此時可以藉由回傳另一個方向的文件來避免此事：

```
> if (result == null) {
... result = db.people.findOne({"random" : {"$lte" : random}})
... }
```

若集合中沒有任何的文件，這個方法最終會回傳 `null`，這樣也很合理。

這個方法可以匹配任意複雜的查詢，只要確保索引有包含這個隨機鍵。舉例來說，想要隨機找加州的水電工，則可以在 `"profession"`、`"state"` 以及 `"random"` 鍵上建立索引：

```
> db.people.ensureIndex({"profession" : 1, "state" : 1, "random" : 1})
```

這將讓我們可以很快速的找到隨機的結果（請見第五章，將有更多關於索引的資訊）。

永恆（immortal）游標

游標是一體兩面的：面對客戶端的游標以及客戶端描繪的資料庫游標。先前所說的都是客戶端的游標，但我們將會簡短地來看看伺服器端會發生什麼事情。

在伺服器端，游標會使用記憶體以及資源。當游標使用完結果或是客戶端寄出訊息要求中止游標，資料庫就會釋放它所使用的資源。釋放資源讓資料庫可以用這些資源來作其他的事情，這是件好事，所以要確保游標可以（合理的）快速被釋放。

有一些條件會使得游標死亡（然後造成清除）。首先，當游標結束了匹配到結果的遞迴，它會將自己清除。另一個可能是，當游標在客戶端超出範圍了，驅動程式會向資料庫寄出一個特別的訊息，讓它知道它可以刪除該游標。最後，就算使用者尚未遞迴所有的結果而游標也還在範圍之內，若十分鐘內都沒有任何的動作，資料庫游標將會自動的「死亡」。若客戶端發生問題或是有錯誤時，MongoDB 才不會保留數千個開啟的游標。

這個「超時而刪除」的行為通常是很合理的：非常少的應用程式會期望它的使用者在數分鐘內都無所事事的等待結果。然而，有時你也許會知道游標需要存在一段很長的時間。在這種狀況中，許多驅動程式實作了一個稱為 immortal 的函式，或是類似的機制，告訴資料庫不要因為超時而刪除游標。若關閉了游標的超時刪除功能，就必須要遞迴它所有的結果或是強制刪除它才能讓它被關閉。要不然它將會永遠的在資料庫中霸佔著資源。

## 第二部分

設計你的應用程式

## 第五章

索引

本章介紹 MongoDB 的索引。索引可以讓查詢變得更快速。它們是應用程式開發的重要部分，並且對特定種類的查詢來說甚至是必要的。本章將會涵蓋：

- 索引是什麼，以及為什麼你會想要使用它們
- 如何選擇要索引的欄位
- 要如何實際使用，並且要如何評估索引的使用
- 建立以及移除索引的管理細節

如你將會看到的，為你的集合選擇正確的索引對效能的影響是非常大的。

索引簡介

資料庫索引就像是書的索引。資料庫可以走捷徑，只要查看有序的清單就可以參照到內容，如同看書的索引找內容而不用查看整本書。這讓 MongoDB 在查詢數量級的資料時更快速。

不使用索引的查詢稱作 **集合掃描**，代表伺服器必須要「查看過整本書」來找到查詢的結果。這個程序基本上就跟要尋找一本沒有索引的書中的某個資訊一樣：你要從第一頁開始，然後開始閱讀整本書。通常來說，你要避免伺服器作集合掃描，因為這個程序對於大的集合來說是非常緩慢的。

讓我們來看一個範例。開始我們先建立一個有一百萬個文件（或是一千萬，或是一億，假如你很有耐心的話）的集合：

```
> for (i=0; i<1000000; i++) {
...     db.users.insertOne(
...         {
...             "i" : i,
...             "username" : "user"+i,
...             "age" : Math.floor(Math.random()*120),
...             "created" : new Date()
...         }
...     );
... }
```

然後我們來看在這個集合上執行查詢的效能差異，首先是不使用索引的狀況，再來是使用索引的狀況。

若在這個集合上執行查詢，我們能夠使用 explain 指令來在執行查詢時看 MongoDB 在做什麼。推薦使用 explain 指令的方式是包裹這個指令的游標輔助方法。explain 游標方法提供了在執行增刪修查操作時的資訊。這個方法可以在不同的訊息回傳模式下運行。我們會使用 executionStats 模式，因為這可以幫助我們了解使用索引來滿足查詢的效果。先嘗試查詢一個特定的使用者名稱，如以下範例：

```
> db.users.find({"username": "user101"}).explain("executionStats")
{
    "queryPlanner" : {
        "plannerVersion" : 1,
        "namespace" : "test.users",
        "indexFilterSet" : false,
        "parsedQuery" : {
            "username" : {
                "$eq" : "user101"
            }
        },
        "winningPlan" : {
            "stage" : "COLLSCAN",
            "filter" : {
                "username" : {
                    "$eq" : "user101"
                }
            },
            "direction" : "forward"
        },
        "rejectedPlans" : [ ]
    },
    "executionStats" : {
        "executionSuccess" : true,
        "nReturned" : 1,
```

```
                "executionTimeMillis" : 419,
                "totalKeysExamined" : 0,
                "totalDocsExamined" : 1000000,
                "executionStages" : {
                    "stage" : "COLLSCAN",
                    "filter" : {
                        "username" : {
                            "$eq" : "user101"
                        }
                    },
                    "nReturned" : 1,
                    "executionTimeMillisEstimate" : 375,
                    "works" : 1000002,
                    "advanced" : 1,
                    "needTime" : 1000000,
                    "needYield" : 0,
                    "saveState" : 7822,
                    "restoreState" : 7822,
                    "isEOF" : 1,
                    "invalidates" : 0,
                    "direction" : "forward",
                    "docsExamined" : 1000000
                }
            },
            "serverInfo" : {
                "host" : "eoinbrazil-laptop-osx",
                "port" : 27017,
                "version" : "4.0.12",
                "gitVersion" : "5776e3cbf9e7afe86e6b29e22520ffb6766e95d4"
            },
            "ok" : 1
        }
```

第 123 頁的「explain 輸出」將會解釋輸出的欄位,現在你幾乎能夠先忽略所有的欄位。以這個例子來說,我們要看看巢狀文件中 "executionStats" 欄位的值。在這個文件中,"totalDocsExamined" 是 MongoDB 為了要嘗試滿足這個查詢所查看過的文件數量。如你所見,也就是每個在集合中的文件。換句話說,MongoDB 必須要查看過每個文件的每個欄位。這在我們筆電上幾乎要跑半秒鐘才能完成("executionTimeMillis" 欄位會顯示執行該查詢所需要花的毫秒數)。

"executionStats" 文件中的 "nReturned" 欄位顯示回傳的結果數量為 1,這很合理,因為只有一個使用者的使用者名稱是 "user101"。注意,MongoDB 必須要查看集合中的所有文件,因為它並不知道使用者名稱是唯一的。

要讓 MongoDB 的查詢有效率的回應，在你的應用程式中的查詢模式應該都要被索引支援。這邊的查詢模式指的是，你的應用程式詢問資料庫的不同種類的問題。在這個範例中，我們查詢 *users* 集合的使用者名稱。這就是一個特定查詢模式的例子。在許多應用程式中，單一索引可以支援數個查詢模式。我們在後面的章節中將會討論要如何為查詢模式調整索引。

建立索引

現在讓我們在 "username" 欄位上建立索引。要建立索引，我們將會使用 createIndex 集合方法：

```
> db.users.createIndex({"username" : 1})
{
    "createdCollectionAutomatically" : false,
    "numIndexesBefore" : 1,
    "numIndexesAfter" : 2,
    "ok" : 1
}
```

建立索引最長應該不會花超過幾秒鐘，除非你的集合特別大。若 createIndex 的呼叫並沒有在幾秒內回應，執行 db.currentOp()（在不同的命令列界面中），或是確認 *mongod* 的資料日誌，來看索引的建立進度。

當索引建立完成後，嘗試重複使用原來的查詢：

```
> db.users.find({"username": "user101"}).explain("executionStats")
{
    "queryPlanner" : {
        "plannerVersion" : 1,
        "namespace" : "test.users",
        "indexFilterSet" : false,
        "parsedQuery" : {
            "username" : {
                "$eq" : "user101"
            }
        },
        "winningPlan" : {
            "stage" : "FETCH",
            "inputStage" : {
                "stage" : "IXSCAN",
                "keyPattern" : {
                    "username" : 1
                },
```

```
                    "indexName" : "username_1",
                    "isMultiKey" : false,
                    "multiKeyPaths" : {
                        "username" : [ ]
                    },
                    "isUnique" : false,
                    "isSparse" : false,
                    "isPartial" : false,
                    "indexVersion" : 2,
                    "direction" : "forward",
                    "indexBounds" : {
                        "username" : [
                            "[\"user101\", \"user101\"]"
                        ]
                    }
                }
            }
        },
        "rejectedPlans" : [ ]
    },
    "executionStats" : {
        "executionSuccess" : true,
        "nReturned" : 1,
        "executionTimeMillis" : 1,
        "totalKeysExamined" : 1,
        "totalDocsExamined" : 1,
        "executionStages" : {
            "stage" : "FETCH",
            "nReturned" : 1,
            "executionTimeMillisEstimate" : 0,
            "works" : 2,
            "advanced" : 1,
            "needTime" : 0,
            "needYield" : 0,
            "saveState" : 0,
            "restoreState" : 0,
            "isEOF" : 1,
            "invalidates" : 0,
            "docsExamined" : 1,
            "alreadyHasObj" : 0,
            "inputStage" : {
                "stage" : "IXSCAN",
                "nReturned" : 1,
                "executionTimeMillisEstimate" : 0,
                "works" : 2,
                "advanced" : 1,
                "needTime" : 0,
                "needYield" : 0,
```

```
            "saveState" : 0,
            "restoreState" : 0,
            "isEOF" : 1,
            "invalidates" : 0,
            "keyPattern" : {
                "username" : 1
            },
            "indexName" : "username_1",
            "isMultiKey" : false,
            "multiKeyPaths" : {
                "username" : [ ]
            },
            "isUnique" : false,
            "isSparse" : false,
            "isPartial" : false,
            "indexVersion" : 2,
            "direction" : "forward",
            "indexBounds" : {
                "username" : [
                    "[\"user101\", \"user101\"]"
                ]
            },
            "keysExamined" : 1,
            "seeks" : 1,
            "dupsTested" : 0,
            "dupsDropped" : 0,
            "seenInvalidated" : 0
        }
    }
},
"serverInfo" : {
    "host" : "eoinbrazil-laptop-osx",
    "port" : 27017,
    "version" : "4.0.12",
    "gitVersion" : "5776e3cbf9e7afe86e6b29e22520ffb6766e95d4"
},
"ok" : 1
}
```

explain 的輸出變得更複雜了，但在 "executionStats" 巢狀文件中除了 "nReturned"、"totalDocsExamined" 以及 "executionTimeMillis" 之外的所有欄位，目前仍然可以被忽略。如你可以見到的，現在查詢幾乎是瞬間的，而且更好的是，舉例來說，查詢任何的使用者名稱都是類似的執行時間：

```
> db.users.find({"username": "user999999"}).explain("executionStats")
```

索引能夠在查詢時間上產生劇烈的變化。然而，索引也是有代價的：對於被索引的欄位的寫入動作（插入、更新以及刪除）會需要花比較多的時間。這是因為，除了要更新文件之外，MongoDB 必須要在資料變更時更新索引。通常來說，這個取捨是值得的。比較有技巧的地方變成是，要如何確認要被索引的欄位為何。

MongoDB 的索引就如同一般關聯式資料庫的索引，所以假如你已經對它們非常熟悉了，你可以只要略讀過本章節的語法即可。

要選擇讓哪些欄位被建立索引，只要去查看你常用的查詢以及你想要加速的查詢，然後嘗試在這些查詢之中尋找共同的鍵集合。舉例來說，在之前的範例中，我們就是在 "username" 上查詢。若那是一個特別常用的查詢，或變成效能的瓶頸，那麼將 "username" 建立索引將會是個好選擇。然而，若這是個不常用的查詢，或只是個不在意執行時間的管理者會使用的功能，那為它建立索引就不是個好選擇。

組合索引簡介

索引的目的是要盡可能地讓你的查詢更有效率。對許多查詢模式來說，基於兩個或更多的鍵作索引是必要的。舉例來說，索引會對它所有的值以排序過後的順序保存，所以藉由被索引的鍵來排序文件是很快速的。然而，索引只有當排序的前面都是被索引的鍵才有幫助。舉例來說，在 "username" 上的索引對這個排序就沒有很大的幫助：

```
> db.users.find().sort({"age" : 1, "username" : 1})
```

它會排序 "age" 然後排序 "username"，所以僅對 "username" 嚴格排序是沒有多大幫助的。要最佳化這個查詢，你可以在 "age" 和 "username" 上建立索引：

```
> db.users.createIndex({"age" : 1, "username" : 1})
```

這被稱作*組合索引*，當你的查詢擁有多個排序方向或是條件中有多個鍵時很有幫助。組合索引就是在多於一個欄位上的索引。

假設我們擁有一個如下的 *users* 集合，若我們執行一個沒有任何排序的查詢（稱作自然排序）：

```
> db.users.find({}, {"_id" : 0, "i" : 0, "created" : 0})
{ "username" : "user0", "age" : 69 }
{ "username" : "user1", "age" : 50 }
{ "username" : "user2", "age" : 88 }
```

```
{ "username" : "user3", "age" : 52 }
{ "username" : "user4", "age" : 74 }
{ "username" : "user5", "age" : 104 }
{ "username" : "user6", "age" : 59 }
{ "username" : "user7", "age" : 102 }
{ "username" : "user8", "age" : 94 }
{ "username" : "user9", "age" : 7 }
{ "username" : "user10", "age" : 80 }
...
```

若我們用 {"age" : 1, "username" : 1} 來為這個集合建立索引,該索引將會有如下所表示的形式:

```
[0, "user100020"] -> 8623513776
[0, "user1002"] -> 8599246768
[0, "user100388"] -> 8623560880
...
[0, "user100414"] -> 8623564208
[1, "user100113"] -> 8623525680
[1, "user100280"] -> 8623547056
[1, "user100551"] -> 8623581744
...
[1, "user100626"] -> 8623591344
[2, "user100191"] -> 8623535664
[2, "user100195"] -> 8623536176
[2, "user100197"] -> 8623536432
...
```

每一條索引的項目會包含年紀、使用者名稱以及指到一個記錄辨識子的旗標。記錄辨識子是內部給儲存引擎定位文件資料所使用。注意,"age" 欄位是嚴格遞增排序的,而在每個年紀內,使用者名稱也是遞增排序的。在這個範例資料集中,每個年紀有大約 8000 個關聯的使用者名稱。在這邊我們只有包含一小部分,讓我們能夠演示這個概念。

MongoDB 使用這個索引的方式,會依照你要做的查詢種類而有不同。以下是三種最常見的方法:

```
db.users.find({"age" : 21}).sort({"username" : -1})
```

這是個等式查詢,也就是要找單一值。可能有多個文件擁有這個值。因為索引內的第二個欄位,所以結果已經是依照正確的排序:MongoDB 可以從最後一個匹配到 {"age" : 21} 的開始,依照順序走訪索引:

```
[21, "user100154"] -> 8623530928
[21, "user100266"] -> 8623545264
```

```
        [21, "user100270"] -> 8623545776
        [21, "user100285"] -> 8623547696
        [21, "user100349"] -> 8623555888
        ...
```

這種查詢是非常有效率的：MongoDB 能夠直接跳到正確的年齡，然後不用排序結果，因為只要走訪索引就能夠回傳正確順序的資料。

注意，排序的方向並沒有任何影響：MongoDB 能夠用任意方向走訪索引。

`db.users.find({"age" : {"$gte" : 21, "$lte" : 30}})`

這是一個範圍查詢，會尋找匹配到多個值（這個範例是年紀介於 21 到 30 歲之間）的文件。MongoDB 會使用在索引中的第一個鍵 `"age"`，來回傳匹配的文件，如下：

```
        [21, "user100154"] -> 8623530928
        [21, "user100266"] -> 8623545264
        [21, "user100270"] -> 8623545776
        ...
        [21, "user999390"] -> 8765250724
        [21, "user999407"] -> 8765252400
        [21, "user999600"] -> 8765277104
        [22, "user100017"] -> 8623513392
        ...
        [29, "user999861"] -> 8765310512
        [30, "user100098"] -> 8623523760
        [30, "user100155"] -> 8623531056
        [30, "user100168"] -> 8623532720
        ...
```

通常來說，若 MongoDB 查詢時使用索引，它回傳的結果文件順序會跟索引的一樣。

`db.users.find({"age" : {"$gte" : 21, "$lte" : 30}}).sort({"username" :1})`

如同前一個查詢，這是一個多值的查詢，但還包含了一個排序。跟之前一樣，MongoDB 會使用索引來匹配條件。然而，索引並不會回傳排序好的使用者名稱，但查詢要求結果要依照使用者名稱作排序。這代表 MongoDB 將需要在回傳前在記憶體內排序結果，而不能單純的走訪索引，因為文件在索引內已經是某種排序。這種類型的查詢通常會比較沒有效率。

當然，速度取決於有多少的結果匹配到你的條件：若你的結果集合只有幾個文件，MongoDB 不用做太多事情就可以排序好它們，但假如有更多的文件將會變得更慢，甚至到最後會無法運作。若擁有超過 32MB 的結果，MongoDB 會直接回傳錯誤，拒絕排序如此大的資料：

```
Error: error: {
    "ok" : 0,
    "errmsg" : "Executor error during find command: OperationFailed:
Sort operation used more than the maximum 33554432 bytes of RAM. Add
an index, or specify a smaller limit.",
    "code" : 96,
    "codeName" : "OperationFailed"
}
```

 若需要防止這個錯誤，那麼你必須要建立一個索引來支援這個排序動
作（*https://docs.mongodb.com/manual/reference/method/cursor.sort/
index.html#sort-index-use*），或是使用 `limit` 配合 `sort` 來將結果減少
至 32MB 以下。

在上一個範例中另一個你能夠使用的索引，就是用相同鍵但順序相反：{"username" : 1,
"age" : 1}。MongoDB 將會走訪所有的索引內容，然後會用你想要的順序回傳。它會使
用索引的 "age" 部分來選出所有匹配的文件：

```
[user0, 4]
[user1, 67]
[user10, 11]
[user100, 92]
[user1000, 10]
[user10000, 31]
[user100000, 21] -> 8623511216
[user100001, 52]
[user100002, 69]
[user100003, 27] -> 8623511600
[user100004, 22] -> 8623511728
[user100005, 95]
...
```

這樣做很好，因為它不需要任何在記憶體內的巨大排序。然而，它必須要掃描整個索引
來找到所有的匹配文件。在設計組合索引時，將要排序的鍵放在第一個是個好策略。如
我們等等會看到的，考量要如何建構組合索引時，一併考慮等式查詢、多值查詢和排序，
會是個好的習慣。

MongoDB 如何選擇索引？

現在，讓我們花點時間來看看，MongoDB 是如何選擇索引來滿足查詢。想像我們擁有五
個索引。當要查詢時，MongoDB 會看查詢的「樣貌」。這邊的樣貌，包含了有哪些欄位

要被搜尋，以及額外的資訊，如是否有排序等。基於這些資訊，系統會辨識出一組索引，當作可能可以滿足查詢的候選索引。

假設有一個查詢到來，五個索引中有三個被辨識為該查詢的候選索引。MongoDB 接著會建立三個查詢計畫，為每一個索引建立一個計畫，然後用三個平行的執行緒執行查詢，每一個都使用不同的索引。在此的目的是要看哪個能夠最快的回傳結果。

視覺上，我們能夠將它想成是個競賽，如圖 5-1。這個概念是，第一個到達目標狀態的查詢計畫就是贏家。但更重要的是，若之後遇到相同樣貌的查詢。它將會被選為要被使用的索引。這些查詢計畫會互相競賽一陣子（圖中為「試驗期間」），結束之後每場比賽的結果將會用來計算整體的贏家計畫為何。

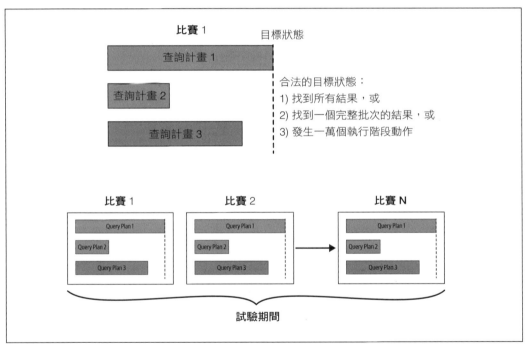

圖 5-1　以競賽視覺化 MongoDB 查詢計畫器如何選擇索引

要贏得比賽，一個查詢的執行緒必須要是第一個排序好回傳所有查詢結果，或是排序好回傳一個試驗數量的結果。排序的部分很重要，讓我們知道在記憶體內執行排序是多麼沒有效率。

在不同的查詢計畫之間比賽的最大價值是，之後有相同樣貌的查詢時，MongoDB 伺服器就會知道要選擇什麼索引了。伺服器會維護查詢計畫的快取。獲勝的查詢計畫會被存在快取中，未來有該樣貌的查詢就可以直接使用。一段時間後，集合會改變而索引也會跟著改變，最終查詢計畫可能會被移出快取，然後 MongoDB 會再次用可能的查詢計畫，對現在的集合以及索引作實驗，找出最好的計畫。還有一些其他可能讓查詢計劃被移出快取的事件，如重建索引、新增或刪除索引，或是直接將計畫快取清除。最後，重啟 *mongod* 程序也會讓查詢計畫快取被清除。

使用組合索引

在前一節中，我們已經使用了組合索引，也就是包含多於一個鍵的索引。組合索引會比一般的單一鍵索引要複雜一些，但它是非常強大的。本節會更詳細地闡述它。

在此，我們將會用一個範例給你一些概念，讓你要設計組合索引時，知道必須要思考哪些事情。目標就是要讓讀取以及寫入的動作盡可能的有效率，但如同許多的事情一樣，這需要一些事前思考以及一些實驗。

要確定我們能夠得到正確適當的索引，在真實世界的負載下測試索引然後調整，是必要的。然而，當我們在設計索引時，有一些良好慣例是可以遵循的。

首先，我們需要考慮索引的選擇性。對於一個查詢，我們對於能夠提供最少要被掃瞄的紀錄數量的索引感到興趣。因為所有的動作必須要滿足查詢，所以我們需要考量選擇性，有時候要作出取捨。舉例來說，我們會需要考慮排序是如何被處理的。

讓我們來看一個範例。我們會使用一個約有一百萬筆記錄的學生資料集合。資料集合中的文件是如下組成：

```
{
    "_id" : ObjectId("585d817db4743f74e2da067c"),
    "student_id" : 0,
    "scores" : [
    {
        "type" : "exam",
        "score" : 38.05000060199827
    },
    {
        "type" : "quiz",
        "score" : 79.45079445008987
    },
    {
        "type" : "homework",
```

```
                "score" : 74.50150548699534
            },
            {
                "type" : "homework",
                "score" : 74.68381684615845
            }
            ],
            "class_id" : 127
    }
```

我們會從兩個索引開始，然後看 MongoDB 是如何使用（或不使用）這些索引來滿足查詢。這兩個索引如下被建立：

```
> db.students.createIndex({"class_id": 1})
> db.students.createIndex({student_id: 1, class_id: 1})
```

要使用這個資料集合，我們會用以下的查詢，因為它會點出我們在設計索引時所需要思考的一些問題：

```
> db.students.find({student_id:{$gt:500000}, class_id:54})
...          .sort({student_id:1})
...          .explain("executionStats")
```

請注意，在這個查詢中，我們要找學生 ID（student_id）大於 500,000 的所有記錄，所以幾乎是全體的一半。我們也限制搜尋只包含班級 ID（class_id）為 54 的記錄。在資料集合中，大約有 500 個班級。最後，我們會基於 "student_id" 作遞增的排序。注意，在這邊被排序的鍵是使用跟多值查詢中相同的欄位。藉由這個範例，我們將會看到 explain 方法提供的執行狀態，描繪出 MongoDB 是如何處理這個查詢的。

若我們執行這個查詢，explain 方法的輸出會告訴我們 MongoDB 是如何使用索引來滿足查詢：

```
{
    "queryPlanner": {
        "plannerVersion": 1,
        "namespace": "school.students",
        "indexFilterSet": false,
        "parsedQuery": {
            "$and": [
                {
                    "class_id": {
                        "$eq": 54
                    }
                },
```

```json
                {
                  "student_id": {
                    "$gt": 500000
                  }
                }
              ]
            },
            "winningPlan": {
              "stage": "FETCH",
              "inputStage": {
                "stage": "IXSCAN",
                "keyPattern": {
                  "student_id": 1,
                  "class_id": 1
                },
                "indexName": "student_id_1_class_id_1",
                "isMultiKey": false,
                "multiKeyPaths": {
                  "student_id": [ ],
                  "class_id": [ ]
                },
                "isUnique": false,
                "isSparse": false,
                "isPartial": false,
                "indexVersion": 2,
                "direction": "forward",
                "indexBounds": {
                  "student_id": [
                    "(500000.0, inf.0]"
                  ],
                  "class_id": [
                    "[54.0, 54.0]"
                  ]
                }
              }
            },
            "rejectedPlans": [
              {
                "stage": "SORT",
                "sortPattern": {
                  "student_id": 1
                },
                "inputStage": {
                  "stage": "SORT_KEY_GENERATOR",
                  "inputStage": {
                    "stage": "FETCH",
                    "filter": {
```

```
              "student_id": {
                "$gt": 500000
              }
            },
            "inputStage": {
              "stage": "IXSCAN",
              "keyPattern": {
                "class_id": 1
              },
              "indexName": "class_id_1",
              "isMultiKey": false,
              "multiKeyPaths": {
                "class_id": [ ]
              },
              "isUnique": false,
              "isSparse": false,
              "isPartial": false,
              "indexVersion": 2,
              "direction": "forward",
              "indexBounds": {
                "class_id": [
                  "[54.0, 54.0]"
                ]
              }
            }
          }
        }
      }
    ]
  },
  "executionStats": {
    "executionSuccess": true,
    "nReturned": 9903,
    "executionTimeMillis": 4325,
    "totalKeysExamined": 850477,
    "totalDocsExamined": 9903,
    "executionStages": {
      "stage": "FETCH",
      "nReturned": 9903,
      "executionTimeMillisEstimate": 3485,
      "works": 850478,
      "advanced": 9903,
      "needTime": 840574,
      "needYield": 0,
      "saveState": 6861,
      "restoreState": 6861,
      "isEOF": 1,
```

```json
      "invalidates": 0,
      "docsExamined": 9903,
      "alreadyHasObj": 0,
      "inputStage": {
        "stage": "IXSCAN",
        "nReturned": 9903,
        "executionTimeMillisEstimate": 2834,
        "works": 850478,
        "advanced": 9903,
        "needTime": 840574,
        "needYield": 0,
        "saveState": 6861,
        "restoreState": 6861,
        "isEOF": 1,
        "invalidates": 0,
        "keyPattern": {
          "student_id": 1,
          "class_id": 1
        },
        "indexName": "student_id_1_class_id_1",
        "isMultiKey": false,
        "multiKeyPaths": {
          "student_id": [ ],
          "class_id": [ ]
        },
        "isUnique": false,
        "isSparse": false,
        "isPartial": false,
        "indexVersion": 2,
        "direction": "forward",
        "indexBounds": {
          "student_id": [
            "(500000.0, inf.0]"
          ],
          "class_id": [
            "[54.0, 54.0]"
          ]
        },
        "keysExamined": 850477,
        "seeks": 840575,
        "dupsTested": 0,
        "dupsDropped": 0,
        "seenInvalidated": 0
      }
    }
  },
  "serverInfo": {
```

```
      "host": "SGB-MBP.local",
      "port": 27017,
      "version": "3.4.1",
      "gitVersion": "5e103c4f5583e2566a45d740225dc250baacfbd7"
    },
    "ok": 1
  }
```

如同多數從 MongoDB 輸出的資料，explain 的輸出是 JSON。讓我們先看這個輸出的下半部，幾乎全部都是執行狀態。"executionStats" 欄位包含一些統計數據，描述獲勝的查詢計畫的完整查詢執行狀態。我們稍後會查看查詢計畫以及從 explain 輸出的查詢計畫內容。

在 "executionStats" 中，首先我們看 "totalKeysExamined"。這個欄位告訴我們，MongoDB 為了要產生結果集合，要走訪過多少在索引中的鍵。我們可以比較 "totalKeysExamined" 和 "nReturned" 來感受，為了要找到匹配查詢的文件，MongoDB 需要走訪多少索引。這個結果中，為了要得到 9,903 個匹配的文件，總共評估過 850,477 個索引鍵。

這代表用來滿足這個查詢的索引並沒有很高的選擇性。在 "executionTimeMillis" 欄位中顯示執行時間超過 4.3 秒，這也更加強調選擇性不高的事實。當我們在設計索引時，選擇性是我們其中一個主要的目標，所以讓我們來想想，對於這個查詢而言，現存的索引有哪些問題。

在 explain 輸出的頂端是獲勝的查詢計畫（見 "winning Plan" 欄位）。查詢計畫會描述 MongoDB 用來滿足一個查詢的步驟。這是讓不同的查詢計畫互相比賽的特定輸出，以 JSON 的格式輸出。在這之中，我們對於使用什麼索引感到興趣，以及 MongoDB 是否必須要在記憶體中作排序。在獲勝的查詢計畫下方是被退回的計畫。兩者我們都會看。

在這個狀況中，獲勝的計畫使用了基於 "student_id" 和 "class_id" 的組合索引。在以下部分的 explain 輸出很明顯的告訴我們這件事：

```
  "winningPlan": {
    "stage": "FETCH",
    "inputStage": {
      "stage": "IXSCAN",
      "keyPattern": {
        "student_id": 1,
        "class_id": 1
      },
```

explain 的輸出用階段的樹狀結構來表示查詢計畫。一個階段可以擁有一個或多個輸入階段，要看它擁有多少個子階段。一個輸入階段提供文件或索引鍵給它的父階段。在這個範例中，有一個輸入階段，一個索引的掃描，該掃描會將匹配查詢的文件紀錄 ID 提供給它的父階段："FETCH" 階段。然後 "FETCH" 階段會取得文件本身，然後將其批次回傳給客戶端。

失敗的查詢計畫（在這邊只有一個）是使用基於 "class_id" 的索引，但它得要在記憶體中作排序。這就是這個查詢計畫接下來的部分所代表的。當你在查詢計畫中看到一個 "SORT" 階段，就代表 MongoDB 沒有辦法使用索引在資料庫內排序結果集合，而必須要在記憶體中排序：

```
"rejectedPlans": [
  {
    "stage": "SORT",
    "sortPattern": {
      "student_id": 1
    },
```

對這個查詢來說，獲勝的索引是能夠回傳排序過後的輸出的索引。要獲勝，只要能夠達到試驗數量的排序後的結果文件即可。其他想要獲勝的查詢計畫，該查詢執行緒首先就必須要回傳整個結果集合（大約 10,000 個文件），然後便需要在記憶體中排序。

這邊的問題就是選擇性的一環。我們執行的多值查詢，指定了一個廣泛範圍的 "student_id" 值，因為它要求 "student_id" 大於 500,000 的記錄。這大約是集合中一半的文件。為了方便起見，我們再次列出我們執行的查詢：

```
> db.students.find({student_id:{$gt:500000}, class_id:54})
...            .sort({student_id:1})
...            .explain("executionStats")
```

現在，我確定你能夠看到我們往哪個方向前進。這個查詢包含了多值的部分以及等式的部分。等式部分是要找到 "class_id" 等於 54 的所有記錄。在這個資料集合中大約有 500 個班級，雖然在每個班級內有大量的學生跟成績，但當我們在執行這個查詢時，"class_id" 有更高的選擇性。因為它能夠將結果集合限制到 10,000 筆以下的記錄，假如是查詢的多值部分則會辨識出約 850,000 筆記錄。

換句話說，有這兩個索引，若我們使用基於 "class_id" 的索引，也就是失敗的查詢計畫，可能會更好。MongoDB 提供兩種方法強制資料庫使用特定的索引。然而，我要非常強調的請你小心使用這些複寫查詢計畫器的結果。你不應該在正式環境中使用這些技巧。

游標的 hint 方法讓我們可以指定使用特定的索引，不論是指定它的樣貌或是名稱都可以。索引過濾器會使用查詢樣貌，也就是由查詢、排序和投影定義所組成。planCacheSetFilter 函式可以搭配索引過濾器使用，來限制查詢優化器只能使用在索引過濾器內的索引。若一個查詢樣貌中存在索引過濾器，MongoDB 將會忽略 hint。索引過濾器只在 *mongod* 伺服器程序中存活，假如關掉後就會被清除。

若我們小小的改變查詢來使用 hint，如下方所示，explain 的輸出將會有點不同：

```
> db.students.find({student_id:{$gt:500000}, class_id:54})
...          .sort({student_id:1})
...          .hint({class_id:1})
...          .explain("executionStats")
```

輸出結果顯示，要取得少於 10,000 筆的結果集合，掃描的索引鍵從約 850,000 個下降到只有約 20,000 個。另外，執行時間只有 272 毫秒，而不是使用其他索引的查詢計畫所需要的 4.3 秒：

```
{
  "queryPlanner": {
    "plannerVersion": 1,
    "namespace": "school.students",
    "indexFilterSet": false,
    "parsedQuery": {
      "$and": [
        {
          "class_id": {
            "$eq": 54
          }
        },
        {
          "student_id": {
            "$gt": 500000
          }
        }
      ]
    },
    "winningPlan": {
      "stage": "SORT",
      "sortPattern": {
        "student_id": 1
      },
      "inputStage": {
        "stage": "SORT_KEY_GENERATOR",
        "inputStage": {
          "stage": "FETCH",
```

```json
          "filter": {
            "student_id": {
              "$gt": 500000
            }
          },
          "inputStage": {
            "stage": "IXSCAN",
            "keyPattern": {
              "class_id": 1
            },
            "indexName": "class_id_1",
            "isMultiKey": false,
            "multiKeyPaths": {
              "class_id": [ ]
            },
            "isUnique": false,
            "isSparse": false,
            "isPartial": false,
            "indexVersion": 2,
            "direction": "forward",
            "indexBounds": {
              "class_id": [
                "[54.0, 54.0]"
              ]
            }
          }
        }
      }
    }
  },
  "rejectedPlans": [ ]
},
"executionStats": {
  "executionSuccess": true,
  "nReturned": 9903,
  "executionTimeMillis": 272,
  "totalKeysExamined": 20076,
  "totalDocsExamined": 20076,
  "executionStages": {
    "stage": "SORT",
    "nReturned": 9903,
    "executionTimeMillisEstimate": 248,
    "works": 29982,
    "advanced": 9903,
    "needTime": 20078,
    "needYield": 0,
    "saveState": 242,
    "restoreState": 242,
```

```
"isEOF": 1,
"invalidates": 0,
"sortPattern": {
  "student_id": 1
},
"memUsage": 2386623,
"memLimit": 33554432,
"inputStage": {
  "stage": "SORT_KEY_GENERATOR",
  "nReturned": 9903,
  "executionTimeMillisEstimate": 203,
  "works": 20078,
  "advanced": 9903,
  "needTime": 10174,
  "needYield": 0,
  "saveState": 242,
  "restoreState": 242,
  "isEOF": 1,
  "invalidates": 0,
  "inputStage": {
    "stage": "FETCH",
    "filter": {
      "student_id": {
        "$gt": 500000
      }
    },
    "nReturned": 9903,
    "executionTimeMillisEstimate": 192,
    "works": 20077,
    "advanced": 9903,
    "needTime": 10173,
    "needYield": 0,
    "saveState": 242,
    "restoreState": 242,
    "isEOF": 1,
    "invalidates": 0,
    "docsExamined": 20076,
    "alreadyHasObj": 0,
    "inputStage": {
      "stage": "IXSCAN",
      "nReturned": 20076,
      "executionTimeMillisEstimate": 45,
      "works": 20077,
      "advanced": 20076,
      "needTime": 0,
      "needYield": 0,
      "saveState": 242,
```

```
        "restoreState": 242,
        "isEOF": 1,
        "invalidates": 0,
        "keyPattern": {
          "class_id": 1
        },
        "indexName": "class_id_1",
        "isMultiKey": false,
        "multiKeyPaths": {
          "class_id": [ ]
        },
        "isUnique": false,
        "isSparse": false,
        "isPartial": false,
        "indexVersion": 2,
        "direction": "forward",
        "indexBounds": {
          "class_id": [
            "[54.0, 54.0]"
          ]
        },
        "keysExamined": 20076,
        "seeks": 1,
        "dupsTested": 0,
        "dupsDropped": 0,
        "seenInvalidated": 0
        }
      }
    }
  }
},
"serverInfo": {
  "host": "SGB-MBP.local",
  "port": 27017,
  "version": "3.4.1",
  "gitVersion": "5e103c4f5583e2566a45d740225dc250baacfbd7"
},
"ok": 1
}
```

然而，我們真正想要看到的是 "nReturned" 跟 "totalKeysExamined" 非常接近。另外，我們也想要避免使用 hint，讓執行查詢時更有效率。要同時達成這兩者的方法，就是設計一個更好的索引。

對於這個問題中的查詢模式來說，更好的索引就是基於 "class_id" 和 "student_id"，並且是依照這個順序的。有 "class_id" 在前面，我們就會使用查詢中的等式過濾器，來限制要在索引中考量的鍵。這是我們查詢中最具有選擇性的部分，因此當要滿足這個查詢時，能有效的限制 MongoDB 需要考慮的鍵的數量。我們能夠用如下的方式建立索引：

```
> db.students.createIndex({class_id:1, student_id:1})
```

儘管並非對所有的資料集合來說都是正確的，但通常來說，在設計組合索引時，你應該要將那些在等式過濾器被使用的欄位放在多值過濾器的欄位的前面。

在新的索引被建立後，若我們重新執行查詢，這次不用 hint，然後我們可以看到在 explain 輸出中的 "executionStats" 欄位，查詢更快（37 毫秒）且回傳的結果數量（"nReturned"）跟索引中被掃描的鍵的數量（"totalKeysExamined"）是相等的。我們也能夠看到，這是因為在顯示獲勝的查詢計畫的 "executionStages"，包含了使用剛建立的新索引的索引掃描：

```
...
"executionStats": {
  "executionSuccess": true,
  "nReturned": 9903,
  "executionTimeMillis": 37,
  "totalKeysExamined": 9903,
  "totalDocsExamined": 9903,
  "executionStages": {
    "stage": "FETCH",
    "nReturned": 9903,
    "executionTimeMillisEstimate": 36,
    "works": 9904,
    "advanced": 9903,
    "needTime": 0,
    "needYield": 0,
    "saveState": 81,
    "restoreState": 81,
    "isEOF": 1,
    "invalidates": 0,
    "docsExamined": 9903,
    "alreadyHasObj": 0,
    "inputStage": {
      "stage": "IXSCAN",
      "nReturned": 9903,
      "executionTimeMillisEstimate": 0,
      "works": 9904,
      "advanced": 9903,
      "needTime": 0,
```

```
      "needYield": 0,
      "saveState": 81,
      "restoreState": 81,
      "isEOF": 1,
      "invalidates": 0,
      "keyPattern": {
        "class_id": 1,
        "student_id": 1
      },
      "indexName": "class_id_1_student_id_1",
      "isMultiKey": false,
      "multiKeyPaths": {
        "class_id": [ ],
        "student_id": [ ]
      },
      "isUnique": false,
      "isSparse": false,
      "isPartial": false,
      "indexVersion": 2,
      "direction": "forward",
      "indexBounds": {
        "class_id": [
          "[54.0, 54.0]"
        ],
        "student_id": [
          "(500000.0, inf.0)"
        ]
      },
      "keysExamined": 9903,
      "seeks": 1,
      "dupsTested": 0,
      "dupsDropped": 0,
      "seenInvalidated": 0
    }
  }
},
```

因為我們知道索引是如何被建立的，你大概能夠知道為什麼會這樣運作。[class_id, student_id] 索引是由如下的鍵對所組成的。因為學生 ID 在這些鍵對中是已被排序的，為了要滿足我們的排序，MongoDB 只要簡單的從 class_id 為 54 的第一筆鍵對開始走訪到最後一筆即可：

```
...
[53, 999617]
[53, 999780]
[53, 999916]
```

```
[54, 500001]
[54, 500009]
[54, 500048]
...
```

為了要考慮要如何設計組合索引，我們必須要知道常見的查詢模式中，等式過濾器、多值過濾器和排序元件是如何使用索引的。對於所有的組合索引都必須要考量這三個因子，若你能夠正確且平衡地考量這些因子，你就能讓你的查詢擁有最佳的效能。雖然我們已經使用上面的範例查詢與 [class_id, student_id] 索引來描述這三個因子，但這個查詢其實是組合索引問題的一個特例，因為我們過濾的欄位也正好是排序的欄位。

要從查詢中移除這個特例，讓我們在最終成績上排序，用下面的方式改變查詢：

```
> db.students.find({student_id:{$gt:500000}, class_id:54})
...            .sort({final_grade:1})
...            .explain("executionStats")
```

若我們執行這個查詢然後看 explain 的輸出，會看到我們正在做記憶體內的排序。儘管查詢仍然很快，只需要 136 毫秒，但比在 "student_id" 上排序仍然要慢了一個數量級，因為我們現在要作記憶體內的排序。因為獲勝的查詢計畫中包含了 "SORT" 階段，所以我們知道有作記憶體內的排序：

```
...
"executionStats": {
  "executionSuccess": true,
  "nReturned": 9903,
  "executionTimeMillis": 136,
  "totalKeysExamined": 9903,
  "totalDocsExamined": 9903,
  "executionStages": {
    "stage": "SORT",
    "nReturned": 9903,
    "executionTimeMillisEstimate": 36,
    "works": 19809,
    "advanced": 9903,
    "needTime": 9905,
    "needYield": 0,
    "saveState": 315,
    "restoreState": 315,
    "isEOF": 1,
    "invalidates": 0,
    "sortPattern": {
      "final_grade": 1
    },
```

```json
"memUsage": 2386623,
"memLimit": 33554432,
"inputStage": {
  "stage": "SORT_KEY_GENERATOR",
  "nReturned": 9903,
  "executionTimeMillisEstimate": 24,
  "works": 9905,
  "advanced": 9903,
  "needTime": 1,
  "needYield": 0,
  "saveState": 315,
  "restoreState": 315,
  "isEOF": 1,
  "invalidates": 0,
  "inputStage": {
    "stage": "FETCH",
    "nReturned": 9903,
    "executionTimeMillisEstimate": 24,
    "works": 9904,
    "advanced": 9903,
    "needTime": 0,
    "needYield": 0,
    "saveState": 315,
    "restoreState": 315,
    "isEOF": 1,
    "invalidates": 0,
    "docsExamined": 9903,
    "alreadyHasObj": 0,
    "inputStage": {
      "stage": "IXSCAN",
      "nReturned": 9903,
      "executionTimeMillisEstimate": 12,
      "works": 9904,
      "advanced": 9903,
      "needTime": 0,
      "needYield": 0,
      "saveState": 315,
      "restoreState": 315,
      "isEOF": 1,
      "invalidates": 0,
      "keyPattern": {
        "class_id": 1,
        "student_id": 1
      },
      "indexName": "class_id_1_student_id_1",
      "isMultiKey": false,
      "multiKeyPaths": {
```

```
            "class_id": [ ],
            "student_id": [ ]
          ],
          "isUnique": false,
          "isSparse": false,
          "isPartial": false,
          "indexVersion": 2,
          "direction": "forward",
          "indexBounds": {
            "class_id": [
              "[54.0, 54.0]"
            ],
            "student_id": [
              "(500000.0, inf.0]"
            ]
          },
          "keysExamined": 9903,
          "seeks": 1,
          "dupsTested": 0,
          "dupsDropped": 0,
          "seenInvalidated": 0
        }
      }
    }
  }
},
...
```

若我們能夠用更好的索引設計來避免在記憶體內排序,我們就應該要這麼做。這樣當我們要擴充資料集合大小和系統負載時會更容易。

但要做到這件事,我們就必須要作出取捨。這是在設計組合索引時非常常見的。

因為對於組合索引來說很常見,為了要避免在記憶體內排序,我們需要檢查比回傳文件數量要更多的鍵。要使用這個索引來排序,MongoDB 需要能夠照順序走訪索引鍵。這代表我們需要將排序的欄位包含在組合索引鍵內。

在我們新的組合索引中的鍵必須要如此排序:[class_id, final_grade, student_id]。注意,我們將排序元件馬上放在等式過濾器後,且在多值過濾器之前。這個索引對於這個查詢將會非常的有選擇性地縮小鍵的集合。然後,藉由走訪在索引中匹配等式過濾器的三重鍵,MongoDB 能夠辨識出匹配多值過濾器的記錄,然後這些記錄將會依照最終成績遞增的被適當排序。

這個組合索引強制 MongoDB 檢查更多文件的鍵，並最終將其放入結果集合中。然而，藉由使用索引來確保擁有排序過的文件，我們能夠節省執行時間。我們能夠使用以下的指令來建立新的索引：

```
> db.students.createIndex({class_id:1, final_grade:1, student_id:1})
```

現在，若我們再次執行查詢：

```
> db.students.find({student_id:{$gt:500000}, class_id:54})
...             .sort({final_grade:1})
...             .explain("executionStats")
```

我們可以得到如下從 explain 輸出的 "executionStats"。這會根據你的硬體和系統執行的東西而有所不同，但你能夠看到獲勝的計畫再也沒有包含記憶體內的排序了。現在它是使用我們剛建立的索引來滿足查詢，包含排序：

```
"executionStats": {
  "executionSuccess": true,
  "nReturned": 9903,
  "executionTimeMillis": 42,
  "totalKeysExamined": 9905,
  "totalDocsExamined": 9903,
  "executionStages": {
    "stage": "FETCH",
    "nReturned": 9903,
    "executionTimeMillisEstimate": 34,
    "works": 9905,
    "advanced": 9903,
    "needTime": 1,
    "needYield": 0,
    "saveState": 82,
    "restoreState": 82,
    "isEOF": 1,
    "invalidates": 0,
    "docsExamined": 9903,
    "alreadyHasObj": 0,
    "inputStage": {
      "stage": "IXSCAN",
      "nReturned": 9903,
      "executionTimeMillisEstimate": 24,
      "works": 9905,
      "advanced": 9903,
      "needTime": 1,
      "needYield": 0,
      "saveState": 82,
      "restoreState": 82,
```

```
      "isEOF": 1,
      "invalidates": 0,
      "keyPattern": {
        "class_id": 1,
        "final_grade": 1,
        "student_id": 1
      },
      "indexName": "class_id_1_final_grade_1_student_id_1",
      "isMultiKey": false,
      "multiKeyPaths": {
        "class_id": [ ],
        "final_grade": [ ],
        "student_id": [ ]
      },
      "isUnique": false,
      "isSparse": false,
      "isPartial": false,
      "indexVersion": 2,
      "direction": "forward",
      "indexBounds": {
        "class_id": [
          "[54.0, 54.0]"
          ],
          "final_grade": [
            "[MinKey, MaxKey]"
          ],
          "student_id": [
            "(500000.0, inf.0]"
          ]
        },
        "keysExamined": 9905,
        "seeks": 2,
        "dupsTested": 0,
        "dupsDropped": 0,
        "seenInvalidated": 0
      }
    }
  },
```

本節提供了一個具體的範例,來描述設計組合索引的一些良好慣例。儘管這些方針並沒有辦法使用在所有的狀況,但幾乎適用大部分的狀況,而且應該要是在建立組合索引時的第一個想法。

複習一下,當要設計組合索引時:

- 等式過濾器的鍵應該要排在第一。

- 排序的鍵應該要在多值欄位前。

- 多值過濾器的鍵應該要出現在最後。

使用這些方針來設計你的組合索引，然後在真實世界的負載下，使用索引設計所支援的不同的查詢模式測試。

選擇鍵的方向

截至目前為止，我們所有的索引內容都是遞增排序（從最小到最大）的。然而，若你需要在兩個（或多個）條件上排序，你也許會需要有不同方向排序的索引鍵。舉例來說，回到稍早的 *users* 集合的範例，假設我們想要將集合依照從年輕到年長的年齡以及名稱從 Z 到 A 的排序。我們稍早建立的索引並沒有辦法有效率的處理這個問題：在每個年齡群組中，使用者的使用者名稱是遞增排序的（從 A 到 Z，而不是從 Z 到 A）。截至目前為止，我們所使用的組合索引並沒有辦法有效的幫忙依照 "age" 遞增且 "username" 遞減排序。

要最佳化不同方向的組合排序，我們需要使用匹配排序方向的索引。在這個範例中，我們可以使用 {"age" : 1, "username" : -1}，會將資料以如下的方式組織：

```
[21, user999600] -> 8765277104
[21, user999407] -> 8765252400
[21, user999390] -> 8765250224
...
[21, user100270] -> 8623545776
[21, user100266] -> 8623545264
[21, user100154] -> 8623530928
...
[30, user100168] -> 8623532720
[30, user100155] -> 8623531056
[30, user100098] -> 8623523760
```

年齡是從年輕到年長的排序，而在每個年齡之中，使用者名稱是從 Z 到 A（數字部分則是從 9 到 0）排序。

若我們的應用程式也需要用 {"age" : 1, "username" : 1} 來最佳化排序，我們就需要建立第二個這個方向的索引。要找出應該要使用什麼方向的索引，只要匹配你使用的排序方向即可。注意，相反方向（對每個方向乘以 -1）是相等的：{"age" : 1, "username" : -1} 跟 {"age" : -1, "username" : 1} 對相同的查詢來說都是一樣的。

只有當你基於多個條件排序時，索引方向才會真的有影響。若你只在單一鍵上排序，MongoDB 能很簡單的用反向順序的方式讀取索引。舉例來說，若你有個在 {"age" : -1} 上的排序，而索引是 {"age" : 1}，MongoDB 能夠最佳化它，就如同你擁有 {"age" : -1} 索引一樣（所以不要同時建立兩者！）。只有在多鍵排序時方向才有影響。

使用覆蓋索引查詢

在之前的那些範例中，索引總是用來找到對的文件，然後順著指標取得實際的文件。然而，若你的查詢只是要尋找索引內包含的欄位，那就不用取得文件了。當索引包含了所有查詢中所要求的值，該查詢就會被視為是*覆蓋索引*（*covered*）。在可行的狀況下，使用覆蓋索引查詢會比取得文件要更好。你能夠讓你的工作集合變得更小。

要確保查詢只能夠使用該索引，你應該要使用投影（限制回傳只有在查詢中指定的欄位，見第 58 頁「指定要回傳的鍵」），來避免 "_id" 欄位被回傳（除非它也在索引中）。你可能也要對某些不查詢的欄位做索引，所以你應該要在快速查詢的需求間取得平衡，因為這會造成寫入時的額外工作。

若你在覆蓋索引查詢上執行 explain，結果中會有一個不是 "FETCH" 階段的子孫階段的 "IXSCAN" 階段，而在 "executionStats" 中，"totalDocsExamined" 的值為 0。

隱含索引

組合索引能夠做「兩份差事」，在不同的查詢下的行為會像不同的索引。若我們有個在 {"age" : 1, "username" : 1} 上的索引，"age" 欄位被排序的方式就跟在 {"age" : 1} 上的索引一樣。因此，組合索引可以如同 {"age" : 1} 的索引一樣地使用它。

這個概念能夠被推廣到任何多的鍵：若一個索引擁有 N 個鍵，你便能「免費」擁有這些鍵的前綴所組成的索引。舉例來說，若我們擁有一個如 {"a": 1, "b": 1, "c": 1, ..., "z": 1} 的索引，我們實際上就如同擁有 {"a": 1}、{"a": 1, "b" : 1}、{"a": 1, "b": 1, "c": 1}……等索引。

注意，這並不包含任何鍵的子集合：舉例來說，使用到 {"b": 1} 或 {"a": 1, "c": 1} 的查詢就不會被最佳化。只有用到索引前綴的查詢能夠利用到這個優點。

$ 運算子如何使用索引

有些查詢能夠比其他查詢要更有效的使用索引，有些查詢則完全不能使用索引。本節會討論不同的查詢運算子是如何被 MongoDB 處理。

沒效率的運算子

通常來說，否定是沒效率的。"$ne" 查詢能夠使用索引，但並沒有非常好。它們必須要查看所有的索引內容，而不只是被 "$ne" 所指定的那個，所以基本上它們必須要掃描整個索引。舉例來說，某個集合擁有在欄位 "i" 上的索引，以下是該查詢所走訪的索引範圍：

```
db.example.find({"i" : {"$ne" : 3}}).explain()
{
    "queryPlanner" : {
        ...,
        "parsedQuery" : {
            "i" : {
                "$ne" : "3"
            }
        },
        "winningPlan" : {
        {
            ...,
            "indexBounds" : {
                "i" : [
                    [
                        {
                            "$minElement" : 1
                        },
                        3
                    ],
                    [
                        3,
                        {
                            "$maxElement" : 1
                        }
                    ]
                ]
            }
        }
        },
        "rejectedPlans" : [ ]
    },
    "serverInfo" : {
        ...,
    }
}
```

這個查詢會去看所有小於 3 的索引內容，以及所有大於 3 的索引內容。當你的集合擁有超級大量的 3 時會有效率，要不然它幾乎必須確認所有的事情。

"$not" 有時候能夠使用索引，但通常不知道該如何使用。它能夠反轉基本的範圍，從（{"key" : {"$lt" : 7}} 變成 {"key" : {"$gte" : 7}}），以及反轉正規表示式。然而，其他多數的查詢使用 "$not" 將會變成是表格掃描。"$nin" 則永遠使用表格掃描。

若你需要快速地執行上述這些查詢，想想是否還有其他的敘述語法可以加入查詢中，在 MongoDB 嘗試做非索引的匹配前，先使用索引來過濾結果集合，減少文件的數量。

範圍

組合索引能夠幫助 MongoDB 有效率的執行多重敘述的查詢。當設計多重欄位的索引時，將會使用完全匹配（如 "x" : 1）的欄位放在最前面，然後範圍（如 "y": {"$gt" : 3, "$lt" : 5}）放在最後。這讓查詢能夠先為第一個索引鍵找到特定值，然後才在第二個索引範圍之中搜尋。舉例來說，假設我們要使用 {"age" : 1, "username" : 1} 索引，查詢一個特定年齡，以及一個範圍的使用者名稱。我們會得到相當準確的索引界線：

```
> db.users.find({"age" : 47, "username" :
... {"$gt" : "user5", "$lt" : "user8"}}).explain('executionStats')
{
    "queryPlanner" : {
        "plannerVersion" : 1,
        "namespace" : "test.users",
        "indexFilterSet" : false,
        "parsedQuery" : {
            "$and" : [
                {
                    "age" : {
                        "$eq" : 47 }
                },
                {
                }
                    "username" : {
                        "$lt" : "user8"
                }
                {
                }
                    "username" : {
                        "$gt" : "user5"
                }
            }
        ]
    },
    "winningPlan" : {
        "stage" : "FETCH",
        "inputStage" : {
```

```
            "stage" : "IXSCAN",
            "keyPattern" : {
                "age" : 1,
                "username" : 1
            },
            "indexName" : "age_1_username_1",
            "isMultiKey" : false,
            "multiKeyPaths" : {
                "age" : [ ],
                "username" : [ ]
            },
            "isUnique" : false,
            "isSparse" : false,
            "isPartial" : false,
            "indexVersion" : 2,
            "direction" : "forward",
            "indexBounds" : {
                "age" : [
                    "[47.0, 47.0]"
                ],
                "username" : [
                    "(\"user5\", \"user8\")"
                ]
            }
        }
    }
},
"rejectedPlans" : [
    {
        "stage" : "FETCH",
        "filter" : {
            "age" : {
                "$eq" : 47
            }
        },
        "inputStage" : {
            "stage" : "IXSCAN",
            "keyPattern" : {
                "username" : 1
            },
            "indexName" : "username_1",
            "isMultiKey" : false,
            "multiKeyPaths" : {
                "username" : [ ]
            },
            "isUnique" : false,
            "isSparse" : false,
            "isPartial" : false,
```

```
                    "indexVersion" : 2,
                    "direction" : "forward",
                    "indexBounds" : {
                        "username" : [
                            "(\"user5\", \"user8\")"
                        ]
                    }
                }
            }
        }
    ]
},
"executionStats" : {
    "executionSuccess" : true,
    "nReturned" : 2742,
    "executionTimeMillis" : 5,
    "totalKeysExamined" : 2742,
    "totalDocsExamined" : 2742,
    "executionStages" : {
        "stage" : "FETCH",
        "nReturned" : 2742,
        "executionTimeMillisEstimate" : 0,
        "works" : 2743,
        "advanced" : 2742,
        "needTime" : 0,
        "needYield" : 0,
        "saveState" : 23,
        "restoreState" : 23,
        "isEOF" : 1,
        "invalidates" : 0,
        "docsExamined" : 2742,
        "alreadyHasObj" : 0,
        "inputStage" : {
            "stage" : "IXSCAN",
            "nReturned" : 2742,
            "executionTimeMillisEstimate" : 0,
            "works" : 2743,
            "advanced" : 2742,
            "needTime" : 0,
            "needYield" : 0,
            "saveState" : 23,
            "restoreState" : 23,
            "isEOF" : 1,
            "invalidates" : 0,
            "keyPattern" : {
                "age" : 1,
                "username" : 1
            },
```

```
                    "indexName" : "age_1_username_1",
                    "isMultiKey" : false,
                    "multiKeyPaths" : {
                        "age" : [ ],
                        "username" : [ ]
                    },
                    "isUnique" : false,
                    "isSparse" : false,
                    "isPartial" : false,
                    "indexVersion" : 2,
                    "direction" : "forward",
                    "indexBounds" : {
                        "age" : [
                            "[47.0, 47.0]"
                        ],
                        "username" : [
                            "(\"user5\", \"user8\")"
                        ]
                    },
                    "keysExamined" : 2742,
                    "seeks" : 1,
                    "dupsTested" : 0,
                    "dupsDropped" : 0,
                    "seenInvalidated" : 0
                }
            }
        },
        "serverInfo" : {
            "host" : "eoinbrazil-laptop-osx",
            "port" : 27017,
            "version" : "4.0.12",
            "gitVersion" : "5776e3cbf9e7afe86e6b29e22520ffb6766e95d4"
        },
        "ok" : 1
    }
```

查詢直接前往 "age" : 47，然後在使用者名稱為 "user5" 和 "user8" 之間搜尋。

相反地，假如我們使用在 {"username" : 1, "age" : 1} 之上的索引。這改變了查詢計畫，因為查詢要看過所有介於 "user5" 和 "user8" 之間的所有使用者，然後在之中選出 "age" : 47 的使用者：

```
> db.users.find({"age" : 47, "username" : {"$gt" : "user5", "$lt" : "user8"}})
            .explain('executionStats')
{
    "queryPlanner" : {
```

```
"plannerVersion" : 1,
"namespace" : "test.users",
"indexFilterSct" : false,
"parsedQuery" : {
    "$and" : [
        {
            "age" : {
                "$eq" : 47
            }
        },
        {
            "username" : {
                "$lt" : "user8"
            }
        },
        {
            "username" : {
                "$gt" : "user5"}
            }
        }
    ]
},
"winningPlan" : {
    "stage" : "FETCH",
    "filter" : {
        "age" : {
            "$eq" : 47
        }
    },
    "inputStage" : {
        "stage" : "IXSCAN",
        "keyPattern" : {
            "username" : 1
        },
        "indexName" : "username_1",
        "isMultiKey" : false,
        "multiKeyPaths" : {
            "username" : [ ]
        },
        "isUnique" : false,
        "isSparse" : false,
        "isPartial" : false,
        "indexVersion" : 2,
        "direction" : "forward",
        "indexBounds" : {
            "username" : [
                "(\"user5\", \"user8\")"
```

```
                    ]
                }
            }
        },
        "rejectedPlans" : [
            {
                "stage" : "FETCH",
                "inputStage" : {
                    "stage" : "IXSCAN",
                    "keyPattern" : {
                        "username" : 1,
                        "age" : 1 },
                    },
                    "indexName" : "username_1_age_1",
                    "isMultiKey" : false,
                    "multiKeyPaths" : {
                        "username" : [ ],
                        "age" : [ ]
                    },
                    "isUnique" : false,
                    "isSparse" : false,
                    "isPartial" : false,
                    "indexVersion" : 2,
                    "direction" : "forward",
                    "indexBounds" : {
                        "username" : [
                            "(\"user5\", \"user8\")"
                        ],
                        "age" : [
                            "[47.0, 47.0]"
                        ]
                    }
                }
            }
        ]
    },
    "executionStats" : {
        "executionSuccess" : true,
        "nReturned" : 2742,
        "executionTimeMillis" : 369,
        "totalKeysExamined" : 333332,
        "totalDocsExamined" : 333332,
        "executionStages" : {
            "stage" : "FETCH",
            "filter" : {
                "age" : {
                    "$eq" : 47
```

```
            }
    },
    "nReturned" : 2742,
    "executionTimeMillisEstimate" : 312,
    "works" : 333333,
    "advanced" : 2742,
    "needTime" : 330590,
    "needYield" : 0,
    "saveState" : 2697,
    "restoreState" : 2697,
    "isEOF" : 1,
    "invalidates" : 0,
    "docsExamined" : 333332,
    "alreadyHasObj" : 0,
    "inputStage" : {
        "stage" : "IXSCAN",
        "nReturned" : 333332,
        "executionTimeMillisEstimate" : 117,
        "works" : 333333,
        "advanced" : 333332,
        "needTime" : 0,
        "needYield" : 0,
        "saveState" : 2697,
        "restoreState" : 2697,
        "isEOF" : 1,
        "invalidates" : 0,
        "keyPattern" : {
            "username" : 1
        },
        "indexName" : "username_1",
        "isMultiKey" : false,
        "multiKeyPaths" : {
            "username" : [ ]
        },
        "isUnique" : false,
        "isSparse" : false,
        "isPartial" : false,
        "indexVersion" : 2,
        "direction" : "forward",
        "indexBounds" : {
            "username" : [
                "(\"user5\", \"user8\")"
            ]
        },
        "keysExamined" : 333332,
        "seeks" : 1,
        "dupsTested" : 0,
```

```
                    "dupsDropped" : 0,
                    "seenInvalidated" : 0
                }
            }
        },
        "serverInfo" : {
            "host" : "eoinbrazil-laptop-osx",
            "port" : 27017,
            "version" : "4.0.12",
            "gitVersion" : "5776e3cbf9e7afe86e6b29e22520ffb6766e95d4"
        },
        "ok" : 1
    }
```

這強迫 MongoDB 要比之前的索引多掃描 100 倍的索引內容數量。在一個查詢中使用兩個範圍，基本上都會導致較沒效率的查詢計畫。

OR 查詢

在本書撰寫時，MongoDB 在一個查詢上只能使用一個索引。也就是說，若你建立一個在 {"x" : 1} 上的索引，以及在 {"y" : 1} 上的另一個索引，然後在 {"x" : 123, "y" : 456} 上查詢，MongoDB 將會使用你建立的其中一個索引，但不會同時使用兩個。這個規則的唯一例外就是 "$or"。"$or" 對於一個 "$or" 語法能夠使用一個索引，因為 "$or" 是執行兩個查詢然後合併結果：

```
    db.foo.find({"$or" : [{"x" : 123}, {"y" : 456}]}).explain()
    {
        "queryPlanner" : {
            "plannerVersion" : 1,
            "namespace" : "foo.foo",
            "indexFilterSet" : false,
            "parsedQuery" : {
                "$or" : [
                    {
                        "x" : {
                            "$eq" : 123
                        }
                    },
                    {
                        "y" : {
                            "$eq" : 456 }
                    }
                ]
```

```
                },
                "winningPlan" : {
                    "stage" : "SUBPLAN",
                    "inputStage" : {
                        "stage" : "FETCH",
                        "inputStage" : {
                            "stage" : "OR",
                            "inputStages" : [
                                {
                                    "stage" : "IXSCAN",
                                    "keyPattern" : {
                                        "x" : 1
                                    },
                                    "indexName" : "x_1",
                                    "isMultiKey" : false,
                                    "multiKeyPaths" : {
                                        "x" : [ ]
                                    },
                                    "isUnique" : false,
                                    "isSparse" : false,
                                    "isPartial" : false,
                                    "indexVersion" : 2,
                                    "direction" : "forward",
                                    "indexBounds" : {
                                        "x" : [
                                            "[123.0, 123.0]"
                                        ]
                                    }
                                },
                                {
                                    "stage" : "IXSCAN",
                                    "keyPattern" : {
                                        "y" : 1
                                    },
                                    "indexName" : "y_1",
                                    "isMultiKey" : false,
                                    "multiKeyPaths" : {
                                        "y" : [ ]
                                    },
                                    "isUnique" : false,
                                    "isSparse" : false,
                                    "isPartial" : false,
                                    "indexVersion" : 2,
                                    "direction" : "forward",
                                    "indexBounds" : {
                                        "y" : [
                                            "[456.0, 456.0]"
```

```
                                        ]
                                    }
                                }
                            ]
                        }
                    }
                },
                "rejectedPlans" : [ ]
            },
            "serverInfo" : {
            ...,
            },
            "ok" : 1
    }
```

如你所見，explain 需要在兩個索引之上作兩個不同的查詢（如兩個 "IXSCAN" 階段所示）。通常來說，作兩個查詢然後將結果合併在一起，會比只作一個查詢要沒有效率。因此，通常會比較建議使用 "$in" 而不是 "$or"。

若你必須要使用 "$or"，請記住 MongoDB 需要去檢視兩個查詢的結果，並且將重複（匹配到一個以上的 "$or" 條件）的文件移除。

當執行 "$in" 查詢時，除非作排序，要不然沒有辦法控制回傳的文件順序。舉例來說，{"x" : {"$in" : [1, 2, 3]}} 跟 {"x" : {"$in" : [3, 2, 1]}} 將會回傳相同順序的文件。

索引物件和陣列

MongoDB 讓你能夠接觸到文件內部，並且在巢狀欄位跟陣列上建立索引。內嵌物件和陣列欄位能夠跟最上層的欄位一起結合為組合索引，雖然某種程度上來說它們很特別，但它們大部分跟「正常的」索引欄位行為相同。

索引內嵌文件

索引能夠被建立在內嵌文件中的鍵上，就如同被建立在普通的鍵上一樣。若我們有個集合，每個文件代表一個使用者，我們可以擁有一個內嵌文件來描述每個使用者的位置，如下：

```
    {
        "username" : "sid",
        "loc" : {
            "ip" : "1.2.3.4",
            "city" : "Springfield",
```

```
            "state" : "NY"
        }
    }
```

我們可以在 "loc" 的其中一個子欄位上建立索引，例如 "loc.city"，來加快使用這個欄位的查詢速度：

```
> db.users.createIndex({"loc.city" : 1})
```

你能夠在任意層數的內嵌文件的鍵上做這件事情：想要的話，你能夠在 "x.y.z.w.a.b.c"（或更多層）上建立索引。

注意，在內嵌文件（"loc"）上建立索引，跟在內嵌文件的欄位（"loc.city"）上建立索引，會擁有非常不同的行為。對整個子文件建立索引，只會對於查詢整個子文件的查詢有幫助。查詢優化器對於某個查詢，只能夠使用「描述全部欄位，且欄位順序要一樣的整個子文件上的索引」（如：db.users.find({"loc" : {"ip" : "123.456.789.000", "city" : "Shelbyville", "state" : "NY"}})）。對於如 db.users.find({"loc.city" : "Shelbyville"}) 的查詢，它將無法使用索引。

索引陣列

你也能夠索引陣列，讓你可以使用索引來有效率地搜尋特定的陣列元素。

假設我們有個部落格文章的集合，每個文件是一篇文章。每篇文章擁有一個 "comments" 欄位，值是 "comment" 子文件的陣列。若我們想要能夠尋找最近有被評論的部落格文章，我們可以在部落格文章集合的內嵌 "comments" 文件的陣列中的 "date" 鍵上建立索引：

```
> db.blog.createIndex({"comments.date" : 1})
```

索引陣列會將陣列中的每個元素都在索引內建立內容，所以若有一篇有 20 個評論的文章，索引中便會有 20 條內容。這讓陣列索引會比單值索引要耗費資源：對於單一的插入、更新或是移除動作，每個陣列內容可能都要被更新（可能是數千筆索引內容）。

不像前一節的 "loc" 範例，你不能夠將整個陣列視為單一實體來索引：對陣列欄位建立索引，會對陣列中的元素產生索引，而不是對陣列本身產生索引。

在陣列元素上建立索引並不會保存元素的位置資訊：你不能夠在尋找特定位置的陣列元素的查詢（如 "comments.4"）上使用索引。

附帶一提，你也可以索引特定的陣列元素，如：

```
> db.blog.createIndex({"comments.10.votes": 1})
```

然而，這個索引只對第十一個陣列元素（陣列從 0 開始）的查詢有用。

在一個索引內只能有一個欄位是陣列。這是要防止多個多鍵索引產生出爆炸多數量的索引內容：每個可能的元素對都必須要被索引，導致每個文件會有 $n*m$ 個索引內容。舉例來說，假設我們有個在 {"x" : 1, "y" : 1} 上的索引：

```
> // x is an array - legal
> db.multi.insert({"x" : [1, 2, 3], "y" : 1})
>
> // y is an array - still legal
> db.multi.insert({"x" : 1, "y" : [4, 5, 6]})
>
> // x and y are arrays - illegal!
> db.multi.insert({"x" : [1, 2, 3], "y" : [4, 5, 6]})
cannot index parallel arrays [y] [x]
```

假設 MongoDB 要索引最後這個不合法的範例，便會有 {"x" : 1, "y" : 4}、{"x" : 1, "y" : 5}、{"x" : 1, "y" : 6}、{"x" : 2, "y" : 4}、{"x" : 2, "y" : 5}、{"x" : 2, "y" : 6}、{"x" : 3, "y" : 4}、{"x" : 3, "y" : 5} 和 {"x" : 3, "y" : 6} 如此多的索引內容，而且這些陣列才只有三個元素而已。

隱含多鍵索引

若任何文件擁有被索引的鍵是陣列欄位時，該索引便會馬上被標記為多鍵索引。你能夠從 explain 的輸出來看一個索引是否是多鍵的：若多鍵索引被使用，"isMultikey" 欄位將會是 true。當一個索引被標記為多鍵後，它就不可能會是非多鍵的，就算在該欄位包含陣列的所有文件都被移除也是一樣。要將多鍵索引變回非多鍵的唯一方法就只有刪除它然後重新建立它。

多鍵索引可能會比非多鍵索引要慢一些。多個索引內容能夠指向同一個文件，所以 MongoDB 可能會需要在回傳結果前移除重複的文件。

索引基數

基數（*cardinality*）的意思是集合中的某個欄位會有多少個不同的值。有些欄位，如 "gender" 或 "newsletter opt-out"，可能只會擁有兩種可能值，這樣就會被視為是低基數值的。其他如 "username" 或 "email" 欄位，在集合中的每個文件可能都會擁有不同的值，就是高基數值的。當然還有一些是介於這兩者之間的，如 "age" 或 "zip code"。

通常來說，一個欄位的基數值越大，在該欄位上索引的幫助會越大。這是因為索引能夠快速的將搜尋空間限縮到相對極小的結果集合。對一個低基數的欄位，索引通常沒辦法消除許多的可能匹配。

舉例來說，假設我們有個在 "gender" 上的索引，想要尋找叫做 Susan 的女性。我們在尋找每個文件中的 "name" 之前，只能將結果空間縮小大約 50%。相對的，假如我們在 "name" 上索引，我們能夠馬上將結果限縮至使用者名稱為 Susan 的非常少數量的文件，然後再在這少數文件中確認性別。

所以就經驗法則來說，應該要在高基數的鍵上建立索引，或至少在組合索引中，要將高基數的鍵放在低基數的鍵之前。

explain 輸出

如你已經看到的，explain 會給你許多關於查詢的資訊。對於緩慢的查詢，它是其中一個重要的診斷工具。只要看查詢的 explain 輸出，你便能夠知道查詢使用了什麼索引以及是如何被使用的。對任何查詢來說，你能夠在結尾加上對 explain 的呼叫（也就是說你可以加上 sort 或 limit，但 explain 一定要在最後被呼叫）。

你最常會看到的 explain 輸出有兩種：有索引的查詢以及沒有索引的查詢。特殊的索引種類可能會產生些許不同的查詢計畫，但多數的欄位都是類似的。並且，分片會回傳非常大量的 explain 輸出（第十四章中會涵蓋該內容），因為它會在多個伺服器上執行查詢。

最基礎的 explain 種類就是在一個不使用索引的查詢上。因為它使用一個 "COLLSCAN"，所以你能知道該查詢並沒有使用索引。

在一個使用索引的查詢上的 explain 輸出會有些不同，但以最簡單的狀況來說，假如我們在 imdb.rating 上新增索引，會看起來如下：

```
> db.users.find({"age" : 42}).explain('executionStats')
{
    "queryPlanner" : {
        "plannerVersion" : 1,
        "namespace" : "test.users",
        "indexFilterSet" : false,
        "parsedQuery" : {
            "age" : {
                "$eq" : 42
            }
        },
        "winningPlan" : {
```

```
            "stage" : "FETCH",
            "inputStage" : {
                "stage" : "IXSCAN",
                "keyPattern" : {
                    "age" : 1,
                    "username" : 1
                },
                "indexName" : "age_1_username_1",
                "isMultiKey" : false,
                "multiKeyPaths" : {
                    "age" : [ ],
                    "username" : [ ]
                },
                "isUnique" : false,
                "isSparse" : false,
                "isPartial" : false,
                "indexVersion" : 2,
                "direction" : "forward",
                "indexBounds" : {
                    "age" : [
                        "[42.0, 42.0]"
                    ],
                    "username" : [
                        "[MinKey, MaxKey]"
                    ]
                }
            }
        },
        "rejectedPlans" : [ ]
    },
    "executionStats" : {
        "executionSuccess" : true,
        "nReturned" : 8449,
        "executionTimeMillis" : 15,
        "totalKeysExamined" : 8449,
        "totalDocsExamined" : 8449,
        "executionStages" : {
            "stage" : "FETCH",
            "nReturned" : 8449,
            "executionTimeMillisEstimate" : 10,
            "works" : 8450,
            "advanced" : 8449,
            "needTime" : 0,
            "needYield" : 0,
            "saveState" : 66,
            "restoreState" : 66,
            "isEOF" : 1,
```

```
            "invalidates" : 0,
            "docsExamined" : 8449,
            "alreadyHasObj" : 0,
            "inputStage" : {
                "stage" : "IXSCAN",
                "nReturned" : 8449,
                "executionTimeMillisEstimate" : 0,
                "works" : 8450,
                "advanced" : 8449,
                "needTime" : 0,
                "needYield" : 0,
                "saveState" : 66,
                "restoreState" : 66,
                "isEOF" : 1,
                "invalidates" : 0,
                "keyPattern" : {
                    "age" : 1,
                    "username" : 1
                },
                "indexName" : "age_1_username_1",
                "isMultiKey" : false,
                "multiKeyPaths" : {
                    "age" : [ ],
                    "username" : [ ]
                },
                "isUnique" : false,
                "isSparse" : false,
                "isPartial" : false,
                "indexVersion" : 2,
                "direction" : "forward",
                "indexBounds" : {
                    "age" : [
                        "[42.0, 42.0]"
                    ],
                    "username" : [
                        "[MinKey, MaxKey]"
                    ]
                },
                "keysExamined" : 8449,
                "seeks" : 1,
                "dupsTested" : 0,
                "dupsDropped" : 0,
                "seenInvalidated" : 0
            }
        }
    },
    "serverInfo" : {
```

```
        "host" : "eoinbrazil-laptop-osx",
        "port" : 27017,
        "version" : "4.0.12",
        "gitVersion" : "5776e3cbf9e7afe86e6b29e22520ffb6766e95d4"
    },
    "ok" : 1
}
```

這個輸出首先會告訴你使用的索引是什麼：imdb.rating。接著就是實際上有多少個文件被視為結果回傳："nReturned"。注意，這並不必然代表 MongoDB 為了要回答這個查詢而做的工作量（如有多少個索引和文件被搜尋）。"totalKeysExamined" 回報被掃瞄的索引內容數量，而 "totalDocsExamined" 代表有多少文件被掃描。文件被掃瞄的數量則反映在 "nscannedObjects" 中。

這個輸出也顯示並沒有 rejectedPlans，而它在索引上使用值為 42.0 的有界限搜尋。

"executionTimeMillis" 回報查詢的執行速度，從伺服器接收到請求到它送出回應的時間。然而，這並不一定是你總是要查看的數值。若 MongoDB 嘗試多個查詢計畫，"executionTimeMillis" 將會反映執行全部計畫的時間，而不只是獲勝查詢計畫的時間。

現在你理解基礎了，以下是一些更重要的欄位的詳細資訊：

"isMultiKey" : false

這個查詢是否有使用一個多鍵索引（見第 120 頁「索引物件和陣列」）。

"nReturned" : 8449

查詢回傳的文件數量。

"totalDocsExamined" : 8449

MongoDB 必須要沿著索引指標到存在磁碟上的實際文件的次數。若查詢的條件包含未在索引內的欄位，或查詢請求回傳未包含在索引內的欄位，MongoDB 則必須要查看每個索引內容指向的文件。

"totalKeysExamined" : 8449

假如有使用索引的話，就是查看的索引內容數量。若是一個表格掃描，則為檢查的文件數量。

```
"stage" : "IXSCAN"
```

MongoDB 是否能夠使用一個索引來滿足查詢，若無法，則會使用 `"COLSCAN"` 來代表它必須要執行集合掃描來滿足查詢。

在這個範例中，MongoDB 使用索引找到所有匹配的文件，會知道如此是因為 `"totalKeysExamined"` 跟 `"totalDocsExamined"` 是相同的。然而，查詢被告知要回傳匹配文件的所有欄位，而索引只有包含 `"age"` 和 `"username"` 欄位。

```
"needYield" : 0
```

這個查詢暫停而讓寫入請求先執行的次數。若有等待中的寫入請求，查詢會定期的釋放鎖定，讓寫入先執行。在這個系統上，沒有寫入在等待，或以查詢沒有被暫停。

```
"executionTimeMillis" : 15
```

資料庫執行這個查詢的毫秒時間。這個數值越小越好。

```
"indexBounds" : {...}
```

索引如何被使用的描述，會呈現索引走訪的範圍。在這個範例中，查詢的第一個條件是絕對匹配，所以索引只需要查看該值：42。第二個索引鍵是一個自由變數，因為查詢並沒有指定任何的限制。因此資料庫會在 `"age"` : 42 的文件中查看從負無限大（`"$minElement"` : 1）到無限大（`"$maxElement"` : 1）的使用者名稱。

讓我們來看一個更複雜點的範例。假設你有一個在 {"username" : 1, "age" : 1} 上的索引，以及一個在 {"age" : 1, "username" : 1} 上的索引。假如你查詢 "username" 和 "age" 時會發生什麼事情？嗯，這要看查詢來決定：

```
> db.users.find({"age" : {$gt : 10}, "username" : "user2134"}).explain()
{
    "queryPlanner" : {
        "plannerVersion" : 1,
        "namespace" : "test.users",
        "indexFilterSet" : false,
        "parsedQuery" : {
            "$and" : [
                {
                    "username" : {
                        "$eq" : "user2134"
                    }
                },
                {
                    "age" : {
                        "$gt" : 10
```

```
                    }
                }
            ]
        },
        "winningPlan" : {
            "stage" : "FETCH",
            "filter" : {
                "age" : {
                    "$gt" : 10
                }
            },
            "inputStage" : {
                "stage" : "IXSCAN",
                "keyPattern" : {
                    "username" : 1
                },
                "indexName" : "username_1",
                "isMultiKey" : false,
                "multiKeyPaths" : {
                    "username" : [ ]
                },
                "isUnique" : false,
                "isSparse" : false,
                "isPartial" : false,
                "indexVersion" : 2,
                "direction" : "forward",
                "indexBounds" : {
                    "username" : [
                        "[\"user2134\", \"user2134\"]"
                    ]
                }
            }
        },
        "rejectedPlans" : [
            {
                "stage" : "FETCH",
                "inputStage" : {
                    "stage" : "IXSCAN",
                    "keyPattern" : {
                        "age" : 1,
                        "username" : 1
                    },
                    "indexName" : "age_1_username_1",
                    "isMultiKey" : false,
                    "multiKeyPaths" : {
                        "age" : [ ],
                        "username" : [ ]
```

```
                    },
                    "isUnique" : false,
                    "isSparse" : false,
                    "isPartial" : false,
                    "indexVersion" : 2,
                    "direction" : "forward",
                    "indexBounds" : {
                        "age" : [
                            "(10.0, inf.0]"
                        ],
                        "username" : [
                            "[\"user2134\", \"user2134\"]"
                        ]
                    }
                }
            }
        }
    ]
},
    "serverInfo" : {
        "host" : "eoinbrazil-laptop-osx",
        "port" : 27017,
        "version" : "4.0.12",
        "gitVersion" : "5776e3cbf9e7afe86e6b29e22520ffb6766e95d4"
    },
    "ok" : 1
}
```

我們要查詢在 **"username"** 上的絕對匹配跟在 **"age"** 上的範圍值，所以資料庫選擇使用 {"username" : 1, "age" : 1} 索引，將查詢內的條件反過來使用。另一方面，假如我們查詢特定的年齡以及某個範圍的名字，MongoDB 將會使用另一個索引：

```
> db.users.find({"age" : 14, "username" : /.*/}).explain()
{
    "queryPlanner" : {
        "plannerVersion" : 1,
        "namespace" : "test.users",
        "indexFilterSet" : false,
        "parsedQuery" : {
            "$and" : [
                {
                    "age" : {
                        "$eq" : 14
                    }
                },
                {
                    "username" : {
```

```
                            "$regex" : ".*"
                        }
                    }
                ]
            },
            "winningPlan" : {
                "stage" : "FETCH",
                "inputStage" : {
                    "stage" : "IXSCAN",
                    "filter" : {
                        "username" : {
                            "$regex" : ".*"
                        }
                    },
                    "keyPattern" : {
                        "age" : 1,
                        "username" : 1
                    },
                    "indexName" : "age_1_username_1",
                    "isMultiKey" : false,
                    "multiKeyPaths" : {
                        "age" : [ ],
                        "username" : [ ]
                    },
                    "isUnique" : false,
                    "isSparse" : false,
                    "isPartial" : false,
                    "indexVersion" : 2,
                    "direction" : "forward",
                    "indexBounds" : {
                        "age" : [
                            "[14.0, 14.0]"
                        ],
                        "username" : [
                            "[\"\", {})",
                            "[/.*/, /.*/]"
                        ]
                    }
                }
            },
            "rejectedPlans" : [
                {
                    "stage" : "FETCH",
                    "filter" : {
                        "age" : {
                            "$eq" : 14
                        }
```

```
                },
                "inputStage" : {
                    "stage" : "IXSCAN",
                    "filter" : {
                        "username" : {
                            "$regex" : ".*"
                        }
                    },
                    "keyPattern" : {
                        "username" : 1
                    },
                    "indexName" : "username_1",
                    "isMultiKey" : false,
                    "multiKeyPaths" : {
                        "username" : [ ]
                    },
                    "isUnique" : false,
                    "isSparse" : false,
                    "isPartial" : false,
                    "indexVersion" : 2,
                    "direction" : "forward",
                    "indexBounds" : {
                        "username" : [
                            "[\"\", {})",
                            "[/.*/, /.*/]"
                        ]
                    }
                }
            }
        }
    ]
},
"serverInfo" : {
    "host" : "eoinbrazil-laptop-osx",
    "port" : 27017,
    "version" : "4.0.12",
    "gitVersion" : "5776e3cbf9e7afe86e6b29e22520ffb6766e95d4"
},
"ok" : 1
}
```

若你發現 MongoDB 使用的索引跟你想要它使用的索引是不同的，你能夠使用 hint 來強制它使用特定的索引。舉例來說，若你想要確定 MongoDB 在前一個查詢上使用 {"username" : 1, "age" : 1} 索引，你可以執行如下語法：

```
> db.users.find({"age" : 14, "username" : /.*/}).hint({"username" : 1, "age" : 1})
```

若查詢沒有使用你想要它使用的索引，而你使用 hint 來改變它，在發佈這個新查詢之前請先執行 explain。若你強制 MongoDB 在一個它不知道該如何使用索引的查詢上使用該索引，可能會比不使用該索引時還要緩慢。

何時不使用索引

索引在取得資料的小子集合時是最有效率的，而有些種類的查詢不用索引反而會比較快。當你需要取得越來越大比例的集合時，索引會變得越來越沒有效率，因為使用索引需要作兩次的搜尋：一次是要尋找索引內容，另一次是要沿著索引的指標到文件本身。集合掃描則只需要一次：查看文件本身。在最糟的狀況（回傳集合內的所有文件）下，使用索引會需要多一倍的查看數量，並且通常會比作一個集合掃描要顯著地慢。

不幸的是，並沒有一個公式或規則能夠讓我們知道何時索引有幫助，何時索引會拖慢速度，因為它非常取決於資料、索引、文件和平均結果集合的大小（表 5-1）。就經驗法則來說，假如查詢回傳集合的 30% 或超過集合的 30% 時，通常索引都能夠幫忙加速。然而，這個值會在 2% 到 60% 之間變動。表 5-1 總結了使用索引或是集合掃描能更有效率運作的條件。

表 5-1　影響索引效率的性質

索引通常運作較好	集合掃描通常運作較好
大集合	小集合
大文件	小文件
選擇性高的查詢	選擇性低的查詢

假設我們擁有一個分析系統會收集統計資料。我們的應用程式會查詢系統中某一個帳號下的所有文件，將從系統上線時到一小時前的所有資料產生出漂亮的圖表：

```
> db.entries.find({"created_at" : {"$lt" : hourAgo}})
```

我們在 "created_at" 上建立索引以加快這個查詢。

當我們剛上線時，結果集合很小而且查詢幾乎是瞬間回應的。但經過幾週後，資料量開始變大，而經過幾個月後，這個查詢變得需要花太久時間而無法執行。

對多數的應用程式來說，這也許是「錯誤的」查詢：你真的需要一個會回傳資料集合中大部分資料的查詢嗎？多數的應用程式並不需要，特別是擁有大型資料集合的。然而，也有某些狀況是需要多數或甚至是全部的資料。舉例來說，你也許要匯出資料給報表系統，或是要使用它作一些批次處理。在這些狀況中，你會想要盡可能快速地回傳大部分的資料集合。

索引種類

在建立索引時，有一些索引選項能夠被指定，來改變索引的行為。最常見的一些變化會在本節中描述，另一些更進階或是特別狀況的選項則會在下一章探討。

唯一鍵索引

唯一鍵索引可保證在索引中的每個值最多只會出現一次。舉例來說，若想要保證任兩個文件中的 "username" 鍵不會擁有相同的值，可以使用 partialFilterExpression 為文件的 firstname 欄位建立一個唯一鍵索引（本章稍後會更詳細的介紹此選項）：

```
> db.users.createIndex({"firstname" : 1},
... {"unique" : true, "partialFilterExpression":{
    "firstname": {$exists: true } } } )
{
    "createdCollectionAutomatically" : false,
    "numIndexesBefore" : 3,
    "numIndexesAfter" : 4,
    "ok" : 1
}
```

舉例來說，假設你嘗試要插入以下的文件到 *users* 集合中：

```
> db.users.insert({firstname: "bob"})
WriteResult({ "nInserted" : 1 })
> db.users.insert({firstname: "bob"})
WriteResult({
  "nInserted" : 0,
  "writeError" : {
    "code" : 11000,
    "errmsg" : "E11000 duplicate key error collection: test.users index:
               firstname_1 dup key: { : \"bob\" }"
  }
})
```

若你去檢視該集合，你將會看到只有第一個 "bob" 被儲存下來。拋出重複鍵的例外不是很有效率的，所以只在偶爾發生重複的狀況下使用唯一鍵限制，不要把它當成一秒內出現數兆個重複的過濾器。

有一個你可能已經很熟悉的唯一鍵索引就是在 "_id" 上的索引，只要建立集合它就會自動被建立。這就是個普通的唯一鍵索引（除了它並不能被刪除之外，其他的唯一鍵索引是可以被刪除的）。

 若鍵不存在某個文件中，那麼索引將以 null 為值儲存在該文件的鍵。也就是說，若在一個鍵上建立唯一鍵索引，並且試著插入多於一個缺少該鍵的文件，該插入將會失敗，因為你已經擁有了一個該鍵的值為 null 的文件。見第 135 頁「部分索引」中對於處理這種狀況的建議。

在某些狀況中，值不會被索引。索引容器是有大小限制的，假如有個索引內容超過限制，它就不會被包含在索引中。這有可能會導致混亂，因為它會讓使用該索引的查詢「看不到」該文件。在 MongoDB 4.2 版之前，一個欄位必須要小於 1,024 位元組才能被包含在索引內。在 MongoDB 4.2 版以及其後的版本，這個限制就被拿掉了。若某個文件的欄位因為大小的關係而不能被索引，MongoDB 不會回傳任何的錯誤或警告。這也代表大於 8KB 的鍵不會受到唯一鍵索引的限制：舉例來說，你可以插入相同 8KB 大小的字串。

組合唯一索引

你也可以建立一個組合唯一索引。若你這麼做，這些鍵分別都可以擁有相同的值，但所有鍵的值的組合則必須要唯一。

舉例來說，若我們在 {"username" : 1, "age" : 1} 上有唯一索引，以下的插入將是合法的：

```
> db.users.insert({"username" : "bob"})
> db.users.insert({"username" : "bob", "age" : 23})
> db.users.insert({"username" : "fred", "age" : 23})
```

然而，嘗試要二次插入上面的任一個文件將會導致重複鍵例外。

GridFS，它是 MongoDB 中用來儲存大型檔案的標準方法（見第 162 頁「使用 GridFS 儲存檔案」），就有使用一個組合唯一索引。這個集合會在 {"files_id" : 1, "n" : 1} 上有個唯一索引來儲存檔案，這將讓文件（部分）看起來如下：

```
{"files_id" : ObjectId("4b23c3ca7525f35f94b60a2d"), "n" : 1}
{"files_id" : ObjectId("4b23c3ca7525f35f94b60a2d"), "n" : 2}
{"files_id" : ObjectId("4b23c3ca7525f35f94b60a2d"), "n" : 3}
{"files_id" : ObjectId("4b23c3ca7525f35f94b60a2d"), "n" : 4}
```

注意，所有 "files_id" 的值都一樣，但 "n" 都不一樣。

丟棄重複

當要為一個現存的集合建立唯一鍵索引，若存在任何的重複值，將會造成索引建立失敗：

```
> db.users.createIndex({"age" : 1}, {"unique" : true})
WriteResult({
    "nInserted" : 0,
    "writeError" : {
        "code" : 11000,
        "errmsg" : "E11000 duplicate key error collection:
                    test.users index: age_1 dup key: { : 12 }"
    }
})
```

通常來說，你會需要處理你的資料（聚集框架可以幫忙）並且找出哪邊有重複，然後看要如何處理它們。

部分索引

如本節稍早所提，唯一鍵索引將 null 視為是一個值，所以你沒有辦法在擁有唯一鍵索引的狀況下，擁有多於一個缺少該鍵的文件。然而，有許多的狀況是，只有在鍵存在時希望唯一鍵索引有作用。若你有個欄位是有可能不存在，但希望當它存在時值是唯一的，你可以在使用 "unique" 選項時一併使用 "partial" 選項。

 MongoDB 中的部分索引只會被建立在資料的子集合上。這不像是關聯式資料庫中的稀疏索引，部分索引會建立較少的索引內容指向資料，而在關聯式資料庫中的所有資料都會跟稀疏索引有所關聯。

要建立一個部分索引，需要包含 "partialFilterExpression" 選項。部分索引代表稀疏索引提供的功能的超集合，以及一個你希望建立在其上的過濾器表示式文件。舉例來說，若提供電子郵件是非必要的，但假如有提供則必須要是唯一的，我們能夠這樣做：

```
> db.users.ensureIndex({"email" : 1}, {"unique" : true, "partialFilterExpression" :
... { email: { $exists: true } }})
```

部分索引不一定要是唯一的。要建立一個不唯一的部分索引，只要把 "unique" 選項拿掉即可。

有一件事情需要注意，就是相同的查詢可能會回傳不同的結果，主要是看它有沒有使用部分索引。舉例來說，假設我們擁有一個集合，多數的文件都擁有 "x" 欄位，但有一個文件沒有該欄位：

```
> db.foo.find()
{ "_id" : 0 }
{ "_id" : 1, "x" : 1 }
{ "_id" : 2, "x" : 2 }
{ "_id" : 3, "x" : 3 }
```

當我們在 "x" 上執行查詢時，它會回傳所有匹配的文件：

```
> db.foo.find({"x" : {"$ne" : 2}})
{ "_id" : 0 }
{ "_id" : 1, "x" : 1 }
{ "_id" : 3, "x" : 3 }
```

若我們在 "x" 上建立一個部分索引，"_id" : 0 的文件不會被包含在索引之內。所以現在假如我們在 "x" 上執行查詢，MongoDB 將會使用這個索引並且不會回傳 {"_id" : 0} 文件：

```
> db.foo.find({"x" : {"$ne" : 2}})
{ "_id" : 1, "x" : 1 }
{ "_id" : 3, "x" : 3 }
```

若你需要缺少該欄位的文件時，你能夠使用 hint 來強制它作表格掃描。

索引管理

如上一節所示，你能夠使用 createIndex 函式來建立新的索引。每個集合中的索引只需要被建立一次。若你嘗試再次建立相同的索引，則並不會發生任何事情。

關於資料庫的所有索引資訊都會被儲存在 system.indexes 集合中。這是一個預留的集合，所以你不能修改它的文件也不能移除任何文件。你只能藉由 createIndex、createIndexes 和 dropIndexes 等資料庫指令來操縱它。

當你建立索引時，你能夠查看該索引在 system.indexes 之中的元資訊。你也能夠執行 db.collectionName.getIndexes() 來看該集合中所有索引的資訊：

```
> db.students.getIndexes()
[
    {
        "v" : 2,
        "key" : {
            "_id" : 1
        },
        "name" : "_id_",
```

```
      "ns" : "school.students"
    },
    {
    "v" : 2,
    "key" : {
        "class_id" : 1
    },
    "name" : "class_id_1",
    "ns" : "school.students"
    },
    {
    "v" : 2,
    "key" : {
        "student_id" : 1,
        "class_id" : 1
    },
    "name" : "student_id_1_class_id_1",
    "ns" : "school.students"
    }
]
```

其中重要的欄位有 "key" 和 "name"。鍵（key）能夠被用在提示（hint）或是其他需要指定索引的地方。在這之中欄位的順序是有意義的：在 {"class_id" : 1, "student_id" : 1} 上的索引跟在 {"student_id" : 1, "class_id" : 1} 上的索引是不同的。索引的名稱（name）則是被用在許多管理索引的操作（如 dropIndexes）上的辨識子。索引是否為多鍵索引則沒有在這邊被呈現。

"v" 欄位是內部用作索引版本管理。若你擁有任何不包含 "v" 欄位的索引，代表它是以較舊且較沒有效率的格式儲存。假如想要升級它，首先要確定執行的 MongoDB 版本至少為 2.0 版以上，然後將該索引刪除並且重建它即可。

辨識索引

在集合中的每個索引會擁有一個能夠辨識索引的唯一名稱，給伺服器用來操縱或刪除它。預設來說，索引名稱為 *keyname1_dir1_keyname2_dir2_..._keynameN_dirN*，其中 *keynameX* 是索引的鍵，而 *dirX* 則是索引的方向（1 或 -1）。假如索引包含了很多鍵，它的名稱可能會變得很長，所以你能夠在 createIndex 的選項中指定自己的名稱：

```
> db.soup.createIndex({"a" : 1, "b" : 1, "c" : 1, ..., "z" : 1},
... {"name" : "alphabet"})
```

索引名稱的字元數量是有限制的，所以複雜的索引可能在建立時會需要被指定名稱。對 `getLastError` 的呼叫會顯示索引的建立是否成功。

變更索引

當你的應用程式成長與變化後，也許會發現你的資料或查詢也變動了，而之前適用的索引也不再適用。你能夠使用 `dropIndex` 指令來移除不再需要的索引：

```
> db.people.dropIndex("x_1_y_1")
{ "nIndexesWas" : 3, "ok" : 1 }
```

使用在索引描述中的 `"name"` 欄位，來指定要刪除的索引。

建立新的索引是耗費時間且是資源密集的。在 4.2 版之前，MongoDB 會盡快的建立索引，而停止在資料庫上的所有讀取和寫入動作，直到索引完成建立。若你需要資料庫仍然能對讀取和寫入有所回應，在建立索引時要使用 `"background"` 選項。這會強制索引在建立時，偶爾讓出資源給其他動作，但這仍然可能會對你的應用程式造成巨大的影響（第 292 頁「建立索引」中有更多資訊）。在背景建立索引會比在前景建立索引要慢上許多。MongoDB 4.2 版時引入了一個新的方法，混合索引建立。它只會在索引建立的開始和結束時擁有獨佔資源的鎖。在其他建立的過程中則會隨時讓給讀取和寫入的動作。這取代了 MongoDB 4.2 版中的前景索引建立和背景索引建立。

若你可以選擇，在現存的文件上建立索引，會比先建立索引再插入所有的文件要稍微快一些。

第十九章中會從操作面向更詳細的介紹索引建立。

## 第六章

特別的索引和集合種類

本章涵蓋了 MongoDB 支援特別的集合和索引種類,包括:

- 用在類佇列資料的最高限度集合
- 用在快取的 TTL 索引
- 用在單純字串搜尋的全文索引
- 用在 2D 和球體幾何的地理資訊索引
- 用在儲存大型檔案的 GridFS

地理資訊索引

MongoDB 擁有兩種地理資訊索引:2dsphere 跟 2d。2dsphere 索引是使用基於 WGS84 資料的地球表面模型的球體幾何。這個資料將地球表面建構為一個扁圓球體,代表在極地附近會較扁平。因此,使用 2dsphere 索引計算距離,會將地球的形狀列入考量,提供出一個比 2d 索引要更準確的測量距離的方式。

2dsphere 讓你能夠用 GeoJSON 格式(*http://www.geojson.org/*)來表示點、線或多邊形等幾何圖形。一個點是用有兩個元素的陣列表示,呈現為 [經度 , 緯度]([*longitude, latitude*]):

```
{
    "name" : "New York City",
    "loc" : {
        "type" : "Point",
        "coordinates" : [50, 2]
    }
}
```

一條線則是用點的陣列來表示：

```
{
    "name" : "Hudson River",
    "loc" : {
        "type" : "LineString",
        "coordinates" : [[0,1], [0,2], [1,2]]
    }
}
```

一個多邊形則是跟線的表示方式相同（點的陣列），但要用不同的 **"type"**：

```
{
    "name" : "New England",
    "loc" : {
        "type" : "Polygon",
        "coordinates" : [[0,1], [0,2], [1,2]]
    }
}
```

我們命名的欄位（在這個範例中是 **"loc"**）可以是任何的名稱，但在內嵌物件的欄位名稱則是由 GeoJSON 所定義，而且不能被改變。

你可以在使用 createIndex 時搭配 **"2dsphere"** 種類來建立一個地理資訊索引：

```
> db.openStreetMap.createIndex({"loc" : "2dsphere"})
```

要建立一個 2dsphere 索引，傳入文件至 createIndex 中，該文件要指定在集合中想要被索引且包含地理資訊的欄位，然後將其值設為 **"2dsphere"**。

地理資訊查詢的種類

有三種不同的地理資訊查詢可以被執行：交集、範圍內跟附近。你可以用 GeoJSON 物件來指定你想要尋找的目標，看起來會像：{"$geometry" : *geoJsonDesc*}。

舉例來說，你可以使用 "$geoIntersects" 運算子來找到跟查詢的位置有交集的文件：

```
> var eastVillage = {
... "type" : "Polygon",
... "coordinates" : [
... [
... [ -73.9732566, 40.7187272 ],
... [ -73.9724573, 40.7217745 ],
... [ -73.9717144, 40.7250025 ],
... [ -73.9714435, 40.7266002 ],
... [ -73.975735, 40.7284702 ],
... [ -73.9803565, 40.7304255 ],
... [ -73.9825505, 40.7313605 ],
... [ -73.9887732, 40.7339641 ],
... [ -73.9907554, 40.7348137 ],
... [ -73.9914581, 40.7317345 ],
... [ -73.9919248, 40.7311674 ],
... [ -73.9904979, 40.7305556 ],
... [ -73.9907017, 40.7298849 ],
... [ -73.9908171, 40.7297751 ],
... [ -73.9911416, 40.7286592 ],
... [ -73.9911943, 40.728492 ],
... [ -73.9914313, 40.7277405 ],
... [ -73.9914635, 40.7275759 ],
... [ -73.9916003, 40.7271124 ],
... [ -73.9915386, 40.727088 ],
... [ -73.991788, 40.7263908 ],
... [ -73.9920616, 40.7256489 ],
... [ -73.9923298, 40.7248907 ],
... [ -73.9925954, 40.7241427 ],
... [ -73.9863029, 40.7222237 ],
... [ -73.9787659, 40.719947 ],
... [ -73.9772317, 40.7193229 ],
... [ -73.9750886, 40.7188838 ],
... [ -73.9732566, 40.7187272 ]
... ]
... ]}
> db.openStreetMap.find(
... {"loc" : {"$geoIntersects" : {"$geometry" : eastVillage}}})
```

這會找到任何點、線或多邊形有在紐約市東村內的所有文件。

你能夠使用 "$geoWithin" 來查詢完全包含在某個區域內的東西（舉例來說，「在東村內有什麼餐廳？」）：

```
> db.openStreetMap.find({"loc" : {"$geoWithin" : {"$geometry" : eastVillage}}})
```

不像第一個查詢，這個查詢將不會回傳僅僅經過東村的東西（如某些街道）或是部分重疊的東西（如描述曼哈頓的多邊形）。

最後，你能夠使用 "$near" 來作附近位置的查詢：

```
> db.openStreetMap.find({"loc" : {"$near" : {"$geometry" : eastVillage}}})
```

注意，"$near" 是唯一一個會作排序的地理資訊運算子：從 "$near" 回傳的結果，總是會從距離最近的到距離最遠的。

使用地理資訊索引

MongoDB 的地理資訊索引讓你能夠在包含地理資訊形狀或點的集合中，有效率的執行空間性的查詢。為了要呈現地理資訊特性的能力以及比較不同的方法，我們將會為一個地理資訊應用程式撰寫查詢。我們會更深入的看地理資訊索引的中心概念，然後會展示索引搭配使用 "$geoWithin"、"$geoIntersects" 和 "$geoNear" 的狀況。

假設我們正在設計一個手機應用程式，來幫助使用者尋找紐約市的餐廳。這個應用程式必須要：

- 決定使用者目前所在的區域
- 顯示該區域中的餐廳數量
- 尋找在特定距離內的餐廳

我們將會使用 2dsphere 索引來在這個球體幾何學資料上執行查詢。

平面查詢 v.s. 球體幾何查詢

地理資訊查詢可以使用球體幾何或是 2D（平面）幾何，取決於查詢跟使用的索引種類。表 6-1 顯示每個地理資訊運算子所使用的幾何種類。

表 6-1　MongoDB 中的查詢種類和幾何

查詢種類	幾何種類
$near（GeoJSON 點、2dsphere 索引）	球體
$near（傳統座標、2d 索引）	平面
$geoNear（GeoJSON 點、2dsphere 索引）	球體
$geoNear（傳統座標、2d 索引）	平面

查詢種類	幾何種類
$nearSphere（GeoJSON 點、2dsphere 索引）	球體
$nearSphere（傳統座標、2d 索引）*	球體
$geoWithin : {$geometry: …}	球體
$geoWithin : {$box: …}	平面
$geoWithin : {$polygon: …}	平面
$geoWithin : {$center: …}	平面
$geoWithin : {$centerSphere: …}	球體
$geoIntersects	球體

* 改用 GeoJSON 點

也要注意的是，2d 索引對於平面幾何跟單純在球體上計算距離（例如，使用 $nearSphere）這兩者都支援。然而，使用球體幾何的查詢搭配 2dsphere 索引會更有效率且準確。

還有要注意的是，$geoNear 運算子是一個聚集運算子。聚集框架會在第七章中被討論。除了 $near 查詢運算子之外，$geoNear 聚集運算子跟 geoNear 這個特別指令讓我們能夠查詢附近的位置。記住，假如集合有使用 MongoDB 的擴充解決方案（見第十五章），也就是集合是使用分片的分散式分佈，$near 查詢運算子就沒辦法用在它上面。

geoNear 指令和 $geoNear 聚集運算子要求，集合中至多只能擁有一個 2dsphere 索引並且至多只能擁有一個 2d 索引，而地理資訊查詢運算子（如 $near 和 $geoWithin）則可以擁有多個地理資訊索引。

geoNear 指令和 $geoNear 聚集運算子對於地理資訊索引會有限制，是因為不論是 geoNear 指令還是 $geoNear 語法，都沒有包含位置欄位。因此，在多個 2d 索引或多個 2dsphere 索引之間選擇索引是很混淆不清的。

地理空間查詢運算子並沒有如此的限制； 這些運算子會使用一個位置欄位，來消除混淆不清的狀態。

扭曲

球體幾何在視覺化到地圖上時看起來會被扭曲，這是因為將三維球體（如地球）投影到平面上自然產生的行為。

舉例來說，以一個用經緯度定義的球體正方形，經緯度的點分別為 (0,0)、(80,0)、(80,80) 和 (0,80)。圖 6-1 繪出該區域所涵蓋的範圍。

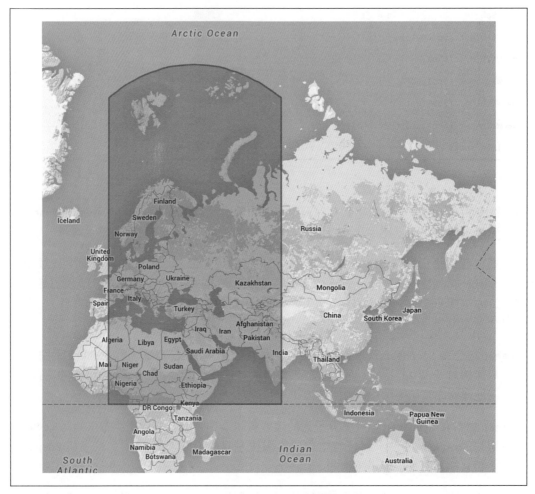

圖 6-1　由點 (0,0)、(80,0)、(80,80) 和 (0,80) 所定義的球體正方形

搜尋餐廳

在這個範例中，我們將會使用基於紐約市的區域（*https://oreil.ly/rpGna*）資料集合跟餐廳（*https://oreil.ly/JXYd-*）資料集合。你能夠從 GitHub 中下載這個範例資料集合。

我們能夠使用 mongoimport 工具來將資料集合匯入資料庫中，如下：

```
$ mongoimport <path to neighborhoods.json> -c neighborhoods
$ mongoimport <path to restaurants.json> -c restaurants
```

我們能夠在 *mongo* 命令列界面（*https://oreil.ly/NMUhn*）中使用 createIndex 指令，為每個集合建立一個 2dsphere 索引：

```
> db.neighborhoods.createIndex({location:"2dsphere"})
> db.restaurants.createIndex({location:"2dsphere"})
```

探索資料

我們能夠在 *mongo* 命令列界面中，使用一些快速的查詢，來對這些集合中的文件的綱要有些初步的了解：

```
> db.neighborhoods.find({name: "Clinton"})
{
  "_id": ObjectId("55cb9c666c522cafdb053a4b"),
  "geometry": {
    "coordinates": [
      [
        [-73.99,40.77],
        .
        .
        .
        [-73.99,40.77],
        [-73.99,40.77]]
      ]
    ],
    "type": "Polygon"
  },
  "name": "Clinton"
}

> db.restaurants.find({name: "Little Pie Company"})
{
  "_id": ObjectId("55cba2476c522cafdb053dea"),
  "location": {
    "coordinates": [
      -73.99331699999999,
      40.7594404
    ],
    "type": "Point"
  },
  "name": "Little Pie Company"
}
```

在前面的程式碼中的區域文件就是圖 6-2 中所呈現的紐約市的區域。

圖 6-2　紐約市的地獄廚房（Clinton）區域

麵包店的位置顯示在圖 6-3 中。

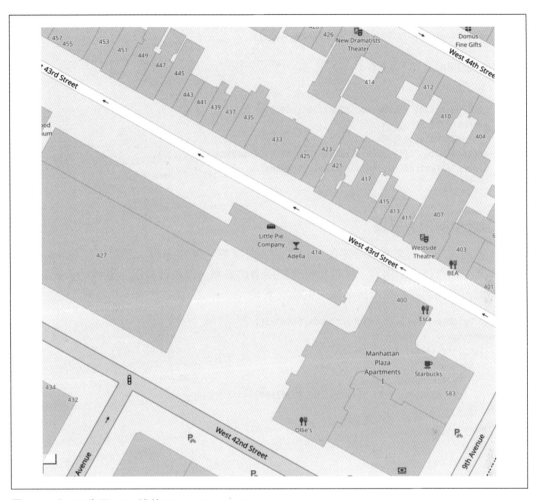

圖 6-3　在 43 街西 424 號的 The Little Pie Company

尋找目前位置的區域

假設使用者的手機能夠知道合理準確度的位置資訊，使用 $geoIntersects 可以簡單的找到使用者日前位置的區域。

假設使用者的位置在經度為 -73.93414657 且緯度為 40.82302903 的地方。要找到目前所在區域（地獄廚房），我們可以使用 GeoJSON 格式中 "$geometry" 這個特別的欄位指定一個點：

```
> db.neighborhoods.findOne({geometry:{$geoIntersects:{$geometry:{type:"Point",
... coordinates:[-73.93414657,40.82302903]}}}})
```

這個查詢會回傳如下的結果：

```
{
  "_id":ObjectId("55cb9c666c522cafdb053a68"),
  "geometry":{
    "type":"Polygon",
    "coordinates":[[[-73.93383000695911,40.81949109558767],...]]},
    "name":"Central Harlem North-Polo Grounds"
}
```

尋找區域中的所有餐廳

我們也能夠使用查詢來尋找特定區域包含的所有餐廳。要作查詢，我們可以在 *mongo* 命令列界面中執行以下的內容，來尋找包含使用者的區域，然後計算出該區域的餐廳數量。舉例來說，要找到在地獄廚房區域中的所有餐廳：

```
> var neighborhood = db.neighborhoods.findOne({
  geometry: {
    $geoIntersects: {
      $geometry: {
        type: "Point",
        coordinates: [-73.93414657,40.82302903]
      }
    }
  }
});

> db.restaurants.find({
    location: {
      $geoWithin: {
        // Use the geometry from the neighborhood object we retrieved above
        $geometry: neighborhood.geometry
      }
    }
  },
  // Project just the name of each matching restaurant
  {name: 1, _id: 0});
```

這個查詢會告訴你，在請求的區域中有 127 家餐廳，它們的名字如下：

```
{
  "name": "White Castle"
```

```
  }
  {
    "name": "Touch Of Dee'S"
  }
  {

    "name": "Mcdonald'S"
  }
  {
   "name": "Popeyes Chicken & Biscuits"
  }
  {
    "name": "Make My Cake"
  }
  {
    "name": "Manna Restaurant Ii"
  }
  ...
  {
    "name": "Harlem Coral Llc"
  }
```

尋找在某個距離內的餐廳

要尋找某個點的特定距離內的餐廳，你可以使用 "$geoWithin" 搭配 "$centerSphere" 來回傳一個未排序的結果，或是可以使用 "$nearSphere" 搭配 "$maxDistance" 來回傳依照距離排序的結果。

要尋找在一個圓形區域內的餐廳，就要使用 "$geoWithin" 搭配 "$centerSphere"。"$centerSphere" 是 MongoDB 特有的語法，藉由指定中心以及用弧度表示的半徑來表示一個圓形區域。"$geoWithin" 回傳文件時沒有特定的順序，所以第一個文件有可能是最遠的文件。

以下的內容會尋找在使用者周邊半徑為 5 英里的所有餐廳：

```
> db.restaurants.find({
  location: {
    $geoWithin: {
      $centerSphere: [
        [-73.93414657,40.82302903],
        5/3963.2
      ]
    }
  }
})
```

"$centerSphere" 的第二個參數要傳入以弧度表示的半徑。查詢藉由除以地球於赤道處的半徑估算值（3963.2 英里），將距離轉換為弧度。

應用程式使用 "$centerSphere" 時可以不使用任何的地理資訊索引。然而，地理資訊索引可以支援比沒有索引的狀況下快非常多的查詢。2dsphere 和 2d 地理資訊索引都支援 "$centerSphere"。

你也許也會想要使用 "$nearSphere" 並且以公尺為單位指定 "$maxDistance"。如以下的方式作，將會回傳在使用者周圍 5 英里的所有餐廳，並且從距離最近到最遠排序：

```
> var METERS_PER_MILE = 1609.34;
db.restaurants.find({
  location: {
    $nearSphere: {
      $geometry: {
        type: "Point",
        coordinates: [-73.93414657,40.82302903]
      },
      $maxDistance: 5*METERS_PER_MILE
    }
  }
});
```

組合地理資訊索引

如同其他種類的索引，你也可以將地理資訊索引跟其他欄位結合在一起，最佳化更複雜的查詢。稍早提過的可能查詢為：「在地獄廚房有哪些餐廳？」只有使用一個地理資訊索引，我們可以將結果限縮到在地獄廚房區域中的所有東西，但要繼續限縮為「餐廳」或「比薩店」將會需要其他欄位存在索引中：

```
> db.openStreetMap.createIndex({"tags" : 1, "location" : "2dsphere"})
```

然後我們便能快速的找到在地獄廚房中的比薩店：

```
> db.openStreetMap.find({"loc" : {"$geoWithin" :
... {"$geometry" : hellsKitchen.geometry}},
... "tags" : "pizza"})
```

我們能夠在 "2dsphere" 欄位之前或之後放置想要索引的欄位，取決於想要先過濾普通欄位還是位置資訊欄位。將高選擇性的欄位放在前面（也就是將能夠過濾掉較多結果的欄位放在前面）。

2d 索引

對於非球體的地圖（如遊戲的地圖或時間序列資料等），你可以不用 "2dsphere" 索引而是使用 "2d" 索引：

```
> db.hyrule.createIndex({"tile" : "2d"})
```

2d 索引會假設是在一個完美平坦表面上，而非一個球體。因此，2d 索引不應該被使用在球體上，除非你不介意在極點附近的大扭曲形變。

在文件中的 2d 索引欄位上應該要使用一個擁有兩個元素的陣列。在這個陣列中的元素應該要分別代表經度以及緯度。看起來應該為如下的範例文件：

```
{
    "name" : "Water Temple",
    "tile" : [ 32, 22 ]
}
```

若你打算儲存 GeoJSON 資料時，不要使用 2d 索引，因為它只能對點作索引。你可以儲存包含許多點的矩陣，但它只會被儲存為點的陣列，而非一條線。這對使用 "$geoWithin" 的查詢來說擁有很重要的差異。若你以點的矩陣來儲存一條街道，那麼只要有其中一個點位於 "$geoWithin" 所給定的形狀中，便會視為是匹配的文件。然而，由這些點所產生的線並不一定整個都包含在該形狀中。

預設來說，2d 索引假設你的值是介於 -180 到 180 之間。若你預期會有較大或較小的界線，你能夠在使用 createIndex 時指定最小值以及最大值：

```
> db.hyrule.createIndex({"light-years" : "2d"}, {"min" : -1000, "max" : 1000})
```

這樣將會建立一個 2000 × 2000 的正方形空間給地理資訊索引。

2d 索引支援 "$geoWithin"、"$nearSphere" 和 "$near" 等查詢運算子。使用 "$geoWithin" 可以查詢在一個平坦表面上的形狀中的點。"$geoWithin" 可以查詢在長方形、多邊形、圓形或是球體中的所有點，它使用 "$geometry" 運算子來指定 GeoJSON 物件。如下方式建立索引：

```
> db.hyrule.createIndex({"tile" : "2d"})
```

以下的查詢是要找到左下角為 [10, 10] 且右上角為 [100, 100] 的矩形中的文件：

```
> db.hyrule.find({
  tile: {
    $geoWithin: {
```

```
    $box: [[10, 10], [100, 100]]
  }
 }
})
```

`$box` 會使用有兩個元素的矩陣：第一個元素指定左下角的座標，第二個元素指定右上角
的座標。

若要查詢在圓心為 [-17, 20.5] 且半徑為 25 的圓形中的文件，可以使用如下的指令：

```
> db.hyrule.find({
  tile: {
    $geoWithin: {
      $center: [[-17, 20.5] , 25]
    }
  }
})
```

以下的查詢則會回傳座標位於 [0, 0]、[3, 6] 和 [6, 0] 這個多邊形之中的所有文件：

```
> db.hyrule.find({
  tile: {
    $geoWithin: {
      $polygon: [[0, 0], [3, 6], [6, 0]]
    }
  }
})
```

我們用點的陣列來代表一個多邊形。矩陣中的最後一個點會連接到第一個點來形成一個
多邊形。這個範例會找出點在這個三角形中的所有文件。

因為一些過往的因素，MongoDB 也支援在平坦 2d 索引上的基本球體查詢。通常來說，
球體計算應該要使用 2dsphere 索引，如第 142 頁「平面查詢 v.s. 球體幾何查詢」中所描
述的。然而，以往要查詢球體中的座標時，會使用 "$geoWithin" 搭配 "$centerSphere"。
定義一個包含下述內容的陣列：

- 圓形中心點的座標

- 以弧度表示的圓形半徑

舉例來說：

```
> db.hyrule.find({
  loc: {
    $geoWithin: {
```

```
      $centerSphere: [[88, 30], 10/3963.2]
    }
  }
})
```

若要查詢附近的點,可以使用 "$near"。距離查詢會回傳擁有跟給定的點距離最近的點的文件,並且會將結果依照距離排序。這樣會在 *hyrule* 集合中,從點 (20, 21) 由近而遠找出所有的文件:

```
> db.hyrule.find({"tile" : {"$near" : [20, 21]}})
```

假如沒有限制數量,預設會限制回傳 100 個文件。若你不需要如此多的結果,你應該要設定一個數量來保存伺服器的資源。舉例來說,以下的程式會回傳最靠近 (20, 21) 的 10 個文件:

```
> db.hyrule.find({"tile" : {"$near" : [20, 21]}}).limit(10)
```

全文檢索的索引

在 MongoDB 中 text 索引支援全文檢索的需求。不要把 text 索引跟 MongoDB Atlas 全文檢索索引搞混了,後者是利用 Apache Lucene 提供額外的文字搜尋能力。若你的應用程式需要讓使用者可以送出關鍵字,來在集合中查詢標題、敘述或是其他欄位的文字,那就使用 text 索引。

在前面的章節中,我們有用完全匹配和正規表示式來查詢文字,但這些技巧有一些限制。用正規表示式搜尋一大篇的文字是很慢的,而且還要將文字型態(例如 "entry" 應該要匹配到 "entries")跟其他人類語言的挑戰列入考慮。text 索引讓你能夠快速的搜尋文字,並且提供常見的搜尋引擎需求的支援,如適當的斷詞、停用詞和去除字尾。

text 索引需要的鍵數量跟要被索引的欄位中的文字數量呈正比。所以結果就是,要建立 text 索引會消耗掉大量的系統資源。你應該要在,不會對於你的應用程式中使用者的使用效能有負面影響時建立索引,或是可能的話在背景建立索引。如同所有的索引一樣,要確保好的效能,你應該也要確定建立的 text 索引能夠適合於記憶體人小。第十九章中有更多關於以對應用程式最小的影響下建立索引的資訊。

對一個集合的寫入需要所有的索引都被更新。若你正在使用文字搜尋,字串會被斷詞、去尾然後會在許多地方更新索引。因為這個原因,與 text 索引相關的寫入通常會耗費較多的資源,不論是單一欄位、組合或甚至是多鍵索引都是如此。因此,在包含 text 索引的集合中寫入的效能會比其他集合中寫入的效能要差。在分片時也會造成資料移動更為緩慢:當資料被移動到新的分片上時,所有的文字都要重新被索引。

建立文字索引

假設我們擁有一個維基百科文章的集合，並且想要建立索引。要在文字上執行搜尋的動作，我們必須要先建立一個 text 索引。以下對 createIndex 的呼叫，會建立基於 "title" 和 "body" 欄位中的詞彙上的索引：

```
> db.articles.createIndex({"title": "text",
                           "body" : "text"})
```

這不像是一個「正常的」組合索引，組合索引的鍵是有順序性的。預設來說，在 text 索引中每個欄位的地位都是相同的。你可以為每個欄位指定一個權重值，來控制欄位的關聯重要性：

```
> db.articles.createIndex({"title": "text",
                           "body" : "text"},
                          {"weights" : {
                               "title" : 3,
                               "body" : 2}})
```

這樣會分別將 "title" 和 "body" 欄位的權重設為 3:2 的比例。

在索引被建立後就不能夠再變更欄位的權重（除非刪除然後重建），所以你應該要在正式資料上建立索引之前，先用樣本資料集合嘗試一些權重組合。

對某些集合來說，你可能不知道文件會包含哪些欄位。你可以為文件中所有文字欄位建立一個全文檢索索引，只要在 "$**" 上建立索引即可，這不僅索引最上層所有的文字欄位，也會在內嵌文件以及陣列中搜尋文字欄位：

```
> db.articles.createIndex({"$**" : "text"})
```

文字搜尋

使用 "$text" 查詢運算子來在一個有 text 索引的集合上執行文字搜尋。"$text" 會使用空白和多數的標點符號當作分隔符號來為搜尋字串斷詞，然後對所有搜尋字串中的詞以 OR 的方式執行搜尋。舉例來說，你可以使用如下的查詢來找出任何有包含 "impact"、"crater" 和 "lunar" 等詞的文章。注意，因為我們的索引是基於一篇文章的標題和內容中的詞，所以只要有文章在標題或內容中有出現這些詞，這個查詢將會匹配到該文件。為了達到此範例的目的，我們只會顯示文章的標題，這樣比較能夠減少篇幅：

```
> db.articles.find({"$text": {"$search": "impact crater lunar"}},
                   {title: 1}
                   ).limit(10)
```

```
{ "_id" : "170375", "title" : "Chengdu" }
{ "_id" : "34331213", "title" : "Avengers vs. X-Men" }
{ "_id" : "498834", "title" : "Culture of Tunisia" }
{ "_id" : "602564", "title" : "ABC Warriors" }
{ "_id" : "40255", "title" : "Jupiter (mythology)" }
{ "_id" : "80356", "title" : "History of Vietnam" }
{ "_id" : "22483", "title" : "Optics" }
{ "_id" : "8919057", "title" : "Characters in The Legend of Zelda series" }
{ "_id" : "20767983", "title" : "First inauguration of Barack Obama" }
{ "_id" : "17845285", "title" : "Kushiel's Mercy" }
```

你會發現這個結果跟我們最初的查詢並沒有非常相關。如同所有的技術，要能夠有效率的使用 text 索引，就要先理解它在 MongoDB 中是如何運作的。在這個狀況下，我們發出這個查詢會產生兩個問題。第一個問題是，我們的查詢太廣泛了，因為 MongoDB 會使用邏輯的或（OR）來將 "impact"、"crater" 和 "lunar" 連結在一起。第二個問題則是，文字搜尋預設並不會依照相關性來回傳結果。

我們會在查詢中使用一些敘述，來開始處理這些問題。若將詞用雙引號包起來，就可以完全比對片語。舉例來說，以下的查詢會找出包含 "impact crater" 片語的所有文件。可能會讓人驚訝的是，MongoDB 會將該查詢以 "impact crater" AND "lunar" 的形式送出：

```
> db.articles.find({$text: {$search: "\"impact crater\" lunar"}},
                   {title: 1}
                   ).limit(10)
{ "_id" : "2621724", "title" : "Schjellerup (crater)" }
{ "_id" : "2622075", "title" : "Steno (lunar crater)" }
{ "_id" : "168118", "title" : "South Pole-Aitken basin" }
{ "_id" : "1509118", "title" : "Jackson (crater)" }
{ "_id" : "10096822", "title" : "Victoria Island structure" }
{ "_id" : "968071", "title" : "Buldhana district" }
{ "_id" : "780422", "title" : "Puchezh-Katunki crater" }
{ "_id" : "28088964", "title" : "Svedberg (crater)" }
{ "_id" : "780628", "title" : "Zeleny Gai crater" }
{ "_id" : "926711", "title" : "Fracastorius (crater)" }
```

要確定這個的意思是清楚的，我們來看一個延伸的範例。對下面的查詢來說，MongoDB 將會以 "impact crater" AND（"lunar" OR "meteor"）的形式發出查詢。MongoDB 會以邏輯的且（AND）連接搜尋字串中的片語，然後會以邏輯的或（OR）連接每個單詞：

```
> db.articles.find({$text: {$search: "\"impact crater\" lunar meteor"}},
                   {title: 1}
                   ).limit(10)
```

若你想要在查詢中將所有的單詞都用邏輯的且（AND）連接在一起，可以將每個詞都用雙引號包起來，將它們都視為是片語。以下的查詢會回傳包含 "impact crater" AND "lunar" AND "meteor" 的文件：

```
> db.articles.find({$text: {$search: "\"impact crater\" \"lunar\" \"meteor\""}},
                   {title: 1}
                      ).limit(10)
{ "_id" : "168118", "title" : "South Pole-Aitken basin" }
{ "_id" : "330593", "title" : "Giordano Bruno (crater)" }
{ "_id" : "421051", "title" : "Opportunity (rover)" }
{ "_id" : "2693649", "title" : "Pascal Lee" }
{ "_id" : "275128", "title" : "Tektite" }
{ "_id" : "14594455", "title" : "Beethoven quadrangle" }
{ "_id" : "266344", "title" : "Space debris" }
{ "_id" : "2137763", "title" : "Wegener (lunar crater)" }
{ "_id" : "929164", "title" : "Dawes (lunar crater)" }
{ "_id" : "24944", "title" : "Plate tectonics" }
```

現在你對於在查詢中使用片語和邏輯且（AND）應該有較深入的理解，讓我們回到結果沒有依照相關性排序的問題。儘管前面的結果一定是有相關性的，這是因為我們發出的查詢相對嚴格。我們可以藉由排序相關性來做得更好。

文字查詢會導致有一些元資料一起被包含在查詢結果中。元資料並不會顯示在查詢結果中，除非我們使用 $meta 運算子強制列出它們。所以除了標題之外，我們將會列出每個文件計算出來的相關性分數。相關性分數會被儲存在名為 "textScore" 的元資料欄位中。以這個範例來說，我們會回傳 "impact crater" AND "lunar" 這個查詢：

```
> db.articles.find({$text: {$search: "\"impact crater\" lunar"}},
                   {title: 1, score: {$meta: "textScore"}}
                      ).limit(10)
{"_id": "2621724", "title": "Schjellerup (crater)", "score": 2.852987132352941}
{"_id": "2622075", "title": "Steno (lunar crater)", "score": 2.4766639610389607}
{"_id": "168118", "title": "South Pole-Aitken basin", "score": 2.980198136295181}
{"_id": "1509118", "title": "Jackson (crater)", "score": 2.3419137286324787}
{"_id": "10096822", "title": "Victoria Island structure",
 "score": 1.782051282051282}
{"_id": "968071", "title": "Buldhana district", "score": 1.6279783393501805}
{"_id": "780422", "title": "Puchezh-Katunki crater", "score": 1.9295977011494254}
{"_id": "28088964", "title": "Svedberg (crater)", "score": 2.497767857142857}
{"_id": "780628", "title": "Zeleny Gai crater", "score": 1.4866071428571428}
{"_id": "926711", "title": "Fracastorius (crater)", "score": 2.7511877111486487}
```

現在你可以看到每個結果都會列出標題以及相關性分數。注意，它們是未被排序的。要用相關性分數排序，必須要增加一個對 sort 的呼叫，並且再次使用 $meta 來指定 "textScore" 欄位值。注意，我們必須要在排序中使用跟列出的名稱相同的欄位名稱。在這個範例中，我們使用 "score" 作為在搜尋結果中顯示相關性分數值的欄位名稱。如你所見，結果現在依照相關性分數遞減的順序排列：

```
> db.articles.find({$text: {$search: "\"impact crater\" lunar"}},
                   {title: 1, score: {$meta: "textScore"}}
                   ).sort({score: {$meta: "textScore"}}).limit(10)
{"_id": "1621514", "title": "Lunar craters", "score": 3.1655242042922014}
{"_id": "14580008", "title": "Kuiper quadrangle", "score": 3.0847527829208814}
{"_id": "1019830", "title": "Shackleton (crater)", "score": 3.076471119932001}
{"_id": "2096232", "title": "Geology of the Moon", "score": 3.064981949458484}
{"_id": "927269", "title": "Messier (crater)", "score": 3.0638183133686008}
{"_id": "206589", "title": "Lunar geologic timescale", "score": 3.062029540854157}
{"_id": "14536060", "title": "Borealis quadrangle", "score": 3.0573010719646687}
{"_id": "14609586", "title": "Michelangelo quadrangle",
 "score": 3.057224063486582}
{"_id": "14568465", "title": "Shakespeare quadrangle",
 "score": 3.0495256481056443}
{"_id": "275128", "title": "Tektite", "score" : 3.0378807169646915}
```

文字搜尋可以用在聚集管道中。我們會在第七章中探討聚集管道。

優化全文檢索

有一些方法可以優化全文檢索搜尋。若你可以先用其他條件限縮搜尋結果，你便可以建立一個組合索引，將這些條件放在前面，然後才是全文欄位：

```
> db.blog.createIndex({"date" : 1, "post" : "text"})
```

這也被稱作全文檢索索引的**分割**（*partitioning*），因為它基於 "date"（以這個範例來說）將索引切成數個較小的樹。這會讓特定日期或是某個日期區間的全文檢索變得非常快速。

你也可以將其他條件放在索引後面來在索引中涵蓋查詢。舉例來說，若我們只要回傳 "author" 和 "post" 欄位，我們可以在這兩者之上建立一個組合索引：

```
> db.blog.createIndex({"post" : "text", "author" : 1})
```

這兩種型態也可以結合在一起：

```
> db.blog.createIndex({"date" : 1, "post" : "text", "author" : 1})
```

搜尋其他語言

當一個文件被插入（或是索引首次被建立）時，MongoDB 會查看索引的欄位然後為所有字去尾，將其盡量精簡。然而，不同的語言會用不同的方式為詞彙去尾，所以你必須要指定索引或文件的語言為何。text 索引可以指定 "default_language" 選項，該選項預設值為 "english"，但可以被設定為數種語言（參照線上文件（*https://oreil.ly/eUt0Z*）會有最新的列表）。

舉例來說，要建立一個法語的索引，我們可以：

```
> db.users.createIndex({"profil" : "text",
                        "intérêts" : "text"},
                       {"default_language" : "french"})
```

然後法語就會用在文字的去尾，除非有其他設定。你可以以單一文件為單位，藉由描述文件語言的 "language" 欄位，來指定去尾的語言：

```
> db.users.insert({"username" : "swedishChef",
... "profile" : "Bork de bork", language : "swedish"})
```

最高限度集合

在 MongoDB 中，「正常的」集合是動態地被建立以及自動地成長大小以適應額外的資料。MongoDB 也支援另一種不同型態的集合，稱作最高限度集合（*capped collection*），它是事先被建立且大小固定的（見圖 6-4）。

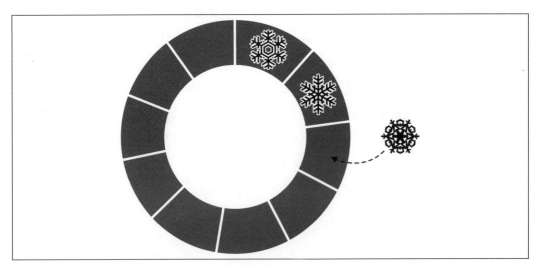

圖 6-4　被插入在佇列最後的新文件

擁有最高限度集合會帶出個有趣的問題：若要插入資料到一個已經滿了的最高限度集合中會發生什麼事情？答案是，最高限度集合會像是一個環狀佇列：若已經用完所有空間，最舊的文件將會被刪除，而最新的文件會取代它（見圖 6-5）。這代表最大限度集合會自動地在最新文件被插入時，取代最舊的文件。

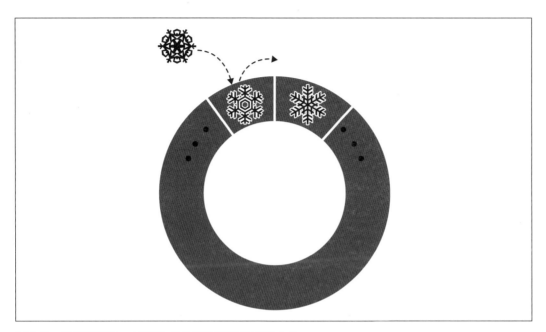

圖 6-5　當佇列滿了，最新的文件將會替換最舊的文件

某些動作在最大限度集合上是不被允許的。文件不能夠被移除或是刪除（除了前面提到文件太舊而自動被刪除的狀況），以及會讓文件變大的更新是不被允許的。要避免這兩個動作，需要保證在最高限度集合中的文件，是依照插入順序被儲存的，並且不需要為被移除的文件維護一個空間清單。

跟多數的 MongoDB 集合相比，最高限度集合有不同的存取模式：資料會被連續的寫入到磁碟上的一個固定區域。這讓它能夠在旋轉的磁碟上快速寫入，特別是假如它擁有自己的磁碟時（才不會被其他集合的隨機寫入「中斷」）。

通常來說，在最高限度集合上會推薦使用 MongoDB 的 TTL 索引，因為它會比 WiredTiger 儲存引擎表現得好。TTL 索引會基於一個時間類型的欄位以及一個 TTL 值，將過老舊的資料視為過期，然後從標準集合中將資料移除。在本章稍後會更深入的探討。

最高限度集合不能夠被分片。若有個更新或置換的動作導致最高限度集合中的文件大小被改變，該動作將會失敗。

最高限度集合雖然較沒有彈性，但它很適合用在檔案日誌上：除了在建立集合時能夠設定大小之外，你並不能控制資料何時會過期而被移除。

建立最高限度集合

不像一般的集合，最高限度集合在被使用之前必須要刻意被建立。要建立一個最高限度集合，可以使用 create 指令。在命令列界面中，可以使用 createCollection 來完成：

```
> db.createCollection("my_collection", {"capped": true, "size": 100000});
```

前面這個指令建立一個名稱為 *my_collection* 的最高限度集合，並且固定大小為 100,000 bytes。

createCollection 也可以指定最高限度集合中的文件數量限制：

```
> db.createCollection("my_collection2",
                      {"capped" : true, "size" : 100000, "max" : 100});
```

你可以用它來保存，隨便說，最新的十篇新聞，或是限制一個使用者有 1,000 個文件。

當最高限度集合被建立後，它就不能夠被改變（若要變更它的性質，它就必須要被刪除然後重新建立）。因此，在建立之前你就必須要仔細的考慮一個大型集合的大小。

當在最高限度集合中限制文件數量時，也必須要指定大小限制。替換舊文件的動作會基於這兩個限制，先達到其中一個限制就會開始替換：不能擁有超過 "max" 數量的文件，也不能用掉超過 "size" 大小的空間。

另一個建立最高限度集合的方式，是將一個現存的原始集合轉換成最高限度集合。這可以藉由 convertToCapped 指令達成。在接下來的範例中，會將 *test* 集合轉換成大小為 10,000 bytes 的最高限度集合：

```
> db.runCommand({"convertToCapped" : "test", "size" : 10000});
{ "ok" : true }
```

並沒有方法能夠將最高限度集合轉換回普通的集合（除非刪除它）。

可持續游標（Tailable Cursors）

可持續游標是一種特別型態的游標，它不會因為它的結果被耗盡而被關閉。它的靈感是來自 Linux 中的 `tail -f` 指令，它會盡可能的持續抓取輸出。因為游標在用完所有結果時不會死亡，所以它們可以在新的文件被新增至集合時，繼續抓取新的結果。可持續游標僅能用在最高限度集合之上，因為在一般的集合中並不會追蹤插入順序。因為越來越大量的類似需求，比起可持續游標，會更推薦使用變更串流（第十六章會介紹），因為它提供更多的控制與設定，並且可以用在一般的集合上。

可持續游標通常被用於處理文件，將其視為是插入在一個「工作佇列」（最高限度集合）上。因為可持續游標會在 10 分鐘都沒有結果時過期，所以包含在游標死亡時要重新查詢集合的邏輯是很重要的事情。在 *mongo* 命令列界面中並不允許使用可持續游標，但若使用 PHP，則會類似如下的程式：

```php
$cursor = $collection->find([], [
    'cursorType' => MongoDB\Operation\Find::TAILABLE_AWAIT,
    'maxAwaitTimeMS' => 100,
]);

while (true) {
    if ($iterator->valid()) {
        $document = $iterator->current();
        printf("Consumed document created at: %s\n", $document->createdAt);
    }

    $iterator->next();
}
```

這種游標要就是處理結果，要就是等待更多的結果到來，直到等待時間過長而死亡或是某人刪除了該查詢動作。

存活時間索引

如前一節所提到的，最高限度集合在內容被覆寫時是無法控制的。若你需要更彈性的老化移出（age-out）系統，存活時間（Time-To-Live，TTL）索引讓你可以為每個文件設定存活時間。當一個文件到達先前設定的時間，它將會被刪除。這種索引在快取的使用案例（如 Session 儲存）上是很有幫助的。

你可以在 `createIndex` 的第二個參數中指定 `"expireAfterSeconds"` 選項來建立一個 TTL 索引：

```
> // 24-hour timeout
> db.sessions.createIndex({"lastUpdated" : 1}, {"expireAfterSeconds" : 60*60*24})
```

這會在 "lastUpdated" 欄位上建立一個 TTL 索引。若文件的 "lastUpdated" 欄位存在且是一個日期，那麼只要伺服器的時間比文件的時間超過 "expireAfterSeconds" 值的秒數，該文件就會被移除。

要防止一個活動中的 session 被移除，你可以在有任何活動時，將 "lastUpdated" 欄位更新為目前的時間。只要 "lastUpdated" 時間是 24 小時之前，該文件將會被刪除。

MongoDB 每一分鐘會掃除 TTL 索引一次，所以時間顆粒度不應該小於分鐘。你可以使用 collMod 指令來變更 "expireAfterSeconds"：

```
> db.runCommand( {"collMod" : "someapp.cache" , "index" : { "keyPattern" :
... {"lastUpdated" : 1} , "expireAfterSeconds" : 3600 } } );
```

在一個集合中，你可以擁有多個 TTL 索引。它們不能是組合索引，但可以被用作是「一般的」索引，來幫助排序或查詢最佳化。

使用 GridFS 儲存檔案

GridFS 是 MongoDB 中一種用來儲存大型二元進位檔案的機制。以下是幾個你應該考慮使用 GridFS 來儲存檔案的理由：

* 使用 GridFS 可以簡化你的程式架構。若你正在使用 MongoDB，你可以直接使用 GridFS，而不用使用其他的檔案儲存工具。

* GridFS 會利用任何你已經為 MongoDB 設定的複製以及分片，所以要讓檔案儲存容錯移轉或是水平擴充都是簡單的。

* 在儲存使用者上傳檔案時，GridFS 可以減輕某些檔案系統會遇到的問題。舉例來說，GridFS 並沒有在相同目錄中儲存過多檔案數量的問題。

但也有一些缺點：

* 效能較低。從 MongoDB 存取檔案將不會跟直接使用檔案系統存取一樣快速。

* 要修改檔案，你只能夠先刪除它，然後再重新儲存整個檔案。MongoDB 會將檔案儲存為多個文件，所以它沒有辦法同時鎖定一個檔案的所有資料塊。

當你擁有大型檔案且總是要依序存取時，GridFS 通常是最好的選擇。

開始使用 GridFS：mongofiles

最簡單開始並且執行 GridFS 的方法就是使用 *mongofiles* 工具。所有的 MongoDB 發佈版本中都有包含 *mongofiles*，它可以被用來上傳、下載、列舉清單、搜尋或是刪除在 GridFS 中的檔案。

如同其他的命令列工具，執行 `mongofiles --help` 可以看到能夠用在 *mongofiles* 的選項。

接下來的部分會呈現要如何使用 *mongofiles*，將檔案從檔案系統上傳至 GridFS、列出所有在 GridFS 中的檔案並且下載剛剛上傳的檔案：

```
$ echo "Hello, world" > foo.tx
$ mongofiles put foo.txt
2019-10-30T10:12:06.588+0000  connected to: localhost
2019-10-30T10:12:06.588+0000  added file: foo.txt
$  mongofiles list
2019-10-30T10:12:41.603+0000  connected to: localhost
foo.txt 13
$ rm foo.txt
$ mongofiles get foo.txt
2019-10-30T10:13:23.948+0000  connected to: localhost
2019-10-30T10:13:23.955+0000  finished writing to foo.txt
$ cat foo.txt
Hello, world
```

在上面的範例中，我們使用 *mongofiles* 執行了三個基本的動作：`put`、`list` 以及 `get`。`put` 動作會在檔案系統中取得一個檔案，並且將其放入 GridFS 中；`list` 會列出所有已經被加入 GridFS 中的檔案；而 `get` 則是 `put` 的相反：它會在 GridFS 中取得一個檔案，並且將其寫入檔案系統。*mongofiles* 也支援其他兩個動作：`search`，可以用檔案名稱來在 GridFS 中尋找檔案；`delete`，用來從 GridFS 中移除檔案。

以 MongoDB 驅動程式搭配使用 GridFS

所有的客戶端函式庫都會有 GridFS 的 API。舉例來說，我們能使用 PyMongo（Python 的 MongoDB 驅動程式），來執行我們剛使用 *mongofiles* 所執行的一連串動作（我們是使用 Python 3 且在連接埠 27017 執行 *mongod*）：

```
>>> import pymongo
>>> import gridfs
>>> client = pymongo.MongoClient()
>>> db = client.test
>>> fs = gridfs.GridFS(db)
```

```
>>> file_id = fs.put(b"Hello, world", filename="foo.txt")
>>> fs.list()
['foo.txt']
>>> fs.get(file_id).read()
b'Hello, world'
```

藉由 PyMongo 來使用 GridFS 的 API 跟 *mongofiles* 是非常類似的：能夠非常簡單的執行基本的 put、get 以及 list 等動作。幾乎所有的 MongoDB 驅動程式都依循這個基本的概念來使用 GridFS，同時也提供更多進階的功能。要取得在 GridFS 上各個驅動程式獨有的資訊，請看各個驅動程式的文件。

背後的機制

GridFS 是用來儲存檔案的輕量規格，它建構在普通的 MongoDB 文件之上。MongoDB 伺服器實際上在處理 GridFS 請求時，並沒有做任何特別的事情，所有工作都被客戶端的驅動程式以及工具處理了。

在 GridFS 背後的基本想法是，我們能夠藉由把大型檔案分為不同的資料塊（*chunks*），然後分別將每個資料塊儲存為不同的文件，來儲存大型檔案。因為 MongoDB 支援在文件中儲存二進位資料，所以能夠將儲存所造成的額外花費降到最低。除了儲存檔案的每一個資料塊，我們也會儲存一個文件，將所有資料塊聚集在一起並且包含關於該檔案的一些資訊。

GridFS 的資料塊被儲存在它自己的集合中。預設來說，資料塊會使用 *fs.chunks* 集合，但若有需要，名稱是可以被改變的。在資料塊集合中單一文件的結構其實是非常簡單的：

```
{
    "_id" : ObjectId("..."),
    "n" : 0,
    "data" : BinData("..."),
    "files_id" : ObjectId("...")
}
```

如同任何其他的 MongoDB 文件，資料塊有它自己的唯一 "_id"。另外，它也擁有其他的鍵：

"file_id"

擁有該資料塊元資訊的檔案文件的 "_id"。

"n"

檔案中相對於其他的資料塊,該資料塊的位置。

"data"

該檔案資料塊的二進位資料內容。

每個檔案的元資訊被儲存在另一個獨立的集合中,預設是 *fs.files*。每個在檔案集合中的文件,代表在 GridFS 中的單一檔案,並且能夠包含任何跟該檔案相關的客制化元資訊。除了任何使用者自行定義的鍵之外,在 GridFS 規格中會管理幾個鍵:

"_id"

檔案的唯一編號,這個編號會儲存在每個資料塊中 **"files_id"** 鍵的值中。

"length"

整個檔案內容的大小,以 bytes 為單位。

"chunkSize"

構成檔案的每個資料塊的大小,以 bytes 為單位。預設是 255KB,但若有需要是可以調整的。

"uploadDate"

當檔案被存入 GridFS 時的時間戳記。

"md5"

檔案內容的 MD5 校驗和 (checksum),在伺服器端產生的。

在所有必要的鍵中,最有趣的(或是最難從字面上解釋的)應該是 **"md5"**。**"md5"** 的值是在 MongoDB 伺服器上使用 `filemd5` 指令所產生的,它會計算上傳資料塊的 MD5 校驗和。這表示使用者能夠藉由確認 **"md5"** 鍵的值來保證該檔案正確的被上傳了。

如稍早所提到的,在 *fs.files* 中的需求欄位是沒有被限制的:所以你可以在這個集合中保存任何其他的檔案元資料。你可能會想要保存如下載次數、MIME type 或是使用者評分等檔案元資料。

當你瞭解了 GridFS 的規格後,要實作我們使用的驅動程式中並沒有為我們實作的功能時,就變得很簡單。舉例來說,我們可以使用 `distinct` 指令來取得存在 GridFS 中唯一檔案名稱的清單:

```
> db.fs.files.distinct("filename")
[ "foo.txt" , "bar.txt" , "baz.txt" ]
```

這讓你的應用程式，在讀取以及搜集檔案資訊時，能夠擁有很大的彈性。我們在下一章將會變換一下方向，來介紹聚集框架。它提供了很多用來處理資料庫中資料的資料分析工具。

## 第七章

簡介聚集框架

許多應用程式需要資料分析。MongoDB 使用聚集框架原生運行分析來提供強大的支援。在本章中，我們會介紹這個框架以及一些它提供的基礎工具。包含：

- 聚集框架
- 聚集階段
- 聚集表示式
- 聚集累加器

下一章，我們會更深入地介紹進階的聚集功能，包括連接不同集合的能力。

管道、階段和可調性

聚集框架是在 MongoDB 中的一組分析工具，讓你可以在一個或多個集合中分析文件。

聚集框架是基於管道（pipeline）的概念。藉由聚集管道，我們可以將 MongoDB 的集合作為輸入值，將文件從集合傳入至一個或多個階段，每個階段都會在輸入上執行不同的動作（圖 7-1）。每個階段使用的輸入值就是上一個階段的輸出值。所有階段的輸入值與輸出值都是文件，也可以將其視為是文件的串流。

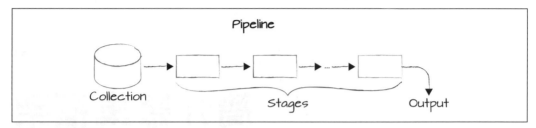

圖 7-1　聚集管道

若你對於在 Linux 命令列界面（如 bash）中的管道很熟悉，這就是一個非常相似的概念。每個階段擁有一個特定的工作。它會預期收到特定型態的文件，然後產生特定的輸出值，也就是它本身的文件串流。在管道的最後，我們會得到輸出值的存取，就如同我們執行一個尋找的查詢一樣。也就是說，我們會取回文件的串流，然後可以用來做其他的工作，不論它是要建立某種報表、產生一個網站或是其他種類的任務都行。

現在，讓我們稍微深入一點來看各別的階段。在聚集管道中，一個單獨的階段就是一個資料處理單元。它會使用輸入文件的串流，一次拿取一個文件，並且一次處理一個文件，然後一次產生一個文件，作為輸出的文件串流（圖 7-2）。

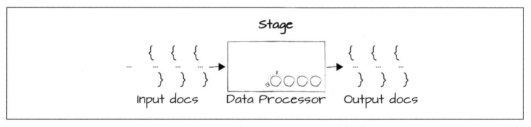

圖 7-2　聚集管道的階段

每個階段會提供一組旋鈕，或稱作可調性（*tunable*），讓我們可以控制參數化的階段，來執行任何我們感到興趣的任務。一個階段會執行一個通泛且一般用途的某種任務，然後我們為正在使用的集合參數化階段，將該階段調整為我們想要對文件做的事情。

這些可調性通常會使用運算子的形式，來變更欄位、執行數字運算、重構文件、做一些累加的任務或是其他的事情。

在我們開始看實際例子之前，管道還有一個很重要的面向，是在你開始使用它之前必須要記得的。在單一管道中，我們很常會想要執行許多次相同類型的階段（圖 7-3）。舉例來說，我們可能會想要執行一個初始過濾器，這樣我們就不用把整個集合都送進管道中。稍後，在一些額外的處理後，我們可能接著會想要繼續過濾，然後套用另一組條件。

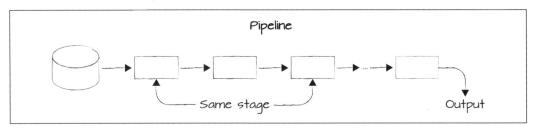

圖 7-3　在聚集管道中重複的階段

再次提醒，管道是與 MongoDB 的集合一起運作。它們是由階段所組成，每個階段會在其輸入值上做不同的資料處理任務，然後產生文件作為輸出值送到下個階段。最終，在處理的最後，管道會產生輸出值，我們可以接著用在應用程式中，或是送到另一個集合稍後使用。在許多狀況中，為了要執行需要做的分析，我們將會在單一管道中包含重複類型的階段。

開始使用階段：熟悉的動作

要開始開發聚集管道，我們將會看到一些管道，裡面有一些你已經熟悉的動作。我們將會看到 *match*、*project*、*sort*、*skip* 和 *limit* 階段。

要演示這些聚集範例，我們將會使用公司資料的集合。這個集合擁有一些描述公司細節的欄位，如名稱、簡短公司描述以及公司何時成立。

也有一些欄位會描述公司已經拿過幾輪資金、公司的重要里程碑、公司是否有公開上市（IPO），若有的話還會有 IPO 的細節。以下是 Facebook, Inc. 的公司文件所包含的資料：

```
{
  "_id" : "52cdef7c4bab8bd675297d8e",
  "name" : "Facebook",
  "category_code" : "social",
  "founded_year" : 2004,
  "description" : "Social network",
  "funding_rounds" : [{
    "id" : 4,
    "round_code" : "b",
    "raised_amount" : 27500000,
    "raised_currency_code" : "USD",
    "funded_year" : 2006,
    "investments" : [
      {
        "company" : null,
```

```json
      "financial_org" : {
        "name" : "Greylock Partners",
        "permalink" : "greylock"
      },
      "person" : null
    },
    {
      "company" : null,
      "financial_org" : {
        "name" : "Meritech Capital Partners",
        "permalink" : "meritech-capital-partners"
      },
      "person" : null
    },
    {
      "company" : null,
      "financial_org" : {
        "name" : "Founders Fund",
        "permalink" : "founders-fund"
      },
      "person" : null
    },
    {
      "company" : null,
      "financial_org" : {
        "name" : "SV Angel",
        "permalink" : "sv-angel"
      },
      "person" : null
    }
  ]
},
{
  "id" : 2197,
  "round_code" : "c",
  "raised_amount" : 15000000,
  "raised_currency_code" : "USD",
  "funded_year" : 2008,
  "investments" : [
    {
      "company" : null,
      "financial_org" : {
        "name" : "European Founders Fund",
        "permalink" : "european-founders-fund"
      },
      "person" : null
    }
```

```
      ]
    }],
    "ipo" : {
      "valuation_amount" : NumberLong("104000000000"),
      "valuation_currency_code" : "USD",
      "pub_year" : 2012,
      "pub_month" : 5,
      "pub_day" : 18,
      "stock_symbol" : "NASDAQ:FB"
    }
  }
```

身為第一個聚集範例，讓我們做一個簡單的過濾器，來找出所有在 2004 年成立的公司：

```
db.companies.aggregate([
    {$match: {founded_year: 2004}},
])
```

這跟以下使用 find 的動作是相同的：

```
db.companies.find({founded_year: 2004})
```

現在讓我們在管道中新增一個投影階段，來將每個文件的輸出減少為少數幾個欄位。我們會剔除 "_id" 欄位，但包含 "name" 以及 "founded_year"。我們的管道將會如下：

```
db.companies.aggregate([
  {$match: {founded_year: 2004}},
  {$project: {
    _id: 0,
    name: 1,
    founded_year: 1
  }}
])
```

若我們執行它，我們會得到如下的輸出：

```
{"name": "Digg", "founded_year": 2004 }
{"name": "Facebook", "founded_year": 2004 }
{"name": "AddThis", "founded_year": 2004 }
{"name": "Veoh", "founded_year": 2004 }
{"name": "Pando Networks", "founded_year": 2004 }
{"name": "Jobster", "founded_year": 2004 }
{"name": "AllPeers", "founded_year": 2004 }
{"name": "blinkx", "founded_year": 2004 }
{"name": "Yelp", "founded_year": 2004 }
{"name": "KickApps", "founded_year": 2004 }
{"name": "Flickr", "founded_year": 2004 }
```

```
{"name": "FeedBurner", "founded_year": 2004 }
{"name": "Dogster", "founded_year": 2004 }
{"name": "Sway", "founded_year": 2004 }
{"name": "Loomia", "founded_year": 2004 }
{"name": "Redfin", "founded_year": 2004 }
{"name": "Wink", "founded_year": 2004 }
{"name": "Techmeme", "founded_year": 2004 }
{"name": "Eventful", "founded_year": 2004 }
{"name": "Oodle", "founded_year": 2004 }
...
```

讓我們更詳細的來拆解這個聚集。第一個你注意到的事情，就是我們正在使用 aggregate 方法。這是我們想要執行聚集查詢時要呼叫的方法。要執行聚集，就要傳到聚集管道中。管道就是一個陣列，陣列內的元素就是文件。每個文件必須要指定一個特定的階段運算子。在這個範例中，我們有一個擁有兩個階段的管道：一個是用來過濾的匹配（match）階段，另一個則是將每個文件的輸出限制只有兩個欄位的投影階段。

匹配階段對集合過濾，然後一次一個地將結果文件傳到投影階段。投影階段接著會執行它的動作，重構文件，然後從管道傳出輸出值給我們。

現在，讓我們擴充我們的管道，新增一個限制階段。我們將會用相同的查詢來匹配文件，但我們將會限制結果集合只能有五個文件，然後投影出我們想要的欄位。為了簡化結果，對於每間公司我們限制輸出只顯示公司名稱：

```
db.companies.aggregate([
  {$match: {founded_year: 2004}},
  {$limit: 5},
  {$project: {
    _id: 0,
    name: 1}}
])
```

結果如下：

```
{"name": "Digg"}
{"name": "Facebook"}
{"name": "AddThis"}
{"name": "Veoh"}
{"name": "Pando Networks"}
```

注意，我們在建構管道時，將限制放在投影階段之前。若我們先執行投影階段，然後才限制輸出，如接下來的查詢，我們會得到完全一樣的結果，但我們必須要在最終將結果限制為五個之前，將數百個文件傳至投影階段：

```
db.companies.aggregate([
  {$match: {founded_year: 2004}},
  {$project: {
    _id: 0,
    name: 1}},
  {$limit: 5}
])
```

不論在任何版本中的 MongoDB 查詢計畫器的最佳化種類是什麼，你應該總是要思考聚集管道的效能。確定你在建構管道時，當要在階段之間傳送文件時，有限制文件的數量。

這需要對管道的文件流程作全面性的小心思考。在先前的查詢中，我們只對前五個匹配查詢的文件感到興趣，不管它們是如何被排序的，所以在第二個階段做這件事情是完全沒問題的。

然而，假如要考慮排序問題，那麼我們就必須要在限制階段之前先排序。排序的運作方式就如同我們所看過的，除了一點：在聚集框架中，我們會用如下的方式在管道指定排序為一個階段（在這個案例中，我們會以遞增的方式排序名稱）：

```
db.companies.aggregate([
    { $match: { founded_year: 2004 } },
    { $sort: { name: 1 } },
    { $limit: 5 },
    { $project: {
        _id: 0,
        name: 1 } }
])
```

我們會從 *companies* 集合得到如下的結果：

```
{"name": "1915 Studios"}
{"name": "1Scan"}
{"name": "2GeeksinaLab"}
{"name": "2GeeksinaLab"}
{"name": "2threads"}
```

注意，我們看到的是完全不同的五家公司，因為現在是用名稱作文字數字的遞增排序。

最後，讓我們來加入一個跳過階段。在此，我們先排序，然後跳過前 10 個文件，再限制結果集為 5 個文件：

```
db.companies.aggregate([
  {$match: {founded_year: 2004}},
  {$sort: {name: 1}},
```

```
    {$skip: 10},
    {$limit: 5},
    {$project: {
      _id: 0,
      name: 1}},
  ])
```

讓我們再次重新檢視我們的管道。我們擁有五個階段。第一，我們過濾 *companies* 集合，
僅尋找 "founded_year" 是 2004 的文件。然後我們執行基於名稱為遞增排列的排序，跳過
前 10 個匹配文件，然後限制最終結果為 5 個文件。最後，將這 5 個文件傳到投影階段，
在此我們重構文件，讓輸出文件只有包含公司名稱。

在此，我們已經看到要如何使用階段來建構管道，而這些階段執行著你應該已經熟悉的
動作。在聚集框架中提供這些動作，是因為它們對於我們想要使用階段來完成的分析種
類是必要的，這會在稍後的小節內討論。本章稍後會更深入的介紹聚集框架提供的其他
操作。

表示式

當我們要更深入的討論聚集框架時，對於在你建構聚集管道時所能夠使用的不同種類的
表示式有一些概念是很重要的。聚集框架支援許多不同類別的表示式：

- 布林（*boolean*）表示式讓我們能夠使用 AND、OR 和 NOT 表示式。

- 集合（*set*）表示式讓我們將陣列當成集合。特別的是，我們能夠對兩個或多個集
  合執行交集或聯集的動作。我們也能夠得到兩個集合的不同之處，或是執行其他數
  個集合操作。

- 比較（*comparison*）表示式讓我們能夠表示許多不同型態的範圍過濾器。

- 算數（*arithmetic*）表示式讓我們能夠計算如取頂（ceiling）、取底（floor）、自然
  對數以及對數等，也能夠執行簡單的算數動作，如乘法、除法、加法和減法等。我
  們也能夠做更複雜的動作，如計算某值的平方根。

- 字串（*string*）表示式讓我們能夠連接字串、尋找子字串以及執行一些如大小寫和
  文字搜尋的動作。

- 陣列（*array*）表示式提供許多操縱陣列的能力，包括過濾陣列元素、切割陣列或
  在陣列中取某範圍的值等能力。

- 變數（*variable*）表示式讓我們能夠使用文字、解析資料值的表示式以及條件表示式，但我們不會太深入探討這個部分。

- 累加器（*accumulators*）提供計算加總、描述統計學和許多其他種類的值的能力。

$project

現在我們要更深入的介紹投影階段和重構文件，探索最常見於開發應用程式中的重構動作的種類。我們已經看過一些在聚集框架中的簡單投影，現在我們將要來看一些更複雜的動作。

首先，讓我們來看巢狀欄位。在如下的管道中，我們正在作一個匹配：

```
db.companies.aggregate([
  {$match: {"funding_rounds.investments.financial_org.permalink": "greylock" }},
  {$project: {
    _id: 0,
    name: 1,
    ipo: "$ipo.pub_year",
    valuation: "$ipo.valuation_amount",
    funders: "$funding_rounds.investments.financial_org.permalink"
  }}
]).pretty()
```

因為範例的相關文件欄位在 *companies* 集合中，讓我們再來看一下 Facebook 的文件：

```
{
  "_id" : "52cdef7c4bab8bd675297d8e",
  "name" : "Facebook",
  "category_code" : "social",
  "founded_year" : 2004,
  "description" : "Social network",
  "funding_rounds" : [{
      "id" : 4,
      "round_code" : "b",
      "raised_amount" : 27500000,
      "raised_currency_code" : "USD",
      "funded_year" : 2006,
      "investments" : [
        {
          "company" : null,
          "financial_org" : {
            "name" : "Greylock Partners",
            "permalink" : "greylock"
          },
```

```
          "person" : null
      },
      {
        "company" : null,
        "financial_org" : {
          "name" : "Meritech Capital Partners",
          "permalink" : "meritech-capital-partners"
        },
        "person" : null
      },
      {
        "company" : null,
        "financial_org" : {
          "name" : "Founders Fund",
          "permalink" : "founders-fund"
        },
        "person" : null
      },
      {
        "company" : null,
        "financial_org" : {
          "name" : "SV Angel",
          "permalink" : "sv-angel"
        },
        "person" : null
      }
    ]
  },
  {
    "id" : 2197,
    "round_code" : "c",
    "raised_amount" : 15000000,
    "raised_currency_code" : "USD",
    "funded_year" : 2008,
    "investments" : [
      {
        "company" : null,
        "financial_org" : {
          "name" : "European Founders Fund",
          "permalink" : "european-founders-fund"
        },
        "person" : null
      }
    ]
  }],
  "ipo" : {
    "valuation_amount" : NumberLong("104000000000"),
```

```
        "valuation_currency_code" : "USD",
        "pub_year" : 2012,
        "pub_month" : 5,
        "pub_day" : 18,
        "stock_symbol" : "NASDAQ:FB"
      }
    }
```

回到我們的匹配：

```
db.companies.aggregate([
  {$match: {"funding_rounds.investments.financial_org.permalink": "greylock" }},
  {$project: {
    _id: 0,
    name: 1,
    ipo: "$ipo.pub_year",
    valuation: "$ipo.valuation_amount",
    funders: "$funding_rounds.investments.financial_org.permalink"
  }}
]).pretty()
```

我們正在過濾，將有在任一輪獲得 Greylock Partners 參與投資的所有公司列出。在 "permalink" 欄位值為 "greylock" 的就是這類文件的唯一辨識子。以下是 Fackbook 文件，只有相關欄位顯示的另外一個檢視方式：

```
{
  ...
  "name" : "Facebook",
  ...
  "funding_rounds" : [{
    ...
    "investments" : [{
      ...
      "financial_org" : {
        "name" : "Greylock Partners",
        "permalink" : "greylock"
      },
      ...
    },
    {
      ...
      "financial_org" : {
        "name" : "Meritech Capital Partners",
        "permalink" : "meritech-capital-partners"
      },
      ...
```

```
    },
    {
      ...
      "financial_org" : {
        "name" : "Founders Fund",
        "permalink" : "founders-fnd"
      },
      ...
    },
    {
      "company" : null,
      "financial_org" : {
        "name" : "SV Angel",
        "permalink" : "sv-angel"
      },
      ...
    }],
    ...
  ]},
  {
    ...
    "investments" : [{
      ...
      "financial_org" : {
        "name" : "European Founders Fund",
        "permalink" : "european-founders-fund"
      },
      ...
    }]
  }],
  "ipo" : {
    "valuation_amount" : NumberLong("104000000000"),
    "valuation_currency_code" : "USD",
    "pub_year" : 2012,
    "pub_month" : 5,
    "pub_day" : 18,
    "stock_symbol" : "NASDAQ:FB"
  }
}
```

我們已經定義在聚集管道中的投影階段將會捨棄 **"_id"** 並且包含 **"name"**。這個投影使用點標記來表示欄位路徑，來接觸到 **"ipo"** 欄位和 **"funding_rounds"** 欄位的內部，以選擇這些巢狀文件和陣列的值。這個投影階段會將這些值放在輸出文件的最上層欄位，如下所示：

```
{
  "name" : "Digg",
  "funders" : [
```

```
      [
        "greylock",
        "omidyar-network"
      ],
      [
        "greylock",
        "omidyar-network",
        "floodgate",
        "sv-angel"
      ],
      [
        "highland-capital-partners",
        "greylock",
        "omidyar-network",
        "svb-financial-group"
      ]
    ]
  }
  {
    "name" : "Facebook",
    "ipo" : 2012,
    "valuation" : NumberLong("104000000000"),
    "funders" : [
      [
        "accel-partners"
      ],
      [
        "greylock",
        "meritech-capital-partners",
        "founders-fund",
        "sv-angel"
      ],
      ...
      [
        "goldman-sachs",
        "digital-sky-technologies-fo"
      ]
    ]
  }
  {
    "name" : "Revision3",
    "funders" : [
      [
        "greylock",
        "sv-angel"
      ],
      [
```

```
            "greylock"
        ]
    ]
}
...
```

在輸出值中，每個文件擁有一個 "name" 欄位和 "funders" 欄位。對於已經 IPO 的公司來說，"ipo" 欄位包含了公司上市的年份，而 "valuation" 欄位包含了公司上市時的價值。注意，這在所有文件中都有，它們是最上層的欄位，而這些欄位的值都是從巢狀文件和陣列中取得的。

$ 字元分別被用來指示 ipo、valuation 和 funders 的值，代表應該要將其直譯為欄位路徑，並且用來選擇應該要被投影的欄位。

你可能有注意到一件事，我們看到 funders 有很多值被印出。事實上，我們看到的是一個陣列的陣列。基於我們看到的 Facebook 範例文件，我們知道所有的投資者都被列在一個稱為 "investments" 的陣列中。在階段內，我們指定要為每個在 "investments" 陣列中每輪投資的內容，投影 "financial_org.permalink" 的值。所以會建立一個投資者姓名的陣列的陣列。

在後面的小節中，我們會看到要如何執行算數和其他的動作，如字串、日期和一些其他值的種類，來投影出各種形狀大小的文件。應該只有一件事情是在投影階段不能做的，就是變更值的資料型態。

$unwind

在聚集管道中使用陣列欄位時，通常會需要一個或多個拆分階段。這讓我們能夠產生輸出，將特定陣列欄位中每個元素都產生出一個文件。

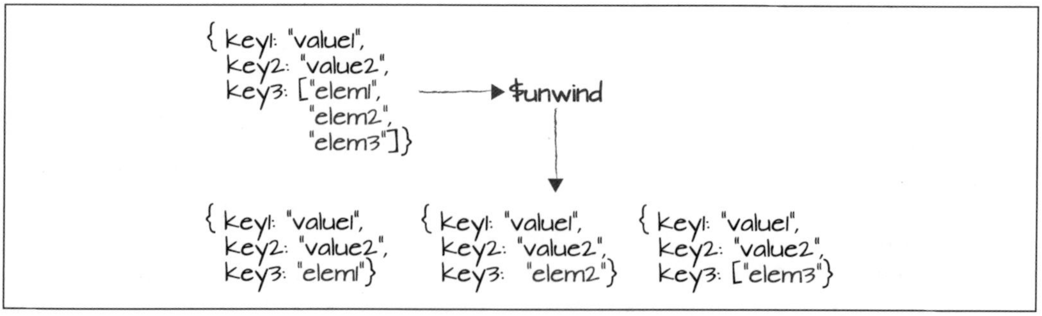

圖 7-4　$unwind 從輸入文件中取得一個陣列，然後為每個陣列中的元素建立一個輸出文件

在圖 7-4 的範例中，我們擁有一個輸入文件，它有三個鍵以及對應的值。第三個鍵的值是個擁有三個元素的陣列。假如 $unwind 在這種輸入文件上執行，並且設定為拆分 key3 欄位，將會產生看起來像圖 7-4 下方的文件。這個對你來說可能沒有那麼直覺，在每個輸出文件中也會有一個 key3 欄位，但該欄位不是矩陣而是一個單一值，而原本矩陣欄位中有幾個元素就會產生出幾個文件。換句話說，假如在矩陣中有 10 個元素，那麼拆分階段將會產出 10 個輸出文件。

讓我們回到 *companies* 範例，然後看一下拆分階段的使用。我們會從如下的聚集管道開始。注意，在這個管道中，跟前一節一樣，我們匹配特定的投資者，然後使用投影階段將內嵌的 "funding_rounds" 文件值放到最上層：

```
db.companies.aggregate([
  {$match: {"funding_rounds.investments.financial_org.permalink": "greylock"} },
  {$project: {
    _id: 0,
    name: 1,
    amount: "$funding_rounds.raised_amount",
    year: "$funding_rounds.funded_year"
  }}
])
```

再提醒一次，以下是集合中文件的資料模型範例：

```
{
  "_id" : "52cdef7c4bab8bd675297d8e",
  "name" : "Facebook",
  "category_code" : "social",
  "founded_year" : 2004,
  "description" : "Social network",
  "funding_rounds" : [{
      "id" : 4,
      "round_code" : "b",
      "raised_amount" : 27500000,
      "raised_currency_code" : "USD",
      "funded_year" : 2006,
      "investments" : [
        {
          "company" : null,
          "financial_org" : {
            "name" : "Greylock Partners",
            "permalink" : "greylock"
          },
          "person" : null
        },
        {
```

```
        "company" : null,
        "financial_org" : {
          "name" : "Meritech Capital Partners",
          "permalink" : "meritech-capital-partners"
        },
        "person" : null
      },
      {
        "company" : null,
        "financial_org" : {
          "name" : "Founders Fund",
          "permalink" : "founders-fund"
        },
        "person" : null
      },
      {
        "company" : null,
        "financial_org" : {
          "name" : "SV Angel",
          "permalink" : "sv-angel"
        },
        "person" : null
      }
    ]
  },
  {
    "id" : 2197,
    "round_code" : "c",
    "raised_amount" : 15000000,
    "raised_currency_code" : "USD",
    "funded_year" : 2008,
    "investments" : [
      {
        "company" : null,
        "financial_org" : {
          "name" : "European Founders Fund",
          "permalink" : "european-founders-fund"
        },
        "person" : null
      }
    ]
  }],
  "ipo" : {
    "valuation_amount" : NumberLong("104000000000"),
    "valuation_currency_code" : "USD",
    "pub_year" : 2012,
    "pub_month" : 5,
```

```
      "pub_day" : 18,
      "stock_symbol" : "NASDAQ:FB"
    }
  }
```

我們的聚集查詢將會產生出如下的結果：

```
{
  "name" : "Digg",
  "amount" : [
    8500000,
    2800000,
    28700000,
    5000000
  ],
  "year" : [
    2006,
    2005,
    2008,
    2011
  ]
}
{
  "name" : "Facebook",
  "amount" : [
    500000,
    12700000,
    27500000,
    ...
```

查詢產生出的文件，會擁有 "amount" 和 "year" 的陣列，因為我們存取了在 "funding_rounds" 陣列中，每個元素的 "raised_amount" 和 "funded_year" 值。

要改變這個，我們可以在聚集管道中的投影階段前，加入一個拆分階段，然後藉由指定 "funding_rounds" 陣列要被拆分來將其參數化（圖 7-5）。

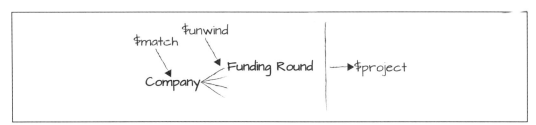

圖 7-5　目前聚集管道的概圖，匹配 "greylock" 然後拆分 "funding_rounds"，最後對每輪投資投影出名稱、金額以及年份

再次回到 Facebook 範例，我們可以看到每輪投資都有 "raised_amount" 欄位和 "funded_year" 欄位。

拆分階段將會為 "funding_rounds" 陣列的每個元素，產生一個輸出文件。在這個範例中，我們的值是字串，但不論值的型態為何，拆分階段都會為每一個值產生一個輸出文件。下方是更新後的聚集查詢：

```
db.companies.aggregate([
  { $match: {"funding_rounds.investments.financial_org.permalink": "greylock"} },
  { $unwind: "$funding_rounds" },
  { $project: {
    _id: 0,
    name: 1,
    amount: "$funding_rounds.raised_amount",
    year: "$funding_rounds.funded_year"
  } }
])
```

拆分階段會將收到的輸入值文件中的每一個文件產出一份拷貝。除了 "funding_rounds" 欄位之外，所有的欄位都會有相同的鍵與值。原本 "funding_rounds" 為陣列的文件，陣列中的元素（每一輪投資）會變成在單一文件中的值：

```
{"name": "Digg", "amount": 8500000, "year": 2006 }
{"name": "Digg", "amount": 2800000, "year": 2005 }
{"name": "Digg", "amount": 28700000, "year": 2008 }
{"name": "Digg", "amount": 5000000, "year": 2011 }
{"name": "Facebook", "amount": 500000, "year": 2004 }
{"name": "Facebook", "amount": 12700000, "year": 2005 }
{"name": "Facebook", "amount": 27500000, "year": 2006 }
{"name": "Facebook", "amount": 240000000, "year": 2007 }
{"name": "Facebook", "amount": 60000000, "year": 2007 }
{"name": "Facebook", "amount": 15000000, "year": 2008 }
{"name": "Facebook", "amount": 100000000, "year": 2008 }
{"name": "Facebook", "amount": 60000000, "year": 2008 }
{"name": "Facebook", "amount": 200000000, "year": 2009 }
{"name": "Facebook", "amount": 210000000, "year": 2010 }
{"name": "Facebook", "amount": 1500000000, "year": 2011 }
{"name": "Revision3", "amount": 1000000, "year": 2006 }
{"name": "Revision3", "amount": 8000000, "year": 2007 }
...
```

現在讓我們在輸出文件中增加一個額外的欄位。為了要做到這件事，若使用以下的寫法，則在聚集管道中會出現一個小問題：

```
db.companies.aggregate([
  { $match: {"funding_rounds.investments.financial_org.permalink": "greylock"} },
  { $unwind: "$funding_rounds" },
  { $project: {
    _id: 0,
    name: 1,
    funder: "$funding_rounds.investments.financial_org.permalink",
    amount: "$funding_rounds.raised_amount",
    year: "$funding_rounds.funded_year"
  } }
])
```

在增加 "funder" 欄位時,我們會有個從拆分階段存取的 "funding_rounds" 內嵌文件的 "investments" 欄位的欄位路徑,該欄位會找到商業機構並且選擇它的 permalink 值。注意,這跟我們在匹配過濾器中做的事情非常相似。接著讓我們來看輸出:

```
{
  "name" : "Digg",
  "funder" : [
    "greylock",
    "omidyar-network"
  ],
  "amount" : 8500000,
  "year" : 2006
}
{
  "name" : "Digg",
  "funder" : [
    "greylock",
    "omidyar-network",
    "floodgate",
    "sv-angel"
  ],
  "amount" : 2800000,
  "year" : 2005
}
{
  "name" : "Digg",
  "funder" : [
    "highland-capital-partners",
    "greylock",
    "omidyar-network",
    "svb-financial-group"
  ],
  "amount" : 28700000,
  "year" : 2008
```

```
    }
    ...
    {
      "name" : "Farecast",
      "funder" : [
        "madrona-venture-group",
        "wrf-capital"
      ],
      "amount" : 1500000,
      "year" : 2004
    }
    {
      "name" : "Farecast",
      "funder" : [
        "greylock",
        "madrona-venture-group",
        "wrf-capital"
      ],
      "amount" : 7000000,
      "year" : 2005
    }
    {
      "name" : "Farecast",
      "funder" : [
        "greylock",
        "madrona-venture-group",
        "par-capital-management",
        "pinnacle-ventures",
        "sutter-hill-ventures",
        "wrf-capital"
      ],
      "amount" : 12100000,
      "year" : 2007
    }
```

要了解這邊看到的東西，必須要回到我們的文件然後看一下 **"investments"** 欄位。

"funding_rounds.investments" 欄位本身是個陣列。在每一輪的投資中，可能會有多個投資者，所以 **"investments"** 將會列出每個投資者。看一下結果，**"raised_amount"** 和 **"funded_year"** 跟之前一樣，而 **"funder"** 則是一個陣列，因為 **"investments"** 欄位也是個陣列。

另一個問題是，因為我們撰寫管道的方式，許多 Greylock 沒有參與的投資輪的文件也會被傳送到投影階段。可以看 Farecast 的投資輪就可以發現這件事。這個問題是因為在匹配階段時，會去選擇出 Greylock 至少有參與過一輪投資的所有公司。若我們只對 Greylock 實際有參與過的投資感到興趣，我們必須要想不同的過濾方法。

其中一個可能就是將拆分階段和匹配階段的順序顛倒，也就是說，先作拆分再作匹配。這保證我們只會去匹配從拆分階段輸出的文件。但想過這個方法後，可以很清楚地發現，若拆分階段是第一個階段，那麼我們就必須要對整個集合作掃描了。

基於效率問題，我們要盡可能早在管道中匹配文件。舉例來說，這讓聚集框架能夠使用索引。所以，為了要選擇出 Greylock 有參與的投資輪，我們可以加入第二個匹配階段：

```
db.companies.aggregate([
  { $match: {"funding_rounds.investments.financial_org.permalink": "greylock"} },
  { $unwind: "$funding_rounds" },
  { $match: {"funding_rounds.investments.financial_org.permalink": "greylock"} },
  { $project: {
    _id: 0,
    name: 1,
    individualFunder: "$funding_rounds.investments.person.permalink",
    fundingOrganization: "$funding_rounds.investments.financial_org.permalink",
    amount: "$funding_rounds.raised_amount",
    year: "$funding_rounds.funded_year"
  } }
])
```

這個管道首先會過濾出 Greylock 至少有參與過一輪投資的公司。然後它會拆分每一輪投資並且再次過濾，所以只有 Greylock 有參與過的投資輪會被傳送到投影階段。

如本章開頭所提到的，很常會需要包含許多相同類型的階段。這就是個好範例：我們一開始先過濾出 Greylock 至少有參與過一輪投資的公司，以減少文件數量。然後，拆分階段結束後，會有 Greylock 曾經投資過的所有公司的每一輪投資文件，但並不是每一個文件的投資 Greylock 都有參與。我們接著再使用第二個匹配階段加入另一個過濾器，來將我們不感興趣的投資輪過濾掉。

陣列表示式

現在讓我們來看陣列表示式。我們將會深入來看如何在投影階段中使用陣列表示式。

我們要查看的第一個表示式是過濾表示式。過濾表示式會基於過濾器的條件，在陣列中選擇出元素的子集合。

基於 *companies* 資料集，我們會匹配相同的條件，將 Greylock 有參與的投資輪挑選出來。看一下在這個管道中的 rounds 欄位：

```
db.companies.aggregate([
  { $match: {"funding_rounds.investments.financial_org.permalink": "greylock"} },
  { $project: {
    _id: 0,
    name: 1,
    founded_year: 1,
    rounds: { $filter: {
      input: "$funding_rounds",
      as: "round",
      cond: { $gte: ["$$round.raised_amount", 100000000] } } } }
  } },
  { $match: {"rounds.investments.financial_org.permalink": "greylock" } },
]).pretty()
```

rounds 欄位使用一個過濾表示式。$filter 運算子是設計用在陣列欄位上，並且要提供一些指定選項給它。$filter 的第一個選項是 input。在 input 中，要指定一個陣列。在這個範例中，我們使用一個欄位路徑來指定在 *companies* 集合中文件內的 "funding_rounds" 陣列。接著，在第二個選項中我們會指定一個名稱，在接下來的過濾表示式中，會使用該名稱來代表 "funding_rounds" 陣列。在第三個選項中，我們要指定一個條件式。這個條件式應該要提供一個條件，該條件會使用前面的陣列當作輸入值，然後選出子集合。在這個範例中，我們只會選取出每個 "funding_round" 中的 "raised_amount" 的值大於等於一億元的元素。

在指定條件時，我們使用了 $$。我們用 $$ 來參照在該表示式中定義的變數。as 欄位在過濾表示式中定義一個變數。這個變數的名稱是 "round"，就如同在 as 欄位中標示的。這是怕參照跟欄位路徑的變數互相混淆。在這個範例中，比較表示式會取陣列中的兩個元素，假如第一個值大於等於第二個值則會回傳 true。

現在讓我們想想，在這個過濾器之下，管道的投影階段會產生出什麼文件。輸出文件將會擁有 "name"、"founded_year" 和 "rounds" 欄位。"rounds" 的值將會是陣列，組成這個陣列的元素則為匹配過濾條件式的元素："raised_amount" 大於一億美元。

在上述範例中接下來的匹配階段，如我們之前做的，將會從輸入的文件中過濾出
Greylock 有投資過的公司。這個管道的輸出文件將會類似如下：

```json
{
  "name" : "Dropbox",
  "founded_year" : 2007,
  "rounds" : [
    {
      "id" : 25090,
      "round_code" : "b",
      "source_description" :
        "Dropbox Raises $250M In Funding, Boasts 45 Million Users",
      "raised_amount" : 250000000,
      "raised_currency_code" : "USD",
      "funded_year" : 2011,
      "investments" : [
        {
          "financial_org" : {
            "name" : "Index Ventures",
            "permalink" : "index-ventures"
          }
        },
        {
          "financial_org" : {
            "name" : "RIT Capital Partners",
            "permalink" : "rit-capital-partners"
          }
        },
        {
          "financial_org" : {
            "name" : "Valiant Capital Partners",
            "permalink" : "valiant-capital-partners"
          }
        },
        {
          "financial_org" : {
            "name" : "Benchmark",
            "permalink" : "benchmark-2"
          }
        },
        {
          "company" : null,
          "financial_org" : {
            "name" : "Goldman Sachs",
            "permalink" : "goldman-sachs"
          },
          "person" : null
```

```
        },
        {
          "financial_org" : {
            "name" : "Greylock Partners",
            "permalink" : "greylock"
          }
        },
        {
          "financial_org" : {
            "name" : "Institutional Venture Partners",
            "permalink" : "institutional-venture-partners"
          }
        },
        {
          "financial_org" : {
            "name" : "Sequoia Capital",
            "permalink" : "sequoia-capital"
          }
        },
        {
          "financial_org" : {
            "name" : "Accel Partners",
            "permalink" : "accel-partners"
          }
        },
        {
          "financial_org" : {
            "name" : "Glynn Capital Management",
            "permalink" : "glynn-capital-management"
          }
        },
        {
          "financial_org" : {
            "name" : "SV Angel",
            "permalink" : "sv-angel"
          }
        }
      ]
    }
  ]
}
```

在 "rounds" 陣列元素中，只有募集超過一億美金的能夠通過過濾器。在這個 Dropbox 的案例中，只有一輪投資符合這個條件。你在設定過濾條件式時擁有許多彈性，以上的範例只是一個基本的形式，並且提供了使用特定陣列表示式的一個實際使用案例。

接下來，讓我們來看陣列元素運算子。我們會繼續使用投資輪的內容，在這個案例中，我們單純想要拉出第一輪和最後一輪的資料。舉例來說，我們可能對於這些投資是何時發生或比較投資金額等感到興趣。對於這些需求，我們可以使用日期和算數表示式，將會在下一節中看到。

$arrayElemAt 運算子可以讓我們在陣列中，選擇一個特定位置的元素。以下的管道提供了一個使用 $arrayElemAt 的範例：

```
db.companies.aggregate([
  { $match: { "founded_year": 2010 } },
  { $project: {
    _id: 0,
    name: 1,
    founded_year: 1,
    first_round: { $arrayElemAt: [ "$funding_rounds", 0 ] },
    last_round: { $arrayElemAt: [ "$funding_rounds", -1 ] }
  } }
]).pretty()
```

注意在投影階段中使用 $arrayElemAt 的語法。我們定義一個想要投影的欄位，其值為一個文件，該文件以 $arrayElemAt 作為欄位名稱，使用兩個元素的陣列作為值。第一個元素是一個欄位路徑，指定我們想要選擇的陣列欄位。第二個元素指定我們想要的位置。記住，陣列索引值是從 0 開始計算的。

在許多狀況中，並沒有辦法馬上取得陣列的長度。所以若要從陣列的尾端選擇元素時，可以使用負整數。在陣列中的最後一個元素可以用 -1 表示。

這個聚集管道的輸出文件會類似如下：

```
{
  "name" : "vufind",
  "founded_year" : 2010,
  "first_round" : {
    "id" : 19876,
    "round_code" : "angel",
    "source_url" : "",
    "source_description" : "",
    "raised_amount" : 250000,
    "raised_currency_code" : "USD",
    "funded_year" : 2010,
    "funded_month" : 9,
    "funded_day" : 1,
    "investments" : [ ]
  },
```

```
    "last_round" : {
      "id" : 57219,
      "round_code" : "seed",
      "source_url" : "",
      "source_description" : "",
      "raised_amount" : 500000,
      "raised_currency_code" : "USD",
      "funded_year" : 2012,
      "funded_month" : 7,
      "funded_day" : 1,
      "investments" : [ ]
    }
  }
```

跟 $arrayElemAt 相關的就是 $slice 表示式。它讓我們能夠在陣列中從一個特定的索引值開始，回傳一到多個連續的文件：

```
db.companies.aggregate([
  { $match: { "founded_year": 2010 } },
  { $project: {
    _id: 0,
    name: 1,
    founded_year: 1,
    early_rounds: { $slice: [ "$funding_rounds", 1, 3 ] }
  } }
]).pretty()
```

在此，還是使用 "funding_rounds" 陣列，我們從索引 1 開始，然後從陣列取 3 個元素。也許我們知道在資料集合中的第一輪投資是不想要的，或只是單純想要除了第一輪的前幾輪資料。

過濾和選擇特定的元素或切割陣列，只是其中幾個用在陣列上的常見操作。然而，最常用到的可能是要決定陣列的大小或長度。要做到這件事情，可以使用 $size 運算子：

```
db.companies.aggregate([
  { $match: { "founded_year": 2004 } },
  { $project: {
    _id: 0,
    name: 1,
    founded_year: 1,
    total_rounds: { $size: "$funding_rounds" }
  } }
]).pretty()
```

當在投影階段中使用時，$size 表示式將會提供陣列中元素的數量的值。

在本節中，我們看到了一些最常用的陣列表示式。還有許多其他的表示式，而且隨著新版推出還會有更多的表示式。請看 MongoDB 文件中的聚集管道快速參考指南（*https://oreil.ly/ZtUES*），裡面有所有可用的表示式總結。

累加器

截至目前為止，我們已經看過了一些種類的表示式。接下來，讓我們來看聚集框架提供了什麼累加器給我們。累加器是另一種主要的表示式，但我們將它視為一類，主要是因為它們會使用在多個文件中找到的欄位值來計算值。

聚集框架提供的累加器讓我們能夠執行如加總特定欄位（$sum）和計算平均值（$avg）等的操作。我們也會將 $first 和 $last 視為是累加器，因為它們都會考量送過階段的所有文件。$max 和 $min 也是兩個累加器的範例，因為它們也會考量文件的串流，然後只儲存其中一個看到的值。我們能夠使用 $mergeObjects 來將多個文件結合成一個文件。

陣列也有對應的累加器。當文件送過管道階段時，我們能夠使用 $push 來將值放上陣列。$addToSet 跟 $push 非常類似，不過 $addToSet 會確定值加入到陣列時不會有重複的值。

然後也有一些計算描述統計學使用的表示式：舉例來說，對樣本或母體計算標準差。它們都是跟送經管道階段的文件串流一起運作。

在 MongoDB 3.2 版之前，累加器只能被用在分組階段。MongoDB 3.2 版開始能夠在投影階段使用一部分的累加器。在分組階段的累加器跟在投影階段的累加器，最大的差異就是，在投影階段的累加器（如 $sum 和 $avg）必須要用在單一文件中的陣列，而在分組階段的累加器（下一節會介紹）則可以在多個文件上計算跨文件的值。

這只是一個簡單的介紹，接下來我們會更深入地以範例來介紹。

在投影階段使用累加器

我們將會從一個在投影階段使用累加器的範例開始。注意，在匹配階段會過濾出包含 "funding_rounds" 欄位且 funding_rounds 陣列不是空的文件：

```
db.companies.aggregate([
  { $match: { "funding_rounds": { $exists: true, $ne: [ ]} } },
  { $project: {
    _id: 0,
    name: 1,
    largest_round: { $max: "$funding_rounds.raised_amount" }
```

```
    } }
  ])
```

因為 funding_rounds 的值是在每個公司文件中的陣列,所以我們可以使用累加器。記住,在投影階段的累加器必須要使用在陣列為值的欄位上。在這個例子中,我們能夠做一些很酷的事情。我們藉由接觸在陣列的內嵌文件,辨識出陣列中的最大值,然後將最大值投影在輸出文件中:

```
{ "name" : "Wetpaint", "largest_round" : 25000000 }
{ "name" : "Digg", "largest_round" : 28700000 }
{ "name" : "Facebook", "largest_round" : 1500000000 }
{ "name" : "Omnidrive", "largest_round" : 800000 }
{ "name" : "Geni", "largest_round" : 10000000 }
{ "name" : "Twitter", "largest_round" : 400000000 }
{ "name" : "StumbleUpon", "largest_round" : 17000000 }
{ "name" : "Gizmoz", "largest_round" : 6500000 }
{ "name" : "Scribd", "largest_round" : 13000000 }
{ "name" : "Slacker", "largest_round" : 40000000 }
{ "name" : "Lala", "largest_round" : 20000000 }
{ "name" : "eBay", "largest_round" : 6700000 }
{ "name" : "MeetMoi", "largest_round" : 2575000 }
{ "name" : "Joost", "largest_round" : 45000000 }
{ "name" : "Babelgum", "largest_round" : 13200000 }
{ "name" : "Plaxo", "largest_round" : 9000000 }
{ "name" : "Cisco", "largest_round" : 2500000 }
{ "name" : "Yahoo!", "largest_round" : 4800000 }
{ "name" : "Powerset", "largest_round" : 12500000 }
{ "name" : "Technorati", "largest_round" : 10520000 }
...
```

另一個範例,讓我們使用 $sum 累加器來計算集合中每間公司的總募資金額:

```
db.companies.aggregate([
  { $match: { "funding_rounds": { $exists: true, $ne: [ ]} } },
  { $project: {
    _id: 0,
    name: 1,
    total_funding: { $sum: "$funding_rounds.raised_amount" }
  } }
])
```

這只是你能夠在投影階段使用累加器的小範例。再次提醒,建議你可以去看 MongoDB 文件中的聚集管道快速參考指南(*https://oreil.ly/SZiFx*),裡面有累加器表示式的完整簡介。

簡介分組

在以前的版本中，MongoDB 聚集框架中的累加器只能用在分組階段。分組階段所執行的功能就如同 SQL 中的 GROUP BY 指令。在一個分組階段中，我們可以從多個文件將值聚集在一起，然後在它們上面執行某些聚集操作，如計算平均值。讓我們來看一個範例：

```
db.companies.aggregate([
  { $group: {
    _id: { founded_year: "$founded_year" },
    average_number_of_employees: { $avg: "$number_of_employees" }
  } },
  { $sort: { average_number_of_employees: -1 } }
])
```

在此，我們使用了一個分組階段，來將所有的公司基於成立年份聚集在一起，然後計算出每一年的員工人數的平均值。這個管道的輸出將會類似如下：

```
{ "_id" : { "founded_year" : 1847 }, "average_number_of_employees" : 405000 }
{ "_id" : { "founded_year" : 1896 }, "average_number_of_employees" : 388000 }
{ "_id" : { "founded_year" : 1933 }, "average_number_of_employees" : 320000 }
{ "_id" : { "founded_year" : 1915 }, "average_number_of_employees" : 186000 }
{ "_id" : { "founded_year" : 1903 }, "average_number_of_employees" : 171000 }
{ "_id" : { "founded_year" : 1865 }, "average_number_of_employees" : 125000 }
{ "_id" : { "founded_year" : 1921 }, "average_number_of_employees" : 107000 }
{ "_id" : { "founded_year" : 1835 }, "average_number_of_employees" : 100000 }
{ "_id" : { "founded_year" : 1952 }, "average_number_of_employees" : 92900 }
{ "_id" : { "founded_year" : 1946 }, "average_number_of_employees" : 91500 }
{ "_id" : { "founded_year" : 1947 }, "average_number_of_employees" : 88510.5 }
{ "_id" : { "founded_year" : 1898 }, "average_number_of_employees" : 80000 }
{ "_id" : { "founded_year" : 1968 }, "average_number_of_employees" : 73550 }
{ "_id" : { "founded_year" : 1957 }, "average_number_of_employees" : 70055 }
{ "_id" : { "founded_year" : 1969 }, "average_number_of_employees" : 67635.1 }
{ "_id" : { "founded_year" : 1928 }, "average_number_of_employees" : 51000 }
{ "_id" : { "founded_year" : 1963 }, "average_number_of_employees" : 50503 }
{ "_id" : { "founded_year" : 1959 }, "average_number_of_employees" : 47432.5 }
{ "_id" : { "founded_year" : 1902 }, "average_number_of_employees" : 41171.5 }
{ "_id" : { "founded_year" : 1887 }, "average_number_of_employees" : 35000 }
...
```

輸出文件中會擁有一個當作 "_id" 值的文件，以及平均員工人數。這也許就是我們想要做的分析，首先評估公司成立年份與公司規模成長之間的關聯性，然後也許用公司的年紀來正規化結果。

如你所見，我們建立的管道有兩個階段：一個分組階段以及一個排序階段。分組階段中的基礎，就是我們指定為文件一部分的 "_id" 欄位。嚴格來說，這是 $group 運算子本身的值。

我們使用這個欄位來定義，分組階段是使用什麼來組織它所見的文件。因為分析階段是第一個階段，aggregate 指令將會把在 *companies* 集合中所有文件都傳到該階段。分組階段會將所有擁有相同 "founded_year" 值的文件取出，並且將它們視為一個單一的組別。為了要建構這個欄位的值，該階段將會使用 $avg 累加器來計算有相同 "founded_year" 值的所有公司的平均員工人數。

你可以這樣想。每次分組階段遇到一個特定年份成立的公司時，它會將文件中 "number_of_employees" 的值加入到該年份的累積總計值中，並且在該年份看過的文件數量值中加一。當所有文件都被傳送到分組階段後，它便可以基於成立年份，使用累積總計和文件數量，為每一組的文件計算出平均值。

在這個管道的最後，我們用 "average_number_of_employees" 以遞減方式排序文件。

讓我們來看另一個範例。在 *companies* 資料集中，有一個欄位我們還沒有考慮到，就是關係。relationships 欄位在文件中以如下的形式出現：

```
{
  "_id" : "52cdef7c4bab8bd675297d8e",
  "name" : "Facebook",
  "permalink" : "facebook",
  "category_code" : "social",
  "founded_year" : 2004,
  ...
  "relationships" : [
    {
      "is_past" : false,
      "title" : "Founder and CEO, Board Of Directors",
      "person" : {
        "first_name" : "Mark",
        "last_name" : "Zuckerberg",
        "permalink" : "mark-zuckerberg"
      }
    },
    {
      "is_past" : true,
      "title" : "CFO",
      "person" : {
        "first_name" : "David",
        "last_name" : "Ebersman",
```

```
        "permalink" : "david-ebersman"
      }
    },
    ...
  ],
  "funding_rounds" : [
    ...
    {
      "id" : 4,
      "round_code" : "b",
      "source_url" : "http://www.facebook.com/press/info.php?factsheet",
      "source_description" : "Facebook Funding",
      "raised_amount" : 27500000,
      "raised_currency_code" : "USD",
      "funded_year" : 2006,
      "funded_month" : 4,
      "funded_day" : 1,
      "investments" : [
        {
          "company" : null,
          "financial_org" : {
            "name" : "Greylock Partners",
            "permalink" : "greylock"
          },
          "person" : null
        },
        {
          "company" : null,
          "financial_org" : {
            "name" : "Meritech Capital Partners",
            "permalink" : "meritech-capital-partners"
          },
          "person" : null
        },
        {
          "company" : null,
          "financial_org" : {
            "name" : "Founders Fund",
            "permalink" : "founders-fund"
          },
          "person" : null
        },
        {
          "company" : null,
          "financial_org" : {
            "name" : "SV Angel",
            "permalink" : "sv-angel"
```

```
          },
          "person" : null
        }
      ]
    },
    ...
  "ipo" : {
    "valuation_amount" : NumberLong("104000000000"),
    "valuation_currency_code" : "USD",
    "pub_year" : 2012,
    "pub_month" : 5,
    "pub_day" : 18,
    "stock_symbol" : "NASDAQ:FB"
  },
  ...
}
```

"relationships" 欄位讓我們能夠深入的找到一些跟相對多間公司有關連的人。讓我們來看這個聚集：

```
db.companies.aggregate( [
  { $match: { "relationships.person": { $ne: null } } },
  { $project: { relationships: 1, _id: 0 } },
  { $unwind: "$relationships" },
  { $group: {
    _id: "$relationships.person",
    count: { $sum: 1 }
  } },
  { $sort: { count: -1 } }
]).pretty()
```

我們在 relationships.person 上匹配文件。若我們來看 Facebook 範例文件，可以看到「關係」是如何被建構，並且對它所代表的意義有些概念。我們要過濾出所有 "person" 不是 null 的關係。然後我們將匹配文件的所有關係投影出來。我們在管道中只會將關係送到下一階段，也就是拆分階段。我們會將關係拆分，這樣在陣列中的關係都會被送到接下來的分組階段。在分組階段中，我們使用一個欄位路徑來在每個 "relationship" 文件中辨識出人。有相同 "person" 值的所有文件將會被分組在一起。如我們之前所見，將文件作為我們要分組的值是完全沒問題的。所以，匹配到文件中的 "first_name"、"last_name" 和 "permalink" 的人將會被聚集在一起。我們使用 $sum 累加器來計算出每個人出現在關係中的次數。最後，我們將其以遞減順序來排序。該管道的輸出會類似如下：

```
{
  "_id" : {
    "first_name" : "Tim",
    "last_name" : "Hanlon",
    "permalink" : "tim-hanlon"
  },
  "count" : 28
}
{
  "_id" : {
    "first_name" : "Pejman",
    "last_name" : "Nozad",
    "permalink" : "pejman-nozad"
  },
  "count" : 24
}
{
  "_id" : {
    "first_name" : "David S.",
    "last_name" : "Rose",
    "permalink" : "david-s-rose"
  },
  "count" : 24
}
{
  "_id" : {
    "first_name" : "Saul",
    "last_name" : "Klein",
    "permalink" : "saul-klein"
  },
  "count" : 24
}
...
```

Tim Hanlon 是在這個集合中，出現在公司的關係中最多次的人。這可能是因為 Hanlon
先生實際上跟 28 間公司都有關係，但我們不確定這件事情，因為也有可能他在一間或多
間公司中有多個關係存在，每個關係都有不同的頭銜。這個範例演示了聚集管道的一個
非常重要的點：當你在執行計算時，要確定你完全了解你正在做什麼，特別是當你在使
用某種累加器表示式計算聚集值時。

在這個例子中，我們可以說 Tim Hanlon 在我們的集合中公司的文件內的 "relationships"
中出現過 28 次。但假如想要知道實際上他跟多少間不重複的公司有關係時，則需要更進
一步的修改管道，但我們將其作為習題留給你建構。

在分組階段中的 _id 欄位

在我們更進一步討論分組階段前，讓我們先討論更多關於 _id 欄位的事情，並且看一些在分組聚集階段中為該欄位建構值的良好作法。我們將會使用一些範例來描繪常見分組文件的一些不同方法。第一個範例如下，看看這個管道：

```
db.companies.aggregate([
  { $match: { founded_year: { $gte: 2013 } } },
  { $group: {
    _id: { founded_year: "$founded_year"},
    companies: { $push: "$name" }
  } },
  { $sort: { "_id.founded_year": 1 } }
]).pretty()
```

這個管道的輸出會類似如下：

```
{
  "_id" : {
    "founded_year" : 2013
  },
  "companies" : [
    "Fixya",
    "Wamba",
    "Advaliant",
    "Fluc",
    "iBazar",
    "Gimigo",
    "SEOGroup",
    "Clowdy",
    "WhosCall",
    "Pikk",
    "Tongxue",
    "Shopseen",
    "VistaGen Therapeutics"
  ]
}
...
```

在輸出中有許多文件，每個文件擁有兩個欄位："_id" 和 "companies"。每個文件包含在 "founded_year" 年份成立的所有公司的清單，"companies" 為公司名稱的陣列。

注意我們是如何在分組階段中建構 "_id" 欄位的。為何我們不直接提供成立年份，而是要將其放入一個標記為 "founded_year" 欄位的文件中？我們不這麼做的原因是，若我們不標記分組值，這樣就沒有明確指出我們是在公司成立年份上分組。為了要避免疑惑，刻意標出要分組的值是較好的做法。

在某些狀況中，必須要使用另一種方法，讓 "_id" 欄位的值是一個多欄位的文件。在以下的狀況中，我們實際上是基於公司的成立年份以及種類碼來分組文件：

```
db.companies.aggregate([
  { $match: { founded_year: { $gte: 2010 } } },
  { $group: {
    _id: { founded_year: "$founded_year", category_code: "$category_code" },
    companies: { $push: "$name" }
  } },
  { $sort: { "_id.founded_year": 1 } }
]).pretty()
```

在分組階段中，用多個欄位的文件來當作 _id 值是完全沒問題的。在其他狀況中，也可能必須要做如下的事情：

```
db.companies.aggregate([
  { $group: {
    _id: { ipo_year: "$ipo.pub_year" },
    companies: { $push: "$name" }
  } },
  { $sort: { "_id.ipo_year": 1 } }
]).pretty()
```

在這個狀況中，我們基於公司公開上市的年份來分組文件，而這個年份實際上是一個內嵌文件的欄位。在分組階段中，使用欄位路徑來接觸到內嵌文件，並且將其值用在分組上，這是很常見的事情。在這個狀況中，輸出值將會類似如下：

```
{
  "_id" : {
    "ipo_year" : 1999
  },
  "companies" : [
    "Akamai Technologies",
    "TiVo",
    "XO Group",
    "Nvidia",
    "Blackberry",
    "Blue Coat Systems",
    "Red Hat",
    "Brocade Communications Systems",
    "Juniper Networks",
    "F5 Networks",
```

```
        "Informatica",
        "Iron Mountain",
        "Perficient",
        "Sitestar",
        "Oxford Instruments"
      ]
   }
```

注意，這部分使用了一個我們尚未見過的累加器：$push。當分組階段在它的輸入串流中處理文件時，$push 表示式會把它在執行時所建立的結果值加入到一個陣列中。在之前的管道中，分組階段會建立一個由公司名稱所組成的陣列。

最後一個範例是我們已經看過的，但在這邊為了完整性所以再出現一次：

```
db.companies.aggregate( [
   { $match: { "relationships.person": { $ne: null } } },
   { $project: { relationships: 1, _id: 0 } },
   { $unwind: "$relationships" },
   { $group: {
     _id: "$relationships.person",
     count: { $sum: 1 }
   } },
   { $sort: { count: -1 } }
] )
```

在先前的範例中，我們以 IPO 的年份來分組，我們使用了欄位路徑來找到一個數值（IPO 的年份）。在這個範例中，欄位路徑會指向包含三個欄位的文件："first_name"、"last_name" 和 "permalink"。這驗證了分組階段也能夠支援在文件值上的分組。

你已經看了幾個在分組階段中能夠建立 _id 值的方法。通常來說，要記住且確定在輸出值中的 _id 值的意義是非常清楚的。

分組 v.s. 投影

要完成分組聚集階段的討論，我們將會額外看一些在投影階段無法使用的累加器。這是要鼓勵你更深入的思考在投影階段能夠使用累加器做什麼，以及可以在分組中做什麼。請看以下聚集查詢的例子：

```
db.companies.aggregate([
   { $match: { funding_rounds: { $ne: [ ] } } },
   { $unwind: "$funding_rounds" },
   { $sort: { "funding_rounds.funded_year": 1,
     "funding_rounds.funded_month": 1,
```

```
        "funding_rounds.tunded_day": 1 } },
    { $group: {
      _id: { company: "$name" },
      funding: {
        $push: {
          amount: "$funding_rounds.raised_amount",
          year: "$funding_rounds.funded_year"
        } }
    } },
  ] ).pretty()
```

在此,首先我們過濾出 funding_rounds 陣列不為空的文件。然後我們拆分 funding_
rounds。因此,排序和分組階段將會看到每間公司的 funding_rounds 的每個元素都是一
個文件。

管道中的排序階段會依照年、月和日的順序,以遞增方式排序。這代表在這個階段將會
先輸出最久遠的投資輪。而如第五章所提的,我們可以使用組合索引來支援這種排序。

在排序階段後的分組階段,我們藉由公司名稱分組,然後使用 $push 累加器來建構一個
排序過的投資輪陣列。每間公司的 funding_rounds 陣列將會被排序,因為我們在排序階
段時,全體性的排序過所有的投資輪。

從這個管道的輸出文件類似如下:

```
{
  "_id" : {
    "company" : "Green Apple Media"
  },
  "funding" : [
    {
      "amount" : 30000000,
      "year" : 2013
    },
    {
      "amount" : 100000000,
      "year" : 2013
    },
    {
      "amount" : 2000000,
      "year" : 2013
    }
  ]
}
```

在這個管道中，我們使用 $push 來累積一個陣列。在這個範例中，我們已指定了 $push 表示式，所以它會將文件加入到陣列尾端。因為投資輪是以時間作排序的，將其推送到陣列尾端可以保證每間公司的獲得投資的金額也是以時間順序排列的。

$push 表示式只能在分組階段中運作。這是因為分組階段是設計用來取得文件的輸入串流，然後藉由每次處理一個文件來累積值。另一方面來看，投影階段則是在輸入串流中分別處理每個文件。

讓我們來看另一個範例。這會長一點，但它建構在前一個範例之上：

```
db.companies.aggregate([
  { $match: { funding_rounds: { $exists: true, $ne: [ ] } } },
  { $unwind: "$funding_rounds" },
  { $sort: { "funding_rounds.funded_year": 1,
    "funding_rounds.funded_month": 1,
    "funding_rounds.funded_day": 1 } },
  { $group: {
    _id: { company: "$name" },
    first_round: { $first: "$funding_rounds" },
    last_round: { $last: "$funding_rounds" },
    num_rounds: { $sum: 1 },
    total_raised: { $sum: "$funding_rounds.raised_amount" }
  } },
  { $project: {
    _id: 0,
    company: "$_id.company",
    first_round: {
      amount: "$first_round.raised_amount",
      article: "$first_round.source_url",
      year: "$first_round.funded_year"
    },
    last_round: {
      amount: "$last_round.raised_amount",
      article: "$last_round.source_url",
      year: "$last_round.funded_year"
    },
    num_rounds: 1,
    total_raised: 1,
  } },
  { $sort: { total_raised: -1 } }
] ).pretty()
```

我們拆分了 funding_rounds 並且依照時間順序排列。然而，在這個範例中，每個內容代表一個 funding_rounds 而不是累積成一個陣列，我們使用了兩個尚未實際使用過的累加器：$first 和 $last。$first 表示式單純將傳送過該階段的串流的第一個值存下來。而 $last 表示式則會追蹤傳送過分組階段的值，並且停在最後一個上。

如同 $push，我們不能在投影階段使用 $first 和 $last，因為投影階段不是被設計用來累積串流過它的多個文件的值。它是被設計來單獨的重構文件。

除了 $first 和 $last，我們也在範例中使用 $sum 來計算投資輪的總數。對於該表示式，我們可以直接指定值為 1。如此的 $sum 表示式單純就是在它所見的每個分組中計算文件的數量。

最後，這個管道包含了一個相對複雜的投影階段。然而，它做的其實就只是讓輸出更漂亮一些。這個投影階段並非顯示 first_round 的值，也不是顯示第一輪和最後一輪投資的整個文件，而是建立一個摘要。注意，這樣做能夠保有閱讀語意，因為每個值都有清楚被標示。對 first_round 來說，我們會產生一個簡單的內嵌文件，包含金額、文章以及年份等主要的細節，從 $first_round 的值內的原始投資輪文件中抓出這些值。該投影階段也會對 $last_round 做類似的事情。最後，這個投影階段會將從輸入串流中收到的 num_rounds 和 total_raised 值送到輸出文件中。

從這個管道中輸出的文件會類似如下：

```
{
    "first_round" : {
        "amount" : 7500000,
        "article" : "http://www.teslamotors.com/display_data/pressguild.swf",
        "year" : 2004
    },
    "last_round" : {
        "amount" : 10000000,
        "article" : "http://www.bizjournals.com/sanfrancisco/news/2012/10/10/
                     tesla-motors-to-get-10-million-from.html",
        "year" : 2012
    },
    "num_rounds" : 11,
    "total_raised" : 823000000,
    "company" : "Tesla Motors"
}
```

有了這個，我們就能結束分組階段的概要了。

將聚集管道結果寫入集合

有兩個特定的階段，$out 和 $merge，可以將聚集管道的結果文件寫入到集合中。你只能使用其中一個階段，而且這個階段必須要是聚集管道中的最後一個階段。$merge 在 MongoDB 4.2 版中出現，並且可以的話，它是應該被優先使用來寫入集合的階段。$out 有一些限制：它只能夠寫入到相同的資料庫內、它會覆蓋過任何現存的集合並且它無法寫入到分片的集合內。$merge 可以寫入到任何的資料庫與集合，不管有沒有分片都可以。當使用一個現存的集合時，$merge 也可以合併結果（插入新的文件、合併現存的文件、讓操作失敗、保存現有的文件或是將所有文件套用一個客製的更新）。但使用 $merge 的真正優點是，它能夠依照需求建立具體化的檢視，輸出集合的內容在管道執行時會持續更新。

在本章中，我們涵蓋了許多不同的累加器，有些可以用在投影階段，而我們也涵蓋了要如何取捨在考量不同的累加器時，何時該使用分組，何時該使用投影。接下來，我們將會看 MongoDB 中的交易。

## 第八章

交易

交易是在一個資料庫中處理的邏輯分組，每一組或每一個交易可以包含 一個或多個如讀取或寫入文件的動作。MongoDB 支援跨多動作、集合、資料庫、文件和分片的 ACID 原則交易。在本章中，我們會介紹交易、定義 ACID 在資料庫中的意義、告訴你要如何在應用程式中使用它並且提供調校 MongoDB 交易的小技巧。我們將會涵蓋：

- 什麼是交易

- 要如何使用交易

- 為應用程式調校交易限制

簡介交易

如我們上方所提到的，交易是在資料庫中處理程序的邏輯單元，該程序包含一個或多個資料庫操作，這個操作可以是讀取或寫入動作。在某些狀況下，你的應用程式可能會需要對多個文件（在一個或多個集合中）進行讀寫，作為此處理的邏輯單元的一部分。交易的一個重要面向是，它絕對不會部分完成－只會成功或是失敗。

 為了要使用交易，你的 MongoDB 發佈環境必須要使用 4.2 版或更新的版本，而驅動程式也是要支援 4.2 版或更新版。MongoDB 提供一個驅動程式相容性參照頁面（*https://oreil.ly/Oe9NE*），你可以使用它來確定你的 MongoDB 驅動程式版本是相容的。

ACID 定義

一個交易要能夠滿足 ACID 這個特性集合才是一個「真正的」交易。ACID 是原子性（Atomicity）、一致性（Consistency）、隔離性（Isolation）和持久性（Durability）的縮寫。ACID 交易保證你的資料和資料庫狀態的正確性，就算發生斷電或其他錯誤時也是一樣。

原子性確保在一個交易中的所有動作將會被套用，或是全部都沒有被套用。交易不能夠被部分套用，不論是被送出後或是取消後都是。

一致性確保當交易成功後，資料庫將會從一個一致的狀態移動到另一個一致的狀態。

隔離性是許可多個交易同時在資料庫中執行的性質。它確保一個交易不會看到任何其他交易的部分結果，這代表多個平行交易跟連續執行每個交易的結果會是相同的。

持久性則確保當交易被送出後，所有的資料都會被留存，就算發生系統錯誤也是。

一個符合 ACID 的資料庫，確保所有上述的性質都有達到，並且只有成功的交易會被處理。在一個交易完成前卻發生錯誤的狀況中，符合 ACID 能確保沒有任何資料被改變。

MongoDB 是一個分散式資料庫且在跨複製集且／或分片時符合 ACID 交易規範。網路層新增一個額外的複雜層。MongoDB 的工程部門有提供一些影片（*https://www.mongodb.com/transactions*），描述他們是如何實作支援 ACID 交易的必要功能。

如何使用交易

MongoDB 提供兩個 API 用來使用交易。第一個跟關聯式資料庫（如 `start_transaction` 和 `commit_transaction`）有相似的語法來呼叫核心 API（Core API）。第二個則是呼叫回呼函式 API（Callback API），這也是比較推薦的做法。

核心 API 並沒有對多數的錯誤提供重試的邏輯，需要開發者撰寫動作的邏輯、交易送出函式以及任何重試或錯誤的邏輯。

回呼函式 API 提供單一將大量的功能包裹在一起的函式，包括關聯一個特定的邏輯會談（session）來開始交易、執行回呼函式提供的函式、然後送出交易（或是因為錯誤而取消）。這個函式也包含處理送出錯誤的重試邏輯。回呼函式 API 在 MongoDB 4.2 版中被加入，用來簡化應用程式開發交易的過程，也更容易能加入應用程式重試邏輯來處理任何交易錯誤。

在這兩個 API 中，開發者要負責起始要被交易所使用的邏輯會談（logical session）。這兩個 API 需要將交易中的動作跟特定的邏輯會談產生關聯（也就是將會談傳入每個動作中）。在 MongoDB 中的邏輯會談會在整個 MongoDB 發佈環境中追蹤時間以及動作的順序。邏輯會談或伺服器會談是基本框架的一部分，被客戶端使用來在 MongoDB 中支援可重試的寫入以及因果一致性，這兩個特性都是在 MongoDB 3.6 版時加入到基礎架構中，用來支援交易使用。一個特定讀寫順序的動作，因為執行順序而有因果關係時，在 MongoDB 中會被定義為因果一致的客戶端會談。客戶端會談是由應用程式起始，而被用來跟伺服器會談互動。

在 2019 年時，六個 MongoDB 的資深工程師在 SIGMOD 2019 會議中發表了一篇名為「Implementation of Cluster-wide Logical Clock and Causal Consistency in MongoDB」的論文（*https://oreil.ly/IFLvm*）[1]。這篇論文提供了對於在 MongoDB 中邏輯會談和因果一致性背後的機制更深入的技術解說。這篇論文是從不同的部門團隊以及許多年的專案而來的。這個論文改變了儲存層的觀點，增加了一個新的複製共識協定，修改分片結構，重構分片叢集的元資料，並且增加一個全域邏輯時鐘。這些改變，在符合 ACID 的交易能夠被增加前，提供了資料庫所需要的基礎架構。

複雜度跟應用程式中需要額外增加的程式碼，是推薦使用回呼函式 API 的最主要原因。這些在 API 之間的差異總結在表 8-1 中。

表 8-1　Core API 與 Callback API 的比較

Core API	Callback API
需要額外呼叫來起始交易與送出交易	起始交易、執行特定的動作並且送出（或因為錯誤而取消）
並未包含對 TransientTransactionError 和 UnknownTransactionCommitResult 的錯誤處理邏輯，但提供對這些錯誤的客製錯誤處理的彈性	自動包含對 TransientTransactionError 和 UnknownTransactionCommitResult 的錯誤處理邏輯
對特定的交易需要將邏輯會談傳送到 API	對特定的交易需要將邏輯會談傳送到 API

要了解這兩個 API 之間的差異，我們可以使用一個簡單的交易來比較這些 API，範例是一個電子商務網站，當訂單確立時，相關的商品在售出時正好從可供貨的貨架上被移除。

1　作者群 Misha Tyulenev 是分片的軟體工程師；Andy Schwerin 是分散式系統的副總；Asya Kamsky 是分散式系統的總產品經理；Randolph Tan 是分片的資深軟體工程師；Alyson Cabral 是分散式系統的產品經理；而 Jack Mulrow 是分片的軟體工程師。

在這個單一交易中會牽扯到不同集合中的兩個文件。在範例中交易內的兩個核心動作如下：

```
orders.insert_one({"sku": "abc123", "qty": 100}, session=session)
inventory.update_one({"sku": "abc123", "qty": {"$gte": 100}},
                     {"$inc": {"qty": -100}}, session=session)
```

首先，讓我們看看在這個交易範例中，要怎麼以 Python 來使用核心 API。交易的兩個動作會在如下的程式列表中的 Step 1：

```
# Define the uriString using the DNS Seedlist Connection Format
# for the connection
uri = 'mongodb+srv://server.example.com/'
client = MongoClient(uriString)

my_wc_majority = WriteConcern('majority', wtimeout=1000)

# Prerequisite / Step 0: Create collections, if they don't already exist.
# CRUD operations in transactions must be on existing collections.

client.get_database( "webshop",
                     write_concern=my_wc_majority).orders.insert_one({"sku":
                     "abc123", "qty":0})
client.get_database( "webshop",
                     write_concern=my_wc_majority).inventory.insert_one(
                     {"sku": "abc123", "qty": 1000})

# Step 1: Define the operations and their sequence within the transaction
def update_orders_and_inventory(my_session):
    orders = session.client.webshop.orders
    inventory = session.client.webshop.inventory
    with session.start_transaction(
            read_concern=ReadConcern("snapshot"),
            write_concern=WriteConcern(w="majority"),
            read_preference=ReadPreference.PRIMARY):

        orders.insert_one({"sku": "abc123", "qty": 100}, session=my_session)
        inventory.update_one({"sku": "abc123", "qty": {"$gte": 100}},
                             {"$inc": {"qty": -100}}, session=my_session)
        commit_with_retry(my_session)

# Step 2: Attempt to run and commit transaction with retry logic
def commit_with_retry(session):
    while True:
        try:
            # Commit uses write concern set at transaction start.
```

```
            session.commit_transaction()
            print("Transaction committed.")
            break
        except (ConnectionFailure, OperationFailure) as exc:
            # Can retry commit
            if exc.has_error_label("UnknownTransactionCommitResult"):
                print("UnknownTransactionCommitResult, retrying "
                      "commit operation ...")
                continue
            else:
                print("Error during commit ...")
                raise


# Step 3: Attempt with retry logic to run the transaction function txn_func
def run_transaction_with_retry(txn_func, session):
    while True:
        try:
            txn_func(session)  # performs transaction
            break
        except (ConnectionFailure, OperationFailure) as exc:
            # If transient error, retry the whole transaction
            if exc.has_error_label("TransientTransactionError"):
                print("TransientTransactionError, retrying transaction ...")
                continue
            else:
                raise


# Step 4: Start a session.
with client.start_session() as my_session:

# Step 5: Call the function 'run_transaction_with_retry' passing it the function
# to call 'update_orders_and_inventory' and the session 'my_session' to associate
# with this transaction.

    try:
        run_transaction_with_retry(update_orders_and_inventory, my_session)
    except Exception as exc:
        # Do something with error. The error handling code is not
        # implemented for you with the Core API.
        raise
```

現在讓我們來看相同的交易範例，但這次我們以 Python 使用回呼函式 API。交易的兩個動作會在如下的程式列表中的 Step 1：

```
# Define the uriString using the DNS Seedlist Connection Format
# for the connection
```

```
uriString = 'mongodb+srv://server.example.com/'
client = MongoClient(uriString)

my_wc_majority = WriteConcern('majority', wtimeout=1000)

# Prerequisite / Step 0: Create collections, if they don't already exist.
# CRUD operations in transactions must be on existing collections.

client.get_database( "webshop",
                    write_concern=my_wc_majority).orders.insert_one({"sku":
                    "abc123", "qty":0})
client.get_database( "webshop",
                    write_concern=my_wc_majority).inventory.insert_one(
                    {"sku": "abc123", "qty": 1000})

# Step 1: Define the callback that specifies the sequence of operations to
# perform inside the transactions.

def callback(my_session):
    orders = my_session.client.webshop.orders
    inventory = my_session.client.webshop.inventory

    # Important:: You must pass the session variable 'my_session' to
    # the operations.

    orders.insert_one({"sku": "abc123", "qty": 100}, session=my_session)
    inventory.update_one({"sku": "abc123", "qty": {"$gte": 100}},
                        {"$inc": {"qty": -100}}, session=my_session)

#. Step 2: Start a client session.

with client.start_session() as session:

# Step 3: Use with_transaction to start a transaction, execute the callback,
# and commit (or abort on error).

    session.with_transaction(callback,
                            read_concern=ReadConcern('local'),
                            write_concern=my_write_concern_majority,
                            read_preference=ReadPreference.PRIMARY)

}
```

在 MongoDB 多文件交易中，你只可以在現存的集合或資料庫上執行讀寫（新增修查）的動作。如我們的範例所示，你必須先在交易之外建立集合，才可以在交易中對它新增文件。建立集合、刪除集合或索引的操作都不允許在交易中使用。

為你的應用程式調校交易限制

在使用交易時，有一些參數是很重要且必須要被注意的。它們可以被調整，來確保你的應用程式可以最善用交易。

時機和 Oplog 大小限制

在 MongoDB 交易中，限制主要分為兩大類。第一個是關係到交易的時間限制，控制一個特定的交易可以執行多久時間、交易等待取得鎖的時間限制以及所有交易能夠執行的最長時間。第二個類別則是與 MongoDB 的 oplog 內容相關，限制每個內容的大小。

時間限制

一個交易的預設最大執行時間要小於一分鐘。這可以藉由在 mongod 實體層級，改變由 transactionLifetimeLimitSeconds 控制的限制來增加該值。在分片叢集的狀況中，必須要在所有分片複製集成員上都作設定。當時間超過設定值，交易將會被視為過期，並且會被一個定期執行的清除程序取消交易。清除程序每 60 秒或每 transactionLifetimeLimitSeconds/2 秒會執行一次，看哪個值比較短。

若要設定單一交易的時間限制，則推薦在 commitTransaction 上指定 maxTimeMS。若 maxTimeMS 沒有被設定，那麼將會使用 transactionLifetimeLimitSeconds；若 maxTimeMS 有被設定但值超過 transactionLifetimeLimitSeconds 的值，則會使用 transactionLifetimeLimitSeconds 的值。

在交易中的動作，等待取得需要的鎖的預設最大時間為 5 毫秒。這可以藉由改變由 maxTransactionLockRequestTimeoutMillis 控制的限制來增加該值。若交易沒有辦法在這個時間之內取得鎖，它將會取消。maxTransactionLockRequestTimeoutMillis 可以被設定為 0、-1 或任何大於 0 的值。將其設定為 0 代表一個交易若沒有辦法立即取得需要的鎖則會被取消。設定為 -1 則將會使用各動作在 maxTimeMS 中指定的值。任何大於 0 的數字，則是設定交易嘗試取得鎖的等待時間秒數。

Oplog 大小限制

在交易中，MongoDB 將會為寫入動作產生出所需要的 oplog 內容。然而，每個 oplog 內容必須要小於等於 BSON 文件大小限制，也就是 16MB。

交易在 MongoDB 中提供一個有用的特性來保證一致性，但它們應該要搭配豐富文件模型使用。這個模型的彈性，以及如綱要設計模式的良好慣例，將會在大部分的狀況下幫助我們避免使用交易。交易是一個強大的功能，最好要謹慎地用在應用程式內。

## 第九章

應用程式設計

本章內容涵蓋了設計應用程式來與 MongoDB 有效率地運作。會討論：

- 綱要設計考量

- 決定內嵌資料或參照資料時的取捨

- 最佳化的小提醒

- 一致性考量

- 要如何移植綱要

- 要如何管理綱要

- MongoDB 何時不是個資料儲存的好選擇

綱要設計考量

資料表現的一個關鍵面向就是綱要的設計，也就是你的資料在文件中被表示的方式。最好的設計方法就是將資料以應用程式想要看到的方式表示它。因此，不像在關聯式資料庫中，你在規劃綱要前，需要先了解你的查詢和資料處理模式。

以下是在設計綱要時你需要考慮的關鍵面向：

限制

你需要了解任何資料庫或硬體的限制。你也需要考慮一些 MongoDB 的特定面向，例如最大的文件大小為 16MB、所有文件會從磁碟被存取、更新會重寫整個文件或原子更新會在文件層上。

你的查詢和寫入的存取模式

你需要辨識並且量化應用程式和更廣泛的系統的工作量。工作量包含了在應用程式中的讀取和寫入。只要你知道查詢何時會被執行以及多頻繁被執行，你就可以辨識出最常見的查詢。這些查詢就是你需要設計讓綱要支援的。當你辨識出這些查詢後，你應該要嘗試減少查詢的數量，並且確保在你的設計中，被一起查詢的資料是存在相同的文件中。

在這些查詢中沒被使用到的資料應該要被放在另一個不同的集合中。不常被使用的資料應該也要被移動到一個不同的集合中。將動態（讀取／寫入）資料與靜態（多數是讀取）資料分開存放也是件值得考慮的事情。當你優先考慮最常使用的查詢來設計綱要，就會有最好的效能結果。

關係種類

你應該要考慮哪個資料跟應用程式需要的資料有關係，也就是文件之間的關係。接著你可以決定最好的方式來內嵌或參照資料或文件。你要能夠知道，如何不執行額外的查詢就能夠參照到文件，以及當關係變更時有多少文件會被更新。你也必須要考慮資料結構是否容易被查詢，例如巢狀陣列（在陣列中的陣列），支援建構某些關係。

基數

當你已經決定文件和資料是如何被關聯時，你應該要考慮這些關係的基數。具體來說，它是一對一、一對多、多對多、一對數百萬或是一對數十億的？建立關係的基數是非常重要的，確保你在 MongoDB 綱要中使用了最佳的型態。你也應該要考慮，物件是否會被許多不同的物件存取，或只會被它的父母物件存取。也要考慮在問題中的資料欄位被更新與被讀取的比率。這些問題的答案將會幫助你來決定，是否要內嵌文件或是參照文件，並且是否應該要對跨文件的資料作反正規化的動作。

綱要設計模式

在 MongoDB 中，綱要設計是很重要的，因為它會直接影響應用程式的效能。在綱要設計中有許多常見的問題，可以使用已知模式（或稱「建構模組」）來處理。在綱要設計中使用一個或一起使用多個模式是良好的典範。

可以使用的綱要設計模式包括：

多型模式（*Polymorphic pattern*）

當集合中所有文件擁有類似但不相同的結構時適合用這個模式。它需要辨識出文件間的共同欄位，來支援會被應用程式執行的共通查詢。追蹤文件或子文件中的特定欄位，將有助於識別資料與可在應用程式中編碼以管理這些差異的不同程式路徑或類別 / 子類別之間的差異。這允許在不完全相同的文件的單一集合中使用簡單的查詢，以提高查詢效能。

屬性模式（*Attribute pattern*）

當想要排序或查詢時，一個文件中欄位的子集合有共通的屬性，或是當你想要排序的欄位只存於文件的子集合，或當這兩個條件都為真時，就適合使用這個模式。它需要將資料重構為鍵值對的陣列，然後對該陣列的中的元素建立索引。鍵所用到的詞能夠以額外欄位的形式加入這些鍵值對。這個模式有助於對每個文件中定位出許多相似的欄位，進而漸少索引的需求，並且讓查詢的撰寫變得更簡單。

桶模式（*Bucket pattern*）

這適用於時間序列資料，這些資料是在某一段時間中被抓取成為串流。與將每個時間點 / 資料點建立一個文件相比，在 MongoDB 中將資料「儲存」到一組文件中，而每個文件都保存特定時間範圍內的資料，會擁有較高的效率。舉例來說，你可以使用一個小時的儲存桶，並將該小時的所有數據都放在單一文件中的陣列中。該文件本身將具有指示該「儲存桶」所涵蓋時間段的開始和結束時間。

異常值模式（*Outlier pattern*）

這解決了一種少數情況，當一些文件的查詢超出了應用程式的正常模式。這是一種進階的綱要模式，設計來用在當普遍值是一個因素的情況。在具有主要影響者的社群網路中、書籍銷售、電影評論等可以看到這種狀況。它使用旗標來指示文件是異常值，並將額外的溢出儲存到一個或多個文件中，並且藉由 "_id" 來參照回第一個文件。你的應用程式程式碼將使用該旗標來進行其他查詢，以檢索溢出的文件。

計算模式（*Computed pattern*）

當需要頻繁計算資料時使用此模式，或當資料存取模式為讀取密集型時，也可以使用此模式。此模式建議在背景進行計算，並定期更新主文件。這提供了被計算的欄位或文件的有效近似值，而不必為了一個查詢連續產生這些欄位或文件。藉由避免重複相同的計算，這可以顯著減少對 CPU 的負擔，特別是在讀取觸發計算且讀取 / 寫入比率高的狀況中。

子集模式（*Subset pattern*）

當你的工作集合超出了機器的可用記憶體時，將使用此模式。這可能是因為大型文件中包含許多你的應用程式未使用的資訊。此模式建議你將常用資料和不常用資料分為兩個不同的集合。一個典型的範例是一個電子商務應用程式，該應用程式將某個產品的 10 條最新評論保留在「主要」（經常訪問）集合中，並且僅當該應用程式需要的評論數量超過最後 10 條時，才將所有較舊的評論移動到第二個查詢集合中。

延伸參照模式（*Extended Reference pattern*）

這用於以下情況：你有許多不同的邏輯實體或「東西」，每個邏輯實體或東西都有各自的集合，但是你可能希望將這些實體放在一起，來實現某個特定的功能。典型的電子商務綱要可能針對訂單、客戶和庫存會有各自的集合。當我們希望從這些集合中蒐集某筆訂單的所有資訊時，可能會對效能產生負面影響。解決方案是要識別經常訪問的欄位，並在訂單文件中複製這些欄位。對於電子商務訂單來說，這些欄位可能是我們要運送商品的客戶姓名和地址。這種模式需要在重複的資料與減少將資訊整理在一起所需的查詢數量之間作取捨。

近似值模式（*Approximation pattern*）

這在需要資源消耗（時間、記憶體、CPU 週期）的計算，但不需要完全精確度的情況下很有用。例如，圖片或文章的讚 / 喜愛的計數器，或頁面瀏覽量計數器，不需要知道確切的次數（例如是 999,535 還是 1,000,0000）。在這些情況下，套用此模式可以大大地減少寫入次數－舉例來說，只有在每 100 個或更多的瀏覽之後才更新計數器，而不是在每次瀏覽之後就更新計數器。

樹形模式（*Tree pattern*）

當你有很多查詢且資料的結構主要是階層狀時，可以套用此模式。它依循了存在一起的資料通常會一起被查詢的概念。在 MongoDB 中，你可以輕鬆地將階層結構儲存在相同文件的陣列中。在電子商務網站的範例中，特別是在它的產品目錄中，通常存在屬於多個類別的產品，或是產品類別也屬於其他的類別。例如「硬碟」本身就是一個類別，但它屬於「儲存」類別，「儲存」類別本身屬於「電腦零件」類別，而「電腦零件」類別則是「電子產品」類別中的一部分。在這種情況下，我們將有一個追蹤整個階層架構的欄位，和一個擁有直接類別的欄位（「硬碟」）。保留在陣列中的整個階層架構欄位，提供了在這些值上使用多鍵索引的能力。這樣可以確保在階層架構中的類別相關的所有項目可以輕鬆地被找到。直接類別欄位則可以找到與該類別直接相關的所有項目。

預分配模式（*Preallocation pattern*）

這主要是與 MMAP 儲存引擎一起使用的，但是這種模式仍然有其用處。該模式建議建立一個初始的空結構，稍後才填充它。舉例來說，有一個預約系統，該系統會管理每天的資源，追蹤該資源是自由的還是已經被預訂或不可用的。資源（*x*）和天數（*y*）的二維結構，使檢查資源可用性和執行計算變得非常容易。

文件版本控制模式（*Document Versioning pattern*）

它提供了一種機制，可以保留較舊修訂版的文件。它需要在每個文件中增加一個額外的欄位，來追蹤「主要」集合中的文件版本，還需要一個包含所有文件修訂版本的額外集合。這種模式有幾個假設：具體來說，每個文件擁有有限的修訂版本數量，沒有大量的文件需要版本控制，且查詢主要是在每個文件目前的版本上進行。在這些假設無效的情況下，你可能需要修改模式或是考慮不同的綱要設計模式。

MongoDB 提供了數個關於模式和綱要設計的有用的線上資源。MongoDB University 提供一個免費課程，M320 Data Modeling（*https://oreil.ly/BYtSr*），還有「Building with Patterns」部落格系列（*https://oreil.ly/MjSld*）。

正規化 v.s. 反正規化

表示資料的方式有很多種，其中一個要考慮的最重要問題是，應該正規化多少資料。正規化（*normalization*）是指將資料分成多個集合，並在集合之間進行參照。每部分的資料都儲存在不同的集合中，並且可能會有多個文件參照它。因此，若要修該資料，只需更新一個文件即可。MongoDB 聚集框架在 $lookup 階段提供連接（join），若在來源集合中有匹配的文件，該階段會藉由將文件新增到「連接的」集合中，來執行左外部連接－它為該集合中每個匹配的文件增加了一個新的陣列欄位，其內容是來源集合的文件細節內容。然後，在下一階段中就可以使用這些經過重構的文件，來進行進一步的處理。

反正規化（*denormalization*）是正規化的相反：將所有資料嵌入單一文件中。文件沒有包含參照到唯一一份資料的拷貝，而是許多文件可能會擁有許多資料的拷貝。這代表如果資訊改變了，則需要更新多個文件，但是這樣可以確保使用單一查詢就可以取得所有相關資料。

決定何時要正規化而何時要反正規化可能很困難：通常來說，正規化讓寫入變快，而反正規化讓讀取變快。因此，你需要取捨何者對你的應用程式來說是合理的。

資料表示的範例

假設我們要儲存有關學生資訊與學生的上課資訊。一種表示方式是擁有一個 *students* 集合（每個學生是一個文件）和一個 *classes* 集合（每個課程是一個文件）。然後我們可以有第三個集合（*studentClasses*），其中包含對學生的參照和學生所上的課的參照：

```
> db.studentClasses.findOne({"studentId" : id})
{
    "_id" : ObjectId("512512c1d86041c7dca81915"),
    "studentId" : ObjectId("512512a5d86041c7dca81914"),
    "classes" : [
        ObjectId("512512ced86041c7dca81916"),
        ObjectId("512512dcd86041c7dca81917"),
        ObjectId("512512e6d86041c7dca81918"),
        ObjectId("512512f0d86041c7dca81919")
    ]
}
```

若你對關聯式資料庫很熟悉，也許之前就已經看過這種類型的連接表格（儘管通常每個文件只有一個學生和一個課程，而不是課程的 "_id" 列表）。將課程放入陣列中會「更 MongoDB 一點」，但你通常不會想這樣儲存資料，因為這樣需要許多的查詢才能取得實際的資訊。

假設我們想找到一個學生正在上的課。我們會在 *students* 集合中查詢該學生，在 *studentClasses* 中查詢課程的 "_id"，然後在 *classes* 集合中查詢該課程的資訊。因此，要找到此資訊將需要往返三趟伺服器。通常這不是你要在 MongoDB 中構建資料的方式，除非課程和學生會不斷變化，且讀取資料的速度不需要非常快。

我們可以藉由在學生的文件中嵌入課程參照來刪除其中一個查詢：

```
{
    "_id" : ObjectId("512512a5d86041c7dca81914"),
    "name" : "John Doe",
    "classes" : [
        ObjectId("512512ced86041c7dca81916"),
        ObjectId("512512dcd86041c7dca81917"),
        ObjectId("512512e6d86041c7dca81918"),
        ObjectId("512512f0d86041c7dca81919")
    ]
}
```

"classes" 欄位儲存 John Doe 上的課程的 "_id" 的陣列。當我們想要尋找關於這些課程的資訊時，我們可以使用這些 "_id" 來載 classes 集合中查詢。這只需要兩個查詢。假如資料不需立即被存取或修改，也不常修改的話，這是相對受歡迎的結構資料的方式。

若我們需要更優化讀取動作，我們可以藉由完全反正規化資料並且將每個課程以內嵌文件的方式存在 "classes" 欄位中，來在單一查詢中取得所有的資料：

```
{
    "_id" : ObjectId("512512a5d86041c7dca81914"),
    "name" : "John Doe",
    "classes" : [
        {
            "class" : "Trigonometry",
            "credits" : 3,
            "room" : "204"
        },
        {
            "class" : "Physics",
            "credits" : 3,
            "room" : "159"
        },
        {
            "class" : "Women in Literature",
            "credits" : 3,
            "room" : "14b"
        },
        {
            "class" : "AP European History",
            "credits" : 4,
            "room" : "321"
        }
    ]
}
```

這樣做的優點就是只要一個查詢就可以取得資料。缺點則是需要更多的儲存空間，且要維持資料同步會比較困難。舉例來說，若發現 Physics 課程的 credits 應該是 4（而不是 3），每個有上該課程的學生就必須要更新它們的文件（而不只是更新 "Physics" 中央文件）。

最後，你可以使用稍早提到的延伸參照模式，混合內嵌和參照－建立一個常被用到的資訊的子文件陣列，但要更多資訊時就要參照到實際的文件：

```
{
    "_id" : ObjectId("512512a5d86041c7dca81914"),
    "name" : "John Doe",
    "classes" : [
        {
            "_id" : ObjectId("512512ced86041c7dca81916"),
            "class" : "Trigonometry"
        },
        {
            "_id" : ObjectId("512512dcd86041c7dca81917"),
            "class" : "Physics"
        },
        {
            "_id" : ObjectId("512512e6d86041c7dca81918"),
            "class" : "Women in Literature"
        },
        {
            "_id" : ObjectId("512512e6d86041c7dca81918"),
            "class" : "Women in Literature"
        }
    ]
}
```

這個方法也是不錯的選擇，因為隨著需求的變化，內嵌的資訊量會隨著時間而變化：如果要在頁面上包含更多或更少的資訊，則可以在文件中內嵌更多或更少的資訊。

另一個重要的考慮因素是，這個資訊多久會被修改，以及多久會被讀取。如果它會定期更新，那麼將其正規化是個好主意。然而，如果更新不頻繁，則優化更新程序幾乎沒有好處，因為會犧牲應用程式的讀取效能。

舉例來說，教科書正規化的例子是將使用者及他們的地址儲存在單獨的集合中。但是，人們的住址很少會改變，所以通常不應該因為不常發生的搬家行為，而對每一次的讀取都進行效能上的懲罰。你的應用程式應該將地址內嵌至使用者文件中。

如果決定使用內嵌文件，並且需要更新它們，則應該設定一個定期執行的工作，以確保所做的任何更新都可以成功傳播到每個文件。舉例來說，假設你嘗試進行多次更新，但是伺服器在所有文件都更新之前就發生錯誤了。你需要一個檢測到這種情況並且重試更新的方法。

就更新運算子而言，"$set" 是冪等的，而 "$inc" 則不是。冪等的動作在執行一次或執行多次的情況下都會得到相同的結果；在網路發生錯誤的情況下，重試該動作就足以進行更新。如果運算子不是等冪的，則應該將該動作分為兩個獨立、冪等並且可以重試的動作。這可以藉由在第一個動作中包括一個唯一等待令牌，並且讓第二個動作同時使用一個唯一鍵和唯一等待令牌來實現。這種方法使 "$inc" 變成冪等的，因為每個單獨的 updateOne 動作都是冪等的。

在某種程度上來說，產生的資訊越多，應該要內嵌的資訊就越少。如果內嵌欄位的內容或內嵌欄位的數量沒有限制的成長，那麼通常應該要參照它們而不是內嵌它們。評論樹或活動列表之類的內容，應該要被儲存為自己的文件，而不是內嵌文件。使用子集模式（在第 216 頁的「綱要設計模式」中有描述）在文件中儲存最新的項目（或其他的一些子集）也是值得被考慮的。

最後，被包含的欄位應該與文件中的資料整合在一起。如果在查詢文件時，幾乎總是將某個欄位排除在查詢結果之外，則表示該欄位可能要屬於另一個集合。這些準則總結在表 9-1 中。

表 9-1　內嵌與參照的比較

內嵌適合用在…	參照適合用在…
小型子文件	大型子文件
不常更新的資料	容易變更的資料
當最終才會一致是可被接受的	當立即一致性是必要時
小量成長的文件	大量成長的文件
你常須要執行第二個查詢來取得的資料	你常排除在結果之外的資料
快速讀取	快速寫入

假設我們有一個 *users* 集合。以下是在使用者文件中的一些範例欄位，並且會說明它們是否應該被內嵌：

帳號設定

　　這些只跟這個使用者文件有關，而通常會在文件中跟其他使用者資訊被揭露。帳號設定通常應該要被內嵌。

近期活動

　　這取決於近期活動的增長以及變化。若它是個固定大小的欄位（如 10 個活動），內嵌這些資訊或是實作子集模式將會很有用。

朋友

通常這個資訊不應該被內嵌，或至少不能內嵌全部的資訊。見第 224 頁中「朋友、關注者與其他不便之處」。

該使用者產生的所有內容

這不應該被內嵌。

基數

基數（*cardinality*）用來表示一個集合對另一個集合有多少個參照。常見的關係是一對一、一對多或多對多。舉例來說，假設我們有一個部落格應用程式。每篇文章都有一個標題，因此這是一對一的關係。每個作者會有很多篇文章，因此這是一對多的關係。文章中有很多標籤，而標籤可以參照到很多文章，因此這種關係是多對多的。

在使用 MongoDB 時，從概念上將「多」分為以下幾類會是有幫助的：「很多」和「很少」。舉例來說，你可能在作者和文章之間是「一對很少」的關係：每個作者只會撰寫幾篇文章。部落格文章和標籤之間可能有「很多對很少」的關係：部落格文章可能比標籤多得多。然而，部落格文章和評論之間存在「一對很多」的關係：每篇文章會有很多評論。

確定是「很少」還是「很多」的關係，可以幫助你決定要內嵌還是要參照。通常來說，「很少」的關係將更適合嵌入，而「很多」的關係將更適合參照。

朋友、關注者與其他不便之處

跟朋友保持親近，將敵人內嵌。

本節介紹社群圖譜資料的注意事項。許多社群應用程式需要連接人們、內容、關注者、朋友……等。要在這種高度連接的資訊上，了解如何平衡內嵌和參照，可能是很棘手的事，但通常來說，可以將關注、交友或喜愛／保存等功能，簡化為一個發佈／訂閱系統：一個使用者正在訂閱來自另一個使用者的通知。因此，有兩個基本的動作需要有好的效率：儲存訂閱者和通知對某事件感到興趣的所有人。

人們通常採用三種方式來實作訂閱。第一個方法是將生產者放入訂閱者的文件中，該文件如下所示：

```
{
    "_id" : ObjectId("51250a5cd86041c7dca8190f"),
    "username" : "batman",
    "email" : "batman@waynetech.com"
    "following" : [
        ObjectId("51250a72d86041c7dca81910"),
        ObjectId("51250a7ed86041c7dca81936")
    ]
}
```

現在，給定一個使用者的文件，你可以發出如下的查詢，來找出他們會感到興趣且已經被發佈的所有活動：

```
db.activities.find({"user" : {"$in" :
    user["following"]}})
```

然而，若你需要找出每一個對新發佈活動感到興趣的人，你必須要查詢所有使用者的 "following" 欄位。

或者，你可以在生產者的文件上加上關注者，如下：

```
{
    "_id" : ObjectId("51250a7ed86041c7dca81936"),
    "username" : "joker",
    "email" : "joker@mailinator.com"
    "followers" : [
        ObjectId("512510e8d86041c7dca81912"),
        ObjectId("51250a5cd86041c7dca8190f"),
        ObjectId("512510ffd86041c7dca81910")
    ]
}
```

這個使用者在任何時候做了一些事情，所有必須要被通知的使用者就在這。缺點是，假如要找出某個使用者關注的所有人，就必須要查詢整個 *users* 集合了（跟前一個案例相反）。

以上兩種方法都會有一個額外的缺點：它們會讓你的使用者文件變得更大，並且容易被變更。"following"（或 "followers"）欄位通常不用被回傳：有多常會需要列出每一個關注者？因此，最後一種方法會藉由更正規化並且將訂閱儲存在另一個集合中，來消除這些缺點。正規化成這樣通常有點超過，不過對於一個極度常變動且通常不會隨著文件其他資料回傳的欄位來說是很有幫助的。"followers" 應該是如此正規化的合理欄位。

在這個狀況中，會有一個集合保存發佈者和與其匹配的關注者，文件會看起來如下：

```
{
    "_id" : ObjectId("51250a7ed86041c7dca81936"), // followee's "_id"
    "followers" : [
        ObjectId("512510e8d86041c7dca81912"),
        ObjectId("51250a5cd86041c7dca8190f"),
        ObjectId("512510ffd86041c7dca81910")
    ]
}
```

這樣可以讓你的使用者文件維持美觀，但這代表要取得跟隨者資訊時需要作額外的查詢。

處理威爾·惠頓效應

不論你使用何種策略，內嵌都只能用於有限數量的子文件或參照。如果你有一個名人使用者，那麼他可能會溢出你儲存關注者的任何文件。處理這種狀況的常見方法是使用第216頁「綱要設計模式」中討論的異常值模式，並且有必要的話使用一個「延續」文件。舉例來說，你可能會有：

```
> db.users.find({"username" : "wil"})
{
    "_id" : ObjectId("51252871d86041c7dca8191a"),
    "username" : "wil",
    "email" : "wil@example.com",
    "tbc" : [
        ObjectId("512528ced86041c7dca8191e"),
        ObjectId("5126510dd86041c7dca81924")
    ]
    "followers" : [
        ObjectId("512528a0d86041c7dca8191b"),
        ObjectId("512528a2d86041c7dca8191c"),
        ObjectId("512528a3d86041c7dca8191d"),
        ...
    ]
}
{
    "_id" : ObjectId("512528ced86041c7dca8191e"),
    "followers" : [
        ObjectId("512528f1d86041c7dca8191f"),
        ObjectId("512528f6d86041c7dca81920"),
        ObjectId("512528f8d86041c7dca81921"),
        ...
    ]
}
```

```
{
    "_id" : ObjectId("5126510dd86041c7dca81924"),
    "followers" : [
        ObjectId("512673e1d86041c7dca81925"),
        ObjectId("512650efd86041c7dca81922"),
        ObjectId("512650fdd86041c7dca81923"),
        ...
    ]
}
```

然後增加應用程式邏輯來支援抓取「未完待續」（"tbc"）陣列中的文件。

資料操縱優化

要優化你的應用程式，必須首先要藉由評估其讀寫效能來確定瓶頸在哪。優化讀取動作通常包括要擁有正確的索引，並且在單一文件中傳回盡可能多的資訊。優化寫入動作通常包括要最小化擁有的索引數量，並且使更新盡可能地有效率。

在為快速寫入而優化的綱要，與為快速讀取而優化的綱要之間，通常要權衡取捨，因此你必須要決定哪種綱要對你的應用程式來說比較重要。不僅要考慮讀取與寫入的重要性，還要考慮它們的比例：如果寫入比較重要，但是你要對每個寫入進行一千次的讀取時，你可能還是要先優化讀取。

移除舊資料

有一些資料只在很短的時間內是重要的：幾週或幾個月後，就只是在浪費儲存空間。要刪除舊資料有三種常用的選項：使用最高限度集合、使用 TTL 集合或每隔一段時間刪除集合。

最簡單的方法是使用最高限度集合：將其設置為較大的大小，並讓舊資料從尾端「掉下去」。但是，最高限度集合會對你可以執行的動作產生某些限制，並且容易受到流量高峰的影響，進而暫時縮短了它們可以保留的時間。有關更多的資訊，請參見第 158 頁的「最高限度集合」。

第二種方法是使用 TTL 集合。這使你可以用更細的粒度來控制何時要刪除文件，但對於寫入量非常大的集合而言，它可能不夠快：它藉由走訪 TTL 索引來刪除文件，就如同使用者請求刪除的方法。但是，如果 TTL 集合可以跟得上速度，這可能是最容易實作的解決方案。有關 TTL 索引的更多資訊，請參見第 161 頁的「存活時間索引」。

最後的方法是使用多個集合：舉例來說，每個月使用一個集合。每次月份變更時，你的應用程式都會開始使用本月（空）的集合，並且在目前的月份和前幾個月的集合中搜尋資料。一旦集合存在的時間超過某一段時間，例如六個月，就可以刪除它。這種策略幾乎可以應付任何流量，但是要建立如此的應用程式會比較複雜，因為你必須要使用動態集合（或資料庫）名稱，並且可能要查詢多個資料庫。

規劃資料庫與集合

在勾勒出文件的樣貌後，你必須決定要將文件放入哪些集合或資料庫中。這通常是一個相當直觀的過程，但是需要牢記一些準則。

通常來說，具有相似綱要的文件應該被保存在同一集合中。MongoDB 通常不允許組合來自多個集合的資料，因此，如果需要一起查詢或聚集一些文件，這些文件就是放入一個大集合中的理想選擇。舉例來說，你可能會有一些不同「形狀」的文件，但是如果要對其執行聚集，那麼它們就應該要全部都在同一集合中（或者，如果它們位於不同的集合或資料庫中，則可以使用 $merge 階段）。

對於集合來說，要考慮的主要問題是鎖定（每個文件都具有讀取 / 寫入鎖定）和儲存空間。通常來說，如果有較高的寫入工作量，則可能需要考慮使用多個實體硬碟來減少 I/O瓶頸。使用 --directoryperdb 選項，可以讓每個資料庫都被儲存在自己的目錄中，讓你可以將不同的資料庫放入不同的硬碟內。因此，你可能會希望資料庫中的所有項目都具有相似的「品質」，相似的存取模式或相似的流量層級。

舉例來說，假設你有一個包含多個元件的應用程式：一個日誌記錄元件，它會建立大量但不太有價值的資料；一個使用者集合；以及幾個用於使用者產生的資料的集合。這些集合具有很高的價值：因為確保使用者資料的安全是非常重要的。還有一個用於社群活動的高流量集合，它的重要性較低，但仍然比日誌記錄重要。該集合主要用於使用者通知，因此它幾乎是個只會增加的集合。

依照重要性來分割它們，你可能最終會得到三個資料庫：*logs*、*activities* 和 *users*。這種策略的好處是，你可能會發現價值最高的資料也是最少的（舉例來說，使用者生成的資料可能不如日誌記錄那麼多）。你可能無法為整個資料集提供一台 SSD，但可能可以讓使用者集合使用一台 SSD，或者可以讓使用者集合使用 RAID10，為日誌記錄和活動使用RAID0。

注意，在 MongoDB 4.2 版之前，使用多個資料庫時有一些限制，而在聚集框架中導入 $merge 運算子，它讓你可以將某一個資料庫的聚集結果儲存到另一個資料庫，或相同資料庫中的不同集合中。需要注意的另一點是，renameCollection 指令在將現有集合從一個資料庫複製到另一個資料庫時，速度會較慢，因為它必須將所有文件複製到新的資料庫中。

管理一致性

你必須要清楚你的應用程式需要多高的讀取一致性。MongoDB 支援廣泛的一致性層級，從總是可以讀取到自己的寫入內容，到讀取未知舊的資料都可以。如果你要報告上一年的活動，則可能只需要最近幾天的正確資料。相反來說，如果你要進行即時交易，則可能需要立即讀取到最新的寫入內容。

要了解如何實現這些不同層級的一致性，了解 MongoDB 在背後所做的事情是很重要。伺服器會為每個連接保留請求佇列。當客戶端發送請求時，它將會被放置在連接佇列的尾端。在連接上的任何後續請求，都要等排在前面的動作被處理完後才會發生。因此，單一連接擁有對資料庫的一致檢視，並且總是可以讀取到自己的寫入。

注意，這是屬於每個連接的佇列：如果我們打開兩個命令列界面，我們將跟資料庫建立兩個連接。如果我們在一個命令列界面中執行插入動作，在另一個命令列界面中的後續查詢可能不會傳回剛插入的文件。然而，在單一的命令列界面中，如果我們在插入文件後查詢該文件，該文件將會被回傳。手動複製這個行為可能會很困難，但是在忙碌的伺服器上可能會發生交錯的插入和查詢。當開發者在一個執行緒中插入資料，然後在另一個執行緒中檢查是否已成功將資料插入時，就常會遇到這種情況。剛開始時，看起來好像是資料沒有被插入，然後它又突然出現。

當使用 Ruby、Python 和 Java 的驅動程式時，這種行為尤其值得記在心裡，因為這三種語言都使用連接池。為了有好效率，這些驅動程式會打開與伺服器的多個連接（一個池子），並在這些連接之間分配請求。然而，它們都具有確保一連串的請求會被單一連接處理的機制。在 MongoDB 驅動程式連接監控和池規格書（*https://oreil.ly/nAt9i*）中提供了有關各種語言的連接池的詳細文件。

當你將讀取發送到複製組次要伺服器（請參見第十二章）時，這將成為一個更大的問題。次要伺服器可能會落後於主要伺服器，導致讀取到在幾秒鐘、幾分鐘甚至幾小時之前的資料。有幾種方法可以解決這個問題，最簡單的方法是，如果你擔心資料過時，只要將所有的讀取動作發送到主要伺服器即可。

MongoDB 提供了 readConcern 選項，來控制讀取到的資料的一致性和隔離性。它可以與 writeConcern 結合使用，來控制你的應用程式的一致性和可用性保證。總共有五個層級："local"、"available"、"majority"、"linearizable" 和 "snapshot"。根據應用程式的不同，在想要避免讀取到舊資料的狀況下，可以考慮使用 "majority"，它只會回傳經大多數複製組成員確認並且不會被撤回的持久資料。

"linearizable" 也是一個選項：它回傳的資料反映了在開始讀取動作之前已完成的成功且被多數成員確認的所有寫入。使用 "linearizable" 的 readConcern 時，MongoDB 可能會等待同步執行的寫入動作完成，然後才回傳結果。

來自 MongoDB 的三位資深工程師在 2019 年的 PVLDB 會議上發表了一篇名為 "Tunable Consistency in MongoDB" 的論文（*https://oreil.ly/PfcBx*）[1]。這篇論文概述了用於複製的不同 MongoDB 一致性模型以及應用程式開發者要如何利用各種模型。

移植綱要

隨著應用程式的增長和需求的變化，綱要可能也必須要增長和變化。有幾種方法可以完成這件事，但是無論選擇哪種方法，都應該要仔細記錄應用程式使用過的每個綱要。在理想情況下，你應該考慮文件版本控制模式（請參見第 216 頁的「綱要設計模式」）是否適用。

最簡單的方法是，單純地根據應用程式的需求來擴展綱要，確保應用程式支援所有舊版本的綱要（例如，接受欄位的存在或不存在，或者優雅地處理多種可能的欄位類型）。但是這種技巧可能會變得混亂，特別是在綱要版本有衝突的情況下。舉例來說，有一個版本可能需要 "mobile" 欄位，另一版本可能不需要 "mobile" 欄位，而需要一個不同的欄位，而另一個版本可能將 "mobile" 欄位視為非必要的欄位。要追蹤這些不斷變化的需求，會逐漸讓你的程式碼變得混亂。

要用稍微結構化的方法處理不斷變化的需求，你可以在每個文件中包含一個 "version" 欄位（或只是 "v"），並使用該欄位來決定你的應用程式將要接受哪種文件結構。這讓你的綱要變得更嚴謹：文件如果不是目前的版本，就必須對綱要的某些版本有效。但是，它仍然需要能夠支援舊版本。

---

[1] 作者群 William Schultz 是複製的資深軟體工程師；Tess Avitabile 是複製部門的總監；而 Alyson Cabral 是分散式系統的產品經理。

最後的方法是在綱要更改時移植所有的資料。通常來說，這不是一個好主意：MongoDB 允許你使用動態綱要來避免移植，因為移植會給你的系統帶來很大的壓力。然而，如果你決定要變更每個文件，則需要確保所有文件都已經成功被更新。MongoDB 支援交易（*transaction*），交易支援這種移植。如果 MongoDB 在交易中間發生錯誤，則將保留較舊的綱要。

管理綱要

MongoDB 從 3.2 版開始導入了綱要驗證，允許在更新和插入期間進行驗證。在 3.6 版中，新增使用 $jsonSchema 運算子來作 JSON 綱要驗證，這是現在 MongoDB 中所有綱要驗證中推薦使用的方法。在本文撰寫時，MongoDB 支援 draft 4 的 JSON Schema，但是請查看文件以獲取有關此功能的最新資訊。

驗證不會檢查現有文件，直到對它們進行修改，並且驗證是針對每個集合進行設定的。要將驗證增加到現有集合，可以使用 coll Mod 指令搭配 validator 選項。在使用 db.createCollection() 時，可以藉由指定 validator 選項來將驗證新增到新集合中。MongoDB 還提供了兩個附加選項，validationLevel 和 validationAction。validationLevel 決定在更新過程中，對現有文件套用驗證規則的嚴格程度，而 validationAction 則決定，在發現非法文件時，是否要產生錯誤並且拒絕動作，或只是警告但允許文件。

何時不要使用 MongoDB

雖然 MongoDB 是個一般用途的資料庫，對大多數的應用程式都適用，但並不是在所有方面都很好。以下是你可能需要避免使用它的幾個理由：

- 橫跨許多不同維度，將不同種類的資料連接在一起，是關聯式資料庫做得非常好的事情。MongoDB 不是設計用來做好這一點的，而且很可能永遠不會做到。

- 使用關聯式資料庫而不使用 MongoDB 的其中一個主要原因（如果有可能，希望是暫時的）是你使用的工具並不支援它。從 SQLAlchemy 到 WordPress，有數以千計的工具尚未能夠支援 MongoDB。支援它的工具庫正在成長，但是其生態系統還遠遠沒有關聯式資料庫那麼大。

## 第三部分

複製

## 第十章

設定複製組

本章介紹 MongoDB 的高可用性系統：複製組。包含：

* 什麼是複製組

* 要如何設定一個複製組

* 複製組成員有什麼設定選項

簡介複製

從第一章開始，我們一直在使用獨立的伺服器，也就是一台 *mongod* 伺服器。這是上手的簡單方法，但若在正式環境中如此運作則會很危險。如果伺服器當機或無法使用時該怎麼辦？你的資料庫將會有一段時間無法被使用。如果是硬體有問題，則可能必須要將資料移至另一台機器。在最壞的情況下，硬碟或網路問題可能會使你的資料損壞或是無法被存取。

複製是將資料的相同拷貝保留在多台伺服器上的一種方法，並且建議將其用於所有正式環境的部署上。即使一台或多台伺服器發生故障，複製也可以確保應用程式持續運作並且資料安全。

使用 MongoDB，你可以藉由建立複製組（*replica set*）來設定複製。複製組是一組具有一個主要伺服器（*primary*）的伺服器，主要伺服器進行寫入動作，而多個次要伺服器（*secondaries*）則是保留主要伺服器的資料拷貝的伺服器。如果主要伺服器當機，則次要伺服器可以從它們當中選舉出一個新的主要伺服器。

如果你正在使用複製而且有一台伺服器發生故障，你仍然可以在組中的其他伺服器上存取資料。如果一台伺服器上的資料已經損壞或者是無法存取，則可以從組中的其中一個成員取得資料並且製作新的拷貝。

本章介紹複製組，並且涵蓋要如何在你的系統上設定複製。如果你對複製的機制不感興趣，而只想建立一個複製集來進行測試 / 開發或用在正式環境，可以使用 MongoDB 的雲解決方案：MongoDB Atlas（*https://atlas.mongodb.com*）。它很容易使用，並且提供免費的實驗選項。另外，若要在自己的基礎架構中管理 MongoDB 叢集，可以使用 Ops Manager（*https://oreil.ly/-X6yp*）。

設定一個複製組，第一部

在本章中，我們會向你展示要如何在單一機器上設置三個節點的複製組，讓你可以開始實驗複製組的機制。你可以編寫腳本程式來設定並且運行複製組，然後在 *mongo* 命令列界面中使用管理命令測試，或者是模擬網路分區或伺服器故障，來更好地了解 MongoDB 如何處理高可用性和災難回復。在正式環境中，應該總是要使用複製組，並為每個成員分配專用的主機，以避免資源爭用的狀況並且提供針對伺服器故障的隔離。為了提供更大的彈性，你也應該使用 DNS 種子列表連接格式（*https://oreil.ly/cCORE*）來指定你的應用程式要如何連接到複製組。使用 DNS 的優勢在於，可以輪流變更託管 MongoDB 複製組成員的伺服器，而無需重新設定客戶端（具體來說，是它們的連接字串）。

因為有多樣的虛擬化和雲的選項可被使用，在專用主機上為每個成員建立一個測試複製組也是很容易的。我們提供了一個 Vagrant 腳本程式，可以讓你測試使用此選項[1]。

要開始使用我們的測試複製組，首先要為每個節點建立單獨的資料目錄。在 Linux 或 macOS 上，可以在終端機上執行以下指令來建立三個目錄：

```
$ mkdir -p ~/data/rs{1,2,3}
```

這將建立目錄 *~/data/rs1*、*~/data/rs2* 和 *~/data/rs3*（~ 代表你的家目錄）。

在 Windows 上，要建立這些目錄，請在命令提示列（cmd）或 PowerShell 中執行以下指令：

```
> md c:\data\rs1 c:\data\rs2 c:\data\rs3
```

1　請見 *https://github.com/mongodb-the-definitive-guide-3e/mongodb-the-definitive-guide-3e*。

然後，在 Linux 或 macOS 上，在終端機上執行以下指令，每個指令要在不同的終端機上執行：

```
$ mongod --replSet mdbDefGuide --dbpath ~/data/rs1 --port 27017 \
    --smallfiles --oplogSize 200
$ mongod --replSet mdbDefGuide --dbpath ~/data/rs2 --port 27018 \
    --smallfiles --oplogSize 200
$ mongod --replSet mdbDefGuide --dbpath ~/data/rs3 --port 27019 \
    --smallfiles --oplogSize 200
```

在 Windows 上，在命令提示列（cmd）或 PowerShell 上執行以下指令，每個指令要在不同的命令提示列（cmd）或 PowerShell 上執行：

```
> mongod --replSet mdbDefGuide --dbpath c:\data\rs1 --port 27017 \
    --smallfiles --oplogSize 200
> mongod --replSet mdbDefGuide --dbpath c:\data\rs2 --port 27018 \
    --smallfiles --oplogSize 200
> mongod --replSet mdbDefGuide --dbpath c:\data\rs3 --port 27019 \
    --smallfiles --oplogSize 200
```

啟動它們之後，你應該會有三個獨立的 *mongod* 程序正在運行。

 通常來說，本章其餘部分將介紹的原理，適用於正式環境部署中使用的複製組，其中的每個 *mongod* 都有一個專用主機。但是，還有其他有關保護複製組的細節，我們將在第十九章中介紹。我們將會在此處簡要介紹一下這些內容來作為預覽。

網路考量

一個組內的每個成員都必須要能夠連接到組內的每個其他成員（包括自己）。如果你收到關於成員無法訪問到你知道它正在運行的其他成員的錯誤時，則可能要更改網路設定來允許它們之間的連接。

你啟動的程序可以輕鬆地在單獨的伺服器上運行。然而，在 MongoDB 3.6 版中，*mongod* 只有在預設的情況下會綁定到 *localhost*（127.0.0.1）。為了使複製組的每個成員都可以與其他成員溝通，你還必須要綁定到其他成員可以訪問到的 IP 位址。如果我們在 IP 位址為 198.51.100.1 的網路介面的伺服器上執行 *mongod* 實體，並且希望將其作為複製組的成員，而其他成員都在不同的伺服器上，可以使用命令列參數 --bind_ip 或在這個實體的配置檔案中使用 bind_ip：

```
$ mongod --bind_ip localhost,198.51.100.1 --replSet mdbDefGuide \
    --dbpath ~/data/rs1 --port 27017 --smallfiles --oplogSize 200
```

在這種情況下，無論我們是在 Linux、macOS 還是 Windows 上執行，要啟動其他 *mongods* 都要進行類似的修改。

安全性考量

在設定複製組時，在綁定到非 *localhost* 的 IP 地址之前，應該要啟用權限控制，並且指定一個授權機制。另外，最好對硬碟上的資料、複製組成員之間的通訊以及組和客戶端之間的通訊進行加密。我們將在第十九章中更詳細地介紹要如何保護複製組。

設定一個複製組，第二部

回到我們的範例，到目前為止我們所做的工作，每個 *mongod* 都不知道其他 *mongod* 的存在。為了要讓彼此知道互相，我們需要建立一個列出每個成員的配置，並將此配置發送給其中一個 *mongod* 程序。它會負責將配置傳播給其他成員。

在第四個終端機、命令提示列或 PowerShell 視窗中，啟動一個 *mongo* 命令列界面，來連接到其中一個正在執行的 *mongod* 實體。你可以藉由輸入以下指令來執行這個動作。使用以下指令，將會連接到在連接埠 27017 上執行的 *mongod*：

```
$ mongo --port 27017
```

然後，在 *mongo* 命令列界面中，建立一個配置檔案，並將它傳遞給 rs.initiate() 輔助函式來啟動複製組。這將啟動包含三個成員的複製組，並且會將配置傳播到其餘的 *mongods* 來形成複製組：

```
> rsconf = {
    _id: "mdbDefGuide",
    members: [
      {_id: 0, host: "localhost:27017"},
      {_id: 1, host: "localhost:27018"},
      {_id: 2, host: "localhost:27019"}
    ]
  }
> rs.initiate(rsconf)
{ "ok" : 1, "operationTime" : Timestamp(1501186502, 1) }
```

在複製組配置文件中有幾個重要部分。配置的 **"_id"** 是你在命令列中傳入的複製組名稱（在這個範例中是 **"mdbDefGuide"**）。要確定這個名稱是完全匹配的。

該文件的下一個部分是該複製組的成員陣列。陣列中的每個元素都要有兩個欄位：" _id"是在複製組成員中唯一的整數，以及主機名稱。

請注意，我們使用 *localhost* 作為此複製組中成員的主機名稱。這只是因為範例的目的。在之後的章節中，我們將會討論複製組的安全性，將會介紹更適合正式環境部署的配置。MongoDB 允許所有 *localhost* 複製組在本地進行測試，但是如果你嘗試在配置中混合使用 *localhost* 伺服器和非 *localhost* 伺服器，則會發出抗議。

這個配置文件是你的複製組配置。在 *localhost:27017* 上執行的成員將解析配置，並且將訊息發送給其他成員，警告它們有新的配置。當它們全部載入了配置後，它們將選舉出一個主要伺服器並且開始處理讀取和寫入。

不幸的是，你不能在沒有停機時間的情況下將獨立伺服器轉換為複製組，因為要重新啟動它並且初始化複製組。因此，就算你只有一台伺服器，你也可能希望將其配置為只有一個成員的複製組。這樣做，如果以後想要新增更多成員，就可以在不停機的情況下進行。

如果要啟動一個全新的組，可以將配置發送給組內的任何成員。如果起始時就有資料，則必須將配置發送給有資料的成員。你不能在一個以上的成員擁有資料的狀況下啟動複製組。

啟動後，你應該具有一個功能齊全的複製組。複製組應選舉出一個主要伺服器。你可以使用 rs.status() 來查看複製組的狀態。rs.status() 的輸出會告訴你很多有關複製組的資訊，裡面包括許多我們尚未介紹的內容，但是請放心，我們都會介紹！現在，看一下 members 陣列。注意，所有三個 *mongod* 實體都會在此陣列中被列出，其中一個（在這個範例中是在連接埠 27017 上執行的 *mongod*）已經被選為主要伺服器。另外兩個則是次要伺服器。如果你自己嘗試此操作，在輸出中肯定會有不同的 "date" 值和一些 Timestamp 值，而且你可能還會發現，不同的 *mongod* 被選為主要伺服器（這樣是完全沒有問題的）：

```
> rs.status()
{
    "set" : "mdbDefGuide",
    "date" : ISODate("2017-07-27T20:23:31.457Z"),
    "myState" : 1,
    "term" : NumberLong(1),
    "heartbeatIntervalMillis" : NumberLong(2000),
    "optimes" : {
        "lastCommittedOpTime" : {
```

```
                "ts" : Timestamp(1501187006, 1),
                "t" : NumberLong(1)
            },
            "appliedOpTime" : {
                "ts" : Timestamp(1501187006, 1),
                "t" : NumberLong(1)
            },
            "durableOpTime" : {
                "ts" : Timestamp(1501187006, 1),
                "t" : NumberLong(1)
            }
        },
        "members" : [
            {
                "_id" : 0,
                "name" : "localhost:27017",
                "health" : 1,
                "state" : 1,
                "stateStr" : "PRIMARY",
                "uptime" : 688,
                "optime" : {
                    "ts" : Timestamp(1501187006, 1),
                    "t" : NumberLong(1)
                },
                "optimeDate" : ISODate("2017-07-27T20:23:26Z"),
                "electionTime" : Timestamp(1501186514, 1),
                "electionDate" : ISODate("2017-07-27T20:15:14Z"),
                "configVersion" : 1,
                "self" : true
            },
            {
                "_id" : 1,
                "name" : "localhost:27018",
                "health" : 1,
                "state" : 2,
                "stateStr" : "SECONDARY",
                "uptime" : 508,
                "optime" : {
                    "ts" : Timestamp(1501187006, 1),
                    "t" : NumberLong(1)
                },
                "optimeDurable" : {
                    "ts" : Timestamp(1501187006, 1),
                    "t" : NumberLong(1)
                },
                "optimeDate" : ISODate("2017-07-27T20:23:26Z"),
                "optimeDurableDate" : ISODate("2017-07-27T20:23:26Z"),
```

```
                "lastHeartbeat" : ISODate("2017-07-27T20:23:30.818Z"),
                "lastHeartbeatRecv" : ISODate("2017-07-27T20:23:30.113Z"),
                "pingMs" : NumberLong(0),
                "syncingTo" : "localhost:27017",
                "configVersion" : 1
        },
        {
                "_id" : 2,
                "name" : "localhost:27019",
                "health" : 1,
                "state" : 2,
                "stateStr" : "SECONDARY",
                "uptime" : 508,
                "optime" : {
                    "ts" : Timestamp(1501187006, 1),
                    "t" : NumberLong(1)
                },
                "optimeDurable" : {
                    "ts" : Timestamp(1501187006, 1),
                    "t" : NumberLong(1)
                },
                "optimeDate" : ISODate("2017-07-27T20:23:26Z"),
                "optimeDurableDate" : ISODate("2017-07-27T20:23:26Z"),
                "lastHeartbeat" : ISODate("2017-07-27T20:23:30.818Z"),
                "lastHeartbeatRecv" : ISODate("2017-07-27T20:23:30.113Z"),
                "pingMs" : NumberLong(0),
                "syncingTo" : "localhost:27017",
                "configVersion" : 1
        }
    ],
    "ok" : 1,
    "operationTime" : Timestamp(1501187006, 1)
}
```

---

rs 輔助函式

rs 是一個全域變數,包含了複製輔助函式(執行 rs.help() 可以查看公開的輔助函式)。這些功能幾乎都只是圍繞著資料庫指令的包裝。舉例來說,以下資料庫指令跟 rs.initiate(config) 是相同的:

```
> db.adminCommand({"replSetInitiate" : config})
```

熟悉輔助函式和基本指令是一件好事,因為使用命令形式可能會比使用輔助函式容易。

觀察複製

如果你的複製組選出了連接埠 27017 上的 *mongod* 作為主要伺服器，那麼用於啟動複製組的 *mongo* 命令列界面目前就已連接到主要伺服器了。你應該會看到提示符號變成如下所示：

```
mdbDefGuide:PRIMARY>
```

這表示我們已經連接到擁有 "_id" "mdbDefGuide" 的複製組的主要伺服器。為了簡化和清楚起見，在整個複製的範例中，我們會將 *mongo* 命令列界面的提示符號縮寫為 >。

如果你的複製組選擇了其他節點作為主要伺服器，退出命令列界面並且在命令列中指定正確的連接埠來連接到主要伺服器，就像我們稍早啟動 *mongo* 命令列界面時所做的那樣。舉例來說，如果你的複製組的主要伺服器在連接埠 27018 上，則可以使用以下命令進行連接：

```
$ mongo --port 27018
```

現在你已經連接到主要伺服器了，嘗試執行一些寫入動作，然後看看會發生什麼事情。首先，插入 1,000 個文件：

```
> use test
> for (i=0; i<1000; i++) {db.coll.insert({count: i})}
>
> // make sure the docs are there
> db.coll.count()
1000
```

現在，檢查其中一個次要伺服器，並且確認它是否擁有所有這些文件的拷貝。你可以退出命令列界面，並且使用其中一個次要伺服器的連接埠來連接，但藉由在你已經執行的命令列界面中使用 Mongo 建構函式來初始一個連接物件，如此連接到其中一個次要伺服器會比較簡單。

首先，使用在主要伺服器上的 *test* 資料庫的連接，來執行 isMaster 指令。這將以比使用 rs.status() 擁有更簡潔的形式來顯示複製組的狀態。這也是在編寫應用程式的程式碼或腳本程式時，用來確定哪個成員是主要伺服器的方便方法：

```
> db.isMaster()
{
    "hosts" : [
        "localhost:27017",
        "localhost:27018",
        "localhost:27019"
```

```
    ],
    "setName" : "mdbDefGuide",
    "setVersion" : 1,
    "ismaster" : true,
    "secondary" : false,
    "primary" : "localhost:27017",
    "me" : "localhost:27017",
    "electionId" : ObjectId("7fffffff0000000000000004"),
    "lastWrite" : {
        "opTime" : {
            "ts" : Timestamp(1501198208, 1),
            "t" : NumberLong(4)
        },
        "lastWriteDate" : ISODate("2017-07-27T23:30:08Z")
    },
    "maxBsonObjectSize" : 16777216,
    "maxMessageSizeBytes" : 48000000,
    "maxWriteBatchSize" : 1000,
    "localTime" : ISODate("2017-07-27T23:30:08.722Z"),
    "maxWireVersion" : 6,
    "minWireVersion" : 0,
    "readOnly" : false,
    "compression" : [
        "snappy"
    ],
    "ok" : 1,
    "operationTime" : Timestamp(1501198208, 1)
}
```

若在任何時候召集了選舉,而且你所連接的 *mongod* 變成次要伺服器時,便可以使用 isMaster 指令來知道是哪個成員成為主要伺服器。上面的輸出告訴我們 *localhost:27018* 和 *localhost:27019* 都是次要伺服器,因此我們可以使用其中一個伺服器來達到我們的目的。讓我們將跟 *localhost:27019* 的連接實體化:

```
> secondaryConn = new Mongo("localhost:27019")
connection to localhost:27019
>
> secondaryDB = secondaryConn.getDB("test")
test
```

現在,假如我們嘗試讀取已複製到次要伺服器上的集合,則會收到錯誤訊息。讓我們嘗試在這個集合上執行 find,然後查看錯誤並且了解為何我們會收到這個錯誤:

```
> secondaryDB.coll.find()
Error: error: {
    "operationTime" : Timestamp(1501200089, 1),
    "ok" : 0,
    "errmsg" : "not master and slaveOk=false",
    "code" : 13435,
    "codeName" : "NotMasterNoSlaveOk"
}
```

次要伺服器可能落後於主要伺服器（或延遲），而且沒有最新的寫入內容，因此在預設的情況下，次要伺服器將會拒絕讀取的請求，以防止應用程式不小心讀取到舊的資料。因此，如果你嘗試要查詢次要伺服器，就會收到一則錯誤訊息，告訴你它不是主要伺服器。這是要保護你的應用程式，防止它意外連接到次要伺服器並且讀取到過時的資料。若要允許在次要伺服器上查詢，可以設置一個「我同意從次要伺服器上讀取資料」的旗標，如下所示：

```
> secondaryConn.setSlaveOk()
```

注意，slaveOk 是設定在連接（secondaryConn）上，而不是在資料庫（secondaryDB）上。

現在，你可以從在這個成員上讀取資料了。正常地查詢：

```
> secondaryDB.coll.find()
{ "_id" : ObjectId("597a750696fd35621b4b85db"), "count" : 0 }
{ "_id" : ObjectId("597a750696fd35621b4b85dc"), "count" : 1 }
{ "_id" : ObjectId("597a750696fd35621b4b85dd"), "count" : 2 }
{ "_id" : ObjectId("597a750696fd35621b4b85de"), "count" : 3 }
{ "_id" : ObjectId("597a750696fd35621b4b85df"), "count" : 4 }
{ "_id" : ObjectId("597a750696fd35621b4b85e0"), "count" : 5 }
{ "_id" : ObjectId("597a750696fd35621b4b85e1"), "count" : 6 }
{ "_id" : ObjectId("597a750696fd35621b4b85e2"), "count" : 7 }
{ "_id" : ObjectId("597a750696fd35621b4b85e3"), "count" : 8 }
{ "_id" : ObjectId("597a750696fd35621b4b85e4"), "count" : 9 }
{ "_id" : ObjectId("597a750696fd35621b4b85e5"), "count" : 10 }
{ "_id" : ObjectId("597a750696fd35621b4b85e6"), "count" : 11 }
{ "_id" : ObjectId("597a750696fd35621b4b85e7"), "count" : 12 }
{ "_id" : ObjectId("597a750696fd35621b4b85e8"), "count" : 13 }
{ "_id" : ObjectId("597a750696fd35621b4b85e9"), "count" : 14 }
{ "_id" : ObjectId("597a750696fd35621b4b85ea"), "count" : 15 }
{ "_id" : ObjectId("597a750696fd35621b4b85eb"), "count" : 16 }
{ "_id" : ObjectId("597a750696fd35621b4b85ec"), "count" : 17 }
{ "_id" : ObjectId("597a750696fd35621b4b85ed"), "count" : 18 }
{ "_id" : ObjectId("597a750696fd35621b4b85ee"), "count" : 19 }
Type "it" for more
```

你可以看到我們所有的文件都在那裡。

現在，嘗試寫入到次要伺服器上：

```
> secondaryDB.coll.insert({"count" : 1001})
WriteResult({ "writeError" : { "code" : 10107, "errmsg" : "not master" } })
> secondaryDB.coll.count()
1000
```

你可以看到次要伺服器不接受寫入。次要伺服器只能執行複製機制中的寫入動作，而不會接受客戶端的寫入動作。

還有一個你應該要嘗試的有趣功能：自動容錯移轉。如果主要伺服器發生故障，則其中一個次要伺服器將會自動被選為主要伺服器。若要進行測試，只要暫停主要伺服器即可：

```
> db.adminCommand({"shutdown" : 1})
```

執行這個指令時，你會看到一些錯誤訊息，因為在連接埠 27017（我們目前連接到的成員）上執行的 *mongod* 將要被終止，而我們正在使用的命令列界面將會失去連接：

```
2017-07-27T20:10:50.612-0400 E QUERY    [thread1] Error: error doing query:
 failed: network error while attempting to run command 'shutdown' on host
 '127.0.0.1:27017'  :
DB.prototype.runCommand@src/mongo/shell/db.js:163:1
DB.prototype.adminCommand@src/mongo/shell/db.js:179:16
@(shell):1:1
2017-07-27T20:10:50.614-0400 I NETWORK  [thread1] trying reconnect to
 127.0.0.1:27017 (127.0.0.1) failed
2017-07-27T20:10:50.615-0400 I NETWORK  [thread1] reconnect
 127.0.0.1:27017 (127.0.0.1) ok
MongoDB Enterprise mdbDefGuide:SECONDARY>
2017-07-27T20:10:56.051-0400 I NETWORK  [thread1] trying reconnect to
 127.0.0.1:27017 (127.0.0.1) failed
2017-07-27T20:10:56.051-0400 W NETWORK  [thread1] Failed to connect to
 127.0.0.1:27017, in(checking socket for error after poll), reason:
 Connection refused
2017-07-27T20:10:56.051-0400 I NETWORK  [thread1] reconnect
 127.0.0.1:27017 (127.0.0.1) failed failed
MongoDB Enterprise >
MongoDB Enterprise > secondaryConn.isMaster()
2017-07-27T20:11:15.422-0400 E QUERY    [thread1] TypeError:
 secondaryConn.isMaster is not a function :
@(shell):1:1
```

這並不是個問題。它不會導致命令列界面當機。繼續下去，並且在次要伺服器上執行 `isMaster` 來看誰變成了新的主要伺服器：

```
> secondaryDB.isMaster()
```

isMaster 的輸出應該看起來類似如下：

```
{
    "hosts" : [
        "localhost:27017",
        "localhost:27018",
        "localhost:27019"
    ],
    "setName" : "mdbDefGuide",
    "setVersion" : 1,
    "ismaster" : true,
    "secondary" : false,
    "primary" : "localhost:27018",
    "me" : "localhost:27019",
    "electionId" : ObjectId("7fffffff0000000000000005"),
    "lastWrite" : {
        "opTime" : {
            "ts" : Timestamp(1501200681, 1),
            "t" : NumberLong(5)
        },
        "lastWriteDate" : ISODate("2017-07-28T00:11:21Z")
    },
    "maxBsonObjectSize" : 16777216,
    "maxMessageSizeBytes" : 48000000,
    "maxWriteBatchSize" : 1000,
    "localTime" : ISODate("2017-07-28T00:11:28.115Z"),
    "maxWireVersion" : 6,
    "minWireVersion" : 0,
    "readOnly" : false,
    "compression" : [
        "snappy"
    ],
    ok" : 1,
    "operationTime" : Timestamp(1501200681, 1)
}
```

注意，主要伺服器已切換到 27018 了。你的主要伺服器可能是另一台伺服器，但無論哪個次要伺服器發現主要伺服器故障，它都將被選出作為主要伺服器。現在，你可以將寫入發送到新的主要伺服器了。

 isMaster 是一個非常舊的指令，在 MongoDB 只支援主 / 從複製時就有了。因此，它並沒有一致地使用複製組的術語：它仍然稱主要伺服器為 "master"。通常，你可以將 "master" 等同於「主要伺服器」，將 "slave" 等同於「次要伺服器」。

繼續並且重新啟動我們在 *localhost:27017* 執行的伺服器。你只需要找到啟動它的命令列界面即可。你會看到　些訊息，表示它已被終止。這時只需使用與最初啟動它時一樣的指令再次啟動它即可。

恭喜你！你已經設定、使用甚至還將它強制關閉並選舉出一個新的主要伺服器。

以下是一些關鍵概念需要被記住：

- 客戶端可以發送給獨立伺服器的所有動作都可以向主要伺服器發送（讀取、寫入、指令、索引構建……等）。

- 客戶端無法寫入到次要伺服器上。

- 預設情況下，客戶端無法在次要伺服器上讀取。你可以藉由在連接上明確設置「我知道我正在從次要伺服器上讀取資料」的旗標來啟用此功能。

變更複製組配置

複製組的配置可以隨時更改：可以新增、刪除或修改成員。有一些常見的動作可以使用命令列界面輔助函式。舉例來說，要將新成員新增到複製組中，就可以使用 **rs.add**：

```
> rs.add("localhost:27020")
```

同樣地，可以刪除成員：

```
> rs.remove("localhost:27017")
{ "ok" : 1, "operationTime" : Timestamp(1501202441, 2) }
```

你可以藉由在命令列界面中執行 **rs.config()**，來確認重新配置是否成功。它會把目前的配置列出：

```
> rs.config()
{
    "_id" : "mdbDefGuide",
    "version" : 3,
    "protocolVersion" : NumberLong(1),
    "members" : [
        {
            "_id" : 1,
            "host" : "localhost:27018",
            "arbiterOnly" : false,
            "buildIndexes" : true,
            "hidden" : false,
            "priority" : 1,
```

```
            "tags" : {

            },
            "slaveDelay" : NumberLong(0),
            "votes" : 1
        },
        {
            "_id" : 2,
            "host" : "localhost:27019",
            "arbiterOnly" : false,
            "buildIndexes" : true,
            "hidden" : false,
            "priority" : 1,
            "tags" : {

            },
            "slaveDelay" : NumberLong(0),
            "votes" : 1
        },
        {
            "_id" : 3,
            "host" : "localhost:27020",
            "arbiterOnly" : false,
            "buildIndexes" : true,
            "hidden" : false,
            "priority" : 1,
            "tags" : {

            },
            "slaveDelay" : NumberLong(0),
            "votes" : 1
        },
    {
    "settings" : {
        "chainingAllowed" : true,
        "heartbeatIntervalMillis" : 2000,
        "heartbeatTimeoutSecs" : 10,
        "electionTimeoutMillis" : 10000,
        "catchUpTimeoutMillis" : -1,
        "getLastErrorModes" : {

        },
        "getLastErrorDefaults" : {
            "w" : 1,
            "wtimeout" : 0
        },
        "replicaSetId" : ObjectId("597a49c67e297327b1e5b116")
```

```
        }
    }
```

每次你變更配置時，"version" 欄位將會增加。它會從版本 1 開始計算。

你也能夠修改現有的成員，而不只是新增或刪除它們。要修改成員，在命令列界面中建立配置文件然後呼叫 rs.reconfig() 即可。舉例來說，假設我們有如下的配置：

```
> rs.config()
{
    "_id" : "testReplSet",
    "version" : 2,
    "members" : [
        {
            "_id" : 0,
            "host" : "198.51.100.1:27017"
        },
        {
            "_id" : 1,
            "host" : "localhost:27018"
        },
        {
            "_id" : 2,
            "host" : "localhost:27019"
        }
    ]
}
```

有人不小心將成員 0 的主機名稱指定為 IP 位址。要修改這部分，首先在命令列界面中讀入目前的配置，然後再變更對應的欄位：

```
> var config = rs.config()
> config.members[0].host = "localhost:27017"
```

現在設定文件是正確的，我們需要使用 rs.reconfig() 輔助函式將它送到資料庫：

```
> rs.reconfig(config)
```

對於複雜的動作，例如變更成員的配置或一次新增／刪除多個成員，rs.reconfig() 通常會比 rs.add() 和 rs.remove() 更有用。你可以用它來做任何你需要的合法變更：簡單地建立你想要的設定文件然後傳送到 rs.reconfig() 即可。

如何設計一個組

要規劃一個組，你必須要先熟悉某些概念。下一章將對此進行更詳細的說明，但最重要的是，複製組是跟「多數」相關的：你需要多數的成員才能選出主要伺服器，主要伺服器只有在能夠接觸到多數伺服器的狀況下，才能保持主要伺服器的身分，而只有在寫入被複製到多數伺服器上時，這個寫入才會是安全的。如表 10-1 所示，這種多數被定義為「組中所有成員的一半以上」。

表 10-1　多數是什麼？

組中的成員數	組的多數
1	1
2	2
3	2
4	3
5	3
6	4
7	4

注意，不論有多少成員已經不在或不可用都沒關係；多數是基於組的配置。

舉例來說，假設我們的組有五個成員，其中三個成員壞了，如圖 10-1 所示。仍然有兩個成員正常運作。這兩個成員無法達到組中的多數（至少要三個成員），因此它們不能選舉出主要伺服器。如果剩下兩個成員中有一個是主要伺服器，它將在發現無法達到多數時立即下台。幾秒鐘後，你的組將包含兩個次要伺服器和三個無法訪問的成員。

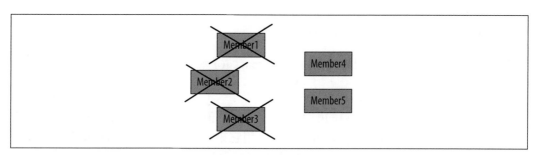

圖 10-1　組的少數是可用時，所有成員會變成次要伺服器

許多使用者可能會感到沮喪：為什麼剩下的兩個成員不能選舉出主要伺服器？問題在於，其他三個成員實際上可能沒有故障，而是網路故障了，如圖 10-2 所示。在這種狀況中，

左側的三名成員將選舉出一個主要伺服器，因為它們可以達到組中的多數（五名成員中的三名）。在網路分割的情況下，我們不希望分割的兩邊都選舉一個主要伺服器，因為這樣，組內將會有兩個主要伺服器。兩個主要伺服器都將會寫入資料庫，而導致資料集將有所不同。要求多數選舉或保留主要伺服器是避免產生一個以上主要伺服器的一種好方法。

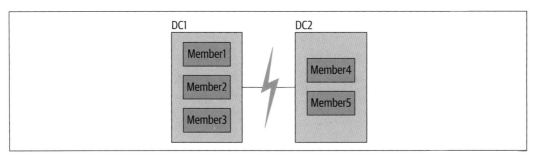

圖 10-2　對於成員來說，網路分割看起來就如同分割另一邊的伺服器故障了

以一種通常可以擁有一個主要伺服器的方式來配置你的組是一件重要的事情。舉例來說，在上面所描述的五個成員的組中，如果成員 1、2 和 3 在一個數據中心中，而成員 4 和 5 在另一個數據中心中，則在第一個數據中心內，應該幾乎總是有多數是可用的（數據中心之間的網路中斷應該比數據中心內部的網路中斷要容易發生）。

有幾種常見配置是推薦使用的：

- 組中的多數集中在一個數據中心內，如圖 10-2 所示。如果你有一個主要數據中心，而你總是希望在其中放置複製組的主要伺服器，這就是一個很好的設計。只要你的主要數據中心運作狀況良好，你就會擁有一個主要伺服器。然而，如果該數據中心變成不可用時，則第二數據中心也將無法選舉新的主要伺服器。

- 在每個數據中心內的伺服器數量都相等，並且在第三方地點中設置一台「決勝伺服器」。如果你的數據中心的優先級都「相等」，這會是一個很好的設計，因為通常來說任何一個數據中心的伺服器都將能夠看到組的多數。但是，它需要有三個不同放置伺服器的位置。

更複雜的需求可能會需要不同的配置，但是你應該要牢記，在不利的條件下你的組將要如何取得多數。

如果 MongoDB 支援擁有多個主要伺服器，那麼所有這些複雜度將會消失。然而，這將帶來其自身的複雜度。對於兩個主要伺服器來說，將不得不處理衝突的寫入動作（也就是說，如果某人在一個主要伺服器上更新了文件，而另一人在另一個主要伺服器上將該文件刪除）。在支援多重寫入的系統中，有兩種常見處理衝突的方法：手動調解或讓系統任意選擇一個「贏家」。對於開發人員而言，這兩種方法都不是非常容易撰寫程式來使用的模型，因為你無法確定自己寫入的資料不會在你背後改變。因此，MongoDB 選擇僅支援單一個主要伺服器。這使得開發更容易，但可能導致複製組某段時間為唯讀狀態。

選舉如何運作

當次要伺服器無法接觸到主要伺服器時，它將與所有其他成員聯絡，並請求自己被選為主要伺服器。其他成員會作幾項健全性檢查：它們能否接觸到請求選舉的成員無法接觸到的主要伺服器？請求選舉的成員是否具有最新的複製？是否有任何優先級更高的成員應該要當選？

在 3.2 版中，MongoDB 引入了第一版的複製協定。協定第一版是基於史丹佛大學中 Diego Ongaro 和 John Ousterhout 開發的 RAFT 共識協議。它類似於 RAFT 且包含多個 MongoDB 特有的複製概念，如仲裁者、優先權、無投票權的成員、寫入關注……等。協定第一版為新的功能奠定了基礎，如縮短從故障中回復的時間，以及大大地減少錯誤偵測主要伺服器狀況的時間。它還會藉由使用 ID 來防止雙重投票。

 RAFT 是一種共識演算法，會將問題拆解為相對獨立的子問題。共識是多個伺服器或程序就數值達成一致看法的過程。RAFT 確保共識，使得同一系列的指令會產生相同系列的結果，並且在發佈的各個成員中達到相同系列的狀態。

複製組成員每兩秒鐘會互相發送一次心跳（ping）。如果心跳沒有在 10 秒內從成員傳回，其他成員會將沒有回應的成員標記為無法存取的。選舉演算法將「盡力」嘗試讓擁有最高優先權的次要伺服器要求選舉。成員的優先權會影響選舉的時間和結果；具有較高優先權的次要伺服器會較快要求選舉，較低優先權的會較慢，而且較高優先權也更有可能會獲勝。然而，就算較高優先權的次要伺服器是可用的，較低優先權的實體也可能在短時間內被選舉為主要伺服器。複製組成員會持續進行選舉，直到最高優先權的可用成員成為主要伺服器為止。

要被選為主要伺服器，成員必須要擁有最新的複製，至少是要其他成員所知的最新。所有複製的動作均嚴格地使用遞增辨識子排列，因此候選人擁有的動作必須要晚於或等於其他所有成員可以接觸到的動作。

成員設定選項

到目前為止，我們設定的複製組非常統一，因為每個成員跟其他成員都擁有相同的配置。然而，有很多狀況是你不希望每個成員都一樣：你可能希望一個成員優先可以成為主要伺服器，或者是要讓客戶端看不到某個成員，這樣就無法將讀取請求分配到該成員上。以上這些和許多其他配置選項，可以在複製組配置的成員子文件中指定。本節概述了可以設定的成員選項。

優先權

優先權是該成員「渴望」成為主要伺服器的程度指標。程度值的範圍可以從 0 到 100，預設值為 1。將 "priority" 設置為 0 是有特殊含義的：優先權為 0 的成員永遠不能成為主要伺服器。這些稱為被動（*passive*）成員。

優先權最高的成員將始終被選為主要伺服器（只要它可以達到組的多數並且具有最新的資料）。舉例來說，假設你將優先權為 1.5 的成員新增到組中，如下所示：

```
> rs.add({"host" : "server-4:27017", "priority" : 1.5})
```

假設組內的其他成員的優先權為 1，當 *server-4* 的資料更新追上組內的其餘成員時，目前的主要伺服器將會自動退位，而 *server-4* 將會票選自己。如果因為某種原因 *server-4* 無法趕上，那麼目前的主要伺服器將仍然是主要伺服器。設定優先權絕不會讓你的組變得沒有主要伺服器。它也絕不會使後面落後的成員成為主要伺服器（直到趕上了）。

"priority" 的絕對值只會決定相對關係（是否大於或小於組中其他成員的優先權）：優先權為 100、1 和 1 的成員的行為方式，與另一個組內優先權為 2、1 和 1 的成員的行為方式相同。

隱藏成員

客戶端不會將請求送到隱藏成員上，而隱藏成員也不該作為複製的來源（但如果沒有更理想的來源，仍然會使用它們）。因此，許多人會隱藏效能較弱的伺服器或備份伺服器。

舉例來說，假設你有一個看起來如下的組：

```
> rs.isMaster()
{
    ...
    "hosts" : [
        "server-1:27107",
```

```
        "server-2:27017",
        "server-3:27017"
    ],
    ...
}
```

要隱藏 *server-3*，可以在其配置中增加 `hidden: true` 欄位。成員必須具有 0 的優先權才能被隱藏（你不能擁有隱藏的主要伺服器）：

```
> var config = rs.config()
> config.members[2].hidden = true
0
> config.members[2].priority = 0
0
> rs.reconfig(config)
```

現在執行 isMaster 將會顯示：

```
> rs.isMaster()
{
    ...
    "hosts" : [
        "server-1:27107",
        "server-2:27017"
    ],
    ...
}
```

rs.status() 和 rs.config() 仍然會顯示成員；它只會從 isMaster 中消失。當客戶端連接到複製組時，它們會呼叫 isMaster 來確定組的成員。因此，隱藏成員將永遠不會用於讀取請求。

要取消隱藏成員，將 hidden 選項更改為 false 或完全刪除該選項即可。

選舉仲裁者

一組內只有兩個成員在對於多數的需求上有顯著的缺點。然而，許多小型部署不希望保留有三份副本的資料，覺得兩份應該就足夠了，而保留第三份副本，在管理上、營運上和財務上的花費都覺得不值得。

對於這種狀況，MongoDB 支援一種稱為**仲裁者**（*arbiter*）的特殊類型成員，它唯一的目的就是參與選舉。仲裁者不擁有任何資料，也不會被客戶端使用：它只為一組內只有兩個成員的狀況提供多數。通常來說，會比較偏好沒有仲裁者的部署環境。

由於仲裁者不需要承擔傳統 *mongod* 伺服器的任何職責，因此你可以在比普通 MongoDB 伺服器輕量的伺服器上以輕量級的程序來執行仲裁者。如果可能的話，通常最好將仲裁者跟其他成員放在不同的故障域中，這樣它就具有複製組上的「外部視角」，如第 250 頁「如何設計一個組」中的發佈建議中所述。

啟動仲裁者的方式跟啟動普通 *mongod* 相同，使用 `--replSet name` 選項和一個空的資料目錄即可。你可以使用 `rs.addArb()` 輔助函式來將它新增到組中：

```
> rs.addArb("server-5:27017")
```

相同地，你可以在成員配置中指定 `"arbiterOnly"` 選項：

```
> rs.add({"_id" : 4, "host" : "server-5:27017", "arbiterOnly" : true})
```

當仲裁者新增到組中後，它便永遠是仲裁者：你無法將仲裁者重新配置為非仲裁者，反之亦然。

另一件仲裁者擅長的事是，在更大的叢集中打破僵局。如果節點數是偶數，則可能有一半的節點投票給一個成員，另一半的成員投票給另一個成員。仲裁者可以投下決定票。但是，使用仲裁者時要記住一些事情；我們接下來會看有哪些事情。

最多使用一個仲裁者

注意，在上述的兩個使用案例中，你最多都只需要一個仲裁者。如果節點數為奇數時，則不需要仲裁者。常見的誤解似乎是，「以防萬一」你應該要新增額外的仲裁者。然而，增加額外的仲裁者不會幫助選舉進行得更快，也無法提供任何額外的資料安全性。

假設你有一個組，裡面有三個成員。必須由兩名成員才能選出主要伺服器。如果增加一個仲裁者，將會有四個成員，此時則需要三個成員才能選舉出主要伺服器。因此，你的組很可能會不太穩定：你現在需要 75% 的組內成員都正常運作，而不是只需要 67%。

擁有額外的成員可能也讓選舉的時間變長。如果因為增加仲裁者而導致節點數變成偶數，仲裁器可能會導致投票平手，而不是在阻止平手的狀況。

使用仲裁者的缺點

如果可以在資料節點和仲裁者之間選擇，請選擇資料節點。在較小的組中使用仲裁者而不使用資料節點，會使某些操作任務變得更加困難。舉例來說，假設你正在執行有兩個「正常」成員和一個仲裁者的複製組，而其中一個保存資料的成員發生故障。如果該成員狀況良好且確實已死（資料不可恢復），則必須將資料的拷貝從目前的主伺服器複製到要用作次要伺服器的新伺服器上。複製資料會對伺服器造成很大壓力，進而降低應用程式的速度。（通常來說，將數 GB 的資料複製到新伺服器上是微不足道的，但假如資料超過數百個 GB 時將開始變得不切實際。）

相反地，如果你有三個擁有資料的成員，在一台伺服器完全當機的狀況下，會有更多的「呼吸空間」。你可以使用剩下的次要伺服器來啟動新的伺服器，而不必依賴於主要伺服器。

在兩個成員加一個仲裁者的狀況中，主要伺服器是資料的最後一個良好拷貝，並且當你試著要在線上取得資料的另一份拷貝時，還要嘗試處理從你的應用程式來的讀取。

因此，如果可能的話，使用奇數個「正常」成員而不要使用仲裁者。

 在具有主要伺服器／次要伺服器／仲裁者（PSA）結構的三個成員複製組中，或具有三個成員 PSA 分片的分片叢集中，如果兩個資料承載節點的其中一個節點故障了，並且有啟用 "majority" 閱讀關注時，則會有快取壓力增加的已知問題。在理想情況下，對於這些部署，應該將仲裁者替換為帶有資料的成員。另外，為了防止快取壓力，可以在部署或分片中的每個 *mongod* 實體上取消使用 "majority" 讀取關注（*https://oreil.ly/p6nUm*）。

建立索引

有時次要伺服器不需要具有與主要伺服器上相同（或任何）的索引。如果你只將次要伺服器用在備份資料或是離線批次作業，則可以在成員的配置中指定 "buildIndexes" : false。這個選項可以防止次要伺服器建立任何索引。

這是一個永久性的設定：具有 "buildIndexes" : false 的成員，永遠無法重新配置成「正常」的索引構建成員。如果要將非索引構建成員更改為索引構建成員，必須要將它從組中刪除，刪除它所有的資料，再次將其新增到組中，然後讓它從頭開始重新同步。

與隱藏成員一樣，此選項要求成員的優先級為 0。

## 第十一章

複製組的元件

本章介紹複製組的各個元件是如何組合在一起的，包含：

- 複製組的成員如何複製新資料？

- 如何讓新成員開始工作？

- 選舉如何運作？

- 可能的伺服器和網路故障狀況

同步

複製跟在多個伺服器上保留相同的資料拷貝有關。MongoDB 完成這件事情的方式是保留動作日誌（或稱 *oplog*），日誌中會包含主要伺服器執行的每次寫入。這是一個位於主要伺服器的 *local* 資料庫中的最高限度集合。次要伺服器會查詢此集合的動作達成複製。

每個次要伺服器都會維護自己的 oplog，記錄它從主要伺服器複製的每個動作。這樣可以讓任何成員都被當作其他成員的同步來源，如圖 11-1 所示。次要伺服器會從跟它同步的成員中獲取動作，將動作套用在它的資料集，然後將動作寫入它的 oplog。如果套用動作失敗（應該只有在資料已損壞或是資料在某種程度上不同於主要伺服器的情況下發生），次要伺服器將會退出。

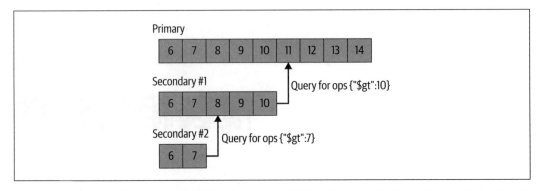

圖 11-1　oplog 會維持一個已發生的寫入動作的有序列表；每個成員都有自己的動作日誌拷貝，該拷貝應該要跟主要伺服器的拷貝相同（稍有延遲）

如果次要伺服器因為任何原因而關閉，當它重新啟動時，它將從其 oplog 中的最後一個動作開始同步。在將動作套用在資料上然後寫入動作日誌時，次要伺服器可能會重複套用已經被套用過的動作到資料上。MongoDB 是設計來正確處理此問題的：多次重複套用 oplog 中的動作跟重複套用一次都會產生相同的結果。動作日誌中的每個動作都是冪等的。也就是說，無論是一次還是多次套用 oplog 中的動作到目標資料集，都會產生相同的結果。

由於 oplog 的大小是固定的，因此只能容納一定數量的動作。通常來說，oplog 將會跟寫入系統的速度大致相同的速度使用空間：如果你在主要伺服器上以 1 KB/ 分鐘的速度寫入，你的 oplog 可能就會以 1 KB/ 分鐘的速度被填充。然而也有一些例外：影響多個文件的動作，例如刪除文件或多次的更新，將會被分解為許多條 oplog 的內容。在主要伺服器上的單一動作會被拆解，每個受影響的文件在 oplog 都會有一個動作。因此，如果使用 `db.coll.remove()` 從集合中刪除 1,000,000 個文件，它將成為 1,000,000 條 oplog 內容，一條內容刪除一個文件。如果你要執行大量的批次動作，oplog 被填滿的時間可能會比你預期的更快。

在大多數情況下，預設的 oplog 大小是足夠的。如果預測複製組的工作量會跟以下的模式類似的話，那麼你可能要建立一個大於預設值的 oplog。相反地，如果你的應用程式主要是執行大量的讀取動作以及非常少的寫入動作，較小的 oplog 可能就足夠了。以下是可能需要更大的 oplog 的工作種類：

一次更新多個文件

oplog 必須將多次更新轉換為單獨的動作，以保持冪等性。這會佔用大量 oplog 空間，就算資料大小或硬碟使用量都沒有增加的狀況下也是如此。

刪除資料量等於插入的資料量

如果刪除與插入的資料量大致相同時，資料庫在硬碟的使用上並不會有顯著的增加，但是 oplog 的大小可能會很大。

大量的就地更新

如果在工作量中有很大一部分是不增加文件大小的更新，資料庫會記錄大量的動作，但是硬碟上資料的大小不會改變。

在 *mongod* 建立 oplog 之前，你可以使用 `oplogSizeMB` 選項來指定大小。然而，在第一次啟動複製組成員後，就只能使用「修改 oplog 大小」的程序（*https://oreil.ly/mh5SX*）來更改 oplog 的大小。

MongoDB 使用兩種形式的資料同步：初始同步會將完整的資料集放到新成員上；複製會套用正在進行的變更到整個資料集上。讓我們來仔細看看這兩種同步。

初始同步

MongoDB 執行初始同步，來將所有資料從複製組中的一個成員複製到另一成員。當組中的成員啟動時，它會檢查它是否處於有效的狀態能夠開始與某個成員進行同步。如果它處於有效狀態，它會嘗試從該組內的另一個成員製作資料的完整拷貝。這個程序有幾個步驟，你可以跟著 *mongod* 的日誌進行操作。

首先，MongoDB 會複製除了 *local* 資料庫以外的所有資料庫。*mongod* 會掃描每個來源資料庫中的每個集合，並且將所有資料插入到目標成員上這些集合自己的拷貝中。在開始複製操作之前，在目標成員上的所有資料將會被刪除。

 只有在你不想要資料目錄內的資料或已經將資料移到其他位置時，才對成員進行初始同步，因為 *mongod* 的第一步就是將它全部刪除。

在 MongoDB 3.4 版及其後版本中，在為每個集合複製文件時，初始同步將會建立所有集合索引（在較早的版本中，在此階段只會建立 `"_id"` 的索引）。它還會在複製資料時抓取新增加的 oplog 記錄，因此你應該要確定在資料拷貝的階段時，目標成員在 *local* 資料庫中具有足夠的硬碟空間能夠儲存這些記錄。

當所有資料庫都被複製後，*mongod* 會使用來源中的 oplog 更新它的資料集，來反映複製組的目前狀態，並且將所有在複製過程中的變更套用在資料集上。這些變更可能包括任何類型的寫入（插入、更新或刪除），而此過程可能代表 *mongod* 必須重新複製某些已被移動而被複製者遺漏的文件。

如果必須重新複製某些文件，日誌看起來大致會如下。根據流量的層級和在同步來源上發生的動作類型，你可能會或可能不會缺少某些物件：

```
Mon Jan 30 15:38:36 [rsSync] oplog sync 1 of 3
Mon Jan 30 15:38:36 [rsBackgroundSync] replSet syncing to: server-1:27017
Mon Jan 30 15:38:37 [rsSyncNotifier] replset setting oplog notifier to
    server-1:27017
Mon Jan 30 15:38:37 [repl writer worker 2] replication update of non-mod
    failed:
    { ts: Timestamp 1352215827000|17, h: -5618036261007523082, v: 2, op: "u",
      ns: "db1.someColl", o2: { _id: ObjectId('50992a2a7852201e750012b7') },
      o: { $set: { count.0: 2, count.1: 0 } } }
Mon Jan 30 15:38:37 [repl writer worker 2] replication info
    adding missing object
Mon Jan 30 15:38:37 [repl writer worker 2] replication missing object
    not found on source. presumably deleted later in oplog
```

此時，資料應該與主要伺服器在某個時間點的資料集完全匹配。該成員完成了初始同步程序並且轉換到正常同步，這讓它可以成為次要伺服器。

從操作者的角度來看，進行初始同步非常容易：只需使用乾淨的資料目錄啟動 *mongod* 即可。然而，通常最好的方法是從備份中還原，如第二十三章所述。從備份中還原通常會比藉由 *mongod* 複製所有資料來得更快。

此外，複製還可能會破壞同步來源的工作集合。許多部署環境最終都會有一部分經常被存取且始終在記憶體中的資料子集（因為作業系統經常存取它）。執行初始同步會強制成員將所有資料分頁放到記憶體內，而經常使用的資料就會被驅逐。由於請求從使用記憶體中的資料處理變成使用磁碟上的資料，所以這會大大地降低成員的速度。然而，對於小型資料集跟一些尚有餘裕的伺服器來說，初始同步是一個不錯的簡便選擇。

在進行初始同步時最常遇到的問題之一，就是花費的時間太長。在這些情況下，新成員可能會從同步來源的 oplog 尾端「掉下來」：它遠遠落後於同步來源，以至於它沒有辦法趕上，因為同步來源的 oplog 已經將該成員要繼續進行複製所需要使用的資料覆蓋過去了。

除了試著在較不繁忙的時間進行初始同步或從備份來還原之外，沒有其他的方法可以解決這個問題。如果成員已經掉出同步來源的 oplog 時，就無法進行初始同步了。第 261 頁的「處理舊資料」將對此進行更深入的介紹。

複製

MongoDB 執行的第二種同步類型是複製。次要伺服器成員在初始同步後會連續地複製資料。它們從同步來源複製 oplog，並在非同步程序中套用這些動作。基於回應時間和其他成員複製狀態的變化，次要伺服器可以根據需要自動更改其同步來源。有幾個規則可以控制某個節點能夠從哪些成員同步資料。舉例來說，擁有一票的複製組成員無法與擁有零票的成員進行同步，而次要伺服器會避免與延遲成員和隱藏成員進行同步。選舉和不同類別的複製組成員將在會後面的部分討論。

處理舊資料

如果次要伺服器與同步來源上實際執行的動作相差太遠，該次要伺服器將會過時（*stale*）。過時的次要伺服器沒有辦法追上，因為同步來源 oplog 中的每個動作都太遙遠了：如果繼續同步，它將跳過一些動作。如果次要伺服器發生了停機、寫入量超出它的處理能力或者過於忙碌地處理讀取時，都有可能會發生這種情況。

當次要伺服器過時的時候，它會嘗試輪流查看組內的每個成員，看是否有成員擁有較長的 oplog 讓它可以用來複製。如果沒有成員擁有夠長的 oplog，在該成員上的複製將會停止，並且將會需要完整重新同步（或從更近的備份中還原）。

為了要避免次要伺服器不同步，用大容量的 oplog 是很重要的，這樣主要伺服器才可以儲存較長的動作歷史紀錄。較大的 oplog 顯然會佔用更多的硬碟空間，但是通常來說，這會是個不錯的選擇，因為硬碟空間往往很便宜，而且 oplog 通常很少被使用，因此不會佔用太多的記憶體。一般的經驗法則是，oplog 應該要提供能夠涵蓋（複製窗口）為期兩到三天的正常操作。有關調整 oplog 大小的更多資訊，請參閱第 291 頁的「調整 oplog 大小」。

心跳

每個成員需要了解其他成員的狀態：誰是主要伺服器，它們可以跟誰同步以及有誰故障了。為了要隨時知道組的最新狀態，每個成員每兩秒鐘會向組內的每個其他成員發出一個心跳請求（*heartbeat request*）。心跳請求是一則短訊息，會確認每個成員的狀態。

心跳的最重要功能之一，是讓主要伺服器知道它是否可以達到多數。如果主要伺服器無法再訪問多數的伺服器，它將會將自己降級並成為次要伺服器（請參見第 250 頁的「如何設計一個組」）。

成員狀態

成員還會藉由心跳來傳達它們目前的狀態。我們已經討論過兩個狀態：主要伺服器和次要伺服器。你還會經常看到其他幾種成員的正常狀態：

STARTUP

這是成員首次啟動時所處的狀態，當 MongoDB 嘗試讀入複製組配置時。配置被讀取後，它將轉換為 STARTUP2 狀態。

STARTUP2

這個狀態會持續於整個初始同步程序，通常只需幾秒鐘。該成員會產生幾個執行緒來處理複製和選舉，然後轉換到下一個狀態：RECOVERING。

RECOVERING

這個狀態表示成員運行正常，但不可被讀取。你可能會在許多中情況下看到它。

在啟動時，成員在能夠接受讀取之前，必須要作一些檢查來確保它是處於有效狀態；因此，所有成員在成為次要伺服器之前，在啟動時都會短暫進入 RECOVERING 狀態。成員也能夠在執行長時間運行的動作（例如壓縮）或回應 replSetMaintenance 指令（*https://oreil.ly/6mJu-*）時進入此狀態。

如果某個成員遠遠落後其他成員以至於無法跟上，則該成員也會進入 RECOVERING 狀態。通常來說，這是一種失敗狀態，該成員需要重新同步。但該成員此時不會進入錯誤狀態，因為它會希望有一個擁有足夠長的 oplog 的成員上線，使它可以同步到最新資料狀態。

ARBITER

仲裁者（請參閱第 254 頁的「選舉仲裁者」）具有的特殊狀態，並且在正常運作期間應該始終要處於此狀態。

也有一些狀態會指示系統有問題。包括：

DOWN

如果成員已啟動但隨後變得不可被接觸，它將進入此狀態。注意，在實際狀況中，運作中的成員可能會被回報為 DOWN，可能只是因為網路問題，造成它無法被訪問。

UNKNOWN

如果某個成員從未能夠接觸到另一個成員，則它將不知道它目前的狀態，因此它將被回報為 UNKNOWN。這通常表示未知的成員已經關閉，或者在兩個成員之間存在著網路問題。

REMOVED

這是已經從組中被刪除的成員的狀態。如果將已被刪除的成員重新加入到組中，它將轉換回「正常」狀態。

ROLLBACK

當成員撤回資料時會使用此狀態，如第 264 頁的「撤回」中所述。撤回程序結束時，伺服器將轉換回 RECOVERING 狀態，然後成為次要伺服器。

選舉

如果成員不能接觸到主要伺服器（並且本身有資格成為主要伺服器），則將尋求選舉。尋求選舉的成員將向其可以到達的所有成員發出通知。這些成員可能知道為什麼該成員不適合成為主要成員：它可能在複製中落後，或者可能是尋求選舉的成員無法接觸到主要伺服器。在這種情況下，其他成員將對候選人投反對票。

假設沒有理由反對，其他成員將投票選舉成員。如果尋求選舉的成員從多數投票中獲得選票，則表明選舉成功，並且該成員將轉換為 PRIMARY 狀態。如果它沒有獲得多數票，它將繼續是次要的，以後可能會再次嘗試成為主要的伺服器。主節點將一直保持主節點狀態，直到無法接觸到大多數成員，發生故障或被下台或重新配置該集合為止。

假設網路運行狀況良好並且大多數伺服器已啟動,則選舉應該很快。成員最多需要兩秒的時間才能注意到主要節點已關閉(由於前面提到的心跳),它將立即開始選舉,這只需要幾毫秒。但是,這種情況通常不是最理想的:選舉可能是由於網路問題或伺服器過載導致回應太慢而觸發的。這種情況下,選舉可能需要更多時間,甚至可能要花幾分鐘。

撤回

上一節中描述的選舉程序代表,如果主要伺服器執行一個寫入動作並且在次要伺服器有機會複製該動作之前就發生故障,則下一個被選出的主要伺服器就可能會沒有該寫入動作。舉例來說,假設我們有兩個數據中心,一個具有一台主要伺服器和一台次要伺服器,另一個具有三台次要伺服器,如圖 11-2 所示。

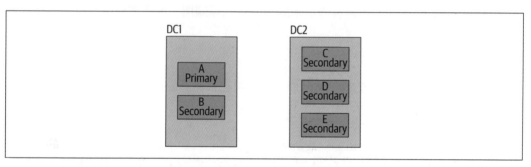

圖 11-2　兩個數據中心的可能配置

假設兩個數據中心之間存在一個網路分割,如圖 11-3。第一個數據中心中的伺服器執行到編號 126 的動作,但是該數據中心尚未將資料複製到另一個數據中心中的伺服器上。

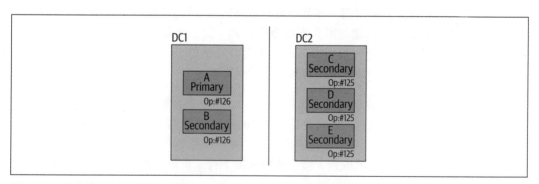

圖 11-3　跨數據中心的複製可能會比在單一個數據中心內的複製慢

另一個數據中心中的伺服器仍然可以達到組內的多數（五台伺服器中有三台）。因此，其中一個可以被選為主要伺服器。這個新的主要伺服器會開始接受寫入的動作，如圖 11-4 所示。

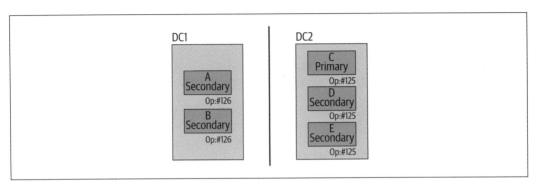

圖 11-4　未複製的寫入與網路分割另一側的寫入不相符

當網路修復後，第一個數據中心中的伺服器將會尋找編號 126 的動作，以開始從其他伺服器進行同步，但它會無法找到該動作。這種情況發生時，*A* 和 *B* 將會開始一個稱作撤回（*rollback*）的程序。撤回用於撤消在故障轉移之前未被複製的動作。在 oplog 中具有 126 的伺服器，將會去看另一個數據中心中的伺服器的 oplog，尋找最近期的共同點。它們會發現編號 125 的動作是相符的最新操作。圖 11-5 顯示了 oplog 可能看起來的狀況。在複製編號 126-128 的動作之前，A 顯然已經當機，因此這些動作在 B 上都不存在，而 B 擁有更近期的動作。A 將必須要撤回這三個動作，然後才能恢復同步。

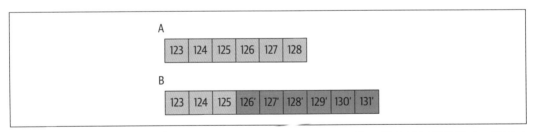

圖 11-5　oplog 衝突的兩個成員－最近期的共同動作是 125，因為 B 擁有更近期的動作，所以 A 需要撤回 126-128 的動作

此時，伺服器將檢查它擁有的動作，並將受這些動作所影響的每個文件的版本寫入到在資料目錄內的 *rollback* 目錄的 .*bson* 檔案中。因此，舉例來說，如果編號 126 的動作是更新，它將把 126 所更新的文件寫入 *<collectionName>*.*bson*。然後它將會從目前的主要伺服器拷貝該文件的版本。

以下是一個典型的撤回所生成的訊息記錄：

```
Fri Oct  7 06:30:35 [rsSync] replSet syncing to: server-1
Fri Oct  7 06:30:35 [rsSync] replSet our last op time written: Oct  7
    06:30:05:3
Fri Oct  7 06:30:35 [rsSync] replset source's GTE: Oct  7 06:30:31:1
Fri Oct  7 06:30:35 [rsSync] replSet rollback 0
Fri Oct  7 06:30:35 [rsSync] replSet ROLLBACK
Fri Oct  7 06:30:35 [rsSync] replSet rollback 1
Fri Oct  7 06:30:35 [rsSync] replSet rollback 2 FindCommonPoint
Fri Oct  7 06:30:35 [rsSync] replSet info rollback our last optime:   Oct  7
    06:30:05:3
Fri Oct  7 06:30:35 [rsSync] replSet info rollback their last optime: Oct  7
    06:30:31:2
Fri Oct  7 06:30:35 [rsSync] replSet info rollback diff in end of log times:
    -26 seconds
Fri Oct  7 06:30:35 [rsSync] replSet rollback found matching events at Oct  7
    06:30:03:4118
Fri Oct  7 06:30:35 [rsSync] replSet rollback findcommonpoint scanned : 6
Fri Oct  7 06:30:35 [rsSync] replSet rollback 3 fixup
Fri Oct  7 06:30:35 [rsSync] replSet rollback 3.5
Fri Oct  7 06:30:35 [rsSync] replSet rollback 4 n:3
Fri Oct  7 06:30:35 [rsSync] replSet minvalid=Oct  7 06:30:31 4e8ed4c7:2
Fri Oct  7 06:30:35 [rsSync] replSet rollback 4.6
Fri Oct  7 06:30:35 [rsSync] replSet rollback 4.7
Fri Oct  7 06:30:35 [rsSync] replSet rollback 5 d:6 u:0
Fri Oct  7 06:30:35 [rsSync] replSet rollback 6
Fri Oct  7 06:30:35 [rsSync] replSet rollback 7
Fri Oct  7 06:30:35 [rsSync] replSet rollback done
Fri Oct  7 06:30:35 [rsSync] replSet RECOVERING
Fri Oct  7 06:30:36 [rsSync] replSet syncing to: server-1
Fri Oct  7 06:30:36 [rsSync] replSet SECONDARY
```

伺服器開始跟另一個成員（在此範例中為 *server-1*）進行同步，並且意識到它無法在同步來源上找到其最新動作。此時，它將藉由進入 ROLLBACK 狀態（`replSet ROLLBACK`）來開始撤回程序。

在第二步中，它找到兩個 oplog 間的共同點，發生在 26 秒之前。然後它開始撤銷在 oplog 的最後 26 秒的動作。撤回完成後，它將轉換為 RECOVERING 狀態，並再次開始正常同步。

若要套用已經撤回到目前主要伺服器的動作，首先使用 *mongorestore* 將其讀取到一個臨時集合中：

```
$ mongorestore --db stage --collection stuff \
    /data/db/rollback/important.stuff.2018-12-19T18-27-14.0.bson
```

然後檢查這些文件（使用命令列介面），並將它們跟集合中目前的內容進行比較。舉例來說，如果有人在撤回的成員上建立了一個「正常」索引，以及在目前的主要伺服器上建立了一個唯一索引，則你要確定撤回的資料中沒有重複的內容，假如有存在的話就必須要解決這個狀況。

當暫存集合中擁有所需版本的文件後，將其讀入到主集合中：

```
> staging.stuff.find().forEach(function(doc) {
...     prod.stuff.insert(doc);
... })
```

如果你有任何只有執行插入的集合，則可以直接將撤回文件讀入到該集合中。然而，如果你是要對集合更新文件，則在合併撤回資料時就要更加小心。

一個經常被誤用的成員配置選項是每個成員的投票數。最好不要去控制投票數，它會導致大量撤回（這就是為什麼在上一章中，並未將投票數包含在成員配置選項列表中的原因）。除非你準備好要經常處理撤回的狀況，要不然請勿更改投票數。

有關防止撤回的更多資訊，請參見第十二章。

何時撤回會失敗

在較舊版本的 MongoDB 中，可能會因為撤回太大而無法進行。從 MongoDB 4.0 版開始，可以撤回的資料量沒有限制了。在 4.0 版之前，如果有 300 MB 以上的資料或大約 30 分鐘的動作要撤回，則撤回會失敗。在這些情況下，必須要重新同步卡在撤回中的節點。

造成這種情況的最常見原因是，次要伺服器落後太多而主要伺服器當機了。如果其中一個次要伺服器成為主要伺服器，它將會遺失許多在原主要伺服器上的動作。要確保你的成員不會卡在撤回的最佳方法，就是盡量讓次要伺服器保持在最新的狀態。

## 第十二章

從應用程式連接複製組

本章介紹複製組如何跟應用程式互動，包含：

* 連接和容錯移轉是如何運作

* 等待複製的寫入

* 發送讀取到正確的成員

客戶端到複製組的連接行為

無論伺服器是獨立的 MongoDB 實體還是複製組，MongoDB 客戶端函式庫（MongoDB 的術語稱之為「驅動程式」）是設計用來管理跟 MongoDB 伺服器的通訊。對於複製組來說，在預設的情況下，驅動程式會連接到主要伺服器並且將所有流量傳送到主要伺服器上。你的應用程式可以執行讀取和寫入動作，就如同它是與獨立伺服器通訊一樣，而複製組則會在背景安靜地確定讓隨時可用的備份保持就緒。

連接到一個複製組就類似於連接到單一伺服器。在驅動程式中使用 MongoClient 類別（或其他相同用途的類別），並提供種子清單讓驅動程式可以連接。種子清單單純就只是伺服器地址的列表。*種子*（*seeds*）是你的應用程式會讀取資料和寫入資料的複製組成員。你不用在種子清單中列出所有的成員（儘管你可以這樣做）。當驅動程式連接到種子時，它將從該種子發現到其他成員。連接字串通常看起來如下：

```
"mongodb://server-1:27017,server-2:27017,server-3:27017"
```

有關更多詳細資訊，請參見驅動程式的文件。

為了提供更大的彈性，你也應該要使用 DNS 種子列表連接格式（*https://oreil.ly/Uq4za*）來指定你的應用程式要如何連接到複製組。使用 DNS 的優勢在於，可以輪流變更託管 MongoDB 複製組成員的伺服器，而無需重新設定客戶端（具體來說，是它們的連接字串）。

MongoDB 所有的驅動程式都遵守伺服器發現和監控（server discovery and monitoring，SDAM）規範（*https://oreil.ly/ZsS8p*）。它們會持續監控複製組的拓撲，來偵測應用程式接觸到組內所有成員的能力是否有任何變化。此外，驅動程式也會監控複製組，以維護哪個成員是主要伺服器的資訊。

複製組的目的是，當你遇到網路分割或伺服器出現故障時，資料仍然具有很高的可用性。在通常的狀況下，複製組會藉由選出一個新的主要伺服器，來優雅地對此類問題作出反應，以便讓應用程式可以繼續讀取和寫入資料。如果一個主要伺服器發生故障，驅動程式將會自動找到新的主要伺服器（只要新的主要伺服器被選出後），並將請求盡快傳送到該主要伺服器。然而，當沒有可以被接觸到的主要伺服器時，你的應用程式將無法執行寫入動作。

在短時間內（選舉期間）或較長時間（如果沒有可接觸到的成員可以成為主要伺服器），可能會沒有主要伺服器可被使用。預設情況下，驅動程式在此期間將不會處理任何請求（讀取或寫入）。如果應用程式有必要，則可以將驅動程式配置為在次要伺服器執行讀取讀取動作。

一個普遍的願望是，讓驅動程式對使用者隱藏整個選舉程序（主要伺服器消失，而新的主要伺服器被選出）。然而，由於某些原因，沒有驅動程式會以這種方式進行容錯移轉。第一，驅動程式只能隱藏缺少主要伺服器的事實一段時間。第二，驅動程式經常會因為動作失敗而發現主要伺服器關機了，這代表驅動程式並不知道主要伺服器在停機前是否已經處理了該動作。這是一個無法避免的基礎分散式系統問題，因此我們需要一個處理這種問題的策略。如果新的主要伺服器快速地被選出，我們是否應該要重試該動作？假設它擁有所有舊主要伺服器的動作？檢查並查看新的主要伺服器是否擁有該動作？

事實證明，正確的策略是至多重試一次。什麼？為了說明，讓我們考量我們的選項。這些選項可以歸納為以下幾點：不要重試、重試一定次數後放棄或者最多重試一次。我們也需要考量可能導致問題的錯誤種類。在嘗試寫入複製組時，可能會遇到三種類型的錯誤：瞬間網路錯誤、持久性中斷（網路或伺服器），或者是因為伺服器拒絕執行且視為錯誤的指令（例如，未經授權）所導致的錯誤。對於每種類型的錯誤，讓我們來思考我們的重試選項。

為了便於討論，我們來看一個增加計數器值的簡單寫入動作範例。如果我們的應用程式嘗試要增加計數器，但沒有收到伺服器的回應，我們不會知道伺服器是否有接收到訊息並且執行了更新。因此，如果我們使用不重試此寫入的策略，則對於瞬間網路錯誤的狀況來說，我們可能會少算。對於持久性中斷或指令錯誤來說，不重試是正確的策略，因為重試寫入動作也不會產生想要的效果。

如果我們採用重試固定次數的策略，則對於瞬間網路錯誤，我們可能會多算（在第一次重試就成功的情況下）。對於持久性中斷或指令錯誤，多次重試只會浪費周期。

現在讓我們來看僅重試一次的策略。對於瞬間網路錯誤，我們可能會多算。對於持久性中斷或指令錯誤，這是正確的策略。然而，如果我們可以確保動作是冪等的會如何呢？冪等的動作是指，動作不論執行一次或多次，都會有相同的結果。使用冪等的動作，重試網路錯誤一次就具有最好的機會能夠正確地處理三種錯誤。

從 MongoDB 3.6 版開始，伺服器和所有 MongoDB 驅動程式都支援可重試的寫入選項。有關如何使用此選項的詳細資訊，請參見驅動程式的文件。使用可重試寫入，驅動程式將自動使用「至多重試一次」的策略。指令錯誤將回傳給應用程式讓客戶端處理。網路錯誤則會在適當的延遲後重試一次，這個延遲在通常情況下可以完成主要伺服器的選舉。啟用可重試寫入後，伺服器將為每個寫入動作維護一個唯一的辨識子，因此可以決定驅動程式何時是在試著重試已經成功的指令。與其再次套用寫入動作，不如直接回傳一則寫入已經成功的訊息，也克服了因瞬間網路錯誤所引起的問題。

等待複製的寫入

根據應用程式的需求，你可能會要求所有寫入都必須複製到複製組的多數上，伺服器才能確認已經寫入。在極少數情況下，複製組的主要伺服器發生故障，而新選出的主要伺服器（以前是次要伺服器）沒有複製到原本主要伺服器最後的寫入，在之前的主要伺服器恢復運作時，這些寫入將會被撤回。它們可以被恢復，但是需要手動介入。對於許多應用程式來說，撤回很少的寫入數量不是問題。舉例來說，在部落格應用程式中，撤回一個讀者的一兩則評論是不太危險的。

然而，對於其他應用程式而言，應該要避免撤回任何寫入。假設你的應用程式向主要伺服器發送一個寫入動作。它收到寫入動作已經被寫入的確認，但是在任何次要伺服器還沒有機會複製該寫入之前，主要伺服器就故障了。你的應用程式會認為可以存取到該寫入動作，但是複製組目前的成員都沒有該寫入的拷貝。

在某個時間點，次要伺服器會被選為主要伺服器，並開始接受新的寫入動作。當之前的主要伺服器恢復正常時，它將發現它已寫入了目前主要伺服器沒有寫入的內容。為了要修正這個問題，它將會撤消所有跟目前的主要伺服器上動作順序不相符的寫入。這些動作不會遺失，但是會被寫到特殊的撤回文件中，這些撤回文件必須被手動的套用在目前的主要伺服器。MongoDB 沒有辦法自動地套用這些寫入，因為它們可能會與故障後發生的其他寫入動作有衝突。因此，寫入動作基本上會消失，直到管理員有機會將撤回文件套用於目前的主要伺服器為止（有關撤回的更多詳細資訊，請參見第十一章）。

寫入多數的需求可以避免這種情況：如果應用程式確認寫入成功，則新的主要伺服器將一定會擁有該寫入的拷貝才能夠被選舉（成員資料必須是最新的才能被選為主要伺服器）。如果應用程式沒有收到來自伺服器的確認或者是收到錯誤，它將會知道得要重試，因為在主要伺服器故障之前，該寫入動作並未傳播到該組的多數上。

因此，為了保證無論組內發生什麼情況，寫入動作都可以持續，所以我們必須確保每次寫入都傳播到組內的多數成員。我們可以使用 writeConcern 來實現此目的。

從 MongoDB 2.6 版 開 始，writeConcern 與 寫 入 動 作 整 合 在 一 起。 舉 例 來 說， 在 JavaScript 中，我們可以如下使用 writeConcern：

```
try {
    db.products.insertOne(
        { "_id": 10, "item": "envelopes", "qty": 100, type: "Self-Sealing" },
        { writeConcern: { "w" : "majority", "wtimeout" : 100 } }
    );
} catch (e) {
    print (e);
}
```

驅動程式中的特定語法將會因為不同的程式語言而有所不同，但是語意是保持不變的。在此處的範例中，我們指定 "majority" 作為寫入關注。成功後，伺服器將回應如下訊息：

```
{ "acknowledged" : true, "insertedId" : 10 }
```

但是要直到這個寫入動作已經複製到複製組的多數成員為止，伺服器才會回應。只有這樣，我們的應用程式才會收到這個寫入成功的確認。如果寫入動作沒有在我們指定的超時時間內成功完成，則伺服器將會回應如下的錯誤訊息：

```
WriteConcernError({
    "code" : 64,
    "errInfo" : {
        "wtimeout" : true
    },
```

```
        "errmsg" : "waiting for replication timed out"
    })
```

寫入關注多數和複製組選舉協議保證在選舉主要伺服器時，只有最新且擁有已確認寫入的次要伺服器才能被選為主要伺服器。若這樣作，我們保證不會發生撤回。使用超時時間的選項，我們還有一個可調整的設定，讓我們能夠在應用程式層偵測並標記任何長時間執行的寫入。

"w" 的其他選項

"majority" 不是 writeConcern 的唯一選項。MongoDB 也允許你直接使用數字設定 "w"，來指定要複製到多少數量的伺服器，如下所示：

```
db.products.insertOne(
    { "_id": 10, "item": "envelopes", "qty": 100, type: "Self-Sealing" },
    { writeConcern: { "w" : 2, "wtimeout": 100 } }
);
```

如此將會持續等待，直到有兩個成員（主要伺服器和一個次要伺服器）擁有寫入。

請注意，"w" 值包括主要伺服器。如果想要將寫入傳播到 *n* 個次要伺服器，則應將 "w" 設為 *n + 1*（要包括主要伺服器）。設定 "w" : 1 等於不傳送 "w" 選項，因為它只會確認主要伺服器上的寫入是否成功。

直接使用數字設定的缺點是，如果複製組配置發生變更時，就必須要修改應用程式。

客製複製保證

寫入到組的多數被認為是「安全的」。然而，某些組可能會有更複雜的需求：你可能需要保證在每個數據中心中至少一台伺服器或非隱藏節點的多數要複製到寫入動作。複製組讓你可以建立客製的規則，並傳送到 "getLastError"，來保證複製到所需伺服器的任何組合。

每個數據中心有一台伺服器保證

數據中心之間的網路問題會比數據中心內部的網路問題更為普遍，且整個數據中心的故障會比跨多個數據中心的少數伺服器一起故障更可能發生。因此，你可能會需要一些基於數據中心的邏輯來進行寫入。在確認成功之前保證每個數據中心都擁有該寫入動作，代表在寫入動作之後數據中心故障的情況下，其他每個數據中心將至少具有一個本地拷貝。

若要這樣設定，我們首先按數據中心對成員進行分類。我們在它們的複製組配置中新增 "tags" 欄位：

```
> var config = rs.config()
> config.members[0].tags = {"dc" : "us-east"}
> config.members[1].tags = {"dc" : "us-east"}
> config.members[2].tags = {"dc" : "us-east"}
> config.members[3].tags = {"dc" : "us-east"}
> config.members[4].tags = {"dc" : "us-west"}
> config.members[5].tags = {"dc" : "us-west"}
> config.members[6].tags = {"dc" : "us-west"}
```

"tags" 欄位是一個物件，每個成員可以擁有多個標籤。舉例來說，它可能是在 "us-east" 數據中心中的「高品質」伺服器，在這種情況下，我們會需要一個 "tags" 欄位，如 {"dc" : "us-east"，"quality" : "high"}。

第二步是藉由在複製組設定中建立 "getLastErrorModes" 欄位來增加規則。在 MongoDB 2.6 版之前的版本中，應用程式使用名為 "getLastError" 的方法來指定寫入關注，因此 "getLastErrorModes" 的名稱是具有殘留意義的。在複製設定中，"getLastErrorModes" 的每個規則的格式為 *"name"* : {*"key"* : *number*}}。*"name"* 是規則的名稱，這個名稱應該要以客戶端可以理解的方式描述規則，因為客戶端在呼叫 getLastError 時要使用這個名稱。在此範例中，我們將此規則稱為 "eachDC" 或是如 "user-level safe" 的更抽象的名稱。

"key" 欄位是標籤中的鍵欄位，因此在本範例中，它是 "dc"。*number* 是要滿足這個規則所需要的分組數。在這個情況中，*number* 為 2（因為我們至少要有一台伺服器是在 "us-east"，而有一台伺服器是在 "us-west"）。*number* 代表「*number* 個分組中的每一組都至少要有一台伺服器」。

我們將 "getLastErrorModes" 新增到複製組設定，如下所示，然後重新配置來建立規則：

```
> config.settings = {}
> config.settings.getLastErrorModes = [{"eachDC" : {"dc" : 2}}]
> rs.reconfig(config)
```

"getLastErrorModes" 位於複製組設定的 "settings" 子物件中，它包含了一些組層級的可選用設定。

現在我們可以使用此規則來執行寫入動作：

```
db.products.insertOne(
    { "_id": 10, "item": "envelopes", "qty": 100, type: "Self-Sealing" },
    { writeConcern: { "w" : "eachDC", wtimeout : 1000 } }
);
```

注意，將規則稍微抽象化，讓應用程式開發者不用知道太多細節：他們要使用規則時也不必知道 "eachDC" 中有哪些伺服器，而且在應用程式不用修改的情況下也可以變更規則。我們可以增加一個數據中心或修改組內成員，但應用程式不必知道這些事。

非隱藏成員的多數保證

隱藏成員通常都是二等公民：發生錯誤時你永遠不會移轉給它們，它們當然也不會接受讀取動作。因此，你可能只會在乎非隱藏成員收到了寫入動作，然後讓隱藏成員自己搞清楚狀況。

假設我們有五個成員，*host0* 到 *host4*，*host4* 是隱藏成員。我們要確定多數的非隱藏成員都擁有寫入動作，即 *host0*、*host1*、*host2* 和 *host3* 中的至少三個成員。若要為此建立一個規則，首先我們為每個非隱藏成員標記自己的標籤：

```
> var config = rs.config()
> config.members[0].tags = [{"normal" : "A"}]
> config.members[1].tags = [{"normal" : "B"}]
> config.members[2].tags = [{"normal" : "C"}]
> config.members[3].tags = [{"normal" : "D"}]
```

隱藏成員 *host4* 沒有標籤。

現在，我們為這些伺服器的多數新增一條規則：

```
> config.settings.getLastErrorModes = [{"visibleMajority" : {"normal" : 3}}]
> rs.reconfig(config)
```

最後，我們可以在應用程式中使用以下規則：

```
db.products.insertOne(
    { "_id": 10, "item": "envelopes", "qty": 100, type: "Self-Sealing" },
    { writeConcern: { "w" : "visibleMajority", wtimeout : 1000 } }
);
```

這將持續等待，直到至少有三個非隱藏成員擁有寫入動作。

建立其他保證

你可以建立的規則是沒有限制的。記住，建立客製複製規則有兩個步驟：

1. 藉由為成員指定鍵 / 值對來標記它們。鍵描述了分類。舉例來說，你可能有如 "data_center" 或 "region" 或 "serverQuality" 之類的鍵。值決定伺服器在分類中是屬於哪個組。例如，對於 "data_center" 鍵來說，你可能把一些伺服器標記為 "us-east"、一些伺服器標記為 "us-west"，而另一些伺服器標記為 "aust"。

2. 根據你建立的分類來建立規則。規則總是使用 {"name" : {"key" : number}} 的形式，其中在 number 個組中，每一組至少要有一台伺服器擁有寫入，才算是成功寫入。舉例來說，你可以建立一個 {"twoDCs" : {"data_center" : 2}} 的規則，這代表兩個數據中心中都至少要有一台伺服器確認寫入，動作才算成功。

然後，你可以在 getLastErrorModes 中使用此規則。

規則雖然理解起來和設定時很複雜，但卻是配置複製的強大方法。除非你有相當多的複製要求，要不然應該可以完全放心使用 "w" : "majority"。

傳送讀取到次要伺服器

預設的狀況中，驅動程式會將所有請求傳送到主要伺服器。通常這就是你想要的，但是你可以在驅動程式中藉由設定讀取偏好來配置其他選項。讀取偏好讓你可以指定查詢應該被要發送到的伺服器類型。

將讀取請求發送給次要伺服器通常是個壞主意。雖然在某些特定情況下，這麼做是有道理的，但通常應該要將所有流量發送給主要伺服器。如果你正在考慮將讀取動作發送給次要伺服器，要確定在這麼做之前仔細權衡利弊。本節介紹為什麼這是一個壞主意以及這麼做的合理具體條件。

一致性考量

需要高度一致性的讀取的應用程式不應該從次要伺服器上讀取。

次要伺服器通常應該跟主要伺服器的差距會在幾毫秒內。然而，不能保證一定如此。有時因為負載、配置錯誤、網路錯誤或其他問題，次要伺服器可能會延遲數分鐘、數小時或甚至數天。客戶端函式庫無法確定次要伺服器的狀態有多新，因此客戶端可能會很愉快地將查詢發送到落後許多的次要伺服器。客戶端讀取時將次要伺服器隱藏起來是可以達成的，但這是個手動程序。因此，如果你的應用程式需要可預測的最新資料，就不應該從次要伺服器讀取資料。

如果你的應用程式需要讀取自己的寫入內容（如插入文件然後查詢並且找到它），就不應該將讀取內容發送給次要伺服器（除非使用 "w" 等待寫入動作被複製到所有次要伺服器，如前所述 ）。要不然應用程式可能會執行成功的寫入動作，但在嘗試讀取該值時無法找到它（因為它將讀取請求發送到尚未複製的次要伺服器）。客戶端發出請求的速度比會複製動作拷貝的速度快。

若要永遠向主要伺服器發送讀取請求，將讀取偏好設定為 primary（或者不要管它，因為 primary 是預設值）。如果沒有主要伺服器時，查詢將會出錯。這代表如果主要伺服器發生故障，你的應用程式將無法執行查詢。然而，如果你的應用程式可以處理容錯移轉或網路分割的停機時間，或者如果無法接受取得過時的資料，則這絕對是可接受的選項。

讀取考量

許多使用者會將讀取內容發送給次要伺服器來分配負載。舉例來說，如果你的伺服器每秒只能處理 10,000 個查詢，而你需要處理 30,000 個查詢，則可以設定幾個次要伺服器來讓它們承擔一些負載。然而這是一種危險的擴充方式，因為它很容易使系統意外過載，並且很難從中恢復。

舉例來說，假設你正處於剛描述的情況：每秒 30,000 次讀取。而你決定建立一個由四個成員組成的複製組（其中一個成員會被配置為不投票，以防止選舉時的平手僵局）來處理此問題：每個次要伺服器都遠低於它的最大負載，且系統運行正常。

直到其中一個次要伺服器故障。

現在，每個剩下的成員都在處理它們可能負載的 100％。如果需要重建故障的成員，可能需要從其中一台伺服器複製資料，使得其餘伺服器不堪負荷。伺服器超載通常會使其效能降低，甚至進一步降低組的容量，並迫使其他成員承擔更多的負載，進而導致它們在死亡螺旋中變慢。

過載還可能導致複製速度變慢，然後使得其他次要伺服器更落後。突然你有個成員故障和有個成員落後，而所有伺服器都超出負荷，無法容納任何空間。

如果你對一台伺服器可以承受的負載有想法，你會覺得你可以更好地進行規劃：使用五台伺服器而不是四台伺服器，所以如果一台伺服器發生故障，整個組也不會過度負載。然而，即使你計劃的很完美（並且僅損失了預期的伺服器數量），你仍然必須在其他伺服器承受更大壓力的情況下解決這種狀況。

更好的選擇是使用分片來分散負載。我們將在第十四章中介紹如何設定分片。

從次要伺服器讀取的原因

在某些情況下,將應用程式讀取請求發送給次要伺服器是合理的。舉例來說,你可能希望你的應用程式在主要伺服器發生故障時仍然能夠執行讀取動作(而且你不在乎這些讀取是否過時)。這是將讀取內容發送給次要伺服器的最常見情況:當你的組失去主要伺服器時,你希望使用臨時的唯讀模式。這種讀取偏好稱為 primary Preferred。

從次要伺服器讀取的一個常見論點是想要擁有低延遲的讀取。你可以指定 nearest 作為讀取偏好,它會根據從驅動程式到複製組成員的平均 ping 時間,將請求發送到最低延遲的成員上。如果你的應用程式需要在多個數據中心中以低延遲存取同一個文件,這是唯一的方法。然而,如果你的文件更基於位置的(此數據中心中的應用程式伺服器需要低延遲存取某些資料,或者另一個數據中心中的應用程式伺服器需要低延遲存取其他數據),那麼應該要使用分片。注意,如果你的應用程式需要低延遲讀取和低延遲寫入,則必須要使用分片:複製組只允許寫入一個位置(也就是主要伺服器)。

如果你正在從尚未複製所有寫入動作的成員上讀取,則必須要願意犧牲一致性。此外,若你可以等待將寫入動作複製到所有成員上,就可以犧牲寫入速度。

如果你的應用程式可以真正有效地處理任意陳舊的資料,則可以使用 secondary 或 secondaryPreferred 讀取偏好。secondary 將會永遠向次要伺服器發送讀取請求。如果沒有可用的次要伺服器時將出錯,而不會將讀取發送到主要伺服器。這可以用於不在乎資料是過時的,並且想要讓主要伺服器只被用在寫入的應用程式上。如果你對資料過時有任何擔憂,就不建議這樣做。

如果有可用的次要伺服器,secondaryPreferred 會向它發送讀取請求。如果沒有可用的次要伺服器,請求就會被發送到主要伺服器。

有時,讀取負載與寫入負載大不相同,也就是讀取的資料與寫入的資料完全不同。你可能需要數十個不希望在主要伺服器上進行的離線處理索引。在這種情況下,你可能會想要設定一個具有與主要伺服器不同索引的次要伺服器。如果你因為這個目的而想使用次要伺服器,可以直接從驅動程式建立一個到它的連接,而不使用複製組連接。

考量哪個選項對你的應用程式較合理。你也可以結合多個選項:若某些讀取請求必須來自主要伺服器,則對這些請求使用 primary。如果你可以接受其他沒有最新資料的讀取,就可以使用 primaryPreferred。並且,如果某些請求需要低延遲而比較不在乎一致性,就可以為它們使用 nearest。

## 第十三章

管理

本章介紹複製組的管理，包含：

- 獨立成員的維護

- 在許多不同的情況下設置設定

- 取得相關資訊與調整 oplog 大小

- 做一些更新奇的設定設置

- 從主 / 從架構轉換為複製組

在獨立模式中啟動成員

許多維護任務無法在次要伺服器上執行（因為這些任務會有寫入動作），但也不應在主要伺服器上執行，因為這可能會對應用程式的效能產生影響。因此，以下各節會經常提到以獨立模式啟動伺服器。這代表重新啟動成員，使其成為獨立伺服器，而不是複製組的成員（暫時性的）。

要在獨立模式中啟動成員，首先尋找用來啟動成員的命令列選項。以下列這個例子來說：

```
> db.serverCmdLineOpts()
{
    "argv" : [ "mongod", "-f", "/var/lib/mongod.conf" ],
    "parsed" : {
        "replSet": "mySet",
        "port": "27017",
```

```
        "dbpath": "/var/lib/db"
    },
    "ok" : 1
}
```

要在這個伺服器上執行維護，我們可以在沒有 replSet 選項的狀況下重新啟動它。這將使我們能夠像在普通的獨立 *mongod* 上一樣對其進行讀寫。我們不希望組內的其他伺服器能夠聯絡到它，因此我們將使它在另一個連接埠上監聽（這樣其他成員就無法找到它）。最後，我們希望保持 dbpath 不變，因為我們要用這個方法啟動伺服器來操縱上面的資料。

首先，我們在 *mongo* 命令列界面中關閉伺服器：

```
> db.shutdownServer()
```

然後，在作業系統的命令列界面（例如 bash）中，我們在另一個連接埠上重新啟動 *mongod*，並且不帶入 replSet 參數：

```
$ mongod --port 30000 --dbpath /var/lib/db
```

它現在將以獨立伺服器的方式執行，在連接埠 30000 上監聽連接。組內的其他成員將嘗試在連接埠 27017 上連接到該伺服器，並假設它已經關閉。

當我們在伺服器上完成維護後，我們可以將它關閉並且使用原本的選項重新啟動它。它將自動與組內的成員同步，複製它「離開」時錯過的所有動作。

複製組設置

複製組配置會被儲存在 *local.system.replset* 集合的文件中。這個文件在組內的所有成員上都是相同的。不要使用 update 來更新這個文件。只能使用 rs 輔助函式或 replSetReconfig 指令。

建立一個複製組

藉由啟動要成為成員的 *mongod*，然後藉由 rs.initiate() 將配置傳送給其中一個成員，就可以建立複製組：

```
> var config = {
... "_id" : <setName>,
... "members" : [
...     {"_id" : 0, "host" : <host1>},
```

```
...      {"_id" : 1, "host" : <host2>},
...      {"_id" : 2, "host" : <host3>}
... ]}
> rs.initiate(config)
```

 你應該永遠要將設定物件傳遞給 rs.initiate()。如果你不這樣做，MongoDB 將會試著自動為擁有一個成員的複製組產生出一個設定物件。它可能不會使用你想要的主機名稱或是不正確地配置該組。

你只能在組的一個成員上呼叫 rs.initiate()。接收配置的成員會將配置傳遞給其他成員。

變更組成員

當你新增一個組內新成員時，它的資料目錄中應該沒有任何內容（在這種情況下它將會執行初始同步），或者已經擁有其他成員的資料拷貝（有關備份和還原複製組成員的更多資訊，請參見第二十三章）。

連接到主要伺服器並且新增一個新成員，如下所示：

```
> rs.add("spock:27017")
```

或者，你可以指定一個更複雜的成員設定文件：

```
> rs.add({"host" : "spock:27017", "priority" : 0, "hidden" : true})
```

你也可以藉由 "host" 欄位來刪除成員：

```
> rs.remove("spock:27017")
```

你可以藉由重新配置來修改成員的設定。修改成員的設定會有一些限制：

- 你無法更改成員的 "_id"。
- 你無法把你將重新配置發送到的成員（通常是主要伺服器）的優先權設為 0。
- 你不能將仲裁者轉變為非仲裁者，反之亦然。
- 你不能將成員的 "buildIndexes" 欄位值從 false 改為 true。

值得注意的是，你可以更改成員的 "host" 欄位。因此，如果你錯誤地指定了主機（例如，如果你使用了公共 IP 而不是私人 IP），之後你可以回來並且簡單地將配置修改為使用正確的 IP。

若要修改主機名稱，可以執行以下的操作：

```
> var config = rs.config()
> config.members[0].host = "spock:27017"
spock:27017
> rs.reconfig(config)
```

相同的策略也適用於修改任何其他選項：使用 `rs.config()` 來抓取設定，修改任何想要修改的部分，並且把新設置傳送到 `rs.reconfig()` 來重新配置該組。

建立大型組

複製組限制總數為 50 個成員，且只有 7 個投票成員。這是為了減少每個成員傳送心跳給其他成員所需的網路流量，並且限制選舉花費的時間。

如果建立的複製組擁有七個以上的成員，則每個額外的成員都只能給予零票。你可以在成員的設定中指定要這麼做：

```
> rs.add({"_id" : 7, "host" : "server-7:27017", "votes" : 0})
```

這樣可以防止這些成員在選舉中投贊成票。

強制重新配置

如果你永久遺失了組的多數，可能需要在沒有主要伺服器的情況下重新配置複製組。這有點棘手，因為通常會將重新配置傳送到主要伺服器上。在這種情況中，你可以對次要伺服器發送重新配置指令來強制重新配置複製組。在命令列界面中連接到次要伺服器，並且在重新配置時使用 `"force"` 選項傳遞給次要伺服器：

```
> rs.reconfig(config, {"force" : true})
```

強制重新配置跟一般的重新配置遵守相同的規則：必須要傳送一個有效、格式良好且帶有正確選項的配置。`"force"` 選項不允許無效的設定；它只是允許次要伺服器接受重新配置。

強制重新配置會大大增加複製組中 `"version"` 的數字。你可能會看到它被加上了數十或數十萬。這是正常的：這樣是為了要防止版本編號衝突（因為在網路分割的狀況下，可能兩邊都在進行重新配置）。

當次要伺服器接收到重新配置時，它將會更新它的配置，並且將新的設定傳遞給其他成員。如果組內其他成員發現傳送出配置的伺服器是它們目前設定中的成員，它們只會挑選出設定的變史部分。因此，如果有某些成員更改了主機名稱，則應在有保留舊的主機名稱的成員上進行強制重新配置。如果每個成員都有一個新的主機名稱，那麼就應該要關閉組內的每個成員，以獨立模式啟動一個新的成員，手動更改它的 *local.system.replset* 文件，然後重新啟動該成員。

操縱成員狀態

為了要維護伺服器或是對負載作出反應，有幾種方法可以手動更改成員的狀態。注意，並沒有方法可以強制讓一個成員成為主要伺服器，除非適當地配置複製組：在這種情況下，可以藉由讓複製組的成員優先權高於組內的其他成員達成。

將主要伺服器轉換為次要伺服器

可以使用 `stepDown` 函式將主要伺服器降級為次要伺服器：

```
> rs.stepDown()
```

這會讓主要伺服器降級到 SECONDARY 狀態，並且持續 60 秒。如果在這段時間內沒有其他主要伺服器被選出，它將可以嘗試再次重新選舉。如果你希望它在更長或更短的時間內保持為次要伺服器，則可以自行指定處於 SECONDARY 狀態的秒數：

```
> rs.stepDown(600) // 10 minutes
```

防止選舉

如果要對主要伺服器進行維護，但又不想讓其他合格的成員成為主要伺服器，則可以藉由在每個成員上執行 `freeze` 指令，來強制它們維持次要伺服器的狀態：

```
> rs.freeze(10000)
```

同樣地，這需要數秒鐘才能使該成員保持為次要伺服器。

如果你在這段時間結束之前就完成了對主要伺服器的所有維護，並且想要取消凍結其他的成員時，只要對每個成員再次執行相同的指令，但將時間設定為為 0 秒即可：

```
> rs.freeze(0)
```

未凍結的成員，如果它想要的話，可以舉行選舉。

你也可以將被降級的主要伺服器取消凍結，執行 `rs.freeze(0)` 即可。

監控複製

能夠監控組的狀態是很重要的：不僅是要確定所有成員都已經啟動且存活，還要知道它們所處的狀態以及複製有多新。有一些指令可以用來查看複製組資訊。MongoDB 託管服務和管理工具（包括 Atlas、Cloud Manager 和 Ops Manager，請參閱第二十二章）也提供了機制來監控複製以及提供了複製效能儀表板。

複製的問題通常會是暫時的：一台伺服器本來無法接觸到另一台伺服器，但是現在可以了。要看到這樣的問題的最簡單方法就是查看日誌。確定你知道日誌的儲存位置（以及它們有被存下來），並且確定可以存取它們。

取得狀態

其中最有用的指令是 replSetGetStatus，它可以取得組中幾乎每個成員的目前資訊（從正在執行的成員的角度來看）。在命令列界面中有這個指令的輔助函式：

```
> rs.status()

"set" : "replset",
"date" : ISODate("2019-11-02T20:02:16.543Z"),
"myState" : 1,
"term" : NumberLong(1),
"heartbeatIntervalMillis" : NumberLong(2000),
"optimes" : {
    "lastCommittedOpTime" : {
        "ts" : Timestamp(1478116934, 1),
        "t" : NumberLong(1)
    },
    "readConcernMajorityOpTime" : {
        "ts" : Timestamp(1478116934, 1),
        "t" : NumberLong(1)
    },
    "appliedOpTime" : {
        "ts" : Timestamp(1478116934, 1),
        "t" : NumberLong(1)
    },
    "durableOpTime" : {
        "ts" : Timestamp(1478116934, 1),
        "t" : NumberLong(1)
    }
},
```

```
"members" : [
    {
        "_id" : 0,
        "name" : "m1.example.net:27017",
        "health" : 1,
        "state" : 1,
        "stateStr" : "PRIMARY",
        "uptime" : 269,
        "optime" : {
                    "ts" : Timestamp(1478116934, 1),
                    "t" : NumberLong(1)
        },
        "optimeDate" : ISODate("2019-11-02T20:02:14Z"),
        "infoMessage" : "could not find member to sync from",
        "electionTime" : Timestamp(1478116933, 1),
        "electionDate" : ISODate("2019-11-02T20:02:13Z"),
        "configVersion" : 1,
        "self" : true
    },
    {
        "_id" : 1,
        "name" : "m2.example.net:27017",
        "health" : 1,
        "state" : 2,
        "stateStr" : "SECONDARY",
        "uptime" : 14,
        "optime" : {
            "ts" : Timestamp(1478116934, 1),
            "t" : NumberLong(1)
        },
        "optimeDurable" : {
            "ts" : Timestamp(1478116934, 1),
            "t" : NumberLong(1)
        },
        "optimeDate" : ISODate("2019-11-02T20:02:14Z"),
        "optimeDurableDate" : ISODate("2019-11-02T20:02:14Z"),
        "lastHeartbeat" : ISODate("2019-11-02T20:02:15.618Z"),
        "lastHeartbeatRecv" : ISODate("2019-11-02T20:02:14.86GZ"),
        "pingMs" : NumberLong(0),
        "syncingTo" : "m3.example.net:27017",
        "configVersion" : 1
    },
    {
        "_id" : 2,
        "name" : "m3.example.net:27017",
        "health" : 1,
        "state" : 2,
```

```
            "stateStr" : "SECONDARY",
            "uptime" : 14,
            "optime" : {
                "ts" : Timestamp(1478116934, 1),
                "t" : NumberLong(1)
            },
            "optimeDurable" : {
                "ts" : Timestamp(1478116934, 1),
                "t" : NumberLong(1)
            },
            "optimeDate" : ISODate("2019-11-02T20:02:14Z"),
            "optimeDurableDate" : ISODate("2019-11-02T20:02:14Z"),
            "lastHeartbeat" : ISODate("2019-11-02T20:02:15.619Z"),
            "lastHeartbeatRecv" : ISODate("2019-11-02T20:02:14.787Z"),
            "pingMs" : NumberLong(0),
            "syncingTo" : "m1.example.net:27018",
            "configVersion" : 1
        }
    ],
    "ok" : 1
}
```

以下是一些最有用的欄位：

"self"

這個欄位只有在成員執行 `rs.status()` 的情況下存在，在範例中為 *server-2(m1.example.net:27017)*。

"stateStr"

描述伺服器狀態的字串。有關各種狀態的說明，請參見第 262 頁的「成員狀態」。

"uptime"

成員可持續被接觸到的秒數，或是擁有 "self" 的成員從伺服器啟動以來的時間。因此，*server-1* 的運行時間為 269 秒，*server-2* 和 *server-3* 的運行時間為 14 秒。

"optimeDate"

每個成員的 oplog 中的最後一個操作時間（該成員同步到的時間）。注意，這是心跳回報的每個成員的狀態，因此此處回報的操作時間可能會延遲幾秒鐘。

`"lastHeartbeat"`

> 伺服器上次收從擁有 "self" 的成員的心跳的時間。如果網路出現問題或者伺服器繁忙，這個值可能會是超過兩秒鐘之前。

`"pingMs"`

> 心跳傳到此伺服器所需的平均時間。這用來決定要跟哪個成員進行同步。

`"errmsg"`

> 在心跳請求中成員選擇回傳的任何狀態訊息。這些通常只是一些資訊性的訊息，而不是錯誤訊息。舉例來說，*server-3* 中的 "errmsg" 欄位表示此伺服器正在初始同步的程序中。十六進位數 507e9a30:851 是該成員完成初始同步所需的動作時間戳記。

有幾個欄位會提供重疊的資訊。"state" 與 "stateStr" 相同；它只是狀態的內部 ID。"health" 僅僅反映該伺服器是否可被接觸（1）或不可被接觸（0），這也會經由 "state" 和 "stateStr" 顯示（如果伺服器不可被接觸，它們將會是 UNKNOWN 或 DOWN）。相同地，"optime" 和 "optimeDate" 是用兩種方式表示的相同值：一個表示 Unix 時間（"t": 135...），另一個表示的是更易理解的日期。

請注意，此報告是從你執行該指令的成員的角度出發：可能會因為網路問題，造成報告中包含的資訊可能不正確或已過時。

視覺化複製圖譜

如果在次要伺服器上執行 `rs.status()`，將有一個名為 "syncingTo" 的最上層欄位。這個欄位會提供此成員要複製的主機。藉由在組的每個成員上執行 `replSetGetStatus` 指令，你可以找出複製圖譜。舉例來說，假設 server1 是跟 *server1* 的連接，server2 是跟 *server2* 的連接，依此類推，你可能會有類似如下的內容：

```
> server1.adminCommand({replSetGetStatus: 1})['syncingTo']
server0:27017
> server2.adminCommand({replSetGetStatus: 1})['syncingTo']
server1:27017
> server3.adminCommand({replSetGetStatus: 1})['syncingTo']
server1:27017
> server4.adminCommand({replSetGetStatus: 1})['syncingTo']
server2:27017
```

因此，*server0* 是 *server1* 的複製來源，*server1* 是 *server2* 和 *server3* 的複製來源，而 *server2* 是 *server4* 的複製來源。

MongoDB 根據 ping 時間決定要與誰同步。當一個成員傳送心跳給另一個成員時，它計算這個請求所花的時間。MongoDB 會維持這些時間的執行平均值。當成員必須選擇另一個要同步的成員時，它將在複製中尋找最接近它並且在它前面的成員（因此，你不能得到一個複製循環：成員將僅從主要伺服器或遙遙領先的次要伺服器上進行複製）。

這代表，如果你在次要數據中心中建立一個新成員，則跟主要數據中心中的成員相比，它更有可能跟該數據中心中的其他成員進行同步（進而使網路流量最小化），如圖 13-1 所示。

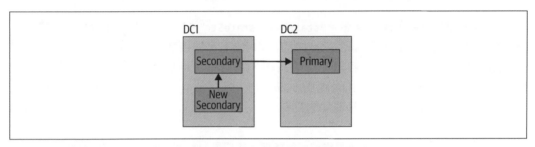

圖 13-1　新的次要伺服器通常會選擇跟同一數據中心的成員進行同步

然而，自動複製鏈接有一個缺點：越多的複製鏈接串代表要將寫入複製到所有伺服器的花費時間會越長。舉例來說，假設一切都在單一個數據中心內，但是因為新增成員時網路速度的變化，MongoDB 最終會在一條線上進行複製，如圖 13-2 所示。

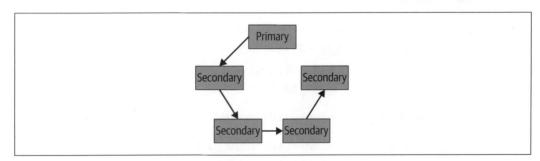

圖 13-2　隨著複製鏈接變得越來越長，所有成員需要更長的時間來取得資料拷貝

這是極度難發生的，但並非不可能。然而，這可能是我們不想要的：鏈中的每個次要伺服器都必須比「在它前面」的次級伺服器的資料要落後一些。你可以使用 replSetSyncFrom 指令（或 rs.syncFrom() 輔助函式）修改成員的複製來源，來解決這個問題。

連接到要修改複製來源的次要伺服器，然後執行以下指令，並將希望該成員同步的伺服器傳入指令：

```
> secondary.adminCommand（{" replSetSyncFrom":" server0：27017"}）
```

切換同步來源可能需要幾秒鐘，但是如果你再次在該成員上執行 rs.status()，你應該會看到 "syncingTo" 欄位現在顯示為 "server0：27017"。

現在該成員（*server4*）將繼續從 *server0* 複製，直到 *server0* 變得不可用，或者直到它大大落後於其他成員。

複製迴圈

複製迴圈（*replication loop*）是指成員最終會互相複製—舉例來說，*A* 正在跟 *B* 進行同步，而 *B* 正在跟 *C* 進行同步，而 *C* 則跟 *A* 進行同步。因為複製迴圈中的所有成員都不可以是主要伺服器，因此成員不會收到任何要複製的新動作，進而落後。

當成員選擇自動同步對象時，複製迴圈應該是不可能發生的。然而，你可以使用 replSetSyncFrom 指令來強制發生複製迴圈的狀況。所以在手動更改同步目標之前，請仔細查看 rs.status() 的輸出，並注意不要建立迴圈。如果你不選擇一個絕對超前的成員進行同步，replSetSyncFrom 指令將會警告你，但它仍然允許你這麼做。

取消鏈接

鏈接（*chaining*）是指次要伺服器跟另一個次要伺服器（而不是主要伺服器）進行同步。如前所述，成員可以自動決定要與其他成員進行同步。你可以藉由將 "chainingAllowed" 設定修改為 false（如果未指定，預設為 truc）來取消鏈接，並且強迫所有成員跟主要伺服器同步：

```
> var config = rs.config()
> // create the settings subobject, if it does not already exist
> config.settings = config.settings || {}
> config.settings.chainingAllowed = false
> rs.reconfig(config)
```

將 "chainingAllowed" 設定修改為 false 時，所有成員都將跟主要伺服器同步。如果主要伺服器變成不可用時，它們將會回去跟次要伺服器同步。

計算延遲

複製要追蹤的最重要指標之一，是次要伺服器與主要伺服器的同步程度。延遲（lag）是代表次要伺服器落後有多遠，這代表主要伺服器上個執行動作的時間戳記與次要節點上一個套用動作的時間戳記之間的差值。

你可以使用 rs.status() 來看成員的複製狀態，但也可以藉由執行 rs.printReplicationInfo() 或 rs.printSlaveReplicationInfo() 來快速的獲得摘要。

rs.printReplicationInfo() 會提供主要伺服器 oplog 的摘要，包括它的大小和動作的日期範圍：

```
> rs.printReplicationInfo();
    configured oplog size:    10.48576MB
    log length start to end: 3590 secs (1.00hrs)
    oplog first event time:  Tue Apr 10 2018 09:27:57 GMT-0400 (EDT)
    oplog last event time:   Tue Apr 10 2018 10:27:47 GMT-0400 (EDT)
    now:                     Tue Apr 10 2018 10:27:47 GMT-0400 (EDT)
```

在此範例中，oplog 大約為 10 MB（10 MiB），並且只能容納大約一個小時的動作。

如果這是真正的部署環境，則 oplog 應該會更大（有關更改 oplog 大小的說明，請參見下一節）。我們希望日誌長度至少跟進行完整重新同步所需的時間一樣長。這樣一來，我們就不會遇到次要伺服器在完成初始同步之前從 oplog 尾端掉下來的狀況。

假如操作日誌填滿，就會取得 oplog 中第一個動作與最後一個動作之間的時間差，來計算日誌長度。如果伺服器在 oplog 為空的狀態下啟動，那麼最早的動作將是相對較新。在這種情況下，即使 oplog 可能仍具有可用空間，但日誌長度也會很小。對於執行時間夠長的伺服器來說（至少有一次執行到足以寫完整個 oplog 的時間），長度才會是有意義的指標。

你還可以使用 rs.printSlaveReplicationInfo() 函式來取得每個成員的 syncedTo 值，以及將最後一個 oplog 內容寫入每個次要伺服器的時間，如以下範例所示：

```
> rs.printSlaveReplicationInfo();
source: m1.example.net:27017
    syncedTo: Tue Apr 10 2018 10:27:47 GMT-0400 (EDT)
```

```
        0 secs (0 hrs) behind the primary
source: m2.example.net:27017
        syncedTo: Tue Apr 10 2018 10:27:43 GMT-0400 (EDT)
        0 secs (0 hrs) behind the primary
source: m3.example.net:27017
        syncedTo: Tue Apr 10 2018 10:27:39 GMT-0400 (EDT)
        0 secs (0 hrs) behind the primary
```

記住，複製組成員的延遲是相對於主要伺服器，而不是針對「牆上的時間」計算的。這通常是無關緊要的，但是在寫入量很低的系統上，這可能會導致虛幻的複製延遲「尖峰」。舉例來說，假設你每小時寫入一次。寫入之後，在複製之前，次要伺服器看起來比主要伺服器要落後一個小時。然而，它可以在幾毫秒內趕上那個「小時」的動作。有時在監控低吞吐量的系統時會因此造成混淆。

調整 oplog 大小

你的主要節點 oplog 應該要被視為是維護窗口。如果你的主要伺服器擁有一個長達一小時大小的 oplog，那麼你只有一小時的時間來解決所有問題，要在你的次要伺服器們落後太多而必須要從頭重新同步之前完成。因此，通常會希望擁有一個可以保存幾天到一周的資料的 oplog，以便在出現問題時為自己提供一點喘息的機會。

不幸的是，在你的 oplog 被填滿之前，沒有一個簡單的方法可以告訴你 oplog 可以用多久。WiredTiger 儲存引擎允許在伺服器運行時，線上調整 oplog 的大小。你應該首先要在複製組的每個次要伺服器成員上執行這些步驟。當完成修改後，才應該要對主要伺服器進行更改。記住，每個可能成為主要伺服器的伺服器都應該要有足夠大的 oplog，以便為你提供合理的維護窗口。

要增加 oplog 的大小，可以執行以下步驟：

1. 連接到複製組成員。如果有啟用驗證機制，要確定使用具有可以修改 local 資料庫的權限。

2. 確認 oplog 目前的大小：
   ```
   > use local
   > db.oplog.rs.stats(1024*1024).maxSize
   ```

    這將顯示集合的大小（以 MB 為單位）。

3. 更改複製組成員的 oplog 大小：

    ```
    > db.adminCommand({replSetResizeOplog: 1, size: 16000})
    ```

 以下操作將複製組成員的 oplog 大小修改為 16 GB（16000MB）。

4. 最後，如果縮小了 oplog 的大小，可能需要執行 **compact** 來回收已被分配的硬碟空間。這不應該在主要伺服器成員上執行。請參閱 MongoDB 文件中的「變更 Oplog 的大小」內容（*https://oreil.ly/krv0R*），以獲取有關此案例和整個程序的更多詳細資訊。

通常，你不應該縮小 oplog 的大小：儘管它可能可以記錄長達數月之久，但通常有足夠的硬碟空間可以儲存它，並且不會消耗如 RAM 或 CPU 等任何的寶貴資源。

建立索引

如果將索引構建發送到主要伺服器，主要伺服器將會正常地構建索引，然後當次要伺服器複製到「建立索引」的動作時，次要伺服器才會建立索引。儘管這是建構索引的最簡單方法，但是索引建構是資源密集的動作，可能會使得成員不可用。如果你所有的次要伺服器都在同一時間開始建立索引，則幾乎組的所有成員都將離線，直到索引建立完成。這個程序只適用於複製組。對於分片叢集，請參閱有關在分片叢集上建構索引的 MongoDB 文件內容（*https://oreil.ly/wJNeE*）。

 建立 "unique" 索引時，必須要停止對集合的所有寫入動作。如果未停止寫入操作，可能會導致整個複製組成員的資料不一致的結果。

因此，你會希望一次在一個成員上建立索引，將對應用程式的影響最小化。若要完成這件事，可以執行以下動作：

1. 關閉次要伺服器。

2. 以獨立伺服器方式重新啟動。

3. 在獨立伺服器上建立索引。

4. 索引建構完成後，以作為複製組的成員的方式重新啟動伺服器。重新啟動這個成員時，如果命令列選項或配置檔案中存在 `disableLogicalSessionCacheRefresh` 參數，則需要刪除該參數。

5. 對複製組中的每個次要伺服器重複步驟 1 到 4。

現在，你應該有一個複製組，除了主要伺服器之外的每個成員都建立了索引。現在有兩個選項，你應該要選擇一個對正式環境系統影響最小的選項：

1. 在主要伺服器上建立索引。如果你的流量有較少的時候，這可能就是建構索引的好時機。你可能也會想修改讀取偏好，在建構索引進行時，暫時將更多的負載分流到次要伺服器上。

   主要伺服器會將索引建構複製到次要伺服器上，但是因為它們已經有了索引，所以對它們來說不用執行任何動作。

2. 將主要伺服器降級，然後按照前面描述的步驟 2 到步驟 4 進行操作。這需要容錯移轉，但是當舊的主要伺服器正在建立索引時，你還是會有一個正常運作的主要伺服器。當索引建構完成後，你可以將其重新放入組內。

注意，你還可以使用此技術在次要伺服器上建構跟組內其他部分不同的索引。這對於離線處理來說可能很有用，但要確定具有不同索引的成員永遠不會成為主要伺服器：其優先權應該始終要為 0。

如果要建立唯一索引，要確定主要伺服器沒有插入重複內容，或者是要確定先在主要伺服器上建立索引。要不然主要伺服器可能會插入重複內容，進而導致次要伺服器發生複製錯誤。如果發生這種情況，次要伺服器將會自行關閉。你將必須以獨立伺服器的方式重新啟動它，刪除唯一索引，然後重新啟動它。

節省的複製

如果很難擁有一台以上的高品質伺服器，那麼就要考慮擁有一台專門用於災難恢復的次要伺服器，該伺服器有較少的 RAM 和 CPU，較慢的硬碟 I/O……等。好的伺服器將永遠會是你的主要伺服器，便宜的伺服器將永遠不會處理任何客戶端流量（將客戶端配置為把所有讀取傳送到主要伺服器上）。以下是為便宜伺服器所設定的選項：

`"priority" : 0`
   你不希望該伺服器成為主要伺服器。

`"hidden" : true`

你不希望客戶端向這個次要伺服器發送讀取請求。

`"buildIndexes" : false`

這不是必要的，但是它可以減輕這個伺服器必須處理的負載。但假如需要從這個伺服器還原時，則需要重建索引。

`"votes" : 0`

如果只有兩台機器，在這個次要伺服器上的 **"votes"** 設定為 **0**，這樣當這台機器故障時，主要伺服器仍然可以保持為主要伺服器。如果你有第三台伺服器（就算只是你的應用程式伺服器），請在該伺服器上執行仲裁者，而不要將 **"votes"** 設定為 **0**。

這將為你提供安全性，讓你不用購買兩台高效能伺服器即可擁有次要伺服器。

## 第四部分

分片

## 第十四章

簡介分片

本章介紹要如何擴充 MongoDB，包含：

- 什麼是分片，以及叢集的元件

- 要如何設置分片

- 分片如何與你的應用程式互動

分片是什麼？

分片（*sharding*）是指在機器之間拆分資料的過程。分區（*partitioning*）這個詞有時也會用來描述這個概念。在每台機器上放置一個資料的子集合，就可以儲存更多資料並處理更多負載，而不用使用更大或更強的機器，只要有許多台效能較低的機器即可。分片也可以用於其他目的上，包括將更常被存取的資料放置在效能更高的硬體上，或者是基於地理位置來拆分資料集（例如，基於使用者的位置設定），將集合中文件的子集合放在靠近最常存取它們的應用程式伺服器附近。

幾乎所有的資料庫軟體都可以手動地完成分片。使用這種方法，應用程式會維護跟幾個不同資料庫伺服器的連接，而每個資料庫伺服器都是完全獨立的。應用程式會管理將不同的資料儲存在不同的伺服器上，並且在查詢時會對適當的伺服器查詢來取回資料。這個設定可以運作地很好，但是在叢集中新增或刪除節點時，或者是面對變化的資料分佈或負載模式時，會變得很難維護。

MongoDB 支援自動分片，自動分片試圖將架構從應用程式中抽象出來，並且簡化這類系統的管理工作。MongoDB 會讓你的應用程式在某種程度上忽略它並不是跟獨立的 MongoDB 伺服器通訊的這一個事實。在操作方面，MongoDB 自動實現各個分片之間的資料平衡，並且讓它更容易能增加或刪除容量。

從開發和運作的角度來看，分片是配置 MongoDB 中最複雜的方法。有許多要配置和監控的元件，而資料會自動在叢集中移動。在嘗試部署或使用分片叢集之前，你應該要對獨立伺服器和複製組感到熟悉。此外，跟複製組一樣，建議配置和部署分片叢集的方法，是使用 MongoDB Ops Manager 或 MongoDB Atlas。如果你需要能夠控制計算基礎架構，那就會建議使用 Ops Manager。如果你可以將基礎架構管理交給 MongoDB 處理的話，則建議使用 MongoDB Atlas（可以選擇在 Amazon AWS、Microsoft Azure 或 Google Compute Cloud 上執行）。

了解叢集的元件

MongoDB 的分片讓你可以建立一個由許多機器（分片）組成的叢集，並且拆解一個集合，然後在每個分片上放置一個資料子集合。這樣讓你的應用程式可以成長超出獨立伺服器或複製組的資源限制。

許多人對複製和分片之間的差異感到困惑。記住，複製會在多台伺服器上建立資料的精確拷貝，因此每台伺服器都會是其他伺服器的鏡像。相反地，每個分片都包含不同的資料子集合。

分片的其中一個目標是，使 2、3、10，甚至數百個分片的叢集，在你的應用程式中看起來像是單一台機器。為了在應用程式中隱藏這些細節，我們會在分片前面執行一個或多個稱為 *mongos* 的路由程序。*mongos* 會保留一個「目錄」，告訴它哪個分片包含哪些資料。應用程式可以連接到這個路由器並且正常地發出請求，如圖 14-1 所示。路由器知道哪個分片上有什麼資料，所以它便能夠將請求轉發到適當的分片上。如果對請求有任何回應時，路由器將會收集這些回應，假如有必要會將它們合併，然後發送回應用程式。應用程式只會知道，它是連接到一個獨立的 *mongod*，如圖 14-2 所示。

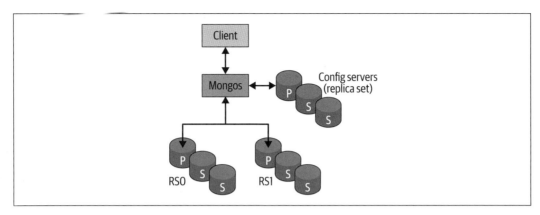

圖 14-1　分片的客戶端連接

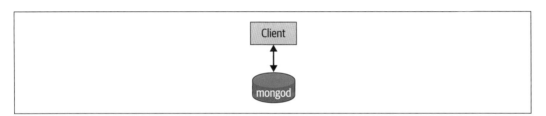

圖 14-2　非分片的客戶端連接

在單一機器叢集上分片

我們將從快速地在一台機器上設定叢集開始。首先,使用 --nodb 和 --norc 選項啟動 *mongo* 命令列界面:

```
$ mongo --nodb --norc
```

若要建立叢集,使用 ShardingTest 類別。在你剛啟動的 *mongo* 命令列界面中執行以下指令:

```
st = ShardingTest({
  name:"one-min-shards",
  chunkSize:1,
  shards:2,
  rs:{
    nodes:3,
    oplogSize:10
  },
```

```
    other:{
      enableBalancer:true
    }
  });
```

chunksize 選項將在第十七章中介紹。現在,把它設為 1 即可。至於傳入給 ShardingTest 的其他選項,name 是分片叢集的標籤,shards 指定叢集將由兩個分片組成(在範例中這樣做是為了維持較低的資源需求),rs 將每個分片定義為 oplogSize 為 10 MiB 的三節點複製組(同樣地,為了保持較低的資源利用率)。儘管可以為每個分片執行一個獨立的 *mongod*,但如果我們將每個分片建立為複製組,可以更清晰地描繪出分片叢集的典型架構。在最後一個指定的選項中,我們指示 ShardingTest 在叢集啟動後啟用負載平衡器。這樣可以確保資料均勻地分佈在兩個分片上。

ShardingTest 是 MongoDB 工程部門內部使用的類別,因此並沒有外部文件紀錄。然而,由於它是跟 MongoDB 伺服器一起提供的,所以它提供了最簡單的方法來用分片叢集作實驗。ShardingTest 最初是設計來支援伺服器測試套件,而目前仍然是用於此目的。在預設情況下,它提供了許多方便之處,有助於將資源利用率保持在盡可能地小,並且有助於設定一個分片叢集的相對複雜結構。它會預設在機器上已經存在 /data/db 目錄;如果 ShardingTest 無法執行,則建立此目錄再次重新執行指令即可。

當你執行這個指令時,ShardingTest 將自動為你做很多事情。它會建立一個具有兩個分片的新叢集,每個分片都是一個複製組。它會配置複製組,並且使用必要的選項來啟動每個節點以建立複製協議。它會啟動一個 *mongos*,來管理對分片的請求,讓客戶端在跟叢集互動時,在一定程度上像是跟獨立的 *mongod* 溝通一樣。最後,它會為配置伺服器啟動另一個複製組,這個伺服器會維護必要的路由表格資訊,來確保將查詢導向到正確的分片上。記住,分片的主要使用案例是拆分資料集,來解決硬體和成本限制,或為應用程式提供更好的效能(例如地理分割)。MongoDB 分片在許多面向會以無縫接軌的方式向應用程式提供這些功能。

當 ShardingTest 完成叢集的設定後,會有 10 個程序正在運行,並且可以跟它們連接:有兩個複製組,每個複製組包含三個節點,一個配置伺服器複製組,其中包含三個節點,以及一個 *mongos*。在預設狀況中,這些程序應該會從連接埠 20000 開始。*mongos* 應該會在連接埠 20009 上運行。你在本地機器上執行的其他程序以及先前對 ShardingTest 的呼叫,會影響 ShardingTest 使用的連接埠,但要確定叢集程序所運行的連接埠應該不會有太多的困難。

接下來，你會連接到 *mongos* 來使用叢集。整個叢集會將其日誌傾倒到目前的命令列界面中，因此，打開第二個終端機視窗並且啟動另一個 *mongo* 命令列界面：

```
$ mongo --nodb
```

使用這個命令列界面來連接到叢集的 *mongos*。同樣地，你的 *mongos* 應該會在連接埠 20009 上運行：

```
> db = (new Mongo("localhost:20009")).getDB("accounts")
```

注意，*mongo* 命令列界面中的命令提示字元應該會被修改，來反映你已經連接到 *mongos*。現在你處於前面提過的情況，如圖 14-1 所示：命令列界面是客戶端，並且已經連接到 *mongos*。你可以開始將請求傳送到 *mongos*，然後請求將會路由到分片上。你實際上不需要了解分片的任何事，例如說有多少分片或是它們的地址是什麼。只要那裡有一些分片，你就可以將請求傳送給 *mongos*，並且讓它適當地被轉送。

首先插入　些資料：

```
> for (var i=0; i<100000; i++) {
...     db.users.insert({"username" : "user"+i, "created_at" : new Date()});
... }
> db.users.count()
100000
```

如你所見，跟 *mongos* 互動的方式與跟獨立伺服器互動的方式相同。

你可以藉由執行 sh.status() 來獲得叢集的整體檢視。它會提供你分片、資料庫和集合的摘要：

```
> sh.status()
--- Sharding Status ---
sharding version: {
  "_id": 1,
  "minCompatibleVersion": 5,
  "currentVersion": 6,
  "clusterId": ObjectId("5a4f93d6bcde690005986071")
}
shards:
{
  "_id" : "one-min-shards-rs0",
  "host" :
    "one-min-shards-rs0/MBP:20000,MBP:20001,MBP:20002",
  "state" : 1 }
{   "_id" : "one-min-shards-rs1",
    "host" :
```

```
      "one-min-shards-rs1/MBP:20003,MBP:20004,MBP:20005",
    "state" : 1 }
  active mongoses:
    "3.6.1" : 1
  autosplit:
    Currently enabled: no
  balancer:
    Currently enabled:  no
    Currently running:  no
    Failed balancer rounds in last 5 attempts:  0
    Migration Results for the last 24 hours:
      No recent migrations
  databases:
    {  "_id" : "accounts",  "primary" : "one-min-shards-rs1",
       "partitioned" : false }
    {  "_id" : "config",  "primary" : "config",
       "partitioned"  : true }
    config.system.sessions
  shard key: { "_id" : 1 }
  unique: false
  balancing: true
  chunks:
    one-min-shards-rs0      1
    { "_id" : { "$minKey" : 1 } } -->> { "_id" : { "$maxKey" : 1 } }
    on : one-min-shards-rs0 Timestamp(1, 0)
```

 sh 與 rs 類似，但 sh 是用在分片上：它是一個全域變數，定義了許多分片的輔助函數，你可以執行 sh.help() 來看到它們。從 sh.status() 的輸出中可以看到，你有兩個分片和兩個資料庫（*config* 是自動建立的）。

你的 *accounts* 資料庫的主要分片可能會跟此處顯示的不同。主要分片是為每個資料庫隨機選擇的「本壘」分片。所有資料都會在主要分片上。MongoDB 目前還無法自動分配資料，因為它不知道你希望如何（或是否要）分配資料。你必須告訴它，每個集合要如何分配資料。

 主要分片與複製組的主要伺服器不同。主要分片是指組成分片的整個複製組。複製組中的主要伺服器是該組中可以進行寫入動作的單一伺服器。

要分片特定集合，首先要在集合的資料庫上啟用分片。要做到這件事情，可以執行 enableSharding 指令：

```
> sh.enableSharding("accounts")
```

現在，在 *accounts* 資料庫上已經啟用了分片，讓你可以在資料庫中分片集合。

當要分片集合時，要選擇一個分片鍵。這是 MongoDB 用於分解資料的一兩個欄位。舉例來說，如果你選擇在 "username" 上進行分片，MongoDB 會將資料拆分為使用者名稱的範圍："a1-steak-sauce" 到 "defcon"、"defcon1" 到 "howie1998"、……依此類推。選擇分片鍵可以想成是選擇集合中資料的排序。這跟建立索引的概念類似，並且有充分的理由：分片鍵隨著集合的增大而變為集合上最重要的索引。就算要建立一個分片鍵，也必須對該欄位進行索引。

因此，在啟用分片之前，必須在要分片的鍵上建立索引：

```
> db.users.createIndex({"username" : 1})
```

現在，你可以使用 "username" 來分片集合：

```
> sh.shardCollection("accounts.users", {"username" : 1})
```

雖然我們在這裡沒有仔細考慮就選擇了一個分片鍵，但這其實是一個重要的決定，在實際系統中應該要仔細考慮。有關選擇分片鍵的更多建議，請參見第十六章。

如果你等待幾分鐘後再次執行 sh.status()，會看到顯示的資訊比之前更多：

```
> sh.status()
--- Sharding Status ---
sharding version: {
  "_id" : 1,
  "minCompatibleVersion" : 5,
  "currentVersion" : 6,
  "clusterId" : ObjectId("5a4f93d6bcde690005986071")
}
shards:
  {  "_id" : "one-min-shards-rs0",
     "host" :
       "one-min-shards-rs0/MBP:20000,MBP:20001,MBP:20002",
     "state" : 1 }
  {  "_id" : "one-min-shards-rs1",
     "host" :
       "one-min-shards-rs1/MBP:20003,MBP:20004,MBP:20005",
     "state" : 1 }
active mongoses:
```

```
    "3.6.1" : 1
autosplit:
  Currently enabled: no
balancer:
  Currently enabled:  yes
  Currently running:  no
  Failed balancer rounds in last 5 attempts:  0
  Migration Results for the last 24 hours:
    6 : Success
databases:
  {  "_id" : "accounts",  "primary" : "one-min-shards-rs1",
     "partitioned" : true }
accounts.users
  shard key: { "username" : 1 }
  unique: false
  balancing: true
  chunks:
    one-min-shards-rs0  6
    one-min-shards-rs1  7
    { "username" : { "$minKey" : 1 } } -->>
      { "username" : "user17256" } on : one-min-shards-rs0 Timestamp(2, 0)
    { "username" : "user17256" } -->>
      { "username" : "user24515" } on : one-min-shards-rs0 Timestamp(3, 0)
    { "username" : "user24515" } -->>
      { "username" : "user31775" } on : one-min-shards-rs0 Timestamp(4, 0)
    { "username" : "user31775" } -->>
      { "username" : "user39034" } on : one-min-shards-rs0 Timestamp(5, 0)
    { "username" : "user39034" } -->>
      { "username" : "user46294" } on : one-min-shards-rs0 Timestamp(6, 0)
    { "username" : "user46294" } -->>
      { "username" : "user53553" } on : one-min-shards-rs0 Timestamp(7, 0)
    { "username" : "user53553" } -->>
      { "username" : "user60812" } on : one-min-shards-rs1 Timestamp(7, 1)
    { "username" : "user60812" } -->>
      { "username" : "user68072" } on : one-min-shards-rs1 Timestamp(1, 7)
    { "username" : "user68072" } -->>
      { "username" : "user75331" } on : one-min-shards-rs1 Timestamp(1, 8)
    { "username" : "user75331" } -->>
      { "username" : "user82591" } on : one-min-shards-rs1 Timestamp(1, 9)
    { "username" : "user82591" } -->>
      { "username" : "user89851" } on : one-min-shards-rs1 Timestamp(1, 10)
    { "username" : "user89851" } -->>
      { "username" : "user9711" } on : one-min-shards-rs1 Timestamp(1, 11)
    { "username" : "user9711" } -->>
      { "username" : { "$maxKey" : 1 } } on : one-min-shards-rs1 Timestamp(1, 12)
    {  "_id" : "config",  "primary" : "config",  "partitioned" : true }
config.system.sessions
```

```
shard key: { "_id" : 1 }
unique: false
balancing: true
chunks:
  one-min-shards-rs0  1
  { "_id" : { "$minKey" : 1 } } -->>
    { "_id" : { "$maxKey" : 1 } } on : one-min-shards-rs0 Timestamp(1, 0)
```

集合已經被分為 13 個資料塊，每個資料塊都是資料的子集合。這些是按分片鍵範圍列出的（ {"username" : *minValue*} -->> {"username" : *maxValue*} 表示每個資料塊的範圍）。查看輸出的 "on" : *shard* 部分，你會看到這些資料塊已經在分片之間被平均分配。

圖 14-3 至 14-5 會以圖形方式顯示將集合拆分為多個資料塊的程序。在分片之前，集合本質上就是單一個資料塊。分片會用分片鍵將資料分成較小的資料塊，如圖 14-4 所示。然後就可以將這些資料塊分佈在整個叢集中，如圖 14-5 所示。

圖 14-3　在對集合進行分片之前，可以將其視為從分片鍵的最小值到最大的單一資料塊

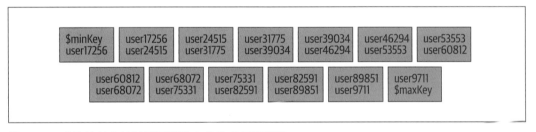

圖 14-4　分片基於分片鍵範圍將集合分為多個資料塊

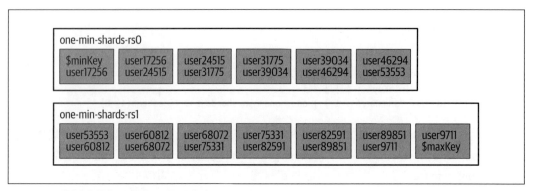

圖 14-5　資料塊均勻分佈在可用分片上

請注意資料塊列表開頭和結尾的鍵：$minKey 和 $maxKey。$minKey 可以被視為「負無限大」。它小於在 MongoDB 中的任何其他值。同樣地，$maxKey 就像「正無限大」。它大於任何其他值。因此，你將會永遠看到這些如資料塊範圍的「上限」。分片鍵的值永遠會在 $minKey 和 $maxKey 之間。這些值實際上是 BSON 類型，不應在你的應用程式中使用，它們主要供內部使用。如果希望在命令列界面中引用它們，要使用 MinKey 和 MaxKey 常數。

現在，資料已經分佈在多個分片中，讓我們嘗試執行一些查詢。首先，嘗試查詢特定的使用者名稱：

```
> db.users.find({username: "user12345"})
{
    "_id" : ObjectId("5a4fb11dbb9ce6070f377880"),
    "username" : "user12345",
    "created_at" : ISODate("2018-01-05T17:08:45.657Z")
}
```

如你所見，查詢正常運作。但是，讓我們執行 explain 來看 MongoDB 在做什麼：

```
> db.users.find({username: "user12345"}}).explain()
{
  "queryPlanner" : {
    "mongosPlannerVersion" : 1,
    "winningPlan" : {
      "stage" : "SINGLE_SHARD",
      "shards" : [{
    "shardName" : "one-min-shards-rs0",
    "connectionString" :
      "one-min-shards-rs0/MBP:20000,MBP:20001,MBP:20002",
    "serverInfo" : {
        "host" : "MBP",
```

```
        "port" : 20000,
      "version" : "3.6.1",
      "gitVersion" : "025d4f4fe61efd1fb6f0005be20cb45a004093d1"
    },
    "plannerVersion" : 1,
    "namespace" : "accounts.users",
    "indexFilterSet" : false,
    "parsedQuery" : {
        "username" : {
          "$eq" : "user12345"
        }
    },
    "winningPlan" : {
      "stage" : "FETCH",
      "inputStage" : {
        "stage" : "SHARDING_FILTER",
          "inputStage" : {
              "stage" : "IXSCAN",
          "keyPattern" : {
            "username" : 1
          },
          "indexName" : "username_1",
          "isMultiKey" : false,
          "multiKeyPaths" : {
                "username" : [ ]
          },
          "isUnique" : false,
              "isSparse" : false,
            "isPartial" : false,
          "indexVersion" : 2,
          "direction" : "forward",
          "indexBounds" : {
            "username" : [
                    "[\"user12345\", \"user12345\"]"
      ]
          }
        }
          }
    },
    "rejectedPlans" : [ ]
        }]
    }
},
"ok" : 1,
"$clusterTime" : {
  "clusterTime" : Timestamp(1515174248, 1),
  "signature" : {
```

```
        "hash" : BinData(0,"AAAAAAAAAAAAAAAAAAAAAAAAAAA="),
        "keyId" : NumberLong(0)
      }
    },
    "operationTime" : Timestamp(1515173700, 201)
  }
```

在 explain 輸出中的 "winningPlan" 欄位中，可以看到我們的叢集使用單個分片 *one-min-shards-rs0* 滿足了這個查詢。根據稍早顯示的 sh.status() 的輸出，我們可以看到 *user12345* 的確落在叢集中該分片列出的第一個資料塊的鍵範圍內。

因為 "username" 是分片鍵，所以 *mongos* 能夠將查詢直接路由到正確的分片。以下將對所有使用者查詢的結果來進行對比：

```
> db.users.find().explain()
{
  "queryPlanner":{
    "mongosPlannerVersion":1,
    "winningPlan":{
      "stage":"SHARD_MERGE",
      "shards":[
        {
          "shardName":"one-min-shards-rs0",
          "connectionString":
            "one-min-shards-rs0/MBP:20000,MBP:20001,MBP:20002",
          "serverInfo":{
            "host":"MBP.fios-router.home",
            "port":20000,
            "version":"3.6.1",
            "gitVersion":"025d4f4fe61efd1fb6f0005be20cb45a004093d1"
          },
          "plannerVersion":1,
          "namespace":"accounts.users",
          "indexFilterSet":false,
          "parsedQuery":{

          },
          "winningPlan":{
            "stage":"SHARDING_FILTER",
            "inputStage":{
              "stage":"COLLSCAN",
              "direction":"forward"
            }
          },
          "rejectedPlans":[
```

```
            ]
          },
          {
            "shardName":"one-min-shards-rs1",
            "connectionString":
              "one-min-shards-rs1/MBP:20003,MBP:20004,MBP:20005",
            "serverInfo":{
              "host":"MBP.fios-router.home",
              "port":20003,
              "version":"3.6.1",
              "gitVersion":"025d4f4fe61efd1fb6f0005be20cb45a004093d1"
            },
            "plannerVersion":1,
            "namespace":"accounts.users",
            "indexFilterSet":false,
            "parsedQuery":{

            },
            "winningPlan":{
              "stage":"SHARDING_FILTER",
              "inputStage":{
                "stage":"COLLSCAN",
                "direction":"forward"
              }
            },
            "rejectedPlans":[

            ]
          }
        ]
      }
    },
    "ok":1,
    "$clusterTime":{
      "clusterTime":Timestamp(1515174893, 1),
      "signature":{
        "hash":BinData(0, "AAAAAAAAAAAAAAAAAAAAAAAAAAA="),
        "keyId":NumberLong(0)
      }
    },
    "operationTime":Timestamp(1515173709, 514)
}
```

從 explain 中可以看到，這個查詢必須拜訪兩個分片來找到所有資料。通常來說，如果我們不在查詢中使用分片鍵，那麼 *mongos* 將必須把查詢發送到每個分片上。

包含分片鍵並且可以被送到單一分片或是分片子集合的查詢稱為**目標查詢**（*targeted queries*）。必須發送給所有分片的查詢稱為**分散聚集**（*scatter-gather*）查詢，也被稱為廣播查詢：*mongos* 將查詢分佈到所有分片，然後聚集結果。

當你完成實驗後，要關閉設定。切換回原本的命令列界面，然後按幾次 Enter 鍵返回命令列，接著執行 st.stop() 來乾淨地關閉所有伺服器：

```
> st.stop()
```

如果你不太確定某個動作的結果，可以使用 ShardingTest 啟動一個快速的本地叢集來進行嘗試。

## 第十五章

配置分片

在前一章中，你在一台機器上設定了 個「叢集」。本章介紹要如何設定一個更真實的叢集，以及各個部分是如何運作的。包含：

- 要如何設定配置伺服器、分片以及 *mongos* 程序
- 要如何增加叢集的容量
- 資料是如何被儲存以及分佈的

何時分片

決定要何時分片是一種平衡的行為。你通常不希望太早開始分片，因為這樣會增加部署的操作複雜性，並且強迫你做出以後很難更改的設計決策。另一方面，你也不想等很久後才開始分片，因為會很難在不停機的情況下分片一個過載的系統。

通常來說，分片用於：

- 增加可用記憶體
- 增加可用硬碟空間
- 減少伺服器上的負載
- 擁有比單一個 *mongod* 能處理更大的讀取或寫入資訊吞吐量

因此，良好的監控對於決定何時需要分片是很重要的。仔細量測每個指標。通常人們面對到這些瓶頸之一的速度會比面對到其他瓶頸要快得多，因此首先要知道你的部署需要配置什麼，並且提前計畫要在何時並且如何轉換複製組。

啟動伺服器

建立叢集的第一步，是啟動所有所需的程序。如上一章所提到的，需要設置 *mongos* 和分片。還有第三個元件－配置伺服器，它是很重要的部分。配置伺服器是一個普通的 *mongod* 伺服器，用來儲存叢集配置：哪些複製組管理這些分片，哪些集合使用分片以及每個資料塊位於哪個分片上。MongoDB 3.2 版導入了使用複製組作為配置伺服器。複製組取代了配置伺服器使用的原始同步機制；MongoDB 3.4 版時刪除了使用這個原始機制的功能。

配置伺服器

配置伺服器是叢集的大腦：它們擁有有關哪些伺服器擁有哪些資料的所有元資料。因此，它們必須要先被設置，而它們所保存的資料非常重要：確定它們是在啟用日誌功能的情況下執行，並且它們的資料是儲存在永久儲存裝置上。在正式環境部署中，你的配置伺服器複製組應該至少要包含三個成員。每個配置伺服器應該要位於不同的實體機器上，最好在地理位置上也是分散的。

配置伺服器必須要在任何 *mongos* 程序之前被啟動，因為 *mongos* 會從配置伺服器中拉出它的配置。首先，在三台單獨的計算機上執行以下指令來啟動配置伺服器：

```
$ mongod --configsvr --replSet configRS --bind_ip localhost,198.51.100.51 mongod
  --dbpath /var/lib/mongodb
```

```
$ mongod --configsvr --replSet configRS --bind_ip localhost,198.51.100.52 mongod
  --dbpath /var/lib/mongodb
```

```
$ mongod --configsvr --replSet configRS --bind_ip localhost,198.51.100.53 mongod
  --dbpath /var/lib/mongodb
```

然後將配置伺服器啟動為複製組。要做到這件事，將 *mongo* 命令列界面連接到複製組的其中一個成員：

```
$ mongo --host <hostname> --port <port>
```

接著使用 rs.initiate() 輔助函式：

```
> rs.initiate(
  {
    _id: "configRS",
    configsvr: true,
    members: [
      { _id : 0, host : "cfg1.example.net:27019" },
      { _id : 1, host : "cfg2.example.net:27019" },
      { _id : 2, host : "cfg3.example.net:27019" }
    ]
  }
)
```

在此，我們使用 *configRS* 作為複製組的名稱。注意，在起始每個配置伺服器跟呼叫 rs.initiate() 時，此名稱都會出現在命令列中。

--configsvr 選項會向 *mongod* 表示你打算將它用作配置伺服器。在執行這個選項的伺服器上，客戶端（即其他叢集元件）無法將資料寫入到 *config* 或 *admin* 以外的任何資料庫上。

admin 資料庫包含與身分驗證和權限控管相關的集合，其他 *system.** 集合也是供內部使用的。*config* 資料庫則包含保存分片叢集元資料的集合。當元資料發生變更時（例如在資料塊移植或資料塊拆分之後），MongoDB 會將資料寫入 *config* 資料庫。

當寫入配置伺服器時，MongoDB 的 writeConcern 層級是 "majority"。同樣地，從配置伺服器讀取資料時，MongoDB 的 readConcern 層級是 "majority"。這樣可以確保分片的叢集元資料在確定不會被撤回之後才會送交給配置伺服器複製組。它還保證只會讀取能夠在配置伺服器故障後恢復的元資料。這對於確定所有 *mongos* 路由器對於分片叢集中的資料組織方式具有一致的看法來說是必要的。

在資源供應方面，配置伺服器應該要在網路和 CPU 資源方面充分供應。它們只會保存叢集中資料的目錄，因此所需的儲存資源會是最少的。它們應該要被部署在單獨的硬體機器上，以避免跟其他程序爭用機器資源。

如果所有配置伺服器都遺失了，那麼你必須挖掘所有分片上的資料，來找出資料在哪裡。這是可以做到的，但是會非常緩慢且令人不悅。應該要頻繁地備份配置伺服器資料。在執行任何叢集維護之前，永遠都要先對配置伺服器進行備份。

mongos 程序

當你擁有三台配置伺服器在執行中，就可以啟動 *mongos* 程序來連接你的應用程式。
mongos 程序需要知道配置伺服器的位置，因此必須在啟動 *mongos* 時永遠搭配 `--configdb`
選項啟動：

```
$ mongos --configdb \
  configRS/cfg1.example.net:27019, \
  cfg2.example.net:27019,cfg3.example.net:27019 \
  --bind_ip localhost,198.51.100.100 --logpath /var/log/mongos.log
```

在預設情況下，*mongos* 在連接埠 27017 上執行。注意，它不需要資料目錄（*mongos* 本
身不會保存資料；它在啟動時會從配置伺服器上讀取叢集配置）。確定設定了 `--logpath`
選項，來將 *mongos* 的日誌儲存在安全的地方。

你應該要啟動少數的 *mongos* 程序，並將它們放在盡可能靠近所有分片的位置。這樣當需
要存取多個分片或是要執行分散 / 聚集動作的查詢時，就可以提高效能。最小的設定是至
少要有兩個 *mongos* 程序，來保證高可用性。要執行數十或數百個 *mongos* 程序也是可能
的，但這會導致在 *config* 伺服器上的資源爭用。推薦的方法是提供一個小的路由器池。

從複製組增加一個分片

總算，你已經準備好要新增分片了。目前有兩種可能：你可能有一個已經存在的複製組，
或者可能要從頭開始。我們將從已經有複製組開始介紹。如果你要從頭開始，先初始化
一個空的複製組，然後再按照接下來要敘述的步驟操作。

如果你已經有一個複製組為你的應用程式提供服務，那麼它將成為你的第一個分片。要
將它轉換為分片，需要對成員進行小小的配置修改，然後告訴 *mongos* 要如何找到將要成
為分片的複製組。

舉例來說，如果你在 *svr1.example.net*、*svr2.expleple.net* 和 *svr3.example.net* 上都有一個
叫做 *rs0* 的複製組，首先要使用 *mongo* 命令列界面連接到其中一個成員：

```
$ mongo srv1.example.net
```

然後使用 `rs.status()` 確定哪個成員是主要伺服器，哪些成員是次要伺服器：

```
> rs.status()
   "set" : "rs0",
   "date" : ISODate("2018-11-02T20:02:16.543Z"),
   "myState" : 1,
```

```
"term" : NumberLong(1),
"heartbeatIntervalMillis" : NumberLong(2000),
"optimes" : {

      "lastCommittedOpTime" : {
          "ts" : Timestamp(1478116934, 1),
          "t" : NumberLong(1)
      },
      "readConcernMajorityOpTime" : {
          "ts" : Timestamp(1478116934, 1),
          "t" : NumberLong(1)
      },
      "appliedOpTime" : {
          "ts" : Timestamp(1478116934, 1),
          "t" : NumberLong(1)
      },
      "durableOpTime" : {
          "ts" : Timestamp(1478116934, 1),
          "t" : NumberLong(1)
      }
   },

"members" : [
   {
        "_id" : 0,
        "name" : "svr1.example.net:27017",
        "health" : 1,
        "state" : 1,
        "stateStr" : "PRIMARY",
        "uptime" : 269,
        "optime" : {
                  "ts" : Timestamp(1478116934, 1),
                  "t" : NumberLong(1)
        },
        "optimeDate" : ISODate("2018-11-02T20:02:14Z"),
        "infoMessage" : "could not find member to sync from",
        "electionTime" : Timestamp(1478116933, 1),
        "electionDate" : ISODate("2018-11-02T20:02:13Z"),
        "configVersion" : 1,
        "self" : true
   },
   {
        "_id" : 1,
        "name" : "svr2.example.net:27017",
        "health" : 1,
        "state" : 2,
```

```
                "stateStr" : "SECONDARY",
                "uptime" : 14,
                "optime" : {
                    "ts" : Timestamp(1478116934, 1),
                    "t" : NumberLong(1)
                },
                "optimeDurable" : {
                    "ts" : Timestamp(1478116934, 1),
                    "t" : NumberLong(1)
                },
                "optimeDate" : ISODate("2018-11-02T20:02:14Z"),
                "optimeDurableDate" : ISODate("2018-11-02T20:02:14Z"),
                "lastHeartbeat" : ISODate("2018-11-02T20:02:15.618Z"),
                "lastHeartbeatRecv" : ISODate("2018-11-02T20:02:14.866Z"),
                "pingMs" : NumberLong(0),
                "syncingTo" : "m1.example.net:27017",
                "configVersion" : 1
            },
            {
                "_id" : 2,
                "name" : "svr3.example.net:27017",
                "health" : 1,
                "state" : 2,
                "stateStr" : "SECONDARY",
                "uptime" : 14,
                "optime" : {
                    "ts" : Timestamp(1478116934, 1),
                    "t" : NumberLong(1)
                },
                "optimeDurable" : {
                    "ts" : Timestamp(1478116934, 1),
                    "t" : NumberLong(1)
                },
                "optimeDate" : ISODate("2018-11-02T20:02:14Z"),
                "optimeDurableDate" : ISODate("2018-11-02T20:02:14Z"),
                "lastHeartbeat" : ISODate("2018-11-02T20:02:15.619Z"),
                "lastHeartbeatRecv" : ISODate("2018-11-02T20:02:14.787Z"),
                "pingMs" : NumberLong(0),
                "syncingTo" : "m1.example.net:27017",
                "configVersion" : 1
            }
        ],
        "ok" : 1
    }
```

從 MongoDB 3.4 版開始，對於分片叢集，必須使用 --shardsvr 選項（不論是在配置文件設定 sharding.clusterRole 或在命令列使用 --shardsvr 選項）來配置分片的 *mongod* 實體。

在轉換到分片的程序中，你會需要對複製組的每個成員執行這個動作。首先要搭配 --shardsvr 選項依序重新啟動每個次要伺服器，然後將主要伺服器降級並且使用 --shardsvr 選項重新啟動它。

關閉次要伺服器後，依照以下方式重新啟動它：

```
$ mongod --replSet "rs0" --shardsvr --port 27017
    --bind_ip localhost,<ip address of member>
```

注意，你需要為每個次要伺服器的 --bind_ip 參數設定正確的 IP 位址。

現在將 *mongo* 命令列界面連接到主要伺服器：

```
$ mongo m1.example.net
```

並將它降級：

```
> rs.stepDown()
```

然後搭配 --shardsvr 選項重新啟動先前的主要伺服器：

```
$ mongod --replSet "rs0" --shardsvr --port 27017
    --bind_ip localhost,<ip address of the former primary>
```

現在，你已經準備好可以將複製組新增為分片了。將 *mongo* 命令列界面連接到 *mongos* 的 *admin* 資料庫：

```
$ mongo mongos1.example.net:27017/admin
```

並且使用 sh.addShard() 方法將分片新增到叢集中：

```
> sh.addShard(
    "rs0/svr1.example.net:27017,svr2.example.net:27017,svr3.example.net:27017" )
```

你可以指定組內的所有成員，但不一定要這麼做。*mongos* 會自動偵測在種子列表中未被包括的任何成員。如果執行 sh.status()，會看到 MongoDB 很快將分片列出為

```
rs0/svr1.example.net:27017,svr2.example.net:27017,svr3.example.net:27017
```

複製組名稱 *rs0* 被用作為此分片的辨識子。如果要刪除這個分片或將資料移植到這個分片，就可以使用 *rs0* 來代表它。這會比使用特定伺服器（例如 *svr1.example.net*）要更好，因為複製組成員的身分和狀態可能會隨時間變化。

將複製組新增為分片後，你可以將應用程式從連接到複製組轉換為連接到 *mongos*。新增分片時，*mongos* 會註冊複製組中的所有資料庫，將它們視為是由該分片「擁有的」，因此它會將所有查詢都傳送給新分片。*mongos* 還會像客戶端庫一樣自動處理應用程式的容錯移轉：它會將錯誤傳遞給你。

要在開發環境中測試分片的主要伺服器的容錯移轉，以確保你的應用程式能夠正確處理從 *mongos* 收到的錯誤（它們應該與你直接跟主要伺服器進行交談時所收到的錯誤相同）。

新增分片後，必須設定所有客戶端將請求發送到 *mongos*，而不是發送到複製組。如果某些客戶端仍直接向複製組（而不是通過 *mongos*）發出請求，分片將會無法正常工作。新增分片後，立即將所有客戶端切換成跟 *mongos* 聯繫，並且設定防火牆規則來確保它們無法直接連接到分片。

在 MongoDB 3.6 版之前，可以建立一個獨立的 *mongod* 作為分片。MongoDB 3.6 版以後的版本不再提供這個選項。所有分片都必須是複製組。

增加容量

如果想要增加更多容量，則需要增加更多分片。要新增空分片，就要建立一個複製組。還要確定它的名稱跟其他任何分片都不同。在初始化並擁有主要伺服器後，藉由在 *mongos* 中執行 addShard 指令，並且指定新複製組的名稱以及它的主機作為種子，來將該分片添加到叢集中。

如果你有多個不是分片的複製組，可以將它們全部新增為叢集中的新分片，只要它們沒有相同的資料庫名稱即可。舉例來說，如果你有一個 *blog* 資料庫的複製組、一個 *calendar* 資料庫的複製組以及一個 *mail*、*tel* 和 *music* 資料庫的複製組，就可以將每個複製組新增為一個分片，最後得到一個包含三個分片和五個資料庫的叢集。然而，如果有第四個複製組，裡面也有一個名為 *tel* 的資料庫，則 *mongos* 會拒絕將其添加到叢集中。

分片資料

MongoDB 不會自動分佈你的資料，除非你告訴它該如何做。你必須要明確告知資料庫和集合你希望它們被分佈。舉例來說，假設你想要在 *music* 資料庫的 *artists* 集合中的 "name" 鍵上分片。首先，要為資料庫啟用分片：

    > db.enableSharding("music")

分片一個資料庫是分片其中的集合的先決條件。

在資料庫層級啟用分片後，可以執行 sh.shardCollection() 來分片集合：

    > sh.shardCollection("music.artists", {"name" : 1})

現在，*artists* 集合會在 "name" 鍵上分片。如果要分片一個已經存在的集合，則 "name" 欄位上必須要有索引。要不然，對 shardCollection 的呼叫將會回傳錯誤。如果遇到錯誤發生，就建立索引（*mongos* 將會回傳錯誤訊息，裡面會包含建議的索引），然後重試 shardCollection 指令。

如果要分片的集合尚未存在，*mongos* 會自動建立分片鍵索引。

shardCollection 指令會將集合分為多個資料塊，MongoDB 以資料塊為單位來移動資料。當指令成功回傳後，MongoDB 會開始在叢集中的各個分片之間平衡集合。這個程序不會瞬間完成。對於大型的集合來說，可能需要幾個小時才能完成初始平衡。藉由在讀取資料之前，預先在分片上分割資料塊，可以減少花費的時間。在此之後讀取的資料將會直接插入目前的分片，而無需額外的平衡。

MongoDB 如何追蹤叢集資料

給定文件的分片鍵，每個 *mongos* 必須永遠都要能夠知道在哪裡可以找到該文件。理論上來說，MongoDB 可以追蹤每個文件的存放位置，但這對於有數百萬或數十億個文件的集合來說，會變得不是那麼容易。因此，MongoDB 將文件分組為多個資料塊，這些資料塊是分片鍵的給定範圍內的文件。一個資料塊永遠只會位於單一個分片上，因此 MongoDB 可以保留資料塊對應到分片的小表格。

舉例來說，如果有個使用者集合的分片鍵為 {"age" : 1}，則一個資料塊可能是所有 "age" 欄位在 3 到 17 之間的文件。如果 *mongos* 得到 {"age" : 5} 的查詢，它可以將查詢路由到這個資料塊所在的分片。

隨著寫入的發生，資料塊中文件的數量和大小可能會發生變化。插入可以使資料塊包含更多文件，而刪除會使資料塊包含更少文件。舉例來說，如果我們為兒童和青春期孩童製作遊戲，3-17 歲的資料塊可能會越來越大（希望如此）。幾乎所有的使用者都將位於該資料塊中，因此也都將會位於單一個分片上，這在某種程度上違反了分佈資料的概念。因此，當資料塊增長到一定大小時，MongoDB 就會自動將其拆分為兩個較小的資料塊。在這個範例中，原始資料塊可能會被拆分為一個包含 3 到 11 歲的文件的資料塊，以及另一個包含 12 到 17 歲的文件的資料塊。注意，這兩個資料塊仍然包含了原始資料塊涵蓋的整個年齡範圍：3-17。隨著這些新資料塊的增長，它們可以被分成更小的資料塊，直到每個年齡都有一個資料塊為止。

資料塊的範圍是不能重疊的，例如 3-15 和 12-17。如果可以重疊的話，MongoDB 在嘗試尋找有重疊的年齡（例如 14）時，將需要檢查兩個資料塊。只需要查看一個位置會是更有效率的，尤其是當資料塊開始在叢集中移動時。

文件永遠只會屬於一個資料塊。該規則的其中一個後果是，你不能將陣列欄位作為分片鍵，因為 MongoDB 會為陣列建立多個索引內容。例如，如果有個文件的 **"age"** 欄位中包含 [5, 26, 83]，則該文件最多會屬於三個資料塊。

> 一個常見的誤解是，資料塊中的資料在硬碟上也是被擺在一起的。這是不正確的：資料塊對於 *mongod* 如何儲存集合資料是沒有影響的。

資料塊範圍

每個資料塊均由其所包含的範圍來被描述。新分片的集合會從一個資料塊開始，而每個文件都位於該資料塊中。這個資料塊的邊界是從負無窮大到無窮大，在命令列界面中會顯示為 $minKey 和 $maxKey。

隨著資料塊的增長，MongoDB 會自動將其分成兩個資料塊，範圍從負無窮大到 < 某些值 > 以及從 < 某些值 > 到無窮大。兩個資料塊的 < 某些值 > 是相同的：較低的資料塊包含小於（但不等於）< 某些值 > 的所有內容，較高的 < 某些值 > 塊則包含大於等於 < 某些值 > 的所有內容。

用範例來看應該會更直觀一些。假設我們按照前面所述,使用 "age" 進行分片。所有 "age" 在 3 到 17 之間的文件都包含在一個資料塊中:3 ≤ "age" <17。當被拆分後,會得到兩個範圍:3 ≤ "age"<12 在一個資料塊中,12 ≤ "age" <17 在另一個資料塊中。12 就會被稱為**分割點**(*split point*)。

資料塊資訊會被儲存在 *config.chunks* 集合中。如果你查看這個集合的內容,會看到看起來如下的文件(為清楚起見,省略了一些欄位):

```
> db.chunks.find(criteria, {"min" : 1, "max" : 1})
{
    "_id" : "test.users-age_-100.0",
    "min" : {"age" : -100},
    "max" : {"age" : 23}
}
{
    "_id" : "test.users-age_23.0",
    "min" : {"age" : 23},
    "max" : {"age" : 100}
}
{
    "_id" : "test.users-age_100.0",
    "min" : {"age" : 100},
    "max" : {"age" : 1000}
}
```

根據以上所示的 *config.chunks* 文件,以下是各種文件存放位置的一些範例:

{" _id" : 123,"age" : 50}

> 這個文件位於第二個資料塊中,因為該資料塊包含 "age" 在 23 到 100 之間的所有文件。

{" _id" : 456,"age" : 100}

> 這個文件位於第三個資料塊中,因為下限是包含在內的。第二個資料塊包含 "age":100 以下的所有文件,但不包含 "age" 等於 100 的文件。

{" _id" : 789,"age" :-101}

> 這個文件不在這些資料塊中。它會在某個範圍小於第一個資料塊的資料塊中。

使用組合分片鍵,分片範圍的運作方式跟使用兩個鍵進行排序的運作方式相同。舉例來說,假設我們在 {"username" : 1, "age" : 1} 上有一個分片鍵。然後我們可能會有以下的資料塊範圍:

```
{
    "_id" : "test.users-username_MinKeyage_MinKey",
    "min" : {
        "username" : { "$minKey" : 1 },
        "age" : { "$minKey" : 1 }
    },
    "max" : {
        "username" : "user107487",
        "age" : 73
    }
}
{
    "_id" : "test.users-username_\"user107487\"age_73.0",
    "min" : {
        "username" : "user107487",
        "age" : 73
    },
    "max" : {
        "username" : "user114978",
        "age" : 119
    }
}
{
    "_id" : "test.users-username_\"user114978\"age_119.0",
    "min" : {
        "username" : "user114978",
        "age" : 119
    },
    "max" : {
        "username" : "user122468",
        "age" : 68
    }
}
```

因此，*mongos* 可以輕鬆找到某個使用者名稱（或某個使用者名稱和年齡）的文件位於哪個資料塊中。然而，假如只給定年齡，*mongos* 則必須檢查所有或幾乎所有的資料塊。如果希望能夠把針對年齡的查詢定位到正確的資料塊，則必須使用「相反」的分片鍵：{"age" : 1, "username" : 1}。這通常會是一個混淆點：分片鍵的後半部分的範圍將會跨越多個資料塊。

分割資料塊

每個分片主要伺服器的 *mongod* 都會追蹤目前的資料塊，一旦資料塊達到某個特定門檻值，就會檢查是否需要對該資料塊進行拆分，如圖 15-1 和 15-2 所示。如果資料塊確實需要被拆分，則 *mongod* 會從配置伺服器請求全域資料塊大小配置值。然後它會執行資料塊拆分並且更新配置伺服器上的元數據。新的資料塊文件會在配置伺服器上被建立，並且修改舊的資料塊的範圍（"max"）。如果該資料塊是分片最上部的資料塊，則 *mongod* 會請求負載平衡器將此資料塊移至其他分片。這樣做的目的是防止在分片鍵使用單調遞增的鍵時，分片變得「很熱門」。

但是，即使對於很大的資料塊來說，分片也可能找不到任何分割點，因為合法分割資料塊的方法是有限的。任何具有相同分片鍵的文件必須位於同一個資料塊中，因此，只能在分片鍵的值有變化的文件之間分割資料塊。舉例來說，如果分片鍵為 "age"，則可以在分片鍵更改的位置分割資料塊，如下所標示的：

```
{"age" : 13, "username" : "ian"}
{"age" : 13, "username" : "randolph"}
------------ // split point
{"age" : 14, "username" : "randolph"}
{"age" : 14, "username" : "eric"}
{"age" : 14, "username" : "hari"}
{"age" : 14, "username" : "mathias"}
------------ // split point
{"age" : 15, "username" : "greg"}
{"age" : 15, "username" : "andrew"}
```

分片的主要伺服器 *mongod* 只會請求將拆分後在分片最上部的資料塊移動到負載平衡器。除非手動移動，要不然其他的資料塊將保留在分片上。

然而，如果資料塊包含以下文件，則無法被拆分（除非應用程式開始插入包含小數點的年齡）：

```
{"age" : 12, "username" : "kevin"}
{"age" : 12, "username" : "spencer"}
{"age" : 12, "username" : "alberto"}
{"age" : 12, "username" : "tad"}
```

因此，擁有一個會有各種值的分片鍵是很重要的。其他重要性質將會在下一章中介紹。

如果當 *mongod* 嘗試進行拆分時，其中一台配置伺服器故障，*mongod* 會無法更新元資料（如圖 15-3 所示）。在拆分發生時，所有的配置伺服器都必須是啟動並且可以被觸到的。如果 *mongod* 繼續接收資料塊的寫入請求，它將繼續嘗試拆分資料塊並且失敗。只要配置伺服器運行狀況不佳，拆分將繼續無法運作，而所有拆分的嘗試都會減慢 *mongod* 和相關分片的速度（對於每個傳入的寫入，都要重複執行圖 15-1 至 15-3 所示的程序）。*mongod* 反覆地嘗試拆分資料塊而無法成功的過程稱為**拆分風暴**（*split storm*）。防止拆分風暴的唯一方法，就是要確定你的配置伺服器盡可能總是正常運行。

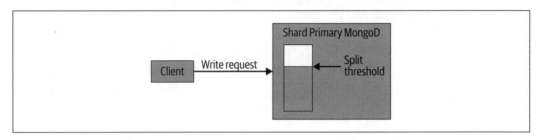

圖 15-1　當客戶端寫入資料塊時，mongod 將檢查該資料塊的分割門檻值

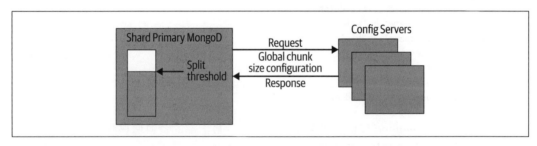

圖 15-2　如果已達到拆分門檻值，mongod 會向負載平衡器發送請求以移植最上部的資料塊；否則，資料塊會保留在該分片上

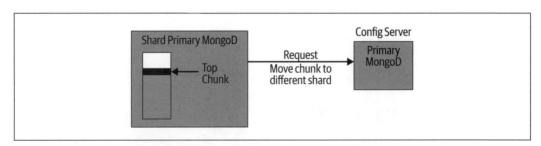

圖 15-3　mongod 選擇一個分割點並且嘗試通知配置伺服器，但無法接觸到該伺服器。因此，它仍然超過資料塊的分割門檻值，所以任何後續的寫入動作都會再次觸發該程序

負載平衡器

負載平衡器（*balancer*）負責移植資料。它會定期檢查分片之間的不平衡，如果發現不平衡，將開始移植資料塊。在 MongoDB 3.4 版之後的版本中，負載平衡器位於配置伺服器複製組的主要伺服器成員上；在這個版本之前，每個 *mongos* 都偶爾會扮演「負載平衡器」的角色。

負載平衡器是配置伺服器複製組的主要伺服器上的背景程序，該程序會監控每個分片上的資料塊數。只有當一個分片的資料塊數量達到特定的移植門檻值時，它才會處於活動狀態。

 在 MongoDB 3.4 版以及後續版本中，同步移植數量增加到每個分片一個移植，最大同步移植數量為分片總數的一半。在更早的版本中，總共只支援一個移植。

假設某些集合已經達到門檻值，負載平衡器將會開始移植資料塊。它會從過度負載的分片中選擇一個資料塊，並在移植之前詢問該分片是否應該要拆分資料塊。一旦進行了必要的拆分，便會將資料塊移植到具有較少資料塊的機器上。

使用叢集的應用程式不需要知道資料正在移動：直到移動完成之前，所有讀取和寫入都會路由到舊的資料塊。一旦元資料被更新之後，任何試圖訪問舊位置中的資料的 *mongos* 程序都會收到錯誤訊息。這些錯誤應該不會讓客戶端見到：*mongos* 將安靜地處理錯誤，然後在新的分片上重試這個動作。

這就是你在 *mongos* 日誌中可能會看到，跟 `"unable to setShardVersion"` 相關的錯誤的常見原因。當 *mongos* 遇到這種類型的錯誤時，它會從配置伺服器中尋找資料的新位置，更新它的資料塊表格，然後再次嘗試該請求。如果它成功地從新位置檢索到資料，它會把資料回傳給客戶端，就像沒有發生任何錯誤一樣（但是它會在日誌中印出一條訊息，指出發生了錯誤）。

如果由於配置伺服器不可用，而導致 *mongos* 無法獲取新的資料塊位置，它會向客戶端回傳錯誤。這也是另一個要永遠保持配置伺服器正常運行的重要原因。

排序規則

MongoDB 中的排序規則（*collation*）在字串比較時可以為特定語言指定規則。這些規則的例子包括要如何比較字母大小寫或重音符號。它可以對預設排序規則的集合進行分片。它有兩個要求：集合必須要有一個索引，這個索引的前綴是分片鍵，並且這個索引還必須有排序規則 { locale: "simple" }。

變更串流

變更串流（*change stream*）讓應用程式能夠追蹤資料庫中資料的即時改變。在 MongoDB 3.6 版之前，只能藉由查看 oplog 的尾端來實現，而且這是一個容易出錯的複雜動作。變更串流為一個集合、一組集合、資料庫或整個部署環境中的所有資料變更提供訂閱的機制。這個功能會使用聚集框架。它讓應用程式過濾出特定的變更或是轉換收到的變更通知。在分片叢集中，所有變更串流的動作必須針對 *mongos* 發出。

藉由使用全域邏輯時鐘，可以使分片叢集中的變更維持一定的排序。這樣可以保證變更的順序，而且串流通知可以由接收順序來安全地被解釋。收到一則變更通知後，*mongos* 需要去檢查每個分片，以確保沒有分片擁有更新的變更。叢集的活動層級和分片的地理位置分佈都會影響這個檢查的回應時間。在這些情況下，使用通知過濾器可以縮短回應時間。

 將變更串流與分片叢集一起使用時，有一些注意事項和警告。你可以藉由發送打開變更串流動作來打開變更串流。在分片部署環境中，必須要對 *mongos* 發出這個動作。如果針對已經打開變更串流的分片集合執行帶有 multi : true 的更新動作，則可能會為孤兒文件發送通知。如果分片被移除，則可能會導致打開的變更串流游標關閉－此外，這個游標可能會無法完全恢復。

第十六章

選擇分片鍵

使用分片時最重要的任務就是要選擇資料該如何被分佈。要對此做出聰明的選擇，你必須要了解 MongoDB 是如何分佈資料的。本章將介紹以下內容，來幫助你更好地選擇分片鍵：

- 如何在多個可能的分片鍵中做出決定

- 分片鍵的幾個使用案例

- 有什麼不能用作分片鍵

- 如果要客製資料的分配方式，可以採用的一些替代策略

- 如何手動分片資料

我們會假設你已經了解前兩章介紹的分片的基礎元件。

評估你的使用

在對集合分片時，你會選擇一、兩個欄位用來拆分資料。這個（些）鍵稱為 *分片鍵*（*shard key*）。集合被分片後，將無法變更分片鍵，因此正確地選擇分片鍵是很重要的。

要選擇一個好的分片鍵，你需要了解工作量以及分片鍵會如何分佈應用程式的請求。這可能很難想像，所以最好嘗試列出一些例子，或者更好地做法是，在具有樣本流量的備份資料集上進行嘗試。本節會有許多圖表和說明，但最好的方法還是對你自己的資料進行嘗試。

對於計劃要分片的每個集合，請先回答以下問題：

- 你計劃會成長到多少個分片？三分片叢集會比一千分片叢集具有更大的彈性。隨著叢集變大，你不應該發出可能會擊中所有分片的查詢，因此幾乎所有的查詢都必須要包含分片鍵。

- 分片是否是用來要減少讀取或寫入延遲？（延遲是指做某件事情要花費多少時間；例如，寫入要花費 20 毫秒，但你需要它只能花費 10 毫秒。）減少寫入延遲通常會涉及將請求發送到地理位置更近或更強大的機器上。

- 分片是否是用來增加讀取或寫入吞吐量？（吞吐量是指叢集同時可以處理多少個請求；例如，叢集可以在 20 ms 內完成 1000 次寫入，但是你需要在 20 ms 內能夠進行 5000 次寫入。）提高吞吐量通常會涉及新增更多的平行化並且要確保請求在叢集中均勻分佈。

- 分片是否是用來增加系統資源（例如，為 MongoDB 每 GB 的資料提供更多記憶體）？如果是這樣，你會希望將工作集大小保持盡可能的小。

使用以上這些問題的答案來評估以下分片鍵說明，並決定你正在考慮的分片鍵是否適用於你的狀況。它能為你提供所需的目標查詢嗎？它會以你需要的方式改變系統的吞吐量或延遲嗎？如果你需要一個緊湊的工作集，是否可以提供？

描繪分佈

人們選擇拆分資料的最常見方式是，藉由遞增、隨機和基於位置的鍵。可以使用其他類型的鍵，但是大多數的使用案例都屬於這些類別之一。以下各節會討論不同類型的分佈。

遞增分片鍵

遞增分片鍵通常類似於 "date" 欄位或 ObjectId －任何會隨時間穩定成長的東西。自動遞增主鍵就是遞增欄位的另一個例子，雖然這個欄位在 MongoDB 中出現的很少（除非是從另一個資料庫匯入資料）。

假設我們在一個遞增欄位，如一個使用 ObjectIds 的集合上的 "_id" 上進行分片。在 "_id" 上進行分片，資料將被分成 "_id" 範圍的資料塊，如圖 16-1 所示。這些資料塊將會分布在分片叢集中，以這個例子來說，是三個分片的分片叢集，如圖 16-2 所示。

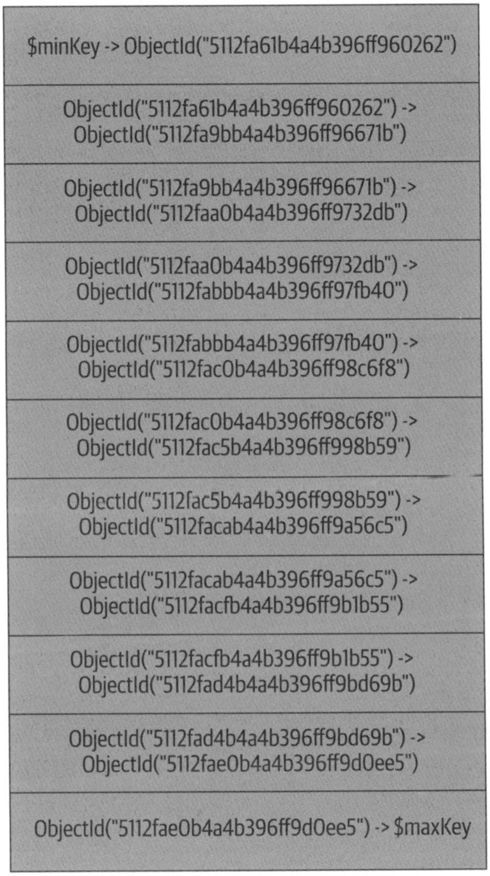

圖 16-1　集合被拆分為 ObjectId 的範圍；每個範圍都是一個資料塊

假設我們建立一個新文件。它會在哪一個資料塊內？答案是範圍從 ObjectId("5112fae0b 4a4b396ff9d0ee5") 到 $maxKey 的資料塊。這個資料塊被稱為**最大資料塊**（*max chunk*），因為它是包含 $maxKey 的資料塊。

如果我們插入另一個文件，它也將在最大資料塊中。實際上，每個後續的插入都將進入最大資料塊！每個插入文件的 "_id" 欄位都將會比前一個文件的 "_id" 欄位更接近無窮大（因為 ObjectId 始終是遞增的），所以它們都會進入最大資料塊。

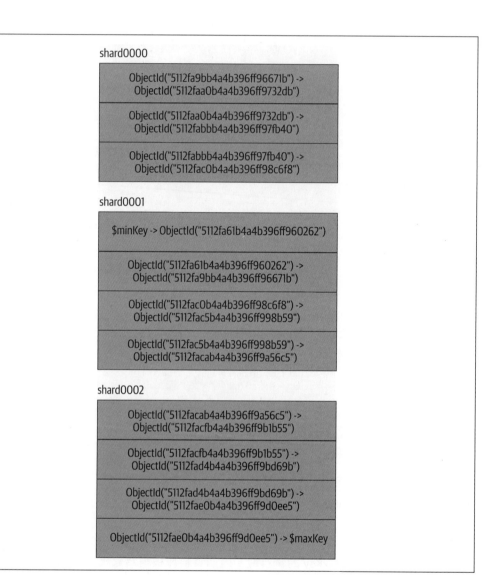

shard0000

ObjectId("5112fa9bb4a4b396ff96671b") ->
ObjectId("5112faa0b4a4b396ff9732db")

ObjectId("5112faa0b4a4b396ff9732db") ->
ObjectId("5112fabbb4a4b396ff97fb40")

ObjectId("5112fabbb4a4b396ff97fb40") ->
ObjectId("5112fac0b4a4b396ff98c6f8")

shard0001

$minKey -> ObjectId("5112fa61b4a4b396ff960262")

ObjectId("5112fa61b4a4b396ff960262") ->
ObjectId("5112fa9bb4a4b396ff96671b")

ObjectId("5112fac0b4a4b396ff98c6f8") ->
ObjectId("5112fac5b4a4b396ff998b59")

ObjectId("5112fac5b4a4b396ff998b59") ->
ObjectId("5112facab4a4b396ff9a56c5")

shard0002

ObjectId("5112facab4a4b396ff9a56c5") ->
ObjectId("5112facfb4a4b396ff9b1b55")

ObjectId("5112facfb4a4b396ff9b1b55") ->
ObjectId("5112fad4b4a4b396ff9bd69b")

ObjectId("5112fad4b4a4b396ff9bd69b") ->
ObjectId("5112fae0b4a4b396ff9d0ee5")

ObjectId("5112fae0b4a4b396ff9d0ee5") -> $maxKey

圖 16-2 資料塊以隨機順序分佈在各個分片上

這具有幾個有趣的（通常是不受歡迎的）性質。首先，所有的寫入動作都將會導到某一個分片上（在這邊是 *shard0002*）。這個資料塊將會是唯一一個會成長並且分裂的資料塊，因為它是唯一一個接收插入的資料塊。當插入資料時，新的資料塊將會從這個資料塊「掉下來」，如圖 16-3 所示。

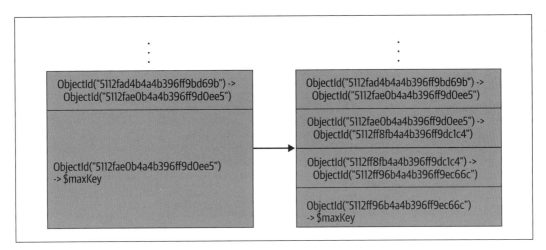

圖 16-3　最大資料塊繼續成長並被拆分成多個資料塊

這種模式通常會使 MongoDB 很難平均分配資料塊，因為所有的資料塊都是由某一個分片所建立的。因此，MongoDB 必須不斷將資料塊移動到其他分片，而不只是修正在分佈更均勻的系統中可能會出現的微小不平衡。

 在 MongoDB 4.2 中，對於分片主要伺服器 *mongod* 的自動拆分功能的移動，增加了最上層資料塊最佳化，來解決遞增的分片鍵模式。負載平衡器將決定在其他的哪一個分片中放置最上層資料塊。這有助於避免在單一個分片上建立所有新資料塊的情況。

隨機分佈的分片鍵

在光譜的另一端是隨機分佈的分片鍵。隨機分佈的鍵可以是使用者名稱、電子郵件地址、UUID、MD5 雜湊或在資料集中沒有可辨識模式的任何其他鍵。

假設分片鍵是 0 到 1 之間的一個隨機數字。最終會在各個分片上隨機分佈資料塊，如圖 16-4 所示。

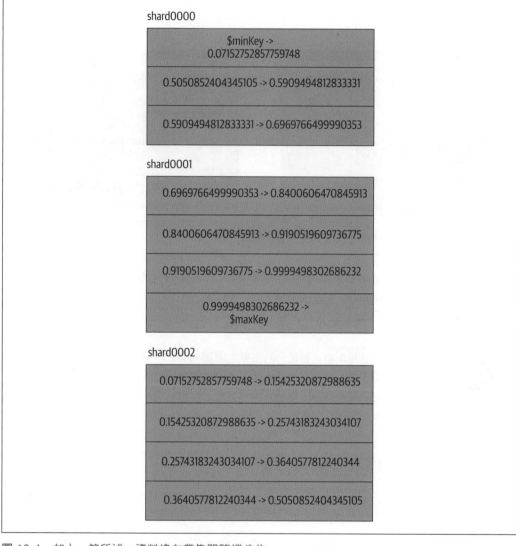

圖 16-4　如上一節所述，資料塊在叢集間隨機分佈

隨著更多的資料被插入，資料的隨機性代表插入的資料應該相當平均地擊中每個資料塊。
你可以藉由插入 10,000 個文件然後查看它們的最終位置來證明這一點：

```
> var servers = {}
> var findShard = function (id) {
...      var explain = db.random.find({_id:id}).explain();
...      for (var i in explain.shards) {
```

```
...          var server = explain.shards[i][0];
...          if (server.n == 1) {
...              if (server.server in servers) {
...                  servers[server.server]++;
...              } else {
...                  servers[server.server] = 1;
...              }
...          }
...      }
...  }
> for (var i = 0; i < 10000; i++) {
...      var id = ObjectId();
...      db.random.insert({"_id" : id, "x" : Math.random()});
...      findShard(id);
... }
> servers
{
    "spock:30001" : 2942,
    "spock:30002" : 4332,
    "spock:30000" : 2726
}
```

由於寫入是隨機分佈的，因此每個分片應該會大致以相同的速率成長，進而限制了需要進行的移植次數。

隨機分佈的分片鍵有個缺點：MongoDB 無法有效率地存取超過記憶體大小的資料。然而，如果你有足夠的量能或不介意效能下降，隨機鍵可以有效率地在整個叢集中分配負載。

基於位置的分片鍵

基於位置的分片鍵可能是使用者的 IP，經緯度或地址之類的東西。它們不一定與物理位置欄位相關：「位置」可能是將資料分組在一起的一種更抽象的方式。在任何情況下，基於位置的鍵都是具有相似性的文件落入基於此欄位的範圍的鍵。這對於將資料放置於靠近使用者的地方，並且將相關資料一起放在硬碟上都很方便。這也是為了遵循 GDPR 或其他類似之資料隱私法規的要求。MongoDB 使用分區分片來管理這件事。

 在 MongoDB 4.0.3+ 中，你可以在分片集合之前，先定義區域和區域範圍，這將會以區域範圍和分片鍵值來放置資料塊，對它們進行初始資料塊分配時也一樣。這大大降低了分片區域設定的複雜度。

舉例來說，假設我們有一個在 IP 位址上分片的文件集合。如圖 16-5 所示，文件將會根據它們的 IP 被組織成資料塊，並隨機分佈在整個叢集中。

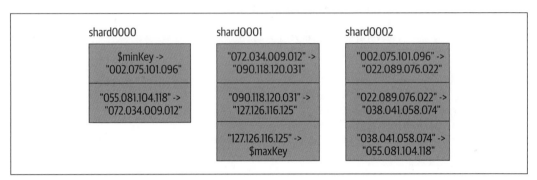

圖 16-5　IP 位址集合中的資料塊分佈範例

如果我們希望將某些資料塊範圍依附在某些分片上，可以對這些分片進行分區，然後將資料塊範圍分配給每個分區。在這個範例中，假設我們希望將某些 IP 區段放置在某些分片上：例如，將 56.*.*.*（美國郵政服務的 IP 區段）放置在 *shard0000* 上，17.*.*.*（Apple 的 IP 區段）放在 *shard0000* 或 *shard0002* 上。我們不在乎其他 IP 被放在何處。我們可以藉由設定區域來要求負載平衡器做到這一點：

```
> sh.addShardToZone("shard0000", "USPS")
> sh.addShardToZone("shard0000", "Apple")
> sh.addShardToZone("shard0002", "Apple")
```

接下來，我們建立規則：

```
> sh.updateZoneKeyRange("test.ips", {"ip" : "056.000.000.000"},
... {"ip" : "057.000.000.000"}, "USPS")
```

這會將所有大於等於 56.0.0.0 且小於 57.0.0.0 的 IP 依附到分區為 "USPS" 的分片上。接下來，我們為 Apple 新增一條規則：

```
> sh.updateZoneKeyRange("test.ips", {"ip" : "017.000.000.000"},
... {"ip" : "018.000.000.000"}, "Apple")
```

當負載平衡器移動資料塊時，它會嘗試將範圍內的資料塊移動到定義的分片上。注意，這個程序不是立即進行的。區域鍵範圍未覆蓋到的資料塊將會正常移動。負載平衡器將繼續嘗試在分片之間平均分配資料塊。

分片鍵策略

本節會介紹用在各種類型應用程式的不同分片鍵選項。

雜湊分片鍵

為了要盡可能快速地讀取資料，雜湊分片鍵是最佳選擇。雜湊分片鍵可以使任何欄位隨機分佈，因此，如果你想要在許多查詢中使用遞增鍵，但又希望寫入是隨機分佈，它就會是一個不錯的選擇。

要取捨的是，你永遠無法使用雜湊分片鍵進行目標範圍查詢。但是，如果不會進行範圍查詢，那麼雜湊分片鍵會是一個不錯的選擇。

要建立雜湊分片鍵，首先要建立一個雜湊索引：

```
> db.users.createIndex({"username" : "hashed"})
```

接下來，使用以下方法對集合進行分片：

```
> sh.shardCollection("app.users", {"username" : "hashed"})
{ "collectionsharded" : "app.users", "ok" : 1 }
```

如果在一個不存在的集合上建立雜湊的分片鍵，shardCollection 的行為會很有趣：它會假設你想要均勻分佈的資料塊，因此它會立即建立一堆空資料塊，並且將它們分佈在整個叢集中。舉例來說，假設叢集在建立雜湊分片鍵之前如下所示：

```
> sh.status()
--- Sharding Status ---
  sharding version: { "_id" : 1, "version" : 3 }
  shards:
        {  "_id" : "shard0000",  "host" : "localhost:30000" }
        {  "_id" : "shard0001",  "host" : "localhost:30001" }
        {  "_id" : "shard0002",  "host" : "localhost:30002" }
  databases:
        {  "_id" : "admin",  "partitioned" : false,  "primary" : "config" }
        {  "_id" : "test",   "partitioned" : true,   "primary" : "shard0001" }
```

shardCollection 回傳後，每個分片上立即會有兩個資料塊，將鍵空間均勻地分佈在整個叢集中：

```
> sh.status()
--- Sharding Status ---
  sharding version: { "_id" : 1, "version" : 3 }
```

```
shards:
  {  "_id" : "shard0000",  "host" : "localhost:30000" }
  {  "_id" : "shard0001",  "host" : "localhost:30001" }
  {  "_id" : "shard0002",  "host" : "localhost:30002" }
databases:
  {  "_id" : "admin",  "partitioned" : false,  "primary" : "config" }
  {  "_id" : "test",  "partitioned" : true,  "primary" : "shard0001" }
     test.foo
         shard key: { "username" : "hashed" }
         chunks:
             shard0000        2
             shard0001        2
             shard0002        2
         { "username" : { "$MinKey" : true } }
            -->> { "username" : NumberLong("-6148914691236517204") }
            on : shard0000 { "t" : 3000, "i" : 2 }
         { "username" : NumberLong("-6148914691236517204") }
            -->> { "username" : NumberLong("-3074457345618258602") }
            on : shard0000 { "t" : 3000, "i" : 3 }
         { "username" : NumberLong("-3074457345618258602") }
            -->> { "username" : NumberLong(0) }
            on : shard0001 { "t" : 3000, "i" : 4 }
         { "username" : NumberLong(0) }
            -->> { "username" : NumberLong("3074457345618258602") }
            on : shard0001 { "t" : 3000, "i" : 5 }
         { "username" : NumberLong("3074457345618258602") }
            -->> { "username" : NumberLong("6148914691236517204") }
            on : shard0002 { "t" : 3000, "i" : 6 }
         { "username" : NumberLong("6148914691236517204") }
            -->> { "username" : { "$MaxKey" : true } }
            on : shard0002 { "t" : 3000, "i" : 7 }
```

注意，集合中還沒有文件，但是當你開始插入文件時，寫入動作應該從一開始就會均勻地分佈在各個分片上。通常來說，你必須要等待資料塊成長、分裂和移動後才能開始寫入其他分片。藉由這種自動啟動功能，你將立即在所有分片上獲得資料塊範圍。

如果你使用的是雜湊分片鍵，則分片鍵會有一些限制。首先，你不能使用 unique 選項。跟其他分片鍵一樣，你不能使用陣列欄位。最後，要注意，在雜湊之前，浮點值將會被無條件捨去為整數，因此 1 和 1.999999 都將被雜湊為相同的值。

GridFS 的雜湊分片鍵

在嘗試分片 GridFS 集合之前，先確認你已經了解 GridFS 是如何儲存資料的（相關說明請參見第六章）。

在以下說明中，「資料塊」這個專有名詞是重複被使用的，因為 GridFS 會將文件拆分為資料塊，而分片會將集合拆分為資料塊。因此，兩種類型的資料塊會分別被稱為「GridFS 資料塊」和「分片資料塊」。

GridFS 集合通常會包含大量文件資料，因此非常適合用於分片。然而，在 *fs.chunks* 上自動建立的索引都不是特別好的分片鍵：{"_id" : 1} 是遞增鍵，{"files_id" : 1, "n" : 1} 會使用 *fs.files* 的 "_id" 欄位，因此它也是一個遞增鍵。

然而，如果你在 "files_id" 欄位上建立雜湊索引，每個檔案將在整個叢集中隨機分佈，而且單一個文件將只會包含在單一個資料塊中。這是兩全其美的做法：寫入將平均分配給所有分片，而讀取文件的資料時只需要擊中單一分片即可。

要進行設定，必須要在 {"files_id" : "hashed"} 上建立一個新索引（在撰寫本文時，*mongos* 不能將組合索引的子集合用作分片鍵）。然後在這個欄位上分片集合：

```
> db.fs.chunks.ensureIndex({"files_id" : "hashed"})
> sh.shardCollection("test.fs.chunks", {"files_id" : "hashed"})
{ "collectionsharded" : "test.fs.chunks", "ok" : 1 }
```

附帶說明一下，*fs.files* 集合可能需要也可能不需要分片，因為它比 *fs.chunks* 小非常多。你可以根據需要將其分片，但這不是必須的。

消防水帶策略

如果你擁有一些伺服器，比其他伺服器更強大，可能會希望讓強大的伺服器按比例處理更多的負載，讓較弱小的伺服器處理較少的負載。舉例來說，假設你有一個分片，可以處理其他機器負載的 10 倍。幸運的是，你還有其他 10 個分片。你可以強制將所有插入內容移到功能更強大的分片上，然後讓負載平衡器將較舊的資料塊移動到其他分片上。這將會擁有較低延遲的寫入。

要使用此策略，我們必須將最高的資料塊固定到功能更強大的分片上。首先，我們對該分片進行分區：

```
> sh.addShardToZone("<shard-name>", "10x")
```

然後，我們將遞增鍵的目前值到無窮大值的範圍固定到這個分片上，因此所有新的寫入動作都會寫入到這個分片上：

```
> sh.updateZoneKeyRange("<dbName.collName>", {"_id" : ObjectId()},
... {"_id" : MaxKey}, "10x")
```

現在，所有插入都將被路由到最後一個資料塊上，它將始終位於分區 "10x" 上。

但是，除非我們修改區域鍵範圍，否則從目前值到無限大的範圍將被困在此分片上。為了解決這個問題，我們可以設定一個例行性工作排程來每天更新一次鍵範圍，如下所示：

```
> use config
> var zone = db.tags.findOne({"ns" : "<dbName.collName>",
... "max" : {"<shardKey>" : MaxKey}})
> zone.min.<shardKey> = ObjectId()
> db.tags.save(zone)
```

然後，前一天的所有資料塊就可以移至其他分片。

這個策略的另一個缺點是，它需要對規模進行一些修改。如果功能最強大的伺服器無法負荷傳入的寫入的數量，那麼並沒有一個簡單的方法可以在這台伺服器與其他伺服器之間分配負載。

如果沒有高效能的伺服器來連接或沒有使用區域分片，則不要使用遞增鍵作為分片鍵。因為如果這樣做，所有寫入動作將會導向單一分片。

多重熱點

獨立的 *mongod* 伺服器在執行遞增寫入時效率最高。這跟分片衝突，因為在叢集上分佈寫入動作時，分片會是最有效率的。這邊要描述的技術，基本上會建立多重熱點（每個分片上最好建立幾個熱點），進而讓寫入在整個叢集中均勻平衡，但在一個分片內會遞增。

要達成這件事，我們使用組合分片鍵。組合鍵中的第一個值是基數較低的粗糙隨機值。你可以將分片鍵的第一部分中的每個值想像為一個資料塊，如圖 16-6 所示。最終，當你插入更多資料時，它可能會自行解決，儘管它可能永遠不會很整齊地被分割（在 $minKey 線上）。然而，如果插入足夠的資料，則每個隨機值最終應該大約有一個資料塊。當你繼續插入資料時，你將獲得多個具有相同隨機值的資料塊，這將會進入分片鍵的第二部分。

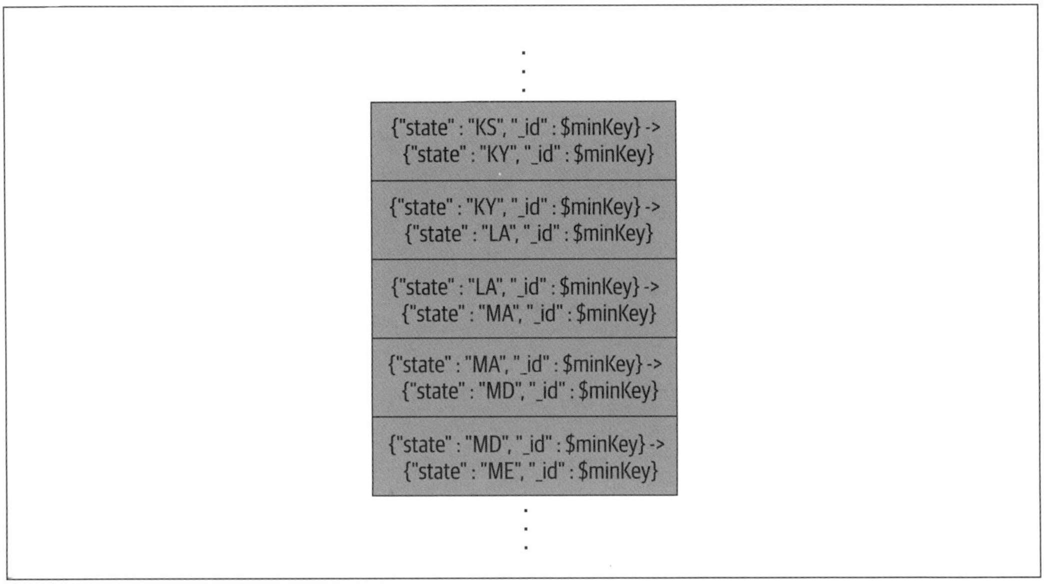

```
                              ⋮

        {"state" : "KS", "_id" : $minKey} ->
        {"state" : "KY", "_id" : $minKey}

        {"state" : "KY", "_id" : $minKey} ->
        {"state" : "LA", "_id" : $minKey}

        {"state" : "LA", "_id" : $minKey} ->
        {"state" : "MA", "_id" : $minKey}

        {"state" : "MA", "_id" : $minKey} ->
        {"state" : "MD", "_id" : $minKey}

        {"state" : "MD", "_id" : $minKey} ->
        {"state" : "ME", "_id" : $minKey}

                              ⋮
```

圖 16-6　資料塊的子集：每個資料塊包含一個狀態和一系列 "_id" 值

分片鍵的第二部分是一個遞增鍵。這代表在一個資料塊中，值始終在增加，如圖 16-7 中
的範例文件所示。因此，如果每個分片有一個資料塊，那麼將會擁有完美的設定：對每
個分片進行遞增寫入，如圖 16-8 所示。當然，擁有分佈在 *n* 個分片上的 *n* 個資料塊與 *n*
個熱點，並不是很容易擴展的：增加一個新的分片，由於沒有熱點資料塊可放置在上面，
因此它不會得到任何寫入動作。因此，你會希望每個分片都有幾個熱點資料塊（提供成
長的空間），但也不要太多。擁有幾個熱點資料塊將能夠維持遞增寫入的有效性，但是，
假如在一個分片上具有一千個熱點，這最終將跟隨機寫入是相同的。

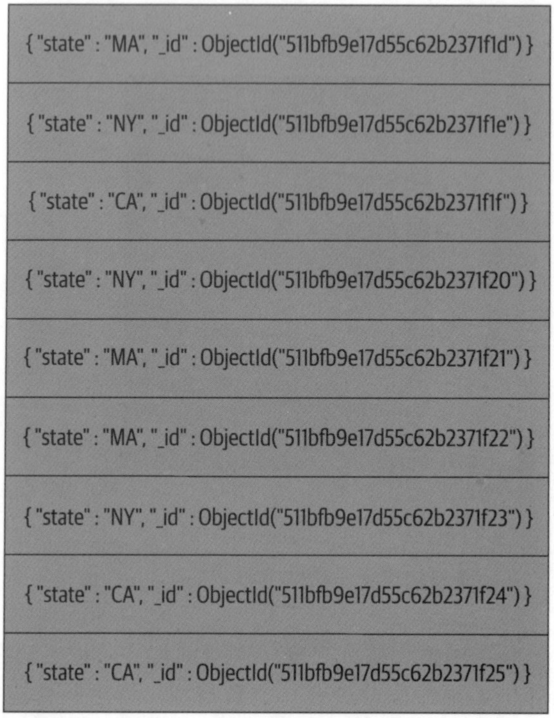

```
{ "state" : "MA", "_id" : ObjectId("511bfb9e17d55c62b2371f1d") }

{ "state" : "NY", "_id" : ObjectId("511bfb9e17d55c62b2371f1e") }

{ "state" : "CA", "_id" : ObjectId("511bfb9e17d55c62b2371f1f") }

{ "state" : "NY", "_id" : ObjectId("511bfb9e17d55c62b2371f20") }

{ "state" : "MA", "_id" : ObjectId("511bfb9e17d55c62b2371f21") }

{ "state" : "MA", "_id" : ObjectId("511bfb9e17d55c62b2371f22") }

{ "state" : "NY", "_id" : ObjectId("511bfb9e17d55c62b2371f23") }

{ "state" : "CA", "_id" : ObjectId("511bfb9e17d55c62b2371f24") }

{ "state" : "CA", "_id" : ObjectId("511bfb9e17d55c62b2371f25") }
```

圖 16-7　插入文件的範例列表（注意，所有 "_id" 值都在增加）

圖 16-8　插入的文件分為多個資料塊（注意，在每個資料塊中，"_ id" 值都在增加）

你可以將這個設定想像為，每個資料塊都是一疊遞增的文件。每個分片上都有多個堆疊，每個堆疊都是遞增的，直到資料塊被分割為止。當一個資料塊被分割後，只有一個新資料塊會成為熱點資料塊：另一個資料塊實際上將是「死亡的」並且不再成長。如果堆疊在各個分片上均勻分佈，那麼寫入也將均勻分佈。

分片鍵的規則與準則

在選擇分片鍵之前，需要注意到一些實際上的限制。

決定要分片的鍵並且建立分片鍵，應該會讓人聯想起索引，因為這兩個概念相似。實際上，分片鍵通常可能就是你最常使用的索引（或是它的某種變化）。

分片鍵的限制

分片鍵不能為陣列。如果任何鍵具有陣列值，`sh.shardCollection()` 動作將會失敗，並且也不允許將陣列插入該欄位。

插入後，除非分片鍵欄位是不可變更的 `_id` 欄位，否則可以修改文件的分片鍵的值。在 4.2 版之前的舊版 MongoDB 中，無法修改文件的分片鍵的值。

多數特殊類型的索引不能用來作為分片鍵。特別來說，你無法在地理空間索引上分片。如前所述，可以將雜湊索引作為分片鍵。

分片鍵的基數

無論你的分片鍵是跳來跳去還是穩定增加的，選擇具有值會變動的鍵是很重要的。跟索引一樣，分片在高基數欄位上表現的更好。舉例來說，如果你的 `"logLevel"` 鍵只具有 `"DEBUG"`、`"WARN"` 與 `"ERROR"` 等值，MongoDB 會無法將資料拆解為三個以上的資料塊（因為分片鍵只有三個不同的值）。如果你擁有一個幾乎沒什麼變化的鍵，並且無論如何都希望將它用作分片鍵，則可以使用這個鍵以及一個變化較大的鍵（例如 `"logLevel"` 和 `"timestamp"`），一起建立一個組合分片鍵來實現。在鍵的組合中，擁有高基數的鍵是很重要的。

控制資料分佈

有時，自動數據分佈可能無法滿足你的需求。除了選擇分片鍵然後就讓 MongoDB 自動執行所有動作之外，這節提供了一些額外選項。

隨著你的叢集越來越大或越來越忙，這些解決方案會變得越來越不實用。然而，對於小型叢集來說，可能需要更多控制。

對多個資料庫和集合使用叢集

MongoDB 在叢集中的每個分片上平均分配集合，如果要儲存同質的資料，效果會很好。然而，如果有個檔案日誌集合的「價值」低於其他資料，你可能不希望它佔用較昂貴的伺服器上的空間。或者，如果你有一個功能強大的分片，則可能只想將它用在即時的集合上，而不想讓其他集合使用。你可以建立單獨的叢集，但也可以給 MongoDB 特定的指示，告訴它你希望將特定資料放在何處。

要進行設定，在命令列界面中使用 sh.addShardToZone() 輔助函式：

```
> sh.addShardToZone("shard0000", "high")
> // shard0001 - no zone
> // shard0002 - no zone
> // shard0003 - no zone
> sh.addShardToZone("shard0004", "low")
> sh.addShardToZone("shard0005", "low")
```

然後，你可以將不同的集合指定給不同的分片。舉例來說，對於你的超重要即時集合：

```
> sh.updateZoneKeyRange("super.important", {"<shardKey>" : MinKey},
... {"<shardKey>" : MaxKey}, "high")
```

這表示，「對於這個集合中從負無窮大到無窮大的文件，請將它們儲存在標記為 "high" 的分片上。」這代表 *super.important* 集合中的任何資料都不會儲存在任何其他伺服器上。注意，這不會影響其他集合的分配方式：它們仍會在此分片與其他分片之間平均分配。

你可以執行類似的動作，來將檔案日誌集合保留在低品質的伺服器上：

```
> sh.updateZoneKeyRange("some.logs", {"<shardKey>" : MinKey},
... {"<shardKey>" : MaxKey}, "low")
```

現在，檔案日誌集合將會在 *shard0004* 和 *shard0005* 之間平均分配。

將區域鍵範圍指定給集合，並不會立即對集合產生影響。這只是對負載平衡器的一種說明，告訴負載平衡器當它在運行時，這些是將集合移至其中的可行目標。因此，如果整個檔案日誌集合位於 *shard0002* 上或是在各個分片中均勻分佈，那麼所有資料塊都需要一些時間才能移植到 *shard0004* 和 *shard0005* 上。

再舉一個例子，也許你有一個集合，不希望它在 "high" 分區的分片上，但是你不在乎它會在哪個分片上。你可以對所有非高效能分片進行分區，來建立新的分組。分片可以具有所需要的任意多個區域：

```
> sh.addShardToZone("shard0001", "whatever")
> sh.addShardToZone("shard0002", "whatever")
> sh.addShardToZone("shard0003", "whatever")
> sh.addShardToZone("shard0004", "whatever")
> sh.addShardToZone("shard0005", "whatever")
```

現在，你可以指定要將此集合（稱為 *normal.coll*）分佈在這五個分片上：

```
> sh.updateZoneKeyRange("normal.coll", {"<shardKey>" : MinKey},
... {"<shardKey>" : MaxKey}, "whatever")
```

 你不能動態指定集合─也就是說，你不能說：「集合被建立時，將它隨機放置到分片中。」然而，你可擁有一個例行性工作排程，來為你完成這項工作。

如果你犯了一個錯誤或改變了主意，則可以使用 sh.removeShardFromZone() 來從區域中刪除分片：

```
> sh.removeShardFromZone("shard0005", "whatever")
```

如果你從區域鍵範圍描述的區域中刪除所有分片（例如，從 "high" 區域中刪除 *shard0000*），負載平衡器將不會在任何地方分佈資料，因為並沒有任何有效位置被列出。所有資料仍然是可讀可寫的；只是無法移植，直到你修改標籤或標籤範圍才可以移植。

要從區域中刪除鍵範圍，使用 sh.removeRangeFromZone()。以下是一個範例。指定的範圍必須與先前為名稱空間 *some.logs* 和給定區域定義的範圍完全相符：

```
> sh.removeRangeFromZone("some.logs", {"<shardKey>" : MinKey},
... {"<shardKey>" : MaxKey})
```

手動分片

有時，對於複雜的需求或特殊情況來說，你可能希望完全控制將某些資料分佈到某些地方。如果你不想自動分佈資料，可以關閉負載平衡器，並使用 moveChunk 指令手動分佈資料。

要關閉負載平衡器，使用 *mongo* 命令列界面連接到 *mongos*（任何的 *mongos* 都可以），並使用命令列界面輔助函式 sh.stopBalancer() 來取消使用負載平衡器：

```
> sh.stopBalancer()
```

如果當下正在進行移植，則這個設定在移植完成之前都不會生效。然而，一旦完成所有的移植後，負載平衡器將會停止移動資料。要確認取消後是否有正在進行的移植，可以在 *mongo* 命令列界面中發出以下指令：

```
> use config
> while(sh.isBalancerRunning()) {
...   print("waiting...");
...   sleep(1000);
... }
```

關閉負載平衡器後，你可以手動移動資料（如有必要）。首先，藉由查看 *config.chunks* 來找出資料塊在哪裡：

```
> db.chunks.find()
```

現在，使用 moveChunk 指令將資料塊移植到其他分片。指定要移植的資料塊的下限值，並且提供要放置資料塊的分片的名稱：

```
> sh.moveChunk(
... "test.manual.stuff",
... {user_id: NumberLong("-1844674407370955160")},
... "test-rs1")
```

然而，除非遇到特殊情況，否則應該要使用 MongoDB 的自動分片，而不要手動執行。如果最終遇到了意料之外的分片熱點，那麼最終可能會將大部分的資料都放在該分片上。

特別是，請勿將手動設定獨特的分佈與執行負載平衡器互相結合。如果負載平衡器檢測到數量不平均的資料塊，它將會重新整理你的所有工作，使得集合再次達到平衡。如果想要不均勻地分配資料塊，要使用第 343 頁「對多個資料庫和集合使用叢集」中討論的區域分片技術。

## 第十七章

分片管理

跟複製組一樣，你可以使用許多選項來管理分片叢集。手動管理是一種選項。如今，為所有叢集管理使用如 Ops Manager、Cloud Manager 和 Atlas 資料庫即服務（Database-as-a-Service，DBaaS）之類的工具變得越來越普遍。在本章中，我們將展示要如何手動管理分片叢集，包括：

* 檢查叢集的狀態：成員有誰、資料的保存位置以及有哪些打開的連接
* 新增、刪除和變更叢集成員
* 管理資料移動和手動移動資料

查看目前狀態

有幾個輔助函式可以用來尋找什麼資料在哪裡，分片是什麼以及叢集在做什麼。

使用 sh.status() 取得摘要

sh.status() 為你提供分片、資料庫和分片集合的概述。如果資料塊的數量很少，它也會列印出哪些資料塊位於何處的細節。否則它將只會列出集合的分片鍵並且報告每個分片擁有有多少資料塊：

```
> sh.status()
--- Sharding Status ---
sharding version: {
  "_id" : 1,
  "minCompatibleVersion" : 5,
```

```
    "currentVersion" : 6,
    "clusterId" : ObjectId("5bdf51ecf8c192ed922f3160")
}
shards:
  {  "_id" : "shard01",
     "host" : "shard01/localhost:27018,localhost:27019,localhost:27020",
     "state" : 1 }
  {  "_id" : "shard02",
     "host" : "shard02/localhost:27021,localhost:27022,localhost:27023",
     "state" : 1 }
  {  "_id" : "shard03",
     "host" : "shard03/localhost:27024,localhost:27025,localhost:27026",
     "state" : 1 }
active mongoses:
  "4.0.3" : 1
autosplit:
  Currently enabled: yes
balancer:
  Currently enabled:  yes
  Currently running:  no
  Failed balancer rounds in last 5 attempts:  0
  Migration Results for the last 24 hours:
    6 : Success
  databases:
    {  "_id" : "config",  "primary" : "config",  "partitioned" : true }
      config.system.sessions
        shard key: { "_id" : 1 }
        unique: false
        balancing: true
        chunks:
          shard01        1
          { "_id" : { "$minKey" : 1 } } -->>
          { "_id" : { "$maxKey" : 1 } } } on : shard01 Timestamp(1, 0)
    {  "_id" : "video",  "primary" : "shard02",  "partitioned" : true,
        "version" :
          {  "uuid" : UUID("3d83d8b8-9260-4a6f-8d28-c3732d40d961"),
             "lastMod" : 1 } }
      video.movies
        shard key: { "imdbId" : "hashed" }
        unique: false
        balancing: true
        chunks:
          shard01 3
          shard02 4
          shard03 3
          { "imdbId" : { "$minKey" : 1 } } -->>
              { "imdbId" : NumberLong("-7262221363006655132") } on :
```

```
                shard01 Timestamp(2, 0)
        { "imdbId" : NumberLong("-7262221363006655132") } -->>
            { "imdbId" : NumberLong("-5315530662268120007") } on :
            shard03 Timestamp(3, 0)
        { "imdbId" : NumberLong("-5315530662268120007") } -->>
            { "imdbId" : NumberLong("-3362204802044524341") } on :
            shard03 Timestamp(4, 0)
        { "imdbId" : NumberLong("-3362204802044524341") } -->>
            { "imdbId" : NumberLong("-1412311662519947087") }
            on : shard01 Timestamp(5, 0)
        { "imdbId" : NumberLong("-1412311662519947087") } -->>
            { "imdbId" : NumberLong("524277486033652998") } on :
            shard01 Timestamp(6, 0)
        { "imdbId" : NumberLong("524277486033652998") } -->>
            { "imdbId" : NumberLong("2484315172280977547") } on :
            shard03 Timestamp(7, 0)
        { "imdbId" : NumberLong("2484315172280977547") } -->>
            { "imdbId" : NumberLong("4436141279217488250") } on :
            shard02 Timestamp(7, 1)
        { "imdbId" : NumberLong("4436141279217488250") } -->>
            { "imdbId" : NumberLong("6386258634539951337") } on :
            shard02 Timestamp(1, 7)
        { "imdbId" : NumberLong("6386258634539951337") } -->>
            { "imdbId" : NumberLong("8345072417171006784") } on :
            shard02 Timestamp(1, 8)
        { "imdbId" : NumberLong("8345072417171006784") } -->>
            { "imdbId" : { "$maxKey" : 1 } } on :
            shard02 Timestamp(1, 9)
```

一旦有多個資料塊,`sh.status()` 將會彙整資料塊的狀態,而不是列出每個資料塊。若要查看所有的資料塊,要執行 `sh.status(true)`(此處的 `true` 告訴 `sh.status()` 要列出所有資訊)。

`sh.status()` 顯示的所有資訊都是從你的 *config* 資料庫中收集的。

查看配置資訊

有關叢集的所有配置資訊都保存在配置伺服器上的 *config* 資料庫的集合中。命令列界面中有幾個輔助函式,它們以更易讀的方式揭露這些資訊。然而,你永遠可以直接在 *config* 資料庫中查詢有關叢集的元資料。

絕對不要直接連接到配置伺服器，因為你不希望不小心變更或刪除配置伺服器資料。應該要連接到 *mongos* 程序並且使用 *config* 資料庫來查看它的資料，就像使用其他資料庫一樣：

```
> use config
```

如果你藉由 *mongos* 處理配置資料（而不是直接連接到配置伺服器），*mongos* 將會確保所有配置伺服器保持同步，並且防止各種危險的操作，例如意外刪除 *config* 資料庫。

通常來說，你不應該直接更改 *config* 資料庫中的任何資料（以下各節中會有例外說明）。如果你修改了任何東西，通常必須要重新啟動所有 *mongos* 伺服器才能看到修改的效果。

config 資料庫中有幾個集合。本節涵蓋了每個集合包含的內容以及要如何使用它。

config.shards

shards 集合會追蹤叢集中的所有分片。*shards* 集合中的典型文件類似如下所示：

```
> db.shards.find()
{ "_id" : "shard01",
  "host" : "shard01/localhost:27018,localhost:27019,localhost:27020",
  "state" : 1 }
{ "_id" : "shard02",
  "host" : "shard02/localhost:27021,localhost:27022,localhost:27023",
  "state" : 1 }
{ "_id" : "shard03",
  "host" : "shard03/localhost:27024,localhost:27025,localhost:27026",
  "state" : 1 }
```

分片的 "_id" 是從複製組名稱中挑出來的，因此叢集中的每個複製組都必須具有唯一的名稱。

當你更新複製組配置（例如，新增或刪除成員）時，"host" 欄位將會自動更新。

config.databases

databases 集合追蹤叢集知道的所有分片的和非分片的資料庫：

```
> db.databases.find()
{ "_id" : "video", "primary" : "shard02", "partitioned" : true,
  "version" : { "uuid" : UUID("3d83d8b8-9260-4a6f-8d28-c3732d40d961"),
  "lastMod" : 1 } }
```

如果已經在資料庫上執行 enableSharding，則 "partitioned" 會是 true。"primary" 是資料庫的「本壘」。預設情況下，在這個資料庫中的所有新集合都會建立在資料庫的主要伺服器分片上。

config.collections

collections 集合追蹤所有分片集合（未分片集合不會被顯示）。一個典型的文件如下所示：

```
> db.collections.find().pretty()
{
    "_id" : "config.system.sessions",
    "lastmodEpoch" : ObjectId("5bdf53122ad9c6907510c22d"),
    "lastmod" : ISODate("1970-02-19T17:02:47.296Z"),
    "dropped" : false,
    "key" : {
        "_id" : 1
    },
    "unique" : false,
    "uuid" : UUID("7584e4cd-fac4-4305-a9d4-bd73e93621bf")
}
{
    "_id" : "video.movies",
    "lastmodEpoch" : ObjectId("5bdf72c021b6e3be02fabe0c"),
    "lastmod" : ISODate("1970-02-19T17:02:47.305Z"),
    "dropped" : false,
    "key" : {
        "imdbId" : "hashed"
    },
    "unique" : false,
    "uuid" : UUID("e6580ffa-fcd3-418f-aa1a-0dfb71bc1c41")
}
```

重要的欄位是：

"_id"

　集合的名稱空間。

"key"

　分片鍵。在這個範例中，它是 "imdbId" 上的雜湊分片鍵。

"unique"

　標示分片鍵不是唯一索引。預設情況下，分片鍵不是唯一的。

config.chunks

chunks 集合記錄所有集合中每個資料塊的記錄。*chunks* 集合中的典型文件如下所示：

```
> db.chunks.find().skip(1).limit(1).pretty()
{
    "_id" : "video.movies-imdbId_MinKey",
    "lastmod" : Timestamp(2, 0),
    "lastmodEpoch" : ObjectId("5bdf72c021b6e3be02fabe0c"),
    "ns" : "video.movies",
    "min" : {
        "imdbId" : { "$minKey" : 1 }
    },
    "max" : {
        "imdbId" : NumberLong("-7262221363006655132")
    },
    "shard" : "shard01",
    "history" : [
        {
            "validAfter" : Timestamp(1541370579, 3096),
            "shard" : "shard01"
        }
    ]
}
```

最有用的欄位是：

"_id"

資料塊的唯一識別子。通常來說，這是名稱空間、分片鍵和較低的資料塊邊界。

"ns"

這個資料塊來自的集合。

"min"

資料塊範圍內（含）的最小值。

"max"

資料塊中的所有值均小於此值。

"shard"

資料塊位在哪個分片上。

"lastmod" 欄位追蹤資料塊的版本控制。舉例來說，如果將資料塊 "video.movies-imdbId_MinKey" 拆分為兩個資料塊，我們希望有一個方法可以將新的較小的 "video.movies-imdbId_MinKey" 資料塊與之前的版本區別開來。因此，Timestamp 值的第一部分反映了資料塊已經移植到新分片的次數。該值的第二部分反映了分割的次數。"lastmodEpoch" 欄位定義集合的建立時間。它用在，當集合被刪除又立即被重建的情況下，區分對相同集合名稱的請求。

sh.status() 使用 *config.chunks* 集合來收集大多數的資訊。

config.changelog

changelog 集合對於追蹤叢集在做的事情是很有用的，因為它記錄了所有已發生過的拆分和移植。

拆分記錄在如下所示的文件中：

```
> db.changelog.find({what: "split"}).pretty()
{
    "_id" : "router1-2018-11-05T09:58:58.915-0500-5be05ab2f8c192ed922ffbe7",
    "server" : "bob",
    "clientAddr" : "127.0.0.1:64621",
    "time" : ISODate("2018-11-05T14:58:58.915Z"),
    "what" : "split",
    "ns" : "video.movies",
    "details" : {
        "before" : {
            "min" : {
                "imdbId" : NumberLong("2484315172280977547")
            },
            "max" : {
                "imdbId" : NumberLong("4436141279217488250")
            },
            "lastmod" : Timestamp(9, 1),
            "lastmodEpoch" : ObjectId("5bdf72c021b6e3be02fabe0c")
        },
        "left" : {
            "min" : {
                "imdbId" : NumberLong("2484315172280977547")
            },
            "max" : {
                "imdbId" : NumberLong("3459137475094092005")
            },
            "lastmod" : Timestamp(9, 2),
            "lastmodEpoch" : ObjectId("5bdf72c021b6e3be02fabe0c")
```

```
        },
        "right" : {
            "min" : {
                "imdbId" : NumberLong("3459137475094092005")
            },
            "max" : {
                "imdbId" : NumberLong("4436141279217488250")
            },
            "lastmod" : Timestamp(9, 3),
            "lastmodEpoch" : ObjectId("5bdf72c021b6e3be02fabe0c")
        }
    }
}
```

"details" 欄位提供有關原始文件外觀的資訊以及它被分割成什麼。

這個輸出顯示集合的第一個資料塊拆分的外觀。注意，每個新資料塊的 "lastmod" 的第二個部分已經被更新，因此值分別為 Timestamp(9, 2) 和 Timestamp(9, 3)。

移植要稍微複雜一些，實際上會建立四個獨立的變更日誌文件：一個記錄移植的開始、一個用於 "from" 分片、一個用於 "to" 分片以及一個記錄在完成移植後發生的送出。中間的兩個文件很有趣，因為它們提供了該程序中，每個步驟花費了多長時間的內容。這可以讓你了解是硬碟、網路還是其他的原因導致移植瓶頸。

舉例來說，"from" 分片建立的文件如下所示：

```
> db.changelog.findOne({what: "moveChunk.to"})
{
    "_id" : "router1-2018-11-04T17:29:39.702-0500-5bdf72d32ad9c69075112f08",
    "server" : "bob",
    "clientAddr" : "",
    "time" : ISODate("2018-11-04T22:29:39.702Z"),
    "what" : "moveChunk.to",
    "ns" : "video.movies",
    "details" : {
        "min" : {
            "imdbId" : { "$minKey" : 1 }
        },
        "max" : {
            "imdbId" : NumberLong("-7262221363006655132")
        },
        "step 1 of 6" : 965,
        "step 2 of 6" : 608,
        "step 3 of 6" : 15424,
        "step 4 of 6" : 0,
```

```
            "step 5 of 6" : 72,
            "step 6 of 6" : 258,
            "note" : "success"
        }
    }
```

"details" 中列出的每個步驟都是測出的時間，"stepN of N" 訊息顯示了每個步驟花費的時間（以毫秒為單位）。

當 "from" 分片從 *mongos* 接收到 moveChunk 指令時，它會：

1. 檢查指令參數。

2. 跟配置伺服器確認它可以為了移植而獲取分散式鎖。

3. 嘗試跟 "to" 分片聯繫。

4. 拷貝資料。這被稱為且被記錄為「關鍵部分」。

5. 協調 "to" 分片和配置伺服器來確認移植。

注意，"to" 和 "from" 分片一定是從 "step4 of 6" 開始緊密通訊的：這些分片彼此直接通訊，並且直接告訴配置伺服器執行移植。如果在最後步驟中 "from" 伺服器的網路連接不穩定，則它最終可能會處於無法撤消移植但也無法繼續進行移植的狀態。在這種情況下，*mongod* 將會關閉。

"to" 分片的變更日誌文件跟 "from" 分片的變更日誌文件相似，但步驟有一些不同。看起來像這樣：

```
> db.changelog.find({what: "moveChunk.from", "details.max.imdbId":
  NumberLong("-7262221363006655132")}).pretty()
{
    "_id" : "router1-2018-11-04T17:29:39.753-0500-5bdf72d321b6e3be02fabf0b",
    "server" : "bob",
    "clientAddr" : "127.0.0.1:64743",
    "time" : ISODate("2018-11-04T22:29:39.753Z"),
    "what" : "moveChunk.from",
    "ns" : "video.movies",
    "details" : {
        "min" : {
            "imdbId" : { "$minKey" : 1 }
        },
        "max" : {
            "imdbId" : NumberLong("-7262221363006655132")
        },
```

```
        "step 1 of 6" : 0,
        "step 2 of 6" : 4,
        "step 3 of 6" : 191,
        "step 4 of 6" : 17000,
        "step 5 of 6" : 341,
        "step 6 of 6" : 39,
        "to" : "shard01",
        "from" : "shard02",
        "note" : "success"
    }
}
```

當 " to" 分片從 " from" 分片接收到指令時，它會：

1. 移植索引。如果這個分片以前從未保存過移植集合中的任何資料塊，它會需要知道有哪些欄位上有索引。如果這不是第一次有該集合中的資料塊被移到這個分片上，那麼這步應該沒有發生任何動作。

2. 刪除資料塊範圍內的任何現存資料。移植或還原程序的失敗可能會遺留下一些資料，我們不想這些資料干擾目前的資料。

3. 將資料塊中的所有文件複製到 "to" 分片。

4. 重新執行在複製過程中對這些文件進行的所有動作（在 "to" 分片上）。

5. 等待 "to" 分片將新移植的資料複製到多數伺服器。

6. 藉由更改資料塊的元資料來表示移植存在於 "to" 分片上，以完成移植。

config.settings

該集合包含代表目前負載平衡器的設定和資料塊大小的文件。藉由更改這個集合中的文件，你可以打開或關閉負載平衡器或是更改資料塊的大小。注意，你應該總是要連接到 *mongos*，而不是直接連接配置伺服器，來更改這個集合中的值。

追蹤網路連接

叢集的元件之間有很多連接。本節介紹了一些分片特有的資訊（有關網路的更多資訊，請參見第二十四章）。

取得連接統計資料

connPoolStats 指令回傳從目前資料庫實體到分片叢集，或其複製組的其他成員之開放外部連接的相關資訊。

為了避免干擾任何正在執行的動作，connPoolStats 不會進行任何鎖定。因此，在 connPoolStats 收集資訊時，數量可能會略有變化，進而導致主機和池連接數量之間的細微差異：

```
> db.adminCommand({"connPoolStats": 1})
{
    "numClientConnections" : 10,
    "numAScopedConnections" : 0,
    "totalInUse" : 0,
    "totalAvailable" : 13,
    "totalCreated" : 86,
    "totalRefreshing" : 0,
    "pools" : {
        "NetworkInterfaceTL-TaskExecutorPool-0" : {
            "poolInUse" : 0,
            "poolAvailable" : 2,
            "poolCreated" : 2,
            "poolRefreshing" : 0,
            "localhost:27027" : {
                "inUse" : 0,
                "available" : 1,
                "created" : 1,
                "refreshing" : 0
            },
            "localhost:27019" : {
                "inUse" : 0,
                "available" : 1,
                "created" : 1,
                "refreshing" : 0
            }
        },
        "NetworkInterfaceTL-ShardRegistry" : {
            "poolInUse" : 0,
            "poolAvailable" : 1,
            "poolCreated" : 13,
            "poolRefreshing" : 0,
            "localhost:27027" : {
                "inUse" : 0,
                "available" : 1,
                "created" : 13,
                "refreshing" : 0
```

```
            }
        },
        "global" : {
            "poolInUse" : 0,
            "poolAvailable" : 10,
            "poolCreated" : 71,
            "poolRefreshing" : 0,
            "localhost:27026" : {
                "inUse" : 0,
                "available" : 1,
                "created" : 8,
                "refreshing" : 0
            },
            "localhost:27027" : {
                "inUse" : 0,
                "available" : 1,
                "created" : 1,
                "refreshing" : 0
            },
            "localhost:27023" : {
                "inUse" : 0,
                "available" : 1,
                "created" : 7,
                "refreshing" : 0
            },
            "localhost:27024" : {
                "inUse" : 0,
                "available" : 1,
                "created" : 6,
                "refreshing" : 0
            },
            "localhost:27022" : {
                "inUse" : 0,
                "available" : 1,
                "created" : 9,
                "refreshing" : 0
            },
            "localhost:27019" : {
                "inUse" : 0,
                "available" : 1,
                "created" : 8,
                "refreshing" : 0
            },
            "localhost:27021" : {
                "inUse" : 0,
                "available" : 1,
                "created" : 8,
```

```
            "refreshing" : 0
        },
        "localhost:27025" : {
            "inUse" : 0,
            "available" : 1,
            "created" : 9,
            "refreshing" : 0
        },
        "localhost:27020" : {
            "inUse" : 0,
            "available" : 1,
            "created" : 8,
            "refreshing" : 0
        },
        "localhost:27018" : {
            "inUse" : 0,
            "available" : 1,
            "created" : 7,
            "refreshing" : 0
        }
    }
},
"hosts" : {
    "localhost:27026" : {
        "inUse" : 0,
        "available" : 1,
        "created" : 8,
        "refreshing" : 0
    },
    "localhost:27027" : {
        "inUse" : 0,
        "available" : 3,
        "created" : 15,
        "refreshing" : 0
    },
    "localhost:27023" : {
        "inUse" : 0,
        "available" : 1,
        "created" : 7,
        "refreshing" : 0
    },
    "localhost:27024" : {
        "inUse" : 0,
        "available" : 1,
        "created" : 6,
        "refreshing" : 0
    },
```

```
        "localhost:27022" : {
            "inUse" : 0,
            "available" : 1,
            "created" : 9,
            "refreshing" : 0
        },
        "localhost:27019" : {
            "inUse" : 0,
            "available" : 2,
            "created" : 9,
            "refreshing" : 0
        },
        "localhost:27021" : {
            "inUse" : 0,
            "available" : 1,
            "created" : 8,
            "refreshing" : 0
        },
        "localhost:27025" : {
            "inUse" : 0,
            "available" : 1,
            "created" : 9,
            "refreshing" : 0
        },
        "localhost:27020" : {
            "inUse" : 0,
            "available" : 1,
            "created" : 8,
            "refreshing" : 0
        },
        "localhost:27018" : {
            "inUse" : 0,
            "available" : 1,
            "created" : 7,
            "refreshing" : 0
        }
    },
    "replicaSets" : {
        "shard02" : {
            "hosts" : [
                {
                    "addr" : "localhost:27021",
                    "ok" : true,
                    "ismaster" : true,
                    "hidden" : false,
                    "secondary" : false,
                    "pingTimeMillis" : 0
```

```
        },
        {
            "addr" : "localhost:27022",
            "ok" : true,
            "ismaster" : false,
            "hidden" : false,
            "secondary" : true,
            "pingTimeMillis" : 0
        },
        {

            "addr" : "localhost:27023",
            "ok" : true,
            "ismaster" : false,
            "hidden" : false,
            "secondary" : true,
            "pingTimeMillis" : 0
        }
    ]
},
"shard03" : {
    "hosts" : [
        {
            "addr" : "localhost:27024",
            "ok" : true,
            "ismaster" : false,
            "hidden" : false,
            "secondary" : true,
            "pingTimeMillis" : 0
        },
        {

            "addr" : "localhost:27025",
            "ok" : true,
            "ismaster" : true,
            "hidden" : false,
            "secondary" : false,
            "pingTimeMillis" : 0
        },
        {

            "addr" : "localhost:27026",
            "ok" : true,
            "ismaster" : false,
            "hidden" : false,
            "secondary" : true,
            "pingTimeMillis" : 0
        }
    ]
},
```

```
"configRepl" : {
    "hosts" : [
        {
            "addr" : "localhost:27027",
            "ok" : true,
            "ismaster" : true,
            "hidden" : false,
            "secondary" : false,
            "pingTimeMillis" : 0
        }
    ]
},
"shard01" : {
    "hosts" : [
        {
            "addr" : "localhost:27018",
            "ok" : true,
            "ismaster" : false,
            "hidden" : false,
            "secondary" : true,
            "pingTimeMillis" : 0
        },
        {
            "addr" : "localhost:27019",
            "ok" : true,
            "ismaster" : true,
            "hidden" : false,
            "secondary" : false,
            "pingTimeMillis" : 0
        },
        {
            "addr" : "localhost:27020",
            "ok" : true,
            "ismaster" : false,
            "hidden" : false,
            "secondary" : true,
            "pingTimeMillis" : 0
        }
    ]
}
},
"ok" : 1,
"operationTime" : Timestamp(1541440424, 1),
"$clusterTime" : {
    "clusterTime" : Timestamp(1541440424, 1),
    "signature" : {
        "hash" : BinData(0,"AAAAAAAAAAAAAAAAAAAAAAAAAAA="),
```

```
            "keyId" : NumberLong(0)
        }
    }
}
```

在這個輸出中：

- "totalAvailable" 顯示從目前 *mongod* / *mongos* 實體到分片叢集或複製組的其他成員的可用外連連接總數。

- "totalCreated" 報告由目前 *mongod* / *mongos* 實體到分片叢集或複製組的其他成員所曾經建立過的外連連接總數。

- "totalInUse" 提供從目前 *mongod* / *mongos* 實體到分片叢集或複製組的其他成員，正在使用的外連連接總數。

- "totalRefreshing" 顯示從目前 *mongod* / *mongos* 實體到分片叢集或複製組的其他成員，正在更新的外連連接總數。

- "numClientConnections" 標示從目前 *mongod* / *mongos* 實體到分片叢集或複製組的其他成員的活動中的和儲存的外連同步連接數。這些代表由 "totalAvailable"、"totalCreated" 和 "totalInUse" 報告的連接的子集合。

- "numAScopedConnection" 報告從目前 *mongod* / *mongos* 實體到分片叢集或複製組的其他成員的活動中的和儲存的外連範圍內的同步連接數。這些代表由 "totalAvailable"，"totalCreated" 和 "totalInUse" 報告的連接的子集合。

- "pools" 顯示由連接池分組的連接統計資訊（包含 in use / available / created / refreshing）。*mongod* 或 *mongos* 擁有兩個不同的外連連接池家族：
  — 基於 DBClient 的池（「寫入路徑」，由 "pools" 文件中的名稱為 "global" 的欄位所標示）
  — 基於 NetworkInterfaceTL 的池（「讀取路徑」）

- "hosts" 顯示主機的連接統計資訊（包含 in use / available / created / refreshing）。它報告目前 *mongod* / *mongos* 實體與分片叢集或複製組的每個成員之間的連接。

你可能會在 connPoolStats 的輸出中看到與其他分片的連接。這代表分片正在連接到其他分片要移植資料。一個分片的主要伺服器將直接連接到另一個分片的主要伺服器，並且「吸取」它的資料。

當移植發生時，分片會設定 ReplicaSetMonitor（監控複製組運行狀況的程序），來在移植的另一端追蹤分片的運行狀況。*mongod* 永遠不會銷毀此監控器，因此你可能會在一個複製組的日誌中，看到有關另一個複製組成員的訊息。這是完全正常的，而且對你的應用程式完全沒有影響。

限制連接數量

當客戶端連接到 *mongos* 時，*mongos* 至少會跟一個分片建立連接，來傳遞客戶端的請求。因此，到 *mongos* 的每個客戶端連接，都會產生至少一個從 *mongos* 到分片的外連接。

如果你有許多 *mongos* 程序，它們可能會建立超過分片處理能力的連接數量：預設情況下，*mongos* 最多接受 65,536 個連接（與 *mongod* 相同），因此，如果你有 5 個 *mongos* 程序，而每個程序擁有 10,000 個客戶端連接，則它們可能會嘗試建立 50,000 個分片連接！

為了防止這種情況，你可以在 *mongos* 的命令列配置中使用 `--maxConns` 選項來限制它可以建立的連接數。以下公式可用於計算分片可從單一個 *mongos* 處理的最大連接數：

$$maxConns = maxConnsPrimary - (numMembersPerReplicaSet \times 3) -$$
$$(other \times 3) / numMongosProcesses$$

分解此公式的各個部分：

maxConnsPrimary

　　主要伺服器上的最大連接數，通常設定為 20,000，以避免從 *mongos* 來的連接使分片不堪負荷。

（*numMembersPerReplicaSet* ×3）

　　主要伺服器建立到每個次要伺服器的連接，每個次要伺服器建立兩個到主要伺服器的連接，總共三個連接。

（*other* x 3）

　　其他可能連接到 *mongods* 的額外程序數量，例如監控或備份代理人、直接命令列界面連接（用於管理）或與其他分片用在移植上的連接。

numMongosProcesses

　　分片叢集中的 *mongos* 總數。

注意，`--maxConns` 只會阻止 *mongos* 建立超過這個數量的連接。達到此限制後，它並沒有什麼特別有用的作用：它只會阻止請求，等待連接被「釋放」。因此，還是必須要防止應用程式使用這麼多的連接，尤其是隨著 *mongos* 程序數量的增加時。

當 MongoDB 實體乾淨退出時，它會在停止之前關閉所有連接。連接到它的成員將立即在這些連接上收到 socket 錯誤，並能夠重新整理它們。然而，如果 MongoDB 實體是因為斷電、當機或網路問題而突然離線，則可能無法完全關閉所有的 socket。在這種情況下，叢集中的其他伺服器可能仍然會感到連接狀況良好，直到嘗試對它執行動作為止。到那時，它們將得到一個錯誤並且重新整理連接（如果這個成員此時再次啟動）。

在只有幾個連接時，這是一個快速的程序。然而，當成千上萬的連接必須一一重新整理時，你會得到很多錯誤，因為跟離線成員的每個連接都必須要嘗試、確定為不良連接並且重新建立。除了重新啟動在重新連接風暴中動彈不得的程序之外，沒有一個特別好的方法來阻止這種情況發生。

伺服器管理

隨著叢集的增長，需要增加容量或更改配置。本節介紹如何在叢集中新增和刪除伺服器。

新增伺服器

你可以隨時新增新的 *mongos* 程序。只要確定它們的 `--configdb` 選項指定了正確的配置伺服器組，它們應該立即就可供客戶端連接。

要增加新的分片，請使用第十五章中所示的 `addShard` 指令。

在分片中變更伺服器

當使用分片叢集時，可能需要變更單一分片中的伺服器。要變更分片的成員身分，直接連接到分片的主要伺服器（而不是藉由 *mongos* 連接），然後發出複製組重新配置指令。叢集配置將會取出修改並且自動更新 *config.shards*。請勿手動修改 *config.shards*。

唯一的例外是，如果你是使用獨立伺服器而不是用複製組作為分片來啟動叢集。

將分片從獨立伺服器修改為複製組

最簡單的方法是新增一個新的空複製組分片，然後刪除獨立伺服器的分片（在下一節中會討論）。移植會負責將你的資料移至新的分片。

移除分片

通常來說，不應該要從叢集中刪除分片。如果你定期新增和刪除分片，會給系統帶來不必要的壓力。如果新增的分片過多，最好讓系統成長到分片之中，而不要刪除它們然後再新增回去。然而，如有必要，你還是可以刪除分片。

首先要確定負載平衡器已經打開。負載平衡器負責將要刪除的分片上的所有資料移動到其他分片中，該過程稱為排出（*draining*）。要開始排出時，執行 removeShard 指令。removeShard 會使用分片的名稱，並將該分片上的所有資料塊都排出到其他分片上：

```
> db.adminCommand({"removeShard ": "shard03"})
{
    "msg" : "draining started successfully",
    "state" : "started",
    "shard" : "shard03",
    "note" : "you need to drop or movePrimary these databases",
    "dbsToMove" : [ ],
    "ok" : 1,
    "operationTime" : Timestamp(1541450091, 2),
    "$clusterTime" : {
        "clusterTime" : Timestamp(1541450091, 2),
        "signature" : {
            "hash" : BinData(0,"AAAAAAAAAAAAAAAAAAAAAAAAAAA="),
            "keyId" : NumberLong(0)
        }
    }
}
```

如果要移動的資料塊很多或資料塊非常大，排出可能會花費很長的時間。如果你有巨大資料塊（請參閱第 374 頁的「巨大資料塊」），則可能要臨時增加資料塊的大小來允許排空移動它們。

如果要觀察有多少資料已經被移動，再次執行 removeShard 就可以提供目前狀態：

```
> db.adminCommand({"removeShard" : "shard02"})
{
    "msg" : "draining ongoing",
    "state" : "ongoing",
```

```
        "remaining" : {
            "chunks" : NumberLong(3),
            "dbs" : NumberLong(0)
        },
        "note" : "you need to drop or movePrimary these databases",
        "dbsToMove" : [
                "video"
            ],
        "ok" : 1,
        "operationTime" : Timestamp(1541450139, 1),
        "$clusterTime" : {
            "clusterTime" : Timestamp(1541450139, 1),
            "signature" : {
                "hash" : BinData(0,"AAAAAAAAAAAAAAAAAAAAAAAAAAA="),
                "keyId" : NumberLong(0)
            }
        }
    ]
```

你可以根據需要執行 removeShard 多次。

資料塊可能必須拆分才能移動,因此你可能會看到,在排空期間系統中的資料塊數量增加。舉例來說,假設我們有一個具有以下資料塊分佈的五分片叢集:

```
test-rs0    10
test-rs1    10
test-rs2    10
test-rs3    11
test-rs4    11
```

該叢集共有 52 個資料塊。如果刪除 *test-rs3*,我們可能會得到以下結果:

```
test-rs0    15
test-rs1    15
test-rs2    15
test-rs4    15
```

該叢集現在有 60 個資料塊,其中 18 個是來自 *test-rs3* 分片(其中有 11 個是一開始就有的,而 7 個是因為排空拆分建立的)。

一旦所有資料塊都移動完後,如果仍有資料庫以已刪除的分片為主要伺服器的話,就需要先刪除它們,然後才能刪除分片。分片叢集中的每個資料庫都有一個主要伺服器分片。如果你要刪除的分片也是叢集資料庫之一的主要伺服器,則 removeShard 會在 "dbsToMove" 欄位中列出資料庫。若要完成刪除分片的動作,則必須在從分片中移植所有資料之後將資料庫移到新的分片，或者是刪除資料庫並且刪除關聯的資料檔案。
removeShard 的輸出會類似於：

```
> db.adminCommand({"removeShard" : "shard02"})
{
    "msg" : "draining ongoing",
    "state" : "ongoing",
    "remaining" : {
        "chunks" : NumberLong(3),
        "dbs" : NumberLong(0)
    },
    "note" : "you need to drop or movePrimary these databases",
    "dbsToMove" : [
            "video"
      ],
    "ok" : 1,
    "operationTime" : Timestamp(1541450139, 1),
    "$clusterTime" : {
        "clusterTime" : Timestamp(1541450139, 1),
        "signature" : {
            "hash" : BinData(0,"AAAAAAAAAAAAAAAAAAAAAAAAAAA="),
            "keyId" : NumberLong(0)
        }
    }
}
```

要完成刪除，使用 movePrimary 指令移動列出的資料庫：

```
> db.adminCommand({"movePrimary" : "video", "to" : "shard01"})
{
    "ok" : 1,
    "operationTime" : Timestamp(1541450554, 12),
    "$clusterTime" : {
        "clusterTime" : Timestamp(1541450554, 12),
        "signature" : {
            "hash" : BinData(0,"AAAAAAAAAAAAAAAAAAAAAAAAAAA="),
            "keyId" : NumberLong(0)
        }
    }
}
```

完成這個動作後，再執行一次 removeShard：

```
> db.adminCommand({"removeShard" : "shard02"})
{
    "msg" : "removeshard completed successfully",
    "state" : "completed",
```

```
    "shard" : "shard03",
    "ok" : 1,
    "operationTime" : Timestamp(1541450619, 2),
    "$clusterTime" : {
        "clusterTime" : Timestamp(1541450619, 2),
        "signature" : {
            "hash" : BinData(0,"AAAAAAAAAAAAAAAAAAAAAAAAAAA="),
            "keyId" : NumberLong(0)
        }
    }
}
```

這不是嚴格必要的，但它會確認你是否已經完成該程序。如果沒有以該分片為主要伺服器的資料庫，當所有資料塊都已經從該分片被移植出來之後，你就會收到這個回應。

 一旦開始進行分片排空，就沒有內建的方法能夠停止它。

平衡資料

通常來說，MongoDB 自動負責平衡資料。本節介紹如何啟用和禁用這個自動平衡，以及如何干預平衡程序。

負載平衡器

關閉負載平衡器幾乎是所有管理活動的先決條件。有一個命令列界面輔助函式可以讓這個動作更容易達成：

```
> sh.setBalancerState(false)
{
    "ok" : 1,
    "operationTime" : Timestamp(1541450923, 2),
    "$clusterTime" : {
        "clusterTime" : Timestamp(1541450923, 2),
        "signature" : {
            "hash" : BinData(0,"AAAAAAAAAAAAAAAAAAAAAAAAAAA="),
            "keyId" : NumberLong(0)
        }
    }
}
```

關閉負載平衡器後，將不會開始新的平衡循環，但是關閉負載平衡器並不會立即強制停止正在進行的平衡循環－移植通常不能立刻停下來。因此，你應該要檢查 *config.locks* 集合來查看是否有進行中的平衡循環：

```
> db.locks.find({"_id" : "balancer"})["state"]
0
```

0 表示負載平衡器已經關閉。

平衡會給你的系統帶來負擔：目標分片必須在來源分片中查詢資料塊中的所有文件，並且插入它們，然後來源分片必須刪除它們。特別是在兩種情況下，移植可能會導致效能問題：

1. 使用熱點分片鍵將會強制進行不停的移植（因為所有新資料塊都將在熱點上被建立）。你的系統必須具有處理從熱點分片流出的資料流的能力。

2. 新增新的分片將在負載平衡器嘗試移植時觸發移植流。

如果你發現移植會影響應用程式的效能，則可以在 *config.settings* 集合中安排一個平衡時間窗口。執行以下的更新，將會只允許在下午 1 點到下午 4 點之間進行平衡。首先確認負載平衡器已打開，然後安排時間窗口：

```
> sh.setBalancerState( true )
{
    "ok" : 1,
    "operationTime" : Timestamp(1541451846, 4),
    "$clusterTime" : {
        "clusterTime" : Timestamp(1541451846, 4),
        "signature" : {
            "hash" : BinData(0,"AAAAAAAAAAAAAAAAAAAAAAAAAAA="),
            "keyId" : NumberLong(0)
        }
    }
}
> db.settings.update(
    { _id: "balancer" },
    { $set: { activeWindow : { start : "13:00", stop : "16:00" } } },
    { upsert: true }
)
WriteResult({ "nMatched" : 1, "nUpserted" : 0, "nModified" : 1 })
```

如果你設置了一個平衡時間窗口，要密切地監控它，以確保 *mongos* 在時間區間內可以真的使叢集保持平衡。

如果你打算將手動平衡與自動負載平衡器互相結合，則必須要小心，因為自動負載平衡器總是根據組的目前狀態來確定要移動的內容，而不考慮組的歷史記錄。舉例來說，假設你有 *shardA* 和 *shardB*，每個分片都有 500 個資料塊。*shardA* 的寫入量很大，因此你關閉負載平衡器，並且將 30 個最活躍的資料塊移動到 *shardB* 上。如果此時重新打開負載平衡器，它將立即介入，將 30 個資料塊（不一定是同樣的 30 個資料塊）從 *shardB* 移回到 *shardA* 上，以平衡資料塊的數量。

為避免這種情況發生，在啟動負載平衡器之前，將 30 個較不活躍的資料塊從 *shardB* 移到 *shardA*。這樣，分片之間就不會不平衡，負載平衡器將很樂意將它們保持原樣。另外，你也可以對 *shardA* 的資料塊進行 30 次拆分，來使資料塊的數量均勻。

注意，負載平衡器僅使用資料塊的數量作為度量標準，而不是使用資料的大小。移動資料塊稱為移植，這是 MongoDB 在整個叢集中平衡資料的方式。因此，具有少量大資料塊的分片，最終可能成為從具有許多小資料塊（但資料量較小）的分片移植的目標。

變更資料塊大小

資料塊中可以有零到幾百萬個文件。通常來說，資料塊越大，移植到另一個分片所花費的時間越長。在第十四章中，我們使用 1 MB 的資料塊大小，這樣我們可以輕鬆、快速地看到資料塊移動。這在即時系統中通常是不切實際的。MongoDB 會做很多不必要的工作，讓分片之間的大小差異保持在幾 MB 之內。預設情況下，資料塊為 64 MB，通常在移植的便利性和移植的轉移之間提供了良好的平衡。

有時，你可能會發現移植 64 MB 的資料塊所花費的時間太長。為了加快速度，你可以減小資料塊大小。要做到這件事，藉由命令列界面連接到 *mongos* 並且更新 *config.settings* 集合：

```
> db.settings.findOne()
{
    "_id" : "chunksize",
    "value" : 64
}
> db.settings.save({"_id" : "chunksize", "value" : 32})
WriteResult({ "nMatched" : 1, "nUpserted" : 0, "nModified" : 1 })
```

前面的更新會將資料塊大小變更為 32 MB。但是，現有的資料塊不會立即變更。自動拆分只有在插入或更新時發生。因此，如果降低資料塊的大小，要等所有資料塊拆分為新的大小，可能需要一些時間。

拆分是無法撤消的。如果增加了資料塊大小，則現有資料塊只能藉由插入或更新來成長，直到達到新的大小為止。資料塊大小的允許範圍為 1 到 1,024 MB（含）之間。

注意，這是叢集層級的設置：它會影響所有集合和資料庫。因此，如果一個集合需要較小的資料塊大小，而另一個集合需要較大的資料塊大小，則必須在兩個理想值之間折衷選擇資料塊大小（或將集合放在不同的叢集中）。

如果 MongoDB 進行了太多移植，或者是你的文件很大，則可能需要增加資料塊的大小。

移動資料塊

如稍早所述，資料塊中的所有資料都會在某一個分片上。如果該分片最終比其他分片擁有更多的資料塊，MongoDB 將會移出一些資料塊。

你可以使用 moveChunk 命令列界面輔助函式手動移動資料塊：

```
> sh.moveChunk("video.movies", {imdbId: 500000}, "shard02")
{ "millis" : 4079, "ok" : 1 }
```

這會將包含 "imdbId" 為 500000 的文件的資料塊移動到名為 *shard02* 的分片上。你必須使用分片鍵（在這邊為 "imdbId"）來尋找要移動的資料塊。通常來說，指定資料塊的最簡單方法是使用它的下限值，儘管在資料塊中的任何值都可以使用（上限不會有作用，因為它實際上不在該資料塊中）。這個指令會在傳回之前移動資料塊，因此可能需要一段時間才會執行。如果要花費很長時間，那麼日誌是查看動作的最佳地點。

如果一個資料塊大於最大資料塊大小，*mongos* 將會拒絕移動它：

```
> sh.moveChunk("video.movies", {imdbId: NumberLong("8345072417171006784")},
  "shard02")
{
    "cause" : {
        "chunkTooBig" : true,
        "estimatedChunkSize" : 2214960,
        "ok" : 0,
        "errmsg" : "chunk too big to move"
    },
    "ok" : 0,
    "errmsg" : "move failed"
}
```

在這種情況下，必須先使用 splitAt 指令手動拆分資料塊，然後再移動它：

```
> db.chunks.find({ns: "video.movies", "min.imdbId":
  NumberLong("6386258634539951337")}).pretty()
{
    "_id" : "video.movies-imdbId_6386258634539951337",
    "ns" : "video.movies",
    "min" : {
        "imdbId" : NumberLong("6386258634539951337")
    },
    "max" : {
        "imdbId" : NumberLong("8345072417171006784")
    },
    "shard" : "shard02",
    "lastmod" : Timestamp(1, 9),
    "lastmodEpoch" : ObjectId("5bdf72c021b6e3be02fabe0c"),
    "history" : [
        {
            "validAfter" : Timestamp(1541370559, 4),
            "shard" : "shard02"
        }
    ]
}
> sh.splitAt("video.movies", {"imdbId":
  NumberLong("7000000000000000000")})
{
    "ok" : 1,
    "operationTime" : Timestamp(1541453304, 1),
    "$clusterTime" : {
        "clusterTime" : Timestamp(1541453306, 5),
        "signature" : {
            "hash" : BinData(0,"AAAAAAAAAAAAAAAAAAAAAAAAAAA="),
            "keyId" : NumberLong(0)
        }
    }
}
> db.chunks.find({ns: "video.movies", "min.imdbId":
  NumberLong("6386258634539951337")}).pretty()
{
    "_id" : "video.movies-imdbId_6386258634539951337",
    "lastmod" : Timestamp(15, 2),
    "lastmodEpoch" : ObjectId("5bdf72c021b6e3be02fabe0c"),
    "ns" : "video.movies",
    "min" : {
        "imdbId" : NumberLong("6386258634539951337")
    },
    "max" : {
```

```
        "imdbId" : NumberLong("70000000000000000000")
    },
    "shard" : "shard02",
    "history" : [
        {
            "validAfter" : Timestamp(1541370559, 4),
            "shard" : "shard02"
        }
    ]
}
```

一旦將資料塊被拆分成較小的資料塊後，它應該會是可移動的。另外，你可以提高最大資料塊大小然後再移動它，但應該要盡可能拆分大資料塊。不過，有時會無法拆分大資料塊－我們接下來將會討論這種情況 [1]。

巨大資料塊

假設你選擇 "date" 欄位作為分片鍵。這個集合中的 "date" 欄位是一個字串，看起來像 "*year/month/day*"，這代表 *mongos* 每天最多可以建立一個資料塊。這樣可以正常工作一會兒，直到你的應用程式突然爆紅並且在一天之內獲得傳統流量的一千倍流量。

這一天的資料塊將比其他任何一天都要大得多，但由於每個文件的分片鍵都具有相同的值，因此它完全無法被拆分。

當資料塊大於 *config.settings* 中設定的最大塊大小時，負載平衡器將無法移動資料塊。這些不可分割、不可移動的資料塊稱為**巨大資料塊**，它們很難被處理。

讓我們舉個例子。假設你有三個分片：*shard1*、*shard2* 和 *shard3*。如果使用第 328 頁的「遞增分片鍵」中所述的熱點分片鍵模式，所有寫入動作都將會進入一個分片，例如 *shard1*。分片主要伺服器 *mongod* 將請求負載平衡器在其他分片之間平均移動每個新的最上部資料塊，但是負載平衡器只能移動非巨大資料塊，因此它會將所有小資料塊從熱分片上移植出來。

現在，所有分片都會具有大致相同數量的資料塊，但是所有 *shard2* 和 *shard3* 的資料塊會小於 64 MB。而且，假如巨大資料塊被建立，則會有越來越多的 *shard1* 資料塊的大小將

1　MongoDB 4.4 版計劃在 moveChunk 函式中新增一個新參數（forceJumbo），以及新的負載平衡器配置設定 tryToBalanceJumboChunks 來解決巨大資料塊的問題。這個 JIRA 規劃中詳細說明了這個工作（*https://jira.mongodb.org/browse/SERVER-42273*）。

超過 64 MB。因此，即使三個資料塊之間的數量是完美平衡的，但 *shard1* 的填充速度會比其他兩個分片要快得多。

因此，遭遇到巨大資料塊問題的指標之一，就是一個分片的大小成長快於其他分片。你還可以查看 `sh.status()` 的輸出，看是否有巨大資料塊，它們將會被標記為 `jumbo` 屬性：

```
> sh.status()
...
    { "x" : -7 } -->> { "x" : 5 } on : shard0001
    { "x" : 5 } -->> { "x" : 6 } on : shard0001 jumbo
    { "x" : 6 } -->> { "x" : 7 } on : shard0001 jumbo
    { "x" : 7 } -->> { "x" : 339 } on : shard0001
...
```

你可以使用 `dataSize` 指令檢查資料塊大小。首先，使用 *config.chunks* 集合來尋找資料塊範圍：

```
> use config
> var chunks = db.chunks.find({"ns" : "acme.analytics"}).toArray()
```

然後使用這些資料塊範圍來尋找可能的巨大資料塊：

```
> use <dbName>
> db.runCommand({"dataSize" : "<dbName.collName>",
... "keyPattern" : {"date" : 1}, // shard key
... "min" : chunks[0].min,
... "max" : chunks[0].max})
{
    "size" : 33567917,
    "numObjects" : 108942,
    "millis" : 634,
    "ok" : 1,
    "operationTime" : Timestamp(1541455552, 10),
    "$clusterTime" : {
        "clusterTime" : Timestamp(1541455552, 10),
        "signature" : {
            "hash" : BinData(0,"AAAAAAAAAAAAAAAAAAAAAAAAAAA="),
            "keyId" : NumberLong(0)
        }
    }
}
```

不過要小心 — `dataSize` 指令必須要掃描資料塊的資料來查出它的大小。如果可以，應該要利用對資料的了解來縮小搜尋範圍：是否在特定日期建立了巨大資料塊？舉例來說，如果 7 月 1 日是一個非常忙碌的日子，就去尋找當天在其分片鍵範圍內的資料塊。

如果你使用 GridFS 並且藉由 "files_id" 進行分片，則可以查看 *fs.files* 集合來尋找檔案的大小。

分散巨大資料塊

要修復被巨大資料塊造成的不平衡的叢集，必須將它們均勻地分散在各個分片之間。

這是一個複雜的手動程序，但不會造成任何的停機時間（但有可能會導致速度變慢，因為你要移植大量的資料）。在下面的描述中，具有巨大資料塊的分片稱為 "from" 分片。巨大資料塊移植到的分片稱為 "to" 分片。注意，你可能會希望將多個 "from" 分片移出。對每個巨大資料塊重複這些步驟即可：

1. 關閉負載平衡器。你不希望負載平衡器在這個程序中嘗試「幫忙」：

   ```
   > sh.setBalancerState(false)
   ```

2. MongoDB 不允許你移動大於最大資料塊大小的資料塊，因此暫時增加資料塊大小。記下原始的資料塊大小是多少，然後將其變更為較大的值，例如 10000。資料塊大小是以 MB 為單位：

   ```
   > use config
   > db.settings.findOne({"_id" : "chunksize"})
   {
       "_id" : "chunksize",
       "value" : 64
   }
   > db.settings.save({"_id" : "chunksize", "value" : 10000})
   ```

3. 使用 moveChunk 指令將巨大資料塊移出 "from" 分片。

4. 在 "from" 分片上的其餘資料塊上執行 splitChunk，直到它擁有跟 "to" 分片差不多相同的資料塊數量。

5. 將資料塊大小設定回原始值：

   ```
   > db.settings.save({"_id" : "chunksize", "value" : 64})
   ```

6. 打開負載平衡器：

   ```
   > sh.setBalancerState(true)
   ```

當負載平衡器再次打開時，它將再次無法移動巨大資料塊；它們本質上是按其大小被放置的。

防止巨大資料塊

隨著要儲存的資料量的增加，上一節中描述的手動程序變得不可使用。因此，如果你遇到巨大資料塊的問題，則應優先考量要如何防止它們形成。

為防止巨大資料塊出現，修改分片鍵以具有更大的顆粒度。你希望幾乎每個文件的分片鍵都具有唯一的值，或者至少不要讓單個分片鍵值擁有的資料塊大小超過該值。

舉例來說，如果你使用的是前面所述的年／月／日鍵，則可以藉由增加小時、分鐘和秒來使它的顆粒度更精細。同樣地，如果你要在像是日誌層級的粗顆粒度上分片，則可以在分片鍵中添加第二個欄位，而該欄位具有較精細顆粒度，例如 MD5 雜湊或 UUID。這樣，就算許多文件的第一個欄位都相同，也總是可以分割一個資料塊。

重新整理配置

最後一點，有時 *mongos* 不會從配置伺服器正確地更新其配置。如果你獲得了預期之外的配置，或者 *mongos* 似乎已過期或找不到你確定存在的資料，就要使用 flushRouterConfig 指令手動清除所有快取：

```
> db.adminCommand（{"flushRouterConfig"：1}）
```

如果 flushRouterConfig 沒有作用，則重新啟動所有 *mongos* 或 *mongod* 程序，將會清除所有快取的資料。

## 第五部分

應用程式管理

## 第十八章

查看應用程式在做什麼

當應用程式啟動並且執行中，你如何知道它在做什麼？本章介紹要如何知道 MongoDB 正在執行的查詢類型、正在寫入的資料量有多少以及有關 MongoDB 實際運作的其他詳細訊息。你將會學到：

- 尋找緩慢的動作並將其刪除

- 取得並且解釋有關你的集合和資料庫的統計資訊

- 使用命令列工具讓你了解 MongoDB 正在做什麼事情

查看目前的動作

尋找慢速動作的一種簡單方法是，查看正在執行的程序。任何緩慢的東西都很有可能會出現，並且執行時間更長。這是不能保證的，但是這是良好的第一步，了解可能會使應用程式變慢的原因。

要查看正在執行的動作，可以使用 `db.currentOp()` 函式：

```
> db.currentOp()
{
  "inprog": [{
    "type" : "op",
    "host" : "eoinbrazil-laptop-osx:27017",
    "desc" : "conn3",
    "connectionId" : 3,
    "client" : "127.0.0.1:57181",
    "appName" : "MongoDB Shell",
```

```
"clientMetadata" : {
    "application" : {
        "name" : "MongoDB Shell"
    },
    "driver" : {
        "name" : "MongoDB Internal Client",
        "version" : "4.2.0"
    },
    "os" : {
        "type" : "Darwin",
        "name" : "Mac OS X",
        "architecture" : "x86_64",
        "version" : "18.7.0"
    }
},
"active" : true,
"currentOpTime" : "2019-09-03T23:25:46.380+0100",
"opid" : 13594,
"lsid" : {
    "id" : UUID("63b7df66-ca97-41f4-a245-eba825485147"),
    "uid" : BinData(0,"47DEQpj8HBSa+/TImW+5JCeuQeRkm5NMpJWZG3hSuFU=")
},
"secs_running" : NumberLong(0),
"microsecs_running" : NumberLong(969),
"op" : "insert",
"ns" : "sample_mflix.items",
"command" : {
    "insert" : "items",
    "ordered" : false,
    "lsid" : {
        "id" : UUID("63b7df66-ca97-41f4-a245-eba825485147")
    },
    "$readPreference" : {
        "mode" : "secondaryPreferred"
    },
    "$db" : "sample_mflix"
},
"numYields" : 0,
"locks" : {
    "ParallelBatchWriterMode" : "r",
    "ReplicationStateTransition" : "w",
    "Global" : "w",
    "Database" : "w",
    "Collection" : "w"
},
"waitingForLock" : false,
"lockStats" : {
```

```
            "ParallelBatchWriterMode" : {
                "acquireCount" : {
                    "r" : NumberLong(4)
                }
            },
            "ReplicationStateTransition" : {
                "acquireCount" : {
                    "w" : NumberLong(4)
                }
            },
            "Global" : {
                "acquireCount" : {
                    "w" : NumberLong(4)
                }
            },
            "Database" : {
                "acquireCount" : {
                    "w" : NumberLong(4)
                }
            },
            "Collection" : {
                "acquireCount" : {
                    "w" : NumberLong(4)
                }
            },
            "Mutex" : {
                "acquireCount" : {
                    "r" : NumberLong(196)
                }
            }
        },
        "waitingForFlowControl" : false,
        "flowControlStats" : {
            "acquireCount" : NumberLong(4)
        }
    }],
    "ok": 1
}
```

這會顯示資料庫正在執行的動作列表。以下是輸出中一些較重要的欄位：

`"opid"`

動作的唯一辨識子。你可以使用該號碼來刪除動作（請見第 385 頁的「刪除動作」）。

"active"

此動作是否正在執行。如果此欄位為 false，則表示動作已經放棄或正在等待鎖。

"secs_running"

此動作的持續時間（以秒為單位）。你可以使用它來尋找耗時太久的查詢。

"microsecs_running"

此動作的持續時間（以微秒為單位）。你可以使用它來尋找耗時太久的查詢。

"op"

動作的類型。通常是 "query"、"insert"、"update" 或 "remove"。注意，資料庫指令視為 "query" 處理。

"desc"

客戶端的辨識子。這可以與檔案日誌中的訊息有關聯。在我們的範例中，與連接有關的每個日誌訊息都將以 [conn3] 為前綴，因此你可以使用它來對日誌進行 grep 以獲取相關資訊。

"locks"

此動作採用的鎖類型的描述。

"waitingForLock"

此動作目前是否被阻擋，正在等待獲取鎖。

"numYields"

此動作放棄、釋放它的鎖讓其他動作執行的次數。通常來說，搜尋文件（查詢、更新和刪除）的任何動作都可以放棄。只有當有其他動作排入隊伍並且等待獲取鎖時，該動作才會放棄。基本上，如果沒有任何動作在 "waitingForLock" 狀態下，則目前的動作將不會放棄。

"lockstats.timeAcquiringMicros"

此動作花費了多長時間來獲得所需的鎖。

你可以過濾 currentOp 來尋找滿足特定條件的動作，例如，特定名稱空間上的動作或是已經執行一定時間長度的動作。可以藉由傳遞查詢參數來過濾結果：

```
> db.currentOp(
    {
```

```
      "active" : true,
      "secs_running" : { "$gt" : 3 },
      "ns" : /^db1\./
   }
)
```

你可以使用所有的正常查詢運算子,在 currentOp 中的任何欄位上進行查詢。

尋找有問題的動作

db.currentOp() 的最常見用法是尋找慢速動作。你可以使用上一節所描述的過濾技巧,來尋找所有花費一定時間以上的查詢,這可能會讓你知道少建了索引或欄位過濾不適當。

有時候會發現有意外的查詢正在執行,這通常是因為有應用程式伺服器在執行舊版或是有 bug 的版本的軟體。"client" 欄位可以幫助你追蹤意料之外的動作來自何處。

刪除動作

如果找到想要停止的動作,可以藉由將動作的 "opid" 傳遞給 db.killOp() 來將其終止:

```
> db.killOp(123)
```

並非所有動作都可以被刪除。通常來說,只有在動作取消時才能將其刪除,因此更新、尋找和移除動作都可以被刪除,但是持有或等待鎖的動作通常不能被刪除。

向動作發送「刪除」的訊息後,它將在 db.currentOp() 輸出中具有 "killed" 欄位。但是,直到它從目前動作列表中消失後,它才真正被刪除。

在 MongoDB 4.0 版中,對 killOP 方法進行了擴展,使它可以在 mongos 上執行。現在,它可以刪除在叢集中多於一個分片上執行的查詢(讀取動作)。在以前的版本中,會需要在每個分片上的主要伺服器 mongod 上手動發出刪除指令。

偽陽性

如果你在尋找慢速動作,可能會看到列出了一些長期執行的內部動作。MongoDB 可能會有幾個長期執行的請求,依你的設定不同而有所不同。最常見的是複製執行緒(它會在盡可能長的時間內持續從同步來源中抓取更多的動作)和用於分片的回寫監聽器。在 local.oplog.rs 上任何長時間執行的查詢以及所有 writebacklistener 指令(https://oreil.ly/95e3x)都可以被忽略。

如果你刪除了以上其中一個動作，MongoDB 只會重新啟動它們。然而，通常不應該這樣做。刪除複製執行緒將短暫地停止複製，而刪除回寫監聽器可能會導致 *mongos* 遺失合法的寫入錯誤。

防止鬼影動作

這是你可能會遇到的 MongoDB 特有的奇怪問題，尤其是在將資料大量讀取到集合中的情況下。假設你有一項工作正對 MongoDB 發出數千個更新動作，而 MongoDB 卻停滯不前。你可以迅速停止工作並且刪除目前正在發生的所有更新。然而，即使該工作不再執行，你仍然持續會在刪除舊的更新後看到新的更新立即出現！

如果你使用未確認的寫入來讀取資料，你的應用程式會向 MongoDB 發出寫入動作，而且可能會比 MongoDB 處理它們的速度要更快。如果備份了 MongoDB，這些寫入動作將會堆積在作業系統的 socket 緩衝區中。當你刪除 MongoDB 正在處理的寫入時，這使得 MongoDB 可以開始處理緩衝區中的寫入。即使你停止了客戶端發送寫入的動作，MongoDB 也會處理所有在緩衝區內的寫入動作，因為它們已經被「接收到了」（只是尚未處理）。

防止這些鬼影寫入的最佳方法是執行**已確認的**（*acknowledged*）寫入：使每個寫入都要等到之前的寫入完成為止，而不只是之前的寫入被放入資料庫伺服器上的緩衝區中就執行下一個動作。

使用系統分析追蹤器

要尋找慢速動作，你可以使用系統分析追蹤器，它會將動作記錄在特殊的 *system.profile* 集合中。分析追蹤器可以為你提供長期大量的資訊，但要付出代價：它會降低 *mongod* 的整體效能。因此，你可能只想定期打開分析追蹤器來捕捉一部分的流量。如果你的系統負載已經很大，則可能會希望使用本章介紹的另一種技術來診斷問題。

預設狀況下，分析追蹤器處於關閉狀態，並且不會記錄任何內容。你可以藉由在命令列界面中執行 db.setProfilingLevel() 將其打開：

```
> db.setProfilingLevel(2)
{ "was" : 0, "slowms" : 100, "ok" : 1 }
```

第 2 級的意思是「分析追蹤所有內容」。資料庫收到的每個讀取和寫入請求都將記錄在目前資料庫的 *system.profile* 集合中。每個資料庫都啟用了效能分析追蹤，這會導致嚴重的效能損失：每次寫入都必須額外寫入一次，而每次讀取都必須擁有寫入鎖定（因為它必須將一條內容寫入 *system.profile* 集合）。然而，它將為你詳盡的列出系統的工作內容：

```
> db.foo.insert({x:1})
> db.foo.update({},{$set:{x:2}})
> db.foo.remove()
> db.system.profile.find().pretty()
{
    "op" : "insert",
    "ns" : "sample_mflix.foo",
    "command" : {
        "insert" : "foo",
        "ordered" : true,
        "lsid" : {
            "id" : UUID("63b7df66-ca97-41f4-a245-eba825485147")
        },
        "$readPreference" : {
            "mode" : "secondaryPreferred"
        },
        "$db" : "sample_mflix"
    },
    "ninserted" : 1,
    "keysInserted" : 1,
    "numYield" : 0,
    "locks" : { ... },
    "flowControl" : {
        "acquireCount" : NumberLong(3)
    },
    "responseLength" : 45,
    "protocol" : "op_msg",
    "millis" : 33,
    "client" : "127.0.0.1",
    "appName" : "MongoDB Shell",
    "allUsers" : [ ],
    "user" : ""
}
{
    "op" : "update",
    "ns" : "sample_mflix.foo",
    "command" : {
        "q" : {

        },
        "u" : {
            "$set" : {
                "x" : 2
            }
```

```
        },
        "multi" : false,
        "upsert" : false
    },
    "keysExamined" : 0,
    "docsExamined" : 1,
    "nMatched" : 1,
    "nModified" : 1,
    "numYield" : 0,
    "locks" : { ... },
    "flowControl" : {
        "acquireCount" : NumberLong(1)
    },
    "millis" : 0,
    "planSummary" : "COLLSCAN",
    "execStats" : { ...
        "inputStage" : {
            ...
        }
    },
    "ts" : ISODate("2019-09-03T22:39:33.856Z"),
    "client" : "127.0.0.1",
    "appName" : "MongoDB Shell",
    "allUsers" : [ ],
    "user" : ""
}
{
    "op" : "remove",
    "ns" : "sample_mflix.foo",
    "command" : {
        "q" : {

        },
        "limit" : 0
    },
    "keysExamined" : 0,
    "docsExamined" : 1,
    "ndeleted" : 1,
    "keysDeleted" : 1,
    "numYield" : 0,
    "locks" : { ... },
    "flowControl" : {
        "acquireCount" : NumberLong(1)
    },
    "millis" : 0,
    "planSummary" : "COLLSCAN",
    "execStats" : { ...
```

```
        "inputStage" : { ... }
    },
    "ts" : ISODate("2019-09-03T22:39:33.858Z"),
    "client" : "127.0.0.1",
    "appName" : "MongoDB Shell",
    "allUsers" : [ ],
    "user" : ""
}
```

你可以使用 "client" 欄位來查看哪些使用者正在向資料庫發送哪些動作。如果你有使用身分驗證，還可以看到哪個使用者正在執行的每個動作。

通常，你不會在意資料庫正在執行的大多數動作，而只關心較慢的動作。為此，你可以將分析追蹤層級設定為 1。預設情況下，層級 1 會分析追蹤耗時超過 100 毫秒的動作。你也可以指定第二個參數，該參數定義「慢」對你的意義。以下將會記錄所有耗時超過 500 毫秒的動作：

```
> db.setProfilingLevel(1, 500)
{ "was" : 2, "slowms" : 100, "ok" : 1 }
```

若要關閉分析追蹤，將分析追蹤層級設定為 0：

```
> db.setProfilingLevel(0)
{ "was" : 1, "slowms" : 500, "ok" : 1 }
```

通常來說，將 slowms 設定為較低的值並不是個好主意。就算分析追蹤器是關閉的，slowms 也會對 *mongod* 產生影響：它設定了在日誌中印出慢速動作的臨界值。因此，如果將 slowms 設為 2，則即使關閉分析追蹤器，耗時超過 2 毫秒的所有動作也會顯示在日誌中。因此，如果你降低 slowms 來分析追蹤某些內容，則可能需要在關閉分析追蹤器之前再次提高它。

你可以使用 db.getProfilingLevel() 查看目前的分析追蹤層級。分析追蹤層級不是持久性的：重新啟動資料庫將清除該層級。

有一些用來配置分析追蹤層級的命令列選項，如 --profile *level* 以及 --slowms *time*，但是提高分析追蹤層級通常是臨時性的除錯方法，而非你希望長期增加到配置中的東西。

在 MongoDB 4.2 版中，藉由新增 queryHash 和 planCacheKey 欄位，擴展了分析追蹤器內容和診斷日誌訊息以進行讀取 / 寫入動作，幫助改善辨識慢速查詢。queryHash 字串表示查詢形狀的雜湊，並且只取決於查詢形狀。每個查詢形狀都與一個 queryHash 相關聯，進而讓使用相同查詢形狀的查詢被凸顯出來。planCacheKey 是與查詢關聯的計劃快取內容的鍵的雜湊。它包含查詢形狀以及該形狀的目前可用索引的詳細資訊。這些可以幫助你關聯分析追蹤器的可用訊息，來幫助進行查詢效能診斷。

如果你打開分析追蹤器而 *system.profile* 集合尚不存在，MongoDB 會為它建立一個小型的最高限度集合（大小為幾個 MB）。如果要長時間執行分析追蹤器，則可能會沒有足夠的空間來容納需要記錄的動作數量。你可以關閉分析追蹤器、刪除 *system.profile* 集合並且建立一個新的且是你想要的大小的 *system.profile* 最高限度集合，來建立一個更大的 *system.profile* 集合。然後再在資料庫上啟用分析追蹤器。

計算大小

為了提供正確數量的硬碟和記憶體，了解文件、索引、集合和資料庫將佔用多少空間是很有用的。有關計算工作集的資訊，請參見第 439 頁的「計算工作集」。

文件

取得文件大小的最簡單方法是使用命令列界面的 `Object.bsonsize()` 函式。傳入任何文件就可以取得儲存在 MongoDB 中的大小。

舉例來說，你可以看到將 `_ids` 儲存為 `ObjectIds` 比將它們儲存為字串會更有效率：

```
> Object.bsonsize({_id:ObjectId()})
22
> // ""+ObjectId() converts the ObjectId to a string
> Object.bsonsize({_id:""+ObjectId()})
39
```

更實際一些，你可以直接從集合中傳入文件：

```
> Object.bsonsize(db.users.findOne())
```

這準確地顯示了文件在硬碟上佔用了多少位元組。然而，這不包括空白或索引，它們通常是影響集合大小的重要因素。

集合

為了查看整個集合的資訊，有一個 `stats` 函式：

```
>db.movies.stats()
{
    "ns" : "sample_mflix.movies",
```

```
    "size" : 65782298,
    "count" : 45993,
    "avgObjSize" : 1430,
    "storageSize" : 45445120,
    "capped" : false,
    "wiredTiger" : {
        "metadata" : {
            "formatVersion" : 1
        },
        "creationString" : "access_pattern_hint=none,allocation_size=4KB,\
            app_metadata=(formatVersion=1),assert=(commit_timestamp=none,\
            read_timestamp=none),block_allocation=best,block_compressor=\
            snappy,cache_resident=false,checksum=on,colgroups=,collator=,\
            columns=,dictionary=0,encryption=(keyid=,name=),exclusive=\
            false,extractor=,format=btree,huffman_key=,huffman_value=,\
            ignore_in_memory_cache_size=false,immutable=false,internal_item_\
            max=0,internal_key_max=0,internal key_truncate=true,internal_\
            page_max=4KB,key_format=q,key_gap=10,leaf_item_max=0,leaf_key_\
            max=0,leaf_page_max=32KB,leaf_value_max=64MB,log=(enabled=true),\
            lsm=(auto_throttle=true,bloom=true,bloom_bit_count=16,bloom_\
            config=,bloom_hash_count=8,bloom_oldest=false,chunk_count_limit\
            =0,chunk_max=5GB,chunk_size=10MB,merge_custom=(prefix=,start_\
            generation=0,suffix=),merge_max=15,merge_min=0),memory_page_image\
            _max=0,memory_page_max=10m,os_cache_dirty_max=0,os_cache_max=0,\
            prefix_compression=false,prefix_compression_min=4,source=,split_\
            deepen_min_child=0,split_deepen_per_child=0,split_pct=90,type=file,\
            value_format=u",
        "type" : "file",
        "uri" : "statistics:table:collection-14--2146526997547809066",
        "LSM" : {
            "bloom filter false positives" : 0,
            "bloom filter hits" : 0,
            "bloom filter misses" : 0,
            "bloom filter pages evicted from cache" : 0,
            "bloom filter pages read into cache" : 0,
            "bloom filters in the LSM tree" : 0,
            "chunks in the LSM tree" : 0,
            "highest merge generation in the LSM tree" : 0,
            "queries that could have benefited from a Bloom filter
                that did not exist" : 0,
            "sleep for LSM checkpoint throttle" : 0,
            "sleep for LSM merge throttle" : 0,
            "total size of bloom filters" : 0
        },
        "block-manager" : {
            "allocations requiring file extension" : 0,
            "blocks allocated" : 1358,
```

```
            "blocks freed" : 1322,
            "checkpoint size" : 39219200,
            "file allocation unit size" : 4096,
            "file bytes available for reuse" : 6209536,
            "file magic number" : 120897,
            "file major version number" : 1,
            "file size in bytes" : 45445120,
            "minor version number" : 0
        },
        "btree" : {
            "btree checkpoint generation" : 22,
            "column-store fixed-size leaf pages" : 0,
            "column-store internal pages" : 0,
            "column-store variable-size RLE encoded values" : 0,
            "column-store variable-size deleted values" : 0,
            "column-store variable-size leaf pages" : 0,
            "fixed-record size" : 0,
            "maximum internal page key size" : 368,
            "maximum internal page size" : 4096,
            "maximum leaf page key size" : 2867,
            "maximum leaf page size" : 32768,
            "maximum leaf page value size" : 67108864,
            "maximum tree depth" : 0,
            "number of key/value pairs" : 0,
            "overflow pages" : 0,
            "pages rewritten by compaction" : 1312,
            "row-store empty values" : 0,
            "row-store internal pages" : 0,
            "row-store leaf pages" : 0
        },
        "cache" : {
            "bytes currently in the cache" : 40481692,
            "bytes dirty in the cache cumulative" : 40992192,
            "bytes read into cache" : 37064798,
            "bytes written from cache" : 37019396,
            "checkpoint blocked page eviction" : 0,
            "data source pages selected for eviction unable to be evicted" : 32,
            "eviction walk passes of a file" : 0,
            "eviction walk target pages histogram - 0-9" : 0,
            "eviction walk target pages histogram - 10-31" : 0,
            "eviction walk target pages histogram - 128 and higher" : 0,
            "eviction walk target pages histogram - 32-63" : 0,
            "eviction walk target pages histogram - 64-128" : 0,
            "eviction walks abandoned" : 0,
            "eviction walks gave up because they restarted their walk twice" : 0,
            "eviction walks gave up because they saw too many pages
            and found no candidates" : 0,
```

            "eviction walks gave up because they saw too many pages
            and found too few candidates" : 0,
            "eviction walks reached end of tree" : 0,
            "eviction walks started from root of tree" : 0,
            "eviction walks started from saved location in tree" : 0,
            "hazard pointer blocked page eviction" : 0,
            "in-memory page passed criteria to be split" : 0,
            "in-memory page splits" : 0,
            "internal pages evicted" : 8,
            "internal pages split during eviction" : 0,
            "leaf pages split during eviction" : 0,
            "modified pages evicted" : 1312,
            "overflow pages read into cache" : 0,
            "page split during eviction deepened the tree" : 0,
            "page written requiring cache overflow records" : 0,
            "pages read into cache" : 1330,
            "pages read into cache after truncate" : 0,
            "pages read into cache after truncate in prepare state" : 0,
            "pages read into cache requiring cache overflow entries" : 0,
            "pages requested from the cache" : 3383,
            "pages seen by eviction walk" : 0,
            "pages written from cache" : 1334,
            "pages written requiring in-memory restoration" : 0,
            "tracked dirty bytes in the cache" : 0,
            "unmodified pages evicted" : 8
        },
    "cache_walk" : {
            "Average difference between current eviction generation
            when the page was last considered" : 0,
            "Average on-disk page image size seen" : 0,
            "Average time in cache for pages that have been visited
            by the eviction server" : 0,
            "Average time in cache for pages that have not been visited
            by the eviction server" : 0,
            "Clean pages currently in cache" : 0,
            "Current eviction generation" : 0,
            "Dirty pages currently in cache" : 0,
            "Entries in the root page" : 0,
            "Internal pages currently in cache" : 0,
            "Leaf pages currently in cache" : 0,
            "Maximum difference between current eviction generation
            when the page was last considered" : 0,
            "Maximum page size seen" : 0,
            "Minimum on-disk page image size seen" : 0,
            "Number of pages never visited by eviction server" : 0,
            "On-disk page image sizes smaller than a single allocation unit" : 0,
            "Pages created in memory and never written" : 0,

```
            "Pages currently queued for eviction" : 0,
            "Pages that could not be queued for eviction" : 0,
            "Refs skipped during cache traversal" : 0,
            "Size of the root page" : 0,
            "Total number of pages currently in cache" : 0
        },
        "compression" : {
            "compressed page maximum internal page size
            prior to compression" : 4096,
            "compressed page maximum leaf page size
            prior to compression " : 131072,
            "compressed pages read" : 1313,
            "compressed pages written" : 1311,
            "page written failed to compress" : 1,
            "page written was too small to compress" : 22
        },
        "cursor" : {
            "bulk loaded cursor insert calls" : 0,
            "cache cursors reuse count" : 0,
            "close calls that result in cache" : 0,
            "create calls" : 1,
            "insert calls" : 0,
            "insert key and value bytes" : 0,
            "modify" : 0,
            "modify key and value bytes affected" : 0,
            "modify value bytes modified" : 0,
            "next calls" : 0,
            "open cursor count" : 0,
            "operation restarted" : 0,
            "prev calls" : 1,
            "remove calls" : 0,
            "remove key bytes removed" : 0,
            "reserve calls" : 0,
            "reset calls" : 2,
            "search calls" : 0,
            "search near calls" : 0,
            "truncate calls" : 0,
            "update calls" : 0,
            "update key and value bytes" : 0,
            "update value size change" : 0
        },
        "reconciliation" : {
            "dictionary matches" : 0,
            "fast-path pages deleted" : 0,
            "internal page key bytes discarded using suffix compression" : 0,
            "internal page multi-block writes" : 0,
            "internal-page overflow keys" : 0,
```

```
                "leaf page key bytes discarded using prefix compression" : 0,
                "leaf page multi-block writes" : 0,
                "leaf-page overflow keys" : 0,
                "maximum blocks required for a page" : 1,
                "overflow values written" : 0,
                "page checksum matches" : 0,
                "page reconciliation calls" : 1334,
                "page reconciliation calls for eviction" : 1312,
                "pages deleted" : 0
            },
            "session" : {
                "object compaction" : 4
            },
            "transaction" : {
                "update conflicts" : 0
            }
        },
        "nindexes" : 5,
        "indexBuilds" : [ ],
        "totalIndexSize" : 46292992,
        "indexSizes" : {
            "_id_" : 446464,
            "$**_text" : 44474368,
            "genres_1_imdb.rating_1_metacritic_1" : 724992,
            "tomatoes_rating" : 307200,
            "getMovies" : 339968
        },
        "scaleFactor" : 1,
        "ok" : 1
    }
```

stats 從名稱空間（"sample_mflix.movies"）開始，然後是集合中所有文件的數量。接下來的幾個欄位與集合的大小有關。如果在集合中的每個元素上呼叫 Object.bsonsize() 並加總所有大小，則會得到 "size"：這是集合中文件在未壓縮時佔用的實際記憶體位元組的大小。同樣地，如果你將 "avgObjSize" 乘以 "count"，則會得到在記憶體中不壓縮的 "size"。

如前所述，文件位元組總數不包括壓縮集合所節省的空間。"storageSize" 可以小於 "size"，以反映出壓縮所節省的空間。

"nindexes" 是集合上的索引數量。索引直到完成構建後才會算在 "nindexes" 中，並且直到出現在此列表中才可以被使用。通常來說，索引將比它們儲存的資料量大得多。你可以正確平衡索引來最小化此可用空間（如第 85 頁中「組合索引簡介」中所述）。隨機分佈的索引通常有大約 50% 的可用空間，而遞增索引將會有 10% 的可用空間。

隨著你的集合變大，可能難以讀取數十億位元組或更多的 stats 輸出大小。因此，你可以傳入換算係數：KB 為 1024，MB 為 1024 * 1024，依此類推。舉例來說，以下將取得以 TB 為單位的集合統計資訊：

```
> db.big.stats(1024*1024*1024*1024)
```

資料庫

資料庫具有類似於集合的 stats 函式：

```
> db.stats()
{
    "db" : "sample_mflix",
    "collections" : 5,
    "views" : 0,
    "objects" : 98308,
    "avgObjSize" : 819.8680982219148,
    "dataSize" : 80599593,
    "storageSize" : 53620736,
    "numExtents" : 0,
    "indexes" : 12,
    "indexSize" : 47001600,
    "scaleFactor" : 1,
    "fsUsedSize" : 355637043200,
    "fsTotalSize" : 499963174912,
    "ok" : 1
}
```

首先，我們有資料庫的名稱，資料庫包含的集合數量以及資料庫的檢視數量。"objects" 是這個資料庫中所有集合中文件的總數。

這個文件的大部分是包含有關資料大小的資訊。"fsTotalSize" 應該永遠是最大的：它是 MongoDB 實體儲存資料的檔案系統上硬碟容量的總共大小。"fsUsedSize" 表示 MongoDB 目前在該檔案系統中使用的總空間。這應該跟資料目錄中所有檔案使用的總空間相關。

第二大的欄位通常是 "dataSize"，它是這個資料庫中保存的未壓縮資料的大小。這與 "storageSize" 不相符，因為資料通常會在 WiredTiger 中被壓縮。"indexSize" 是這個資料庫的所有索引佔用的空間量。

db.stats() 可以使用換算係數參數，就像集合的 stats 的換算係數功能一樣。如果在不存在的資料庫上呼叫 db.stats()，則所有值將會為零。

記住，列出具有高鎖定百分比的系統上的資料庫可能會非常緩慢，並且會阻擋其他動作。所以盡可能避免這樣做。

使用 mongotop 和 mongostat

MongoDB 附帶了一些命令列工具，這些工具可以每隔幾秒鐘印出一次統計資訊，幫助你知道目前在做什麼。

mongotop 與 Unix 工具的 *top* 相似：它提供哪些集合最忙碌的摘要。你還可以執行 `mongotop --locks` 為你提供每個資料庫的鎖定統計資訊。

mongostat 提供伺服器層級的資訊。預設情況下，`mongostat` 每秒印出一次統計資訊列表，並且可以藉由在命令列上傳入不同的秒數來設定。每個欄位都提供從該欄位上次被印出以來該活動發生了多少次的數量：

`insert/query/update/delete/getmore/command`

單純統計每個動作的數量。

`flushes`

mongod 將資料存入到硬碟的次數。

`mapped`

mongod 映射的記憶體量。這通常大約是資料目錄的大小。

`vsize`

mongod 正在使用的虛擬記憶體量。這通常是資料目錄大小的兩倍（一次用於映射文件，一次用於日誌）。

`res`

mongod 正在使用的記憶體量。通常，它應盡可能接近機器上的所有記憶體量。

`locked db`

在上一個時間片段中花費最多時間的資料庫鎖定。這個欄位回報鎖定資料庫的時間百分比以及保持全域鎖定的時間，這代表此值可能會超過 100%。

idx miss %

發生分頁錯誤的索引存取百分比（因為索引內容或搜尋的索引部分不在記憶體中，因此 *mongod* 必須存取硬碟）。這是輸出值中最容易混淆的欄位名稱。

qr|qw

讀取和寫入的佇列大小（也就是有多少讀取和寫入正被阻擋，等待處理中）。

ar|aw

有多少個活動中的客戶端（即目前正在執行讀寫動作的客戶端）。

netIn

MongoDB 計算出的流入的網路位元組數量（不一定與作業系統測量的相同）。

netOut

MongoDB 計算出的流出網路位元組數量。

conn

該伺服器已打開的傳入和傳出的連接數量。

time

進行這些統計所花的時間。

你可以在複製組或分片叢集上執行 *mongostat*。如果使用 --discover 選項，*mongostat* 將會嘗試從它最初連接的成員中尋找組或叢集的所有成員，並且將每秒為每台伺服器印出一行。對於大型叢集來說，可能很快就會變得難以管理，但對於小型叢集以及可以使用資料並以更具可讀性的形式顯示資料的工具來說，可能就很有用。

mongostat 是一種快速取得資料庫執行狀況快照的好方法，但是對於長期監控來說，則是建議使用 MongoDB Atlas 或 Ops Manager 之類的工具（請參閱第二十二章）。

## 第十九章

MongoDB 安全性簡介

為了保護你的 MongoDB 叢集及其所包含的資料，會需要採用以下安全措施：

- 啟用授權並強制執行身分驗證

- 加密通訊

- 加密資料

本章會展示如何藉由使用 MongoDB 對 x.509 的支援，來配置身分驗證和傳輸層加密，以確保客戶端和 MongoDB 複製組中的伺服器之間的通訊安全，來達成上方提到的安全措施。我們將在稍後的章節中介紹在儲存層加密資料。

MongoDB 身分驗證和授權

儘管身分驗證和授權緊密相連，但必須注意身分驗證跟授權是不同。身分驗證的目的是驗證使用者的身分，而授權則決定已驗證使用者對資源和動作的存取權限。

身分驗證機制

在 MongoDB 叢集上啟用授權會強制執行身分驗證，並確保使用者只能執行其角色所被決定的授權動作。MongoDB 的社群版本提供對 SCRAM（Salted Chalenge Response Authentication Mechanism）和 x.509 憑證身分驗證的支援。除了 SCRAM 和 x.509，MongoDB Enterprise 還支援 Kerberos 身分驗證和 LDAP 代理身分驗證。有關 MongoDB 支援的各種身分驗證機制的詳細資訊，請參閱文件（*https://oreil.ly/RQ5Jp*）。在本章中，我們主要會介紹 x.509 身分驗證。x.509 數位憑證使用廣泛接受的 x.509 公開金鑰基礎架構（PKI）標準來驗證公開金鑰是否屬於發佈者。

授權

在 MongoDB 中新增使用者時，必須要在特定資料庫中建立該使用者。這個資料庫是使用者的身分驗證資料庫；你可以使用任何資料庫來達到這個目的。使用者名稱和身分驗證資料庫會當作使用者的唯一辨識子。然而，使用者的權限不限於他們的身分驗證資料庫。在建立使用者時，你可以在使用者應該能夠存取的任何資源上，指定可以執行的動作。這些資源包括叢集、資料庫和集合。

MongoDB 提供了許多內建的角色，可以給予資料庫使用者常見所需要的權限。其中包括：

read

讀取所有非系統集合以及以下幾個系統集合上的資料：*system.indexes*、*system.js* 和 *system.namespaces*。

readWrite

提供跟 read 相同的權限，並且能夠修改所有非系統集合和 *system.js* 集合上的資料。

dbAdmin

執行管理任務，例如與綱要相關的任務、索引和取得統計資訊（並未給予使用者管理和角色管理的權限）。

userAdmin

在目前資料庫上建立和修改角色和使用者。

dbOwner

結合 *readWrite*、dbAdmin 和 *userAdmin* 角色所給予的權限。

clusterManager

在叢集上執行管理和監控的動作。

clusterMonitor

提供對監控工具（如 MongoDB Cloud Manager 和 Ops Manager 監控代理人）的唯讀存取權限。

hostManager

> 監控和管理伺服器。

clusterAdmin

> 結合由 *clusterManager*、*clusterMonitor* 和 *hostManager* 角色所給予的權限，以及 *dropDatabase* 動作。

backup

> 提供足夠的權限能夠使用 MongoDB Cloud Manager 備份代理人或 Ops Manager 備份代理人，或者是使用 *mongodump* 備份整個 *mongod* 實體。

restore

> 提供從備份還原資料所需的權限，但不包含 *system.profile* 集合資料。

readAnyDatabase

> 在所有資料庫（*local* 和 *config* 除外）上提供跟 *read* 相同的權限，以及叢集上的 *listDatabases* 動作。

readWriteAnyDatabase

> 在所有資料庫（*local* 和 *config* 除外）上提供跟 *readWrite* 相同的權限，以及叢集上的 *listDatabases* 動作。

userAdminAnyDatabase

> 在所有資料庫（*local* 和 *config* 除外）上提供跟 *userAdmin* 相同的權限，以及叢集上的 *listDatabases* 動作（實際上就是超級使用者的角色）。

dbAdminAnyDatabase

> 在所有資料庫（*local* 和 *config* 除外）上提供跟 *dbAdmin* 相同的權限，以及叢集上的 *listDatabases* 動作。

root

> 存取動作和由 *readWriteAnyDatabase*、*dbAdminAnyDatabase*、*userAdminAnyDatabase*、*clusterAdmin*、*restore* 和 *backup* 角色組合的所有資源。

你還可以建立所謂的「使用者定義的角色」，這些角色是將執行特定動作的權限組合在一起的客製化角色，並且用名稱標記它們，如此便可以輕鬆地將此組權限給予多個使用者。

對內建角色或使用者定義角色的深入探討不在本章範圍之內。然而，這個介紹應該使你對 MongoDB 授權的可能性有一個很好的了解。有關更多詳細資訊，請參閱 MongoDB 文件（*https://docs.mongodb.com/manual/core/authorization/*）的授權部分。

為確保你可以根據需求來新增新使用者，首先要建立一個 admin 使用者。在啟用身分驗證和授權時，無論使用哪種身分驗證模式（x.509 也不例外），MongoDB 都不會建立預設的 root 使用者或 admin 使用者。

在 MongoDB 中，預設情況是不啟用身分驗證和授權的。必須在 mongod 指令中使用 --auth 選項，或是在 MongoDB 配置文件中為 security.authorization 設定指定 "enabled" 值來啟用它們。

若要配置複製組，在尚未啟用身分驗證和授權前要先啟用複製組，然後建立 admin 使用者以及每個客戶端所需的使用者。

使用 x.509 憑證對成員和客戶端進行身分驗證

因為所有正式環境的 MongoDB 叢集都由多個成員所組成，為了使叢集安全，必須在叢集內進行通信的所有服務彼此之間都要進行身分驗證。複製組的每個成員必須要跟其他成員進行身分驗證才能交換資料。同樣地，客戶端必須跟與它通訊的主要伺服器和任何次要伺服器進行身分驗證。

對於 x.509 來說，必須由受信任的憑證頒發機構（CA）簽署所有憑證。簽署憑證的實名單位擁有跟該憑證相關的公開金鑰。CA 充當可信任的第三方，以防止中間人攻擊。

圖 19-1 描述用來保護三個成員的 MongoDB 複製組的 x.509 身分驗證。請注意客戶端和複製組成員之間的身分驗證以及與 CA 的信任關係。

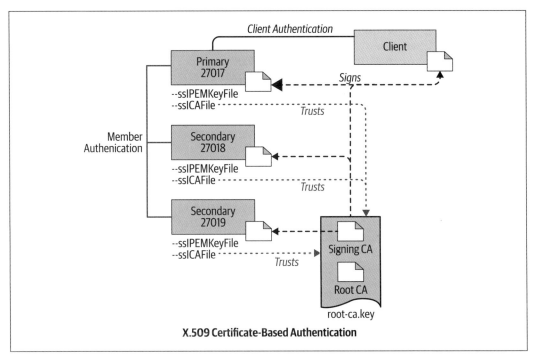

図 19-1　本章中使用的三個成員複製組的 X.509 身分驗證信任階層架構概述

成員和客戶端各自擁有自己由 CA 簽署的憑證。對於正式環境的用途來說，你的 MongoDB 部署環境應該使用由單一憑證頒發機構產生和簽署的有效憑證。你或你的組織可以產生和維護獨立的憑證頒發機構，也可以使用由第三方 TLS / SSL 供應商產生的憑證。

我們將用於內部身分驗證（來驗證叢集中的成員身分）的憑證稱為成員憑證。成員憑證和客戶端憑證（用於對客戶端進行身分驗證）都具有類似於以下內容的結構：

```
Certificate:
    Data:
        Version: 1 (0x0)
        Serial Number: 1 (0x1)
    Signature Algorithm: sha256WithRSAEncryption
        Issuer: C=US, ST=NY, L=New York, O=MongoDB, CN=CA-SIGNER
        Validity
            Not Before: Nov 11 22:00:03 2018 GMT
            Not After : Nov 11 22:00:03 2019 GMT
        Subject: C=US, ST=NY, L=New York, O=MongoDB, OU=MyServers, CN=server1
        Subject Public Key Info:
```

```
        Public Key Algorithm: rsaEncryption
            Public-Key: (2048 bit)
            Modulus:
                00:d3:1c:29:ba:3d:29:44:3b:2b:75:60:95:c8:83:
                fc:32:1a:fa:29:5c:56:f3:b3:66:88:7f:f9:f9:89:
                ff:c2:51:b9:ca:1d:4c:d8:b8:5a:fd:76:f5:d3:c9:
                95:9c:74:52:e9:8d:5f:2e:6b:ca:f8:6a:16:17:98:
                dc:aa:bf:34:d0:44:33:33:f3:9d:4b:7e:dd:7a:19:
                1b:eb:3b:9e:21:d9:d9:ba:01:9c:8b:16:86:a3:52:
                a3:e6:e4:5c:f7:0c:ab:7a:1a:be:c6:42:d3:a6:01:
                8e:0a:57:b2:cd:5b:28:ee:9d:f5:76:ca:75:7a:c1:
                7c:42:d1:2a:7f:17:fe:69:17:49:91:4b:ca:2e:39:
                b4:a5:e0:03:bf:64:86:ca:15:c7:b2:f7:54:00:f7:
                02:fe:cf:3e:12:6b:28:58:1c:35:68:86:3f:63:46:
                75:f1:fe:ac:1b:41:91:4f:f2:24:99:54:f2:ed:5b:
                fd:01:98:65:ac:7a:7a:57:2f:a8:a5:5a:85:72:a6:
                9e:fb:44:fb:3b:1c:79:88:3f:60:85:dd:d1:5c:1c:
                db:62:8c:6a:f7:da:ab:2e:76:ac:af:6d:7d:b1:46:
                69:c1:59:db:c6:fb:6f:e1:a3:21:0c:5f:2e:8e:a7:
                d5:73:87:3e:60:26:75:eb:6f:10:c2:64:1d:a6:19:
                f3:0b
            Exponent: 65537 (0x10001)
    Signature Algorithm: sha256WithRSAEncryption
        5d:dd:b2:35:be:27:c2:41:4a:0d:c7:8c:c9:22:05:cd:eb:88:
        9d:71:4f:28:c1:79:71:3c:6d:30:19:f4:9c:3d:48:3a:84:d0:
        19:00:b1:ec:a9:11:02:c9:a6:9c:74:e7:4e:3c:3a:9f:23:30:
        50:5a:d2:47:53:65:06:a7:22:0b:59:71:b0:47:61:62:89:3d:
        cf:c6:d8:b3:d9:cc:70:20:35:bf:5a:2d:14:51:79:4b:7c:00:
        30:39:2d:1d:af:2c:f3:32:fe:c2:c6:a5:b8:93:44:fa:7f:08:
        85:f0:01:31:29:00:d4:be:75:7e:0d:f9:1a:f5:e9:75:00:9a:
        7b:d0:eb:80:b1:01:00:c0:66:f8:c9:f0:35:6e:13:80:70:08:
        5b:95:53:4b:34:ec:48:e3:02:88:5c:cd:a0:6c:b4:bc:65:15:
        4d:c8:41:9d:00:f5:e7:f2:d7:f5:67:4a:32:82:2a:04:ae:d7:
        25:31:0f:34:e8:63:a5:93:f2:b5:5a:90:71:ed:77:2a:a6:15:
        eb:fc:c3:ac:ef:55:25:d1:a1:31:7a:2c:80:e3:42:c2:b3:7d:
        5e:9a:fc:e4:73:a8:39:50:62:db:b1:85:aa:06:1f:42:27:25:
        4b:24:cf:d0:40:ca:51:13:94:97:7f:65:3e:ed:d9:3a:67:08:
        79:64:a1:ba
-----BEGIN CERTIFICATE-----
MIIDODCCAiACAQEwDQYJKoZIhvcNAQELBQAwWTELMAkGA1UEBhMCQO4xCzAJBgNV
BAgMAkdEMREwDwYDVQQHDAhTaGVuemhlbjEWMBQGA1UECgwNTW9uZ29EQiBDaGlu
YTESMBAGA1UEAwwJQO4EtU0lHTkVSMB4XDTE4MTExMTIyMDAwM1oXDTE5MTExMTIy
MDAwM1owazELMAkGA1UEBhMCQO4xCzAJBgNVBAgMAkdEMREwDwYDVQQHDAhTaGVu
emhlbjEWMBQGA1UECgwNTW9uZ29EQiBDaGluYTESMBAGA1UECwwJTXlTZXJ2ZX1z
MRAwDgYDVQQDDAdzZXJ2ZXIxMIIBIjANBgkqhkiG9w0BAQEFAAOCAQ8AMIIBCgKC
AQEA0xwpuj0pRDsrdWCVyIP8Mhr6KVxW87NmiH/5+Yn/wlG5yh1M2Lha/Xb108mV
nHRS6Y1fLmvK+GoWF5jcqr800EQzM/OdS37dehkb6zueIdnZugGcixaGo1Kj5uRc
```

```
9wyrehq+xkLTpgGOCleyzVso7p31dsp1esF8QtEqfxf+aRdJkUvKLjm0peADv2SG
yhXHsvdUAPcC/s8+EmsoWBw1aIY/Y0Z18f6sG0GRT/IkmVTy7Vv9AZhlrHp6Vy+o
pVqFcqae+0T7Oxx5iD9ghd3RXBzbYoxq99qrLnasr219sUZpwVnbxvtv4aMhDF8u
jqfVc4c+YCZ1628QwmQdphnzCwIDAQABMA0GCSqGSIb3DQEBCwUAA4IBAQBd3bI1
vifCQUoNx4zJIgXN64idcU8owXlxPG0wGfScPUg6hNAZALHsqRECyaacdOdOPDqf
IzBQWtJHU2UGpyILWXGwR2FiiT3Pxtiz2cxwIDW/Wi0UUXlLfAAwOS0dryzzMv7C
xqW4k0T6fwiF8AExKQDUvnV+Dfka9el1AJp70OuAsQEAwGb4yfA1bhOAcAhblVNL
NOxI4wKIXM2gbLS8ZRVNyEGdAPXn8tf1Z0oygioErtclMQ806GOlk/K1WpBx7Xcq
phXr/MOs71Ul0aExeiyA40LCs31emvzkc6g5UGLbsYWqBh9CJyVLJM/QQMpRE5SX
f2U+7dk6Zwh5ZKG6
-----END CERTIFICATE-----
```

要在 MongoDB 中使用 x.509 身分驗證，成員憑證必須具有以下屬性：

- 單一 CA 必須為叢集成員頒發所有 x.509 憑證。

- 在成員憑證的主題（subject）中找到的專有名稱（Distinguished Name, DN），必須為以下至少一個屬性指定一個非空值：組織（Organization, O），組織單位（Organization Unit, OU）或網域元件（Domain Component, DC）。

- O、OU 和 DC 屬性必須與其他叢集成員的憑證中的屬性相符。

- 公用名稱（Common Name, CN）或主題別名（Subject Alternative Name，SAN）必須與叢集其他成員使用的伺服器的主機名稱相符。

關於 MongoDB 身分驗證和傳輸層加密的指導教學

在本指導教學中，我們將設置一個根 CA（root CA）和一個中間 CA（intermediate CA）。最佳做法會建議使用中間 CA 來對伺服器和客戶端憑證進行簽署。

建立 CA

在能夠為複製組的成員產生簽署憑證之前，我們必須首先解決憑證頒發機構（certificate authority, CA）的問題。如前所述，我們可以產生和維護獨立的憑證頒發機構，也可以使用第三方 TLS／SSL 供應商產生的憑證。在本章中，我們將產生自己的 CA 用在執行的範例上。注意，你可以在為本書維護的 GitHub 容器中，存取本章中的所有程式碼範例。這些範例來自可用於部署安全複製組的腳本程式。在所有這些範例中，你都會看到這個腳本程式的註釋。

產生根 CA

要產生我們的 CA，我們會使用 OpenSSL。要繼續進行動作，要先確定你可以存取本地機器上的 OpenSSL。

根 CA 位於憑證鏈的頂部。這是信任的最終來源。理想情況下，應該要使用第三方 CA。然而，在隔離網路（通常在大型企業環境中）或出於測試目的的情況下，你就需要使用本地 CA。

首先，我們將初始化一些變數：

```
dn_prefix="/C=US/ST=NY/L=New York/O=MongoDB"
ou_member="MyServers"
ou_client="MyClients"
mongodb_server_hosts=( "server1" "server2" "server3" )
mongodb_client_hosts=( "client1" "client2" )
mongodb_port=27017
```

然後，我們將建立一個金鑰對，並且將它們儲存在 *root-ca.key* 檔案中：

```
# !!! In production you will want to password-protect the keys
# openssl genrsa -aes256 -out root-ca.key 4096
openssl genrsa -out root-ca.key 4096
```

接下來，我們將建立一個配置文件，來保存我們用來產生憑證的 OpenSSL 設定：

```
# For the CA policy
[ policy_match ]
countryName = match
stateOrProvinceName = match
organizationName = match
organizationalUnitName = optional
commonName = supplied
emailAddress = optional

[ req ]
default_bits        = 4096
default_keyfile     = server-key.pem
default_md          = sha256
distinguished_name  = req_dn
req_extensions = v3_req
x509_extensions = v3_ca # The extensions to add to the self-signed cert

[ v3_req ]
subjectKeyIdentifier   = hash
basicConstraints = CA:FALSE
```

```
keyUsage = critical, digitalSignature, keyEncipherment
nsComment = "OpenSSL Generated Certificate"
extendedKeyUsage  = serverAuth, clientAuth

[ req_dn ]
countryName = Country Name (2-letter code)
countryName_default = US
countryName_min = 2
countryName_max = 2

stateOrProvinceName = State or Province Name (full name)
stateOrProvinceName_default = NY
stateOrProvinceName_max = 64

localityName = Locality Name (eg, city)
localityName_default = New York
localityName_max = 64

organizationName = Organization Name (eg, company)
organizationName_default = MongoDB
organizationName_max = 64

organizationalUnitName = Organizational Unit Name (eg, section)
organizationalUnitName_default = Education
organizationalUnitName_max = 64

commonName = Common Name (eg, YOUR name)
commonName_max = 64

[ v3_ca ]
# Extensions for a typical CA

subjectKeyIdentifier = hash
basicConstraints = critical,CA:true
authorityKeyIdentifier = keyid:always,issuer:always

# Key usage: this is typical for a CA certificate. However, since it will
# prevent it being used as a test self-signed certificate it is best
# left out by default.
keyUsage = critical,keyCertSign,cRLSign
```

然後，使用 openssl req 指令，我們會建立根憑證。因為根是授權鏈的最頂端，因此我們將使用在上一步中建立的私有金鑰（儲存在 *root-ca.key* 中）對該憑證進行自我簽署。-x509 選項告訴 openssl req 指令，我們要使用提供給 -key 選項的私鑰對憑證進行自我簽署。輸出內容是一個名為 *root-ca.crt* 的檔案：

```
openssl req -new -x509 -days 1826 -key root-ca.key -out root-ca.crt \
  -config openssl.cnf -subj "$dn_prefix/CN=ROOTCA"
```

如果你查看 *root-ca.crt* 檔案，就會發現它包含根 CA 的公共憑證。你可以藉由查看以下指令產生的憑證的可讀版本來驗證內容：

```
openssl x509 -noout -text -in root-ca.crt
```

這個指令的輸出將會類似以下內容：

```
Certificate:
    Data:
        Version: 3 (0x2)
        Serial Number:
            1e:83:0d:9d:43:75:7c:2b:d6:2a:dc:7e:a2:a2:25:af:5d:3b:89:43
        Signature Algorithm: sha256WithRSAEncryption
        Issuer: C = US, ST = NY, L = New York, O = MongoDB, CN = ROOTCA
        Validity
            Not Before: Sep 11 21:17:24 2019 GMT
            Not After : Sep 10 21:17:24 2024 GMT
        Subject: C = US, ST = NY, L = New York, O = MongoDB, CN = ROOTCA
        Subject Public Key Info:
            Public Key Algorithm: rsaEncryption
                RSA Public-Key: (4096 bit)
                Modulus:
                    00:e3:de:05:ae:ba:c9:e0:3f:98:37:18:77:02:35:
                    e7:f6:62:bc:c3:ae:38:81:8d:04:88:da:6c:e0:57:
                    c2:90:86:05:56:7b:d2:74:23:54:f8:ca:02:45:0f:
                    38:e7:e2:0b:69:ea:f6:c8:13:8f:6c:2d:d6:c1:72:
                    64:17:83:4e:68:47:cf:de:37:ed:6e:38:b2:ab:3a:
                    e4:45:a8:fa:08:90:a0:f3:0d:3a:14:d8:9a:8d:69:
                    e7:cf:93:1a:71:53:4f:13:29:50:b0:2f:b6:b8:19:
                    2a:40:21:15:90:43:e7:d8:d8:f3:51:e5:95:58:87:
                    6c:45:9f:61:fc:b5:97:cf:5b:4e:4a:1f:72:c9:0c:
                    e9:8c:4c:d1:ca:df:b3:a4:da:b4:10:83:81:01:b1:
                    c8:09:22:76:c7:1e:96:c7:e6:56:27:8d:bc:fb:17:
                    ed:d9:23:3f:df:9c:ef:03:20:cc:c3:c4:55:cc:9f:
                    ad:d4:8d:81:95:c3:f1:87:f8:d4:5a:5e:e0:a8:41:
                    27:c8:0d:52:91:e4:2b:db:25:d6:b7:93:8d:82:33:
                    7a:a7:b8:e8:cd:a8:e2:94:3d:d6:16:e1:4e:13:63:
                    3f:77:08:10:cf:23:f6:15:7c:71:24:97:ef:1c:a2:
                    68:0f:82:e2:f7:24:b3:aa:70:1a:4a:b4:ca:4d:05:
                    92:5e:47:a2:3d:97:82:f6:d8:c8:04:a7:91:6c:a4:
                    7d:15:8e:a8:57:70:5d:50:1c:0b:36:ba:78:28:f2:
                    da:5c:ed:4b:ea:60:8c:39:e6:a1:04:26:60:b3:e2:
                    ee:4f:9b:f9:46:3c:7e:df:82:88:29:c2:76:3e:1a:
                    a4:81:87:1f:ce:9e:41:68:de:6c:f3:89:df:ae:02:
```

```
            e7:12:ee:93:20:f1:d2:d6:3d:36:58:ee:71:bf:b3:
            c5:e7:5a:4b:a0:12:89:ed:f7:cc:ec:34:c7:b2:28:
            a8:1a:87:c6:8b:5e:d2:c8:25:71:ba:ff:d0:82:1b:
            5e:50:a9:8a:c6:0c:ea:4b:17:a6:cc:13:0a:53:36:
            c6:9d:76:f2:95:cc:ac:b9:64:d5:72:fc:ab:ce:6b:
            59:b1:3a:f2:49:2f:2c:09:d0:01:06:e4:f2:49:85:
            79:82:e8:c8:bb:1a:ab:70:e3:49:97:9f:84:e0:96:
            c2:6d:41:ab:59:0c:2e:70:9a:2e:11:c8:83:69:4b:
            f1:19:97:87:c3:76:0e:bb:b0:2c:92:4a:07:03:6f:
            57:bf:a9:ec:19:85:d6:3d:f8:de:03:7f:1b:9a:2f:
            6c:02:72:28:b0:69:d5:f9:fb:3d:2e:31:8f:61:50:
            59:a6:dd:43:4b:89:e9:68:4b:a6:0d:9b:00:0f:9a:
            94:61:71
        Exponent: 65537 (0x10001)
    X509v3 extensions:
        X509v3 Subject Key Identifier:
            8B:D6:F8:BD:B7:82:FC:13:BC:61:3F:8B:FA:84:24:3F:A2:14:C8:27
        X509v3 Basic Constraints: critical
            CA:TRUE
        X509v3 Authority Key Identifier:
            keyid:8B:D6:F8:BD:B7:82:FC:13:BC:61:3F:8B:FA:84:24:3F:A2:14:C8:27
            DirName:/C=US/ST=NY/L=New York/O=MongoDB/CN=ROOTCA
            serial:1E:83:0D:9D:43:75:7C:2B:D6:2A:DC:7E:A2:A2:25:AF:5D:3B:89:43
        X509v3 Key Usage: critical
            Certificate Sign, CRL Sign
Signature Algorithm: sha256WithRSAEncryption
    c2:cc:79:40:8b:7b:a1:87:3a:ec:4a:71:9d:ab:69:00:bb:6f:
    56:0a:25:3b:8f:bd:ca:4d:4b:c5:27:28:3c:7c:e5:cf:84:ec:
    2e:2f:0d:37:35:52:6d:f9:4b:07:fb:9b:da:ea:5b:31:0f:29:
    1f:3c:89:6a:10:8e:ae:20:30:8f:a0:cf:f1:0f:41:99:6a:12:
    5f:5c:ce:15:d5:f1:c9:0e:24:c4:81:70:df:ad:a0:e1:0a:cc:
    52:d4:3e:44:0b:61:48:a9:26:3c:a3:3d:2a:c3:ca:4f:19:60:
    da:f7:7a:4a:09:9e:26:42:50:05:f8:74:13:4b:0c:78:f1:59:
    39:1e:eb:2e:e1:e2:6c:cc:4d:96:95:79:c2:8b:58:41:e8:7a:
    e6:ad:37:e4:87:d7:ed:bb:7d:fa:47:dd:46:dd:e7:62:5f:e9:
    fe:17:4b:e3:7a:0e:a1:c5:80:78:39:b7:6c:a6:85:cf:ba:95:
    d2:8d:09:ab:2d:cb:be:77:9b:3c:22:1?:ca:12:86:42:d8:c5:
    3c:31:a0:ed:92:bc:7f:3f:91:2d:ec:db:01:bd:26:65:56:12:
    a3:56:ba:d8:d3:6e:f3:c3:13:84:98:2a:c7:b3:22:05:68:fa:
    8e:48:6f:36:8e:3f:e5:4d:88:ef:15:26:4c:b1:d3:7e:25:84:
    8c:bd:5b:d2:74:55:cb:b3:fa:45:3f:ee:ef:e6:80:e9:f7:7f:
    25:a6:6e:f2:c4:22:f7:b8:40:29:02:f1:5e:ea:8e:df:80:e0:
    60:f1:e5:3a:08:81:25:d5:cc:00:8f:5c:ac:a6:02:da:27:c0:
    cc:4e:d3:f3:14:60:c1:12:3b:21:b4:f7:29:9b:4c:34:39:3c:
    2a:d1:4b:86:cc:c7:de:f3:f7:5e:8f:9d:47:2e:3d:fe:e3:49:
    70:0e:1c:61:1c:45:a0:5b:d6:48:49:be:6d:f9:3c:49:26:d8:
    8b:e6:a1:b2:61:10:fe:0c:e8:44:2c:33:cd:3c:1d:c2:de:c2:
```

```
06:98:7c:92:7b:c4:06:a5:1f:02:8a:03:53:ec:bd:b7:fc:31:
f3:2a:c1:0e:6a:a5:a8:e4:ea:4d:cc:1d:07:a9:3f:f6:0e:35:
5d:99:31:35:b3:43:90:f3:1c:92:8e:99:15:13:2b:8f:f6:a6:
01:c9:18:05:15:2a:e3:d0:cc:45:66:d3:48:11:a2:b9:b1:20:
59:42:f7:88:15:9f:e0:0c:1d:13:ae:db:09:3d:bf:7a:9d:cf:
b2:41:1e:7a:fa:6b:35:20:03:58:a1:6c:02:19:21:5f:25:fc:
ba:2f:fc:79:d7:92:e7:37:77:14:10:d9:33:b6:e5:fb:7a:46:
ab:d1:86:70:88:92:59:c3
```

建立用來簽署的中間 CA

現在我們已經建立了根 CA，我們將建立一個用來簽署成員和客戶端憑證的中間 CA。中間 CA 僅僅只是使用我們的根憑證簽署的憑證。最佳做法是使用中間 CA 來簽署伺服器（即成員）和客戶端憑證。通常來說，CA 將使用不同的中間 CA 來簽署不同類別的憑證。如果中間 CA 被破壞，而憑證需要被撤銷時，則只會影響信任樹的其中一部分，而不會影響 CA 簽署的所有憑證（假如使用根 CA 簽署所有憑證就可能發生這種狀況）。

```
# again, in production you would want to password protect your signing key:
# openssl genrsa -aes256 -out signing-ca.key 4096
openssl genrsa -out signing-ca.key 4096

openssl req -new -key signing-ca.key -out signing-ca.csr \
  -config openssl.cnf -subj "$dn_prefix/CN=CA-SIGNER"
openssl x509 -req -days 730 -in signing-ca.csr -CA root-ca.crt -CAkey \
root-ca.key -set_serial 01 -out signing-ca.crt -extfile openssl.cnf \
-extensions v3_ca
```

注意，在上面的敘述中，我們使用 openssl req 指令，然後使用 openssl ca 指令，來使用根憑證簽署憑證。openssl req 指令建立一個簽署請求，openssl ca 指令使用該請求作為輸入，來建立簽署的中間憑證。

建立簽署 CA 的最後一步是，我們要將根憑證（包含我們的根公開金鑰）和簽署憑證（包含我們的簽署公開金鑰）串連成一個 pem 檔案。這個檔案稍後將作為 --tlsCAFile 選項的值，提供給 mongod 或客戶端程序。

```
cat root-ca.crt > root-ca.pem
cat signing-ca.crt >> root-ca.pem
```

藉由設置根 CA 和簽署 CA，我們現在已經準備好要在 MongoDB 叢集中建立用在身分驗證的成員和客戶端憑證。

產生並簽署會員憑證

成員憑證通常被稱為 x.509 伺服器憑證。將這種類型的憑證用在 *mongod* 和 *mongos* 程序上。MongoDB 叢集的成員使用這些憑證，來驗證叢集中的成員身分。換句話說，一個 *mongod* 使用伺服器憑證，來跟複製組的其他成員進行身分驗證。

要幫複製組的成員產生憑證，我們將使用 for 迴圈來產生多個憑證。

```
# Pay attention to the OU part of the subject in "openssl req" command
for host in "${mongodb_server_hosts[@]}"; do
    echo "Generating key for $host"
    openssl genrsa -out ${host}.key 4096
        openssl req -new -key ${host}.key -out ${host}.csr -config openssl.cnf \
        -subj "$dn_prefix/OU=$ou_member/CN=${host}"
        openssl x509 -req -days 365 -in ${host}.csr -CA signing-ca.crt -CAkey \
        signing-ca.key -CAcreateserial -out ${host}.crt -extfile openssl.cnf \
        -extensions v3_req
    cat ${host}.crt > ${host}.pem
    cat ${host}.key >> ${host}.pem
done
```

每個憑證包含三個步驟：

- 使用 openssl genrsa 指令建立新的金鑰對。

- 使用 openssl req 指令產生金鑰的簽署請求。

- 使用 openssl x509 指令藉由簽署 CA 來簽署並且輸出憑證。

注意變數 $ou_member。它表示伺服器憑證和客戶端憑證之間的差異。伺服器和客戶端憑證在專有名稱中的組織部分必須要有所不同。更具體來說，伺服器在 O、OU 或 DC 值之中，至少要有一個值是不同的。

產生並簽署客戶端憑證

客戶端憑證由 mongo 命令列界面、MongoDB Compass、MongoDB 工具以及使用 MongoDB 驅動程式的應用程式所使用。產生客戶端憑證的過程，基本上跟產生成員憑證的過程相同。唯一的區別是我們對變數 $ou_client 的使用。這樣可以確保 O、OU 和 DC 值的組合，會跟上面產生的伺服器憑證的組合不同。

```
# Pay attention to the OU part of the subject in "openssl req" command
for host in "${mongodb_client_hosts[@]}"; do
    echo "Generating key for $host"
    openssl genrsa -out ${host}.key 4096
```

```
    openssl req -new -key ${host}.key -out ${host}.csr -config openssl.cnf \
 -subj "$dn_prefix/OU=$ou_client/CN=${host}"
    openssl x509 -req -days 365 -in ${host}.csr -CA signing-ca.crt -CAkey \
      signing-ca.key -CAcreateserial -out ${host}.crt -extfile openssl.cnf \
      -extensions v3_req
    cat ${host}.crt > ${host}.pem
    cat ${host}.key >> ${host}.pem
done
```

調出未經身分驗證的複製組，並啟用授權

我們可以在不啟用驗證的情況下啟動複製組的每個成員，如下所示。在之前，當要使用複製組時，我們沒有啟用驗證，因此這應該看起來會很熟悉。在這裡，我們再次利用在第 406 頁的「產生根 CA」中定義的一些變數（或參閱本章的完整腳本程式）和啟動複製組的每個成員（*mongod*）的迴圈。

```
mport=$mongodb_port
for host in "${mongodb_server_hosts[@]}"; do
    echo "Starting server $host in non-auth mode"
    mkdir -p ./db/${host}
    mongod --replSet set509 --port $mport --dbpath ./db/$host \
        --fork --logpath ./db/${host}.log
    let "mport++"
done
```

當每個 *mongod* 啟動後，我們就可以使用這些 *mongod* 來初始化複製組。

```
myhostname=`hostname`
cat > init_set.js <<EOF
rs.initiate();
mport=$mongodb_port;
mport++;
rs.add("localhost:" + mport);
mport++;
rs.add("localhost:" + mport);
EOF
mongo localhost:$mongodb_port init_set.js
```

注意，上面的程式碼單純構造了一系列指令、將這些指令儲存在 JavaScript 檔案中、然後執行 *mongo* 命令列界面來執行剛建立的小腳本程式。這些指令一起在 *mongo* 命令列界面中執行時，會連接到在連接埠 27017 上執行的 *mongod*（第 406 頁的「產生根 CA」中設定的 $mongodb_port 變數的值）、啟動複製組、然後加入其他兩個 *mongod*（在連接埠 27018 和 27019 上）到複製組中。

建立管理員使用者

現在，我們將基於在第 411 頁「產生並簽署客戶端憑證」中建立的其中一個客戶端憑證，來建立一個管理員使用者。當要從 *mongo* 命令列界面或其他客戶端連接來執行管理任務時，我們將以這個使用者身分進行身分驗證。要使用客戶端憑證進行身分驗證，首先必須將客戶端憑證中的主題值新增為 MongoDB 使用者。每個唯一的 x.509 客戶端憑證都對應到一個 MongoDB 使用者；也就是說，你不能使用單一客戶端憑證來認證一個以上的 MongoDB 使用者。我們必須在 $external 資料庫中新增使用者；也就是說，認證資料庫就是 $external 資料庫。

首先，我們使用 openssl x509 指令從客戶憑證中取得主題。

```
openssl x509 -in client1.pem -inform PEM -subject -nameopt RFC2253 | grep subject
```

結果輸出應該會如下：

```
subject= CN=client1,OU=MyClients,O=MongoDB,L=New York,ST=NY,C=US
```

要建立管理員使用者，首先我們要使用 *mongo* 命令列界面連接到複製組的主要伺服器。

```
mongo --norc localhost:27017
```

在 *mongo* 命令列界面中，我們發出以下指令：

```
db.getSiblingDB("$external").runCommand(
    {
        createUser: "CN=client1,OU=MyClients,O=MongoDB,L=New York,ST=NY,C=US",
        roles: [
            { role: "readWrite", db: 'test' },
            { role: "userAdminAnyDatabase", db: "admin" },
            { role: "clusterAdmin", db:"admin"}
          ],
        writeConcern: { w: "majority" , wtimeout: 5000 }
    }
);
```

汪意，我們在此指令中使用了 $external 資料庫，並且已經將客戶端憑證的主題指定為使用者名稱。

啟用身分驗證和授權重新啟動複製組

現在我們有了管理員使用者，我們可以在啟用身分驗證和授權的情況下重新啟動複製組，並且以客戶端身分連接。若沒有任何類型的使用者，將無法連接到啟用了驗證的複製組。

讓我們以目前形式（不啟用身分驗證）停止複製組。

```
kill $(ps -ef | grep mongod | grep set509 | awk '{print $2}')
```

現在，我們已經準備好要在啟用身分驗證的情況下重新啟動複製組。在正式環境中，我們會將每個憑證和金鑰檔案複製到其對應的主機。在這裡，我們會在本機上進行所有動作，以簡化整件事情。要啟動安全複製組，要在每次對 *mongod* 的呼叫中增加以下命令列選項：

- --tlsMode

- --clusterAuthMode

- --tlsCAFile －根 CA 檔案（root-ca.key）

- --tlsCertificateKeyFile － *mongod* 的憑證檔案

- --tlsAllowInvalidHostnames －僅用於測試；允許無效的主機名

在這裡，我們提供作為 tlsCAFile 選項值的檔案是用來建立信任鏈的。如之前所提到的，*root-ca.key* 檔案包含根 CA 的憑證以及簽署 CA。藉由將這個檔案提供給 *mongod* 程序，表示我們希望信任這個檔案中所包含的憑證，以及這些憑證所簽署的所有其他憑證。

好吧！讓我們來做這件事。

```
mport=$mongodb_port
for host in "${mongodb_server_hosts[@]}"; do
    echo "Starting server $host"
    mongod --replSet set509 --port $mport --dbpath ./db/$host \
        --tlsMode requireTLS --clusterAuthMode x509 --tlsCAFile root-ca.pem \
        --tlsAllowInvalidHostnames --fork --logpath ./db/${host}.log \
        --tlsCertificateKeyFile ${host}.pem --tlsClusterFile ${host}.pem \
        --bind_ip 127.0.0.1
    let "mport++"
done
```

這樣，我們就有了一個三個成員的複製組，該複製組在身分驗證和傳輸層加密上，使用 x.509 憑證進行了安全保護。剩下要做的唯一一件事，就是連接 *mongo* 命令列界面。我們會使用 client1 憑證進行身分驗證，因為這是我們用來建立管理員使用者的憑證。

```
mongo --norc --tls --tlsCertificateKeyFile client1.pem --tlsCAFile root-ca.pem \
--tlsAllowInvalidHostnames --authenticationDatabase "\$external" \
--authenticationMechanism MONGODB-X509
```

建立連接後，建議要在集合中插入一些資料來進行測試。你還應該要嘗試使用任何其他使用者（例如，使用 client2.pem）進行連接。嘗試使用其他使用者連接將導致如下錯誤。

```
mongo --norc --tls --tlsCertificateKeyFile client2.pem --tlsCAFile root-ca.pem \
--tlsAllowInvalidHostnames --authenticationDatabase "\$external" \
--authenticationMechanism MONGODB-X509
MongoDB shell version v4.2.0
2019-09-11T23:18:31.696+0100 W  NETWORK  [js] The server certificate does not
match the host name. Hostname: 127.0.0.1 does not match
2019-09-11T23:18:31.702+0100 E  QUERY    [js] Error: Could not find user
"CN=client2,OU=MyClients,O=MongoDB,L=New York,ST=NY,C=US" for db "$external" :
connect@src/mongo/shell/mongo.js:341:17
@(connect):3:6
2019-09-11T23:18:31.707+0100 F  -        [main] exception: connect failed
2019-09-11T23:18:31.707+0100 E  -        [main] exiting with code 1
```

在本章的指導教學中，我們看了一個使用 x.509 憑證作為身分驗證和加密客戶端與複製組成員之間的通訊的基礎範例。同樣的程序也適用於分片叢集。關於保護 MongoDB 叢集，要注意以下幾點：

- 應該防止未經授權的存取目錄、根 CA、簽署 CA、你產生的主機本身以及為成員機器或客戶端產生和簽署的憑證。

- 為簡單起見，本指導教學中根 CA 和簽署 CA 金鑰是沒有受到密碼保護的。在正式環境中，必須要使用密碼來保護金鑰以避免遭到未經授權的使用。

我們鼓勵你下載並且嘗試在本書的 GitHub 容器中為本章提供的範例腳本程式。

## 第二十章

持久性

持久性是資料庫系統的一個屬性，它保證已提交給資料庫的寫入動作將永久存在。舉例來說，如果票務預訂系統回報你的音樂會座位已預訂完成，那麼即使預訂系統的某些部分當機，你的座位仍然是被預訂的。對於 MongoDB 來說，我們需要考慮叢集（或更具體地說，複製組）層級的持久性。

在本章中，我們將介紹：

- MongoDB 如何藉由日誌紀錄確保複製組成員層級的持久性？
- MongoDB 如何使用寫入關注來保證叢集層級的持久性？
- 如何配置應用程式和 MongoDB 叢集以提供所需的持久性層級？
- MongoDB 如何使用讀取關注來確保叢集層級的持久性？
- 如何為複製組中的交易設定持久性層級？

在本章中，我們將討論複製組的持久性。三個成員的複製組是在正式環境應用程式中最推薦的基本叢集。此處的討論也適用於具有更多成員的複製組和分片叢集。

使用日誌記錄在成員層級的持久性

為了在伺服器發生故障時提供持久性，MongoDB 使用稱為日誌（*journal*）的預寫日誌（WAL）。WAL 是資料庫系統中持久性的一種常用技術。想法是，在將變更套用到資料庫本身之前，我們只需要將對資料庫所做的變更的表示形式寫入持久性媒介（即硬碟）。

在許多資料庫系統中，WAL 也用來提供原子性的資料庫屬性。然而，MongoDB 是使用其他技術來確保原子寫入。

從 MongoDB 4.0 版開始，當應用程式對所有複製集合中的資料執行對複製組的寫入動作時，MongoDB 使用跟 oplog 相同的格式建立日誌內容[1]。如第十一章所述，MongoDB 使用基於操作日誌（或稱作 *oplog*）的基於敘述的複製。oplog 中的敘述表示對受寫入影響的每個文件進行的實際 MongoDB 更改。因此，無論版本、硬體或複製組成員之間的任何其他差異是如何，oplog 敘述都很容易能夠套用在複製組的任何成員上。此外，每個 oplog 敘述都是冪等的，這代表它可以被套用許多次，而最終對資料庫的變更結果永遠會一樣。

跟多數資料庫一樣，MongoDB 會維護日誌和資料庫資料檔案的記憶體內檢視。預設情況下，它每 50 毫秒會將日誌內容儲存到硬碟一次，每 60 秒鐘會將資料庫檔案儲存到硬碟上一次。儲存資料檔案的 60 秒間隔稱為檢查點（*checkpoint*）。日誌是用來從上一個檢查點以來寫入的資料提供持久性。考慮到持久性，如果伺服器突然停止，則在重新啟動伺服器後，可以使用日誌來重新執行關機前未儲存到硬碟的所有寫入。

對於日誌檔案，MongoDB 會在 *dbPath* 目錄下建立一個名為 *journal* 的子目錄。WiredTiger（MongoDB 的預設儲存引擎）日誌檔案的名稱格式為 *WiredTigerLog.<sequence>*，其中 *<sequence>* 是從 *0000000001* 開始的前面補零的數字字串。除了很小的日誌記錄之外，MongoDB 會壓縮寫入到日誌的資料。日誌檔案的最大大小限制為大約 100 MB。一旦日誌檔案超過這個限制，MongoDB 就會建立一個新的日誌檔案並且開始在新的檔案中寫入新記錄。因為自上一個檢查點以來，只需要日誌檔案就可以恢復資料，所以一旦寫入新的檢查點後，MongoDB 就會自動移除「舊的」日誌檔案，也就是在最近的檢查點之前寫入的日誌檔案。

如果發生當機（或 kill -9），*mongod* 會在啟動時重新套用日誌檔案。預設情況下，最大程度的遺失寫入動作是在最近 100 毫秒內完成的寫入動作，再加上將日誌寫入動作儲存到硬碟所花費的時間。

如果你的應用程式需要較短的日誌儲存間隔，有兩個選擇可以使用。一種是使用 *mongod* 指令的 --journalCommitInterval 選項修改間隔。這個選項接受的值範圍是從 1 到 500 ms。另一種選擇，我們將在下一節中介紹，是在寫入關注中指定所有寫入動作都應該要

1　MongoDB 使用不同的格式寫入本地資料庫，儲存複製程序中使用的資料以及其他特定於實體的資料都是不同格式，但是原理與應用程式是相似的。

儲存到硬碟上。縮短記錄到硬碟的時間間隔，會對效能產生負面影響，因此在修改日誌預設值之前，你需要確定它對應用程式的影響。

使用寫入關注在叢集層級上的持久性

使用寫入關注，就可以指定應用程式回應寫入請求所需要的確認層級。在複製組中，網路分割、伺服器故障或數據中心中斷可能會使寫入內容無法複製到每個成員或甚至是成員的多數上。當複製組回復到正常狀態後，未複製到多數成員的寫入動作可能會被撤回。在這種情況下，客戶端和資料庫可能會對提交的資料有不同的看法。

也有一些應用程式，在某些情況下可以接受撤回寫入動作。舉例來說，在某些社群應用程式中撤回少量評論是可以被接受的。MongoDB 在叢集層級支援一系列持久性保證，讓應用程式設計人員能夠選擇最適合他們的使用案例的持久性層級。

writeConcern 的 w 和 wtimeout 選項

MongoDB 查詢語言支援對所有插入和更新方法指定寫入關注。舉例來說，假設我們有一個電子商務應用程式，想要確定所有訂單都是持久的。對資料庫寫訂單可能如下內容：

```
try {
    db.products.insertOne(
        { sku: "H1100335456", item: "Electric Toothbrush Head", quantity: 3 },
        { writeConcern: { w : "majority", wtimeout : 100 } }
    );
} catch (e) {
    print (e);
}
```

所有插入和更新方法都可以使用第二個參數，是一個文件。在這個文件中，可以為 writeConcern 指定一個值。在前面的範例中，我們指定的寫入關注表示，我們希望看到伺服器發出的確認，也就是只有將寫入動作成功複製到應用程式複製組的多數成員後，寫入動作才能算是成功完成。此外，如果未在 100 毫秒或更短的時間內，將寫入動作複製到多數複製組成員，則它應該要傳回錯誤。在發生這種錯誤的情況下，MongoDB 不會取消在寫入關注超過時間限制前執行的成功資料修改，這取決於應用程式選擇在這種情況下要如何處理超時。通常來說，你應該要配置 wtimeout 的值，這樣只有在異常情況下應用程式才會經歷超時，而你的應用程式為了回應超時錯誤而採取的任何動作都將確定資料的正確狀態。在大多數的狀況下，你的應用程式應該要嘗試確定，超時是因為網路通訊的暫時性減慢還是發生了更重要的事情。

在寫入關注文件中的 w 的值，你可以指定為 "majority"（如本範例中使用的）。另外，你可以指定一個介於零和複製組中成員數量之間的整數。最後，你可以以標記複製組成員，例如辨識出 SSD 上與傳統硬碟上的成員，或是辨識出報表與 OLTP 工作負載的成員。你可以將標籤集合指定為 w 的值，來確定只有在提交給至少一個相符標籤集合的複製組的成員後，才會確認寫入。

writeConcern 的 j（日誌）選項

除了為 w 選項提供值之外，你還可以使用寫入關注文件中的 j 選項，要求確認寫入動作已經被寫入日誌中。如果 j 的值為 true，則 MongoDB 只有在請求的成員數量（w 的值）的成員已將動作寫入它們在硬碟上的日誌後才確認成功寫入。繼續我們的範例，如果我們要確保所有寫入都寫到多數成員的日誌上，則可以如下變更程式碼：

```
try {
    db.products.insertOne(
        { sku: "H1100335456", item: "Electric Toothbrush Head", quantity: 3 },
        { writeConcern: { w : "majority", wtimeout : 100, j : true } }
    );
} catch (e) {
    print (e);
}
```

如果不等待日誌記錄，則每個成員上都有一個大約 100 毫秒的短暫時間窗口，如果伺服器程序或硬體出現故障，寫入動作可能會遺失。然而，在確認對複製組成員的寫入之前等待日誌被寫入的確會降低效能。

在解決應用程式的耐久性問題時，最重要的是，你必須要仔細評估應用程式的需求，並且衡量選擇使用的耐久性設置對效能的影響。

使用讀取關注在叢集層級上的持久性

在 MongoDB 中，讀取關注（*read concern*）允許配置何時要讀取結果。這樣可以使客戶端在持久寫入之前就看到寫入結果。讀取關注與寫入關注可以一起使用，來控制對應用程式的一致性和可用性保證層級。它們不應該跟讀取偏好（*read preferences*）被混淆在一起，讀取偏好是處理要從何處讀取資料。具體來說，讀取偏好決定複製組中的資料乘載成員。預設的讀取偏好是從主要伺服器讀取。

讀取關注決定讀取資料的一致性和隔離性。預設的 readConcern 是 local，表示回傳的資料並不保證已經被寫入資料乘載複製組的多數成員中。這可能會在未來導致資料被撤回。majority 關注只會回傳多數複製組成員已確認的持久資料（不會被撤回）。在 MongoDB 3.4 版中，新增了 linearizable 關注。它確保回傳的資料在讀取動作開始之前，所有成功的多數確認寫入動作都已經完成。在提供結果之前，它可能會等待同時正在執行的寫入動作完成。

以相同的方式，對於寫入關注，你需要在為應用程式選擇適當的關注之前，將讀取關注的效能影響與它們提供的持久性和隔離性保證之間的輕重做出取捨。

使用寫入關注的交易的持久性

在 MongoDB 中，對單一文件的動作是原子的。你可以使用嵌入文件和陣列在單一文件中表達實體之間的關係，而个是使用將實體和跨多個集合的關係拆分的正規化資料模型。如此的結果就是，許多應用程式並不需要多文件交易。

然而，對於需要原子性來更新多個文件的使用案例來說，MongoDB 提供了針對複製組執行多文件交易的能力。多文件交易可用於多個動作、文件、集合和資料庫。

交易要求交易內的所有資料變更都必須成功。如果有任何動作失敗，交易將中止且所有資料變更都將會被丟棄。如果所有動作都成功，交易中所做的所有資料變更都會被儲存，且將來的讀取都會看到這個寫入。

與單一寫入動作相同，你可以為交易指定寫入關注。你可以在交易層級上，而不是在單一動作層級上，設定寫入關注。在提交時，交易使用交易層級的寫入關注來提交寫入動作。在交易內部單一動作設定的寫入關注將會被忽略。

你可以在交易開始時為交易提交設定寫入關注。交易不支援寫入關注值為 0。如果將交易的寫入關注值設為 1，則可以在發生容錯移轉時將它撤回。你可以使用 "majority" 的 writeConcern 來確保交易在面對網路和伺服器故障時是持久的，而網路和伺服器故障可能會在複製組中強制進行容錯移轉。以下是一個範例：

```
function updateEmployeeInfo(session) {
    employeesCollection = session.getDatabase("hr").employees;
    eventsCollection = session.getDatabase("reporting").events;

    session.startTransaction( {writeConcern: { w: "majority" } } );
```

```
    try{
        employeesCollection.updateOne( { employee: 3 },
                                       { $set: { status: "Inactive" } } );
        eventsCollection.insertOne( { employee: 3, status: { new: "Inactive",
                                      old: "Active" } } );
    } catch (error) {
        print("Caught exception during transaction, aborting.");
        session.abortTransaction();
        throw error;
    }

    commitWithRetry(session);
}
```

MongoDB 無法保證的內容

在某些情況下，MongoDB 無法保證持久性，例如存在硬體問題或檔案系統錯誤。特別是，如果硬碟損壞，MongoDB 無法保護你的資料。

另外，不同種類的硬體和軟體可能具有不同的持久性保證。舉例來說，一些較便宜或較舊的硬碟會在寫入動作在排隊等待寫入時就回報寫入成功，而不是在實際寫入時回報。MongoDB 無法在此層級上防止誤報：如果系統當機，則資料可能會遺失。

基本上，MongoDB 只跟基礎系統一樣安全：如果硬體或檔案系統破壞了資料，MongoDB 也無能為力，只能夠使用複製來抵擋系統問題。如果一台機器出現故障，只能希望還有另一台機器仍是正常運行。

檢查損毀

validate 指令可用於檢查集合是否損毀。要對 *movies* 集合執行 validate，執行以下動作：

```
db.movies.validate({full: true})
{
        "ns" : "sample_mflix.movies",
        "nInvalidDocuments" : NumberLong(0),
        "nrecords" : 45993,
        "nIndexes" : 5,
        "keysPerIndex" : {
```

```
                        "_id_" : 45993,
                        "$**_text" : 3671341,
                        "genres_1_imdb.rating_1_metacritic_1" : 94880,
                        "tomatoes_rating" : 45993,
                        "getMovies" : 45993
                },
                "indexDetails" : {
                        "$**_text" : {
                                "valid" : true
                        },
                        "_id_" : {
                                "valid" : true
                        },
                        "genres_1_imdb.rating_1_metacritic_1" : {
                                "valid" : true
                        },
                        "getMovies" : {
                                "valid" : true
                        },
                        "tomatoes_rating" : {
                                "valid" : true
                        }
                },
                "valid" : true,
                "warnings" : [ ],
                "errors" : [ ],
                "extraIndexEntries" : [ ],
                "missingIndexEntries" : [ ],
                "ok" : 1
        }
```

你要查找的主要欄位是 "valid"，並且希望該欄位為 true。如果不是，validate 將提供有關發現損毀的一些詳細資訊。

validate 大部分的輸出是描述集合的內部結構和時間戳記，時間戳記主要是用來了解整個叢集的動作順序。這些對於除錯來說並不是特別有用。（有關集合內部的更多資訊，請參見附錄 B。）

你只能在集合上執行 validate，它也會檢查 indexDetails 欄位中的關聯索引。然而，這需要完整的 validate，要使用 {full : true} 選項進行配置。

## 第六部分

伺服器管理

## 第二十一章

在正式環境中設定 MongoDB

在第二章中，我們介紹了啟動 MongoDB 的基本知識。本章將詳細介紹哪些選項對於在正式環境中設定 MongoDB 是非常重要的，包括：

- 常用選項

- 啟動和關閉 MongoDB

- 與安全相關的選項

- 日誌紀錄的注意事項

從命令列開始

MongoDB 伺服器是使用 `mongod` 可執行檔來啟動的。`mongod` 具有許多可以配置的啟動選項；要查看所有選項，可以在命令列執行 `mongod --help`。有一些選項被廣泛使用，並且需要注意一些重要事項：

`--dbpath`

指定一個替換目錄來當作資料目錄；預設值為 */data/db/*（或者，在 Windows 中為 MongoDB 所在磁碟上的 *\data\db*）。機器上的每個 `mongod` 程序都需要有自己的資料目錄，因此如果在一台機器上執行三個 `mongod` 實體，則會需要有三個單獨的資料目錄。`mongod` 啟動時，它將在資料目錄中建立 *mongod.lock* 檔案，它會阻止任何其他的

mongod 程序使用這個目錄。如果你嘗試使用相同的資料目錄啟動另一個 MongoDB 伺服器，它會給出一個錯誤訊息：

```
exception in initAndListen: DBPathInUse: Unable to lock the
    lock file: \ data/db/mongod.lock (Resource temporarily unavailable).
    Another mongod instance is already running on the
    data/db directory,
    \ terminating
```

--port

指定伺服器要監聽的連接埠號碼。預設情況下，mongod 使用連接埠 27017，它不太可能被其他程序使用（除了其他 mongod 程序）。如果你要在一台機器上執行多個 mongod 程序，則需要為每個程序指定不同的連接埠。如果嘗試在已使用的連接埠上啟動 mongod，則會出現錯誤：

```
Failed to set up listener: SocketException: Address already in use.
```

--fork

在基於 Unix 的系統上，系統呼叫（fork）伺服器程序，將 MongoDB 作為系統服務（daemon）。

如果你是第一次啟動 *mongod*（資料目錄為空），檔案系統可能需要幾分鐘才能分配資料庫檔案。在完成預先分配且 *mongod* 準備開始接受連接之前，父程序不會從系統呼叫中回傳。因此，**系統呼叫可能會看起來停止了**。你可以在日誌紀錄尾端查看它在做什麼。如果指定 --fork 選項，則必須使用 --logpath 選項。

--logpath

將所有輸出發送到指定檔案內，而不是在命令列上輸出。如果該檔案不存在且假設你對該目錄具有寫入權限，則將會建立該檔案。如果該日誌紀錄檔案已經存在，它將會覆蓋舊的日誌紀錄檔案。如果你想保留舊日誌紀錄，除了 --logpath 之外，還要使用 --logappend 選項（強烈建議）。

--directoryperdb

將每個資料庫放在它自己的目錄中。如果有需要或是希望如此做，它讓你可以在不同的硬碟上裝載不同的資料庫。這樣做的常見用途是，將本地資料庫放在它自己的硬碟上（複製），或者是如果原始資料庫已滿，則可以將資料庫移動到其他硬碟上。你還可以將要處理較多負載的資料庫放在速度較快的硬碟上，將要處理較少負載的資料庫放在慢速硬碟上。基本上，它提供了更大的靈活性，可以在之後移動資料庫。

--config

使用配置檔案來使用在命令列上未指定的其他選項。通常會用在確保重新啟動之間的選項相同。關於更詳細的資訊，請參見第 429 頁的「基於檔案的配置」。

舉例來說，要將伺服器作為系統服務啟動，監聽連接埠 5586 並且將所有輸出發送到 *mongodb.log* 中，我們可以執行以下指令：

```
$ ./mongod --dbpath data/db --port 5586 --fork --logpath
  mongodb.log --logappend 2019-09-06T22:52:25.376-0500 I CONTROL [main]
  Automatically disabling TLS 1.0, \ to force-enable TLS 1.0 specify
  --sslDisabledProtocols 'none' about to fork child process, waiting until
  server is ready for connections. forked process: 27610 child process
  started successfully, parent exiting
```

當你是第一次安裝並且啟動 MongoDB 時，最好查看日誌記錄。這是很容易遺忘的事情，特別是如果 MongoDB 是從初始化腳本程式啟動時，但是日誌記錄通常包含重要的警告，可以防止後續發生的錯誤。如果你在啟動時未在 MongoDB 日誌紀錄中看到任何警告，則代表一切就緒。（啟動警告也會在命令列界面啟動時出現。）

如果在啟動時有任何警告，要特別注意它們。MongoDB 會警告你各種問題：你正在 32 位元的機器上執行（MongoDB 並非為它所設計的）、啟用了 NUMA（可能會使你的應用程式變得緩慢）或你的系統不允許有足夠的開啟檔案描述符（MongoDB 會使用很多的檔案描述符）。

重新啟動資料庫時，產生出的日誌記錄前段內容並不會改變，因此一旦知道日誌記錄內容，便可以從初始化腳本程式執行 MongoDB 並且忽略日誌記錄。然而，每次安裝、升級或從當機中恢復時，最好再次檢查一次，以確保 MongoDB 和你的系統是一致的。

啟動資料庫時，MongoDB 會將一個文件寫入 *local.startup_log* 集合，該文件描述 MongoDB 的版本、基礎系統和使用的旗標。我們可以使用 *mongo* 命令列界面來查看這個文件：

```
> use local
switched to db local
> db.startup_log.find().sort({startTime: -1}).limit(1).pretty()
{
    "_id" : "server1-1544192927184",
    "hostname" : "server1.example.net",
    "startTime" : ISODate("2019-09-06T22:50:47Z"),
    "startTimeLocal" : "Fri Sep  6 22:57:47.184",
    "cmdLine" : {
```

```
        "net" : {
            "port" : 5586
        },
        "processManagement" : {
            "fork" : true
        },
        "storage" : {
            "dbPath" : "data/db"
        },
        "systemLog" : {
            "destination" : "file",
            "logAppend" : true,
            "path" : "mongodb.log"
        }
    },
    "pid" : NumberLong(27278),
    "buildinfo" : {
        "version" : "4.2.0",
        "gitVersion" : "a4b751dcf51dd249c5865812b390cfd1c0129c30",
        "modules" : [
            "enterprise"
        ],
        "allocator" : "system",
        "javascriptEngine" : "mozjs",
        "sysInfo" : "deprecated",
        "versionArray" : [
            4,
            2,
            0,
            0
        ],
        "openssl" : {
            "running" : "Apple Secure Transport"
        },
        "buildEnvironment" : {
            "distmod" : "",
            "distarch" : "x86_64",
            "cc" : "gcc: Apple LLVM version 8.1.0 (clang-802.0.42)",
            "ccflags" : "-mmacosx-version-min=10.10 -fno-omit\
                    -frame-pointer -fno-strict-aliasing \
                    -ggdb -pthread -Wall
                    -Wsign-compare -Wno-unknown-pragmas \
                    -Winvalid-pch -Werror -O2 -Wno-unused\
                    -local-typedefs -Wno-unused-function
                    -Wno-unused-private-field \
                    -Wno-deprecated-declarations \
                    -Wno-tautological-constant-out-of\
```

```
                                -range-compare
                                -Wno-unused-const-variable -Wno\
                                -missing-braces -Wno-inconsistent\
                                -missing-override
                                -Wno-potentially-evaluated-expression \
                                -Wno-exceptions -fstack-protector\
                                -strong -fno-builtin-memcmp",
                "cxx" : "g++: Apple LLVM version 8.1.0 (clang-802.0.42)",
                "cxxflags" : "-Woverloaded-virtual -Werror=unused-result \
                                -Wpessimizing-move -Wredundant-move \
                                -Wno-undefined-var-template -stdlib=libc++ \
                                -std=c++14",
                "linkflags" : "-mmacosx-version-min=10.10 -Wl, \
                                -bind_at_load -Wl,-fatal_warnings \
                                -fstack-protector-strong \
                                -stdlib=libc++",
                "target_arch" : "x86_64",
                "target_os" : "macOS"
            },
            "bits" : 64,
            "debug" : false,
            "maxBsonObjectSize" : 16777216,
            "storageEngines" : [
                "biggie",
                "devnull",
                "ephemeralForTest",
                "inMemory",
                "queryable_wt",
                "wiredTiger"
            ]
        }
    }
```

這個集合對於追蹤升級和變更的行為來說是很有用的。

基於檔案的配置

MongoDB 支援從檔案讀取配置資訊。如果你有大量要使用的選項或者是想要自動執行啟動 MongoDB 的任務，這將會很有用。要告訴伺服器要從配置檔案中取得選項，可以使用 -f 或 --config 旗標。舉例來說，執行 mongod --config ~/.mongodb.conf 來將 ~/.mongodb.conf 當作配置檔案。

配置檔案中支援的選項跟在命令列上可以被接受的選項相同。然而，格式是不一樣的。
從 MongoDB 2.6 版開始，MongoDB 配置檔案使用 YAML 格式。以下是一個範例配置檔
案：

```
systemLog:
    destination: file
    path: "mongod.log"
    logAppend: true
storage:
    dbPath: data/db
processManagement:
    fork: true
net:
    port: 5586
...
```

這個配置檔案指定的，跟我們之前由命令列參數起始時使用的選項，是相同的。注意，
這些相同的選項會反映在上一節中看過的 *startup_log* 集合文件中。唯一真正的差異是，
這些選項是使用 JSON 格式而不是使用 YAML 格式。

在 MongoDB 4.2 版中，新增了擴展指令，允許讀取特定的配置檔案選項或讀取整個配置
檔案。擴展指令的優勢在於，不必將機密資訊（如密碼或安全證書）直接儲存在配置檔
案中。--configExpand 命令列選項可以啟用這個功能，並且必須要包含要啟用的擴展指
令。__rest 和 __exec 是 MongoDB 中擴展指令的目前實作。__rest 擴展指令可讀取特定
的配置檔案值，或從 REST 端點讀取整個配置檔案。__exec 擴展指令則會從命令列界面
或終端機命令上讀取特定的配置檔案值或讀取整個配置檔案。

停止 MongoDB

要能夠安全地停止正在執行的 MongoDB 伺服器，至少跟要能夠啟動一台伺服器一樣重
要。有幾種不同的方法可以有效地執行這個動作。

關閉執行中的伺服器，最直接的方法是使用 shutdown 指令，{"shutdown" : 1}。這是一
個管理者命令，必須在 *admin* 資料庫上執行。命令列界面中有輔助函式可以簡化這個動
作：

```
> use admin
switched to db admin
> db.shutdownServer()
server should be down...
```

在主要伺服器上執行時，shutdown 指令會將主要伺服器降為次要伺服器，並且等待次要伺服器趕上，然後才關閉伺服器。這樣可以最大程度地減少撤回的可能性，但不能保證一定能成功關閉。如果沒有次要伺服器能夠在幾秒鐘之內趕上，那麼 shutdown 指令將會失敗，並且（先前的）主要伺服器也不會關閉：

```
> db.shutdownServer()
{
    "closest" : NumberLong(1349465327),
    "difference" : NumberLong(20),
    "errmsg" : "no secondaries within 10 seconds of my optime",
    "ok" : 0
}
```

你可以使用 force 選項強制 shutdown 指令關閉主要伺服器：

```
db.adminCommand({"shutdown" : 1, "force" : true})
```

這就等同於發送 SIGINT 或 SIGTERM 訊號（這三個選項都會導致乾淨地關閉，但可能會有未複製的資料）。如果伺服器在終端機中是在前台執行程序的，則可以藉由按 Ctrl-C 來發送 SIGINT。要不然，可以使用 kill 等指令來發送訊號。如果 *mongod* 的 PID 為 10014，則指令為 kill -2 10014 (SIGINT) 或 kill 10014 (SIGTERM)。

當 *mongod* 收到 SIGINT 或 SIGTERM 時，它將會執行乾淨關閉。這代表它將等待所有正在執行的動作或檔案預分配完成（這可能需要一點時間）、關閉所有打開的連接、將所有資料儲存到硬碟然後暫停。

安全性

不要設定可以被公開存取的 MongoDB 伺服器。你應該要盡可能嚴格地限制外部世界與 MongoDB 之間的存取。最好的方法是設定防火牆，並且只允許 MongoDB 在內部網路位址上可被存取。第二十四章介紹了 MongoDB 伺服器與客戶端之間必須允許的連接。

除了防火牆之外，你還可以新增一些選項到配置檔案中，來讓它變得更安全：

--bind_ip

指定你希望 MongoDB 監聽的介面。通常來說，你會希望這是一個內部 IP：叢集中的其他成員和某些應用程式伺服器可以存取，但外界無法存取。如果你在同一台機器上執行應用程式伺服器，則 *localhost* 適用於 *mongos* 程序。對於配置伺服器和分片，它們需要可以從其他機器上被找到，因此要堅持使用非 *localhost* 的位址。

從 MongoDB 3.6 版開始，預設情況下 *mongod* 和 *mongos* 程序會綁定到 *localhost*。當只有綁定到 *localhost* 時，*mongod* 和 *mongos* 將會只接受來自在同一台機器上執行的客戶端的連接。這有助於限制不安全的 MongoDB 實體的暴露。若要綁定到其他位址，使用 net.bindIp 配置檔案設定，或是 --bind_ip 命令列選項，來指定主機名稱或 IP 位址的列表。

--nounixsocket

禁用在 UNIX 網域 socket 上的監聽。如果你不打算藉由檔案系統的 socket 進行連接，則可以取消它。你只能藉由也在執行應用程式伺服器的機器上的檔案系統 socket 進行連接：你必須在本地端才能使用檔案系統 socket。

--noscripting

禁用在伺服器端執行 JavaScript。MongoDB 回報的一些安全性問題與 JavaScript 有關，因此，如果你的應用程式允許，通常較安全的做法是禁用它。

幾個命令列界面輔助函式假設 JavaScript 在伺服器上是可用的，特別是 sh.status()。如果嘗試在禁用 JavaScript 的情況下執行任何這些輔助函式，則會出現錯誤。

資料加密

資料加密在 MongoDB 企業版中可被使用。MongoDB 社群版本則不支援這些選項。

資料加密程序包括以下步驟：

- 生成一個主金鑰。
- 為每個資料庫生成金鑰。
- 使用資料庫金鑰加密資料。
- 用主金鑰加密資料庫金鑰。

在使用資料加密時，所有資料檔案都在檔案系統中被加密。資料只有在記憶體中和傳輸過程中未被加密。要加密 MongoDB 的所有網路流量，可以使用 TLS/SSL。MongoDB 企業版使用者可以新增到配置檔案中的資料加密選項有：

`--enableEncryption`

在 WiredTiger 儲存引擎中啟用加密。使用此選項，在記憶體和硬碟上的資料都會被加密。它有時被稱為「靜態加密」。你必須將它設定為 true 才能傳遞加密金鑰並且配置加密。預設情況下此選項為 false。

`--encryptionCipherMode`

設定 WiredTiger 中靜態加密的密碼模式。有兩種模式可用：AES256-CBC 和 AES256-GCM。AES256-CBC 是密碼塊鏈接模式（Cipher Block Chaining Mode）下 256 位元進階加密標準（256- bit Advanced Encryption Standard）的縮寫。AES256-GCM 使用 Galois/Counter Mode。兩者都是標準的加密密碼。從 MongoDB 4.0 版開始，Windows 上的 MongoDB 企業版不再支援 AES256-GCM。

`--encryptionKeyFile`

如果要使用「金鑰管理互用性協定」（Key Management Interoperability Protocol, KMIP）以外的程序管理金鑰，要指定本地金鑰檔案的路徑。

MongoDB 企業版還支援使用 KMIP 進行金鑰管理。KMIP 的討論超出了本書的範圍。有關將 KMIP 與 MongoDB 一起使用的詳細資訊，請參閱 MongoDB 文件（*https://oreil.ly/TeA4t*）。

SSL 連接

如第十八章所看過的，MongoDB 支援使用 TLS/SSL 進行傳輸加密。MongoDB 的所有版本均提供此功能。預設情況下，跟 MongoDB 的連接傳輸的資料是未加密的。然而，TLS/SSL 可確保傳輸加密。MongoDB 使用作業系統上原生的 TSL/SSL 函式庫。使用選項 --tlsMode 和相關選項來配置 TLS/SSL。有關更多詳細資訊，請參閱第十八章，並參考驅動程式的文件，來了解如何使用你的程式語言建立 TLS/SSL 連接。

日誌記錄

預設情況下，*mongod* 會將日誌記錄發送到 stdout。大多數初始化腳本程式會使用 --logpath 選項將日誌記錄發送到檔案。如果你在一台機器上有多個 MongoDB 實體（例如 *mongod* 和 *mongos*），要確保它們的日誌記錄儲存在獨立的檔案中。也要確定你知道日誌記錄在哪裡，並且對該檔案具有讀取權限。

MongoDB 會吐出很多日誌記錄訊息，但是不要使用 --quiet 選項執行（它會隱藏其中一些訊息）。將日誌記錄等級保留為預設值通常是完美的：有足夠的資訊用於基本除錯（為什麼速度慢、為什麼啟動不成功……等），但是日誌記錄也不會佔用太多空間。

如果要除錯應用程式中的特定問題，有幾個選項可用來從日誌記錄中得到更多資訊。你可以藉由執行 setParameter 指令來更改日誌記錄等級，或者在啟動時藉由使用 --setParameter 選項將它作為字串傳遞來設置日誌記錄等級。

```
> db.adminCommand({"setParameter" : 1, "logLevel" : 3})
```

你還可以更改特定元件的日誌記錄等級。如果你要除錯應用程式的特定部分，並且需要更多資訊（僅從該元件取得），這將會很有幫助。在此範例中，我們將預設日誌記錄詳細程度設置為 1，而將查詢元件詳細程度設置為 2：

```
> db.adminCommand({"setParameter" : 1, logComponentVerbosity:
        { verbosity: 1, query: { verbosity: 2 }}})
```

除錯完成後，記住要將日誌記錄等級降低為 0，否則日誌記錄可能會記錄不必要的內容。你可以將等級一直提高到 5，這時 mongod 將會印出幾乎所有執行的動作，包括處理的每個請求的內容。這可能會導致大量的 I/O，因為 *mongod* 要將所有內容寫入日誌記錄檔案內，這會減慢一個繁忙系統的速度。如果你需要查看每個動作的執行情況，啟用分析追蹤器會是一個更好的選擇。

預設情況下，MongoDB 會記錄執行時間超過 100 毫秒的查詢的相關資訊。如果 100 毫秒對於你的應用來說太短或太長，可以使用 setProfilingLevel 更改臨界值：

```
> // Only log queries that take longer than 500 ms
> db.setProfilingLevel(1, 500)
{ "was" : 0, "slowms" : 100, "ok" : 1 }
> db.setProfilingLevel(0)
{ "was" : 1, "slowms" : 500, "ok" : 1 }
```

程式第二行將會關閉分析追蹤，但是第一行中給出的毫秒值將繼續用作日誌記錄的臨界值（橫跨所有資料庫）。你還可以藉由在重新啟動 MongoDB 使用 --slowms 選項來設定這個參數。

最後，設定一個例行性工作排程，每天或每週輪替你的日誌記錄。如果 MongoDB 以 --logpath 啟動，向程序發送 SIGUSR1 訊號將會使它輪替日誌記錄。還有一個 logRotate 指令可以執行相同的動作：

```
> db.adminCommand({"logRotate" : 1})
```

如果 MongoDB 不是以 --logpath 啟動的，則無法輪替日誌記錄。

## 第二十二章

監控 MongoDB

在部署之前，設置某些類型的監控是非常重要的。監控應該要讓你能夠追蹤伺服器的工作，並且在出現問題時向你發出警報。本章將介紹：

- 如何追蹤 MongoDB 的記憶體使用情況

- 如何追蹤應用程式效能指標

- 如何診斷複製問題

我們將使用 MongoDB Ops Manager 中的範例圖示來展示監控時要尋找的內容（請參閱 Ops Manager 的安裝說明（*https://oreil.ly/ D4751*））。MongoDB Atlas（MongoDB 的雲端資料庫服務）的監控功能也是非常類似的。MongoDB 還提供了免費的監控服務，可以用來監控獨立伺服器和複製組。它會將監控資料上傳後保留 24 小時，並且提供有關動作執行時間、記憶體使用率、CPU 使用率和操作數量的粗顆粒度統計資訊。

如果你不想用 Ops Manager、Atlas 或 MongoDB 的免費監控服務，也應該要使用其他監控。它將幫助你在潛在問題引爆之前進行檢測，並且在問題發生時進行診斷。

監控記憶體使用情況

存取記憶體中的資料速度很快，而存取硬碟上的資料速度卻很慢。不幸的是，記憶體很昂貴（相對來說硬碟很便宜），通常 MongoDB 會比其他資源要先使用完記憶體。本節會介紹要如何監控 MongoDB 與 CPU、硬碟和記憶體的互動以及注意事項。

電腦記憶體簡介

電腦往往具有少量且快速存取的記憶體，和大量且緩慢存取的硬碟。當要請求儲存在硬碟上（但尚未儲存在記憶體中）的資料分頁時，系統會出現分頁錯誤，並且將分頁從硬碟複製到記憶體中。然後，它就可以非常快速地在記憶體中存取分頁。如果你的程式定期停止使用該分頁，而且你的記憶體被其他分頁塞滿，則舊的分頁將會從記憶體中被驅逐，並且再次只存在硬碟上。

將分頁從硬碟複製到記憶體，要比從記憶體中讀取分頁花費更長的時間。因此，MongoDB 要從硬碟複製的資料越少越好。如果 MongoDB 幾乎可以完全在記憶體中運行，它就能夠更快地存取資料。因此，MongoDB 的記憶體使用情況是要被追蹤的最重要統計資料之一。

追蹤記憶體使用情況

MongoDB 會回報 Ops Manager 中三種「類型」的記憶體：常駐記憶體、虛擬記憶體和映射記憶體。常駐記憶體是 MongoDB 在記憶體中明確擁有的記憶體。舉例來說，如果查詢文件，並且將其分頁放到記憶體中，則該分頁將會被加入到 MongoDB 的常駐記憶體中。

MongoDB 將獲得該分頁的位址。該位址並不是記憶體中分頁的位址，而是一個虛擬位址。MongoDB 可以將其傳送給系統核心，系統核心將會尋找分頁實際所在的位置。這樣做，如果系統核心需要從記憶體中驅逐分頁，MongoDB 仍然可以使用該位址來存取它。MongoDB 會向系統核心請求分頁，系統核心將查看其分頁快取，查看該分頁是否不存在，發生分頁錯誤並且將分頁複製到記憶體中，然後將它回傳給 MongoDB。

如果你的資料可以完全放入記憶體內，則常駐記憶體應該約為資料的大小。當我們談論資料在「記憶體中」時，我們總是在談論資料在隨機存取記憶體（RAM）中。

MongoDB 的映射記憶體包括 MongoDB 曾經存取過的所有資料（它具有位址的所有資料分頁）。通常會跟資料集的大小有關。

虛擬記憶體是作業系統提供的抽象概念，可以在軟體程序中隱藏實際儲存裝置的詳細資訊。每個程序都會看到可以使用的記憶體連續位址空間。在 Ops Manager 中，MongoDB 的虛擬記憶體使用量通常是映射記憶體的兩倍。

圖 22-1 顯示記憶體資訊的 Ops Manager 圖表，它描述了 MongoDB 使用了多少虛擬、常駐和映射記憶體。映射記憶體只跟使用 MMAP 儲存引擎的較早（4.0 之前）版本中的部

署相關。現在，MongoDB 使用 WiredTiger 儲存引擎，應該會看到映射記憶體的使用率為零。在專用於 MongoDB 的機器上，常駐記憶體應該會比總記憶體大小要小一點（假設你的工作集大小等於或大於記憶體）。常駐記憶體是實際追蹤實體記憶體中有多少資料的統計資訊，但是就其本身而言，這樣並無法告訴你有關 MongoDB 是如何使用記憶體的太多資訊。

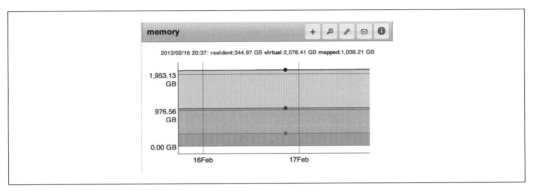

圖 22-1　從上到下：虛擬、常駐和映射記憶體

如果你的資料可以完全放入記憶體內，則常駐記憶體應該約略是資料的大小。當我們談論資料在「記憶體中」時，我們總是在談論資料在隨機存取記憶體（RAM）中。

從圖 22-1 中可以看到，記憶體指標往往相當穩定，但是隨著資料集的增長，虛擬記憶體（最上面的線）將隨之增長。常駐記憶體（中間的線）將增長到可用記憶體的大小，然後保持穩定。

追蹤分頁錯誤

你可以使用其他統計資訊來了解 MongoDB 是如何使用記憶體的，而不單純是每種記憶體使用了多少。其中一個有用的統計資料是分頁錯誤的數量，它告訴你 MongoDB 尋找資料時，資料不在記憶體中的頻率。圖 22-2 和 22-3 是顯示隨時間變化的分頁錯誤的圖表。圖 22-3 的分頁錯誤少於圖 22-2，但只有這個資訊並不是很有用。如果圖 22-2 中的硬碟可以處理這麼多的錯誤，而應用程式可以處理硬碟搜尋的延遲，那麼存在這麼多（或更多）的錯誤就沒有特別的問題。另一方面，如果你的應用程式無法處理漸漸增加的從硬碟讀取資料的延遲，那麼你就別無選擇，只能將所有資料儲存在記憶體中（或使用 SSD）。

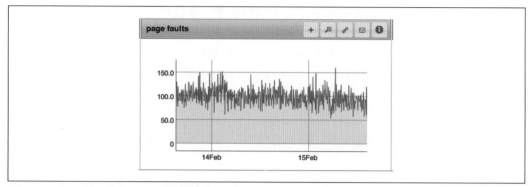

圖 22-2　每分鐘發生數百次分頁錯誤的系統

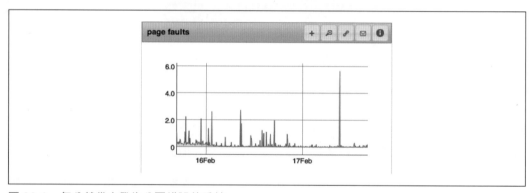

圖 22-3　每分鐘幾次發生分頁錯誤的系統

無論應用程式有多寬容，在硬碟超載時分頁錯誤都會成為問題。硬碟可以處理的負載量並不是線性的：一旦硬碟開始過載，每個動作就必須花更長的時間在排隊上，進而造成連鎖反應。通常會有一個轉折點，硬碟效能開始迅速下降。因此，最好讓負載遠離硬碟可以處理的最大負載量。

> 要追蹤一段時間內的分頁錯誤數量。如果你的應用程式在有一定數量的分頁錯誤時也可以表現良好，則可以決定系統能夠處理多少分頁錯誤的基準量。如果分頁錯誤開始蔓延並且效能開始下降，你就能夠有一個警報臨界值。

你可以藉由查看 serverStatus 輸出的 "page_faults" 欄位來查看每個資料庫的分頁錯誤統計資訊：

```
> db.adminCommand({"serverStatus": 1})["extra_info"]
{ "note" : "fields vary by platform", "page_faults" : 50 }
```

"page_faults" 提供 MongoDB 從啟動以來必須從硬碟讀取的次數。

I/O 等待

通常，分頁錯誤與 CPU 閒置等待硬碟多的長時間（稱為 I/O 等待）緊密相關。一些 I/O
等待是正常的；MongoDB 有時必須從硬碟讀取，儘管它會試圖在執行時不阻擋任何內
容，但這無法完全避免。重要的是，I/O 等待不會增加或者是接近 100％，如圖 22-4 所
示。這表明硬碟正在過載中。

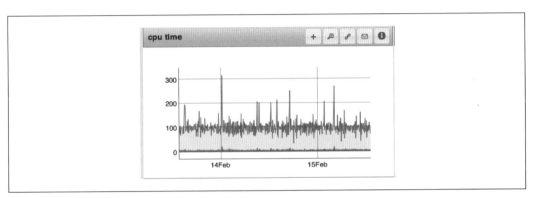

圖 22-4　I/O 等待徘徊在 100％ 左右

計算工作集

通常，記憶體中的資料越多，MongoDB 的執行速度就越快。因此，按照從最快到最慢的
順序，應用程式可能擁有：

1. 在記憶體中的整個資料集。這很不錯，但是通常太昂貴或者是不可行。但這對於需
   要快速反應時間的應用程式來說可能是必要的。

2. 在記憶體中的工作集。這是最常見的選擇。

   工作集是應用程式使用的資料和索引。這可能包含任何內容，但是通常會有一個核
   心資料集（例如，*users* 集合和上個月的活動）覆蓋了 90％的請求。如果這個工作
   集能夠放入記憶體內，則 MongoDB 通常會很快：它只有在處理一些「異常」的請
   求時需要存取硬碟。

3. 在記憶體中的索引。

4. 在記憶體中的索引工作集。

5. 在記憶體中沒有有用的資料子集。如果可能，要避免這種情況。因為會很慢。

你必須知道你的工作集是什麼（及其大小），才能知道是否可將它保存在記憶體中。計算工作集大小的最佳方法是追蹤常用動作，以了解你的應用程式正在讀寫的內容。舉例來說，假設你的應用程式每週產生 2 GB 的新資料，並且定期存取 800 MB 的資料。使用者傾向存取最高長達一個月的資料，而大部分更早的資料都未被使用。你的工作集大小可能約為 3.2 GB（800 MB / 週 ×4 週），再加上如索引的額外內容，因此就說是 5 GB 吧。

思考這點的其中一種方法是追蹤隨著時間推移所存取資料，如圖 22-5 所示。如果你選擇一個 90％ 的請求會在其上的截止點，如圖 22-6 所示，則在該時間段內生成的資料（和索引）將構成你的工作集。你可以測量該時間量，來確定資料集成長了多少。注意，此範例中是使用時間，但是可能還有其他種對你的應用程式更有意義的存取模式（時間是最常見的一種）。

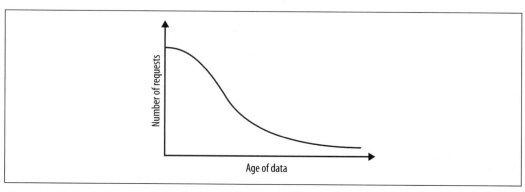

圖 22-5　按資料的新舊所劃分的資料存取圖

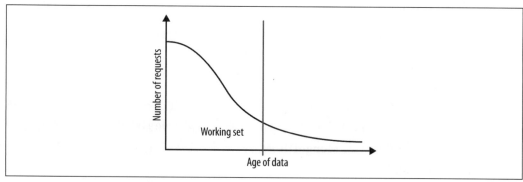

圖 22-6　工作集是「頻繁請求」的截止點之前的資料（由圖中的垂直線表示）

一些工作集範例

假設你有 40 GB 的工作集。總共 90％的請求命中工作集，而 10％的請求命中其他資料。如果你有 500 GB 的資料和 50 GB 的記憶體，則你的工作集將完全可以放入記憶體中。一旦你的應用程式存取了常會存取的資料（稱作**預熱**的程序），就不必再為工作集而存取硬碟了。接著，它有 10 GB 的空間可用於 460 GB 存取頻率較低的資料。顯然，MongoDB 幾乎總是必須要存取硬碟來存取非工作集資料。

另一方面，假設你的工作集無法完全放入記憶體中—舉例來說，如果你只有 35 GB 的記憶體。那麼工作集通常會佔用大部分的記憶體。工作集會有較高的機率存在記憶體中，因為它具有較高的存取頻率，但是在某些時候，必須將不常存取的資料分頁放入記憶體中，而將工作集（或其他不常存取的資料）驅逐出記憶體。因此，資料可能會在硬碟與記憶體之間不斷來回：存取工作集便不再具有可預測的效能。

追蹤效能

查詢的效能通常對於追蹤和保持一致是很重要。有幾種方法可以追蹤 MongoDB 在目前請求負載方面是否有遇到問題。

在 MongoDB 中，CPU 可會被 I/O 限制效能（由高 I/O 等待決定）。WiredTiger 儲存引擎是多執行緒的，它可以利用其他 CPU 核心。跟較舊的 MMAP 儲存引擎相比，這可以從更高用量的 CPU 指標水平看出。然而，如果使用者或系統時間接近 100％（或是 100％乘以擁有的 CPU 數量），最常見的原因是沒有為頻繁的查詢建立索引。追蹤 CPU 使用情況（尤其是在部署新版本的應用程式之後）是一個好主意，可以確保所有查詢的行為均符合預期。

注意，圖 22-7 所示的圖形是良好的：如果分頁錯誤的數量很少，則其他 CPU 活動可能會使 I/O 等待變得微不足道。只有當其他活動逐漸增多時，不好的索引才可能是罪魁禍首。

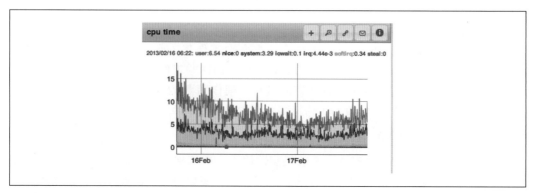

圖 22-7　具有最少 I/O 等待的 CPU：最上方的線段是使用者，下面的線段是系統；其他統計資料非常接近 0%

一個類似的指標是排隊：有多少請求正在等待被 MongoDB 處理。當請求正在等待要執行讀取或寫入所需的鎖時，該請求被視為正在排隊。圖 22-8 顯示了一段時間內的讀取和寫入的隊列圖。沒有隊列是最好的狀況（基本上是一個空圖表），但是此圖是沒什麼需要擔心的。在繁忙的系統中，需要等待一些時間才能獲得正確的鎖的狀況，通常來說並不少見。

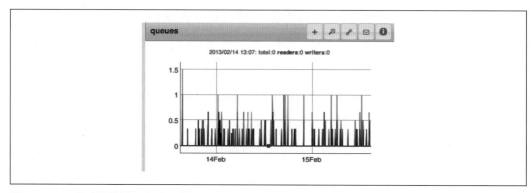

圖 22-8　一段時間的讀取和寫入隊列

WiredTiger 儲存引擎提供了文件層級的並行性，允許對同一集合同時執行多個寫入動作。這極大地提高了並行動作的效能。它使用的票證系統會控制使用中的執行緒數量以避免飢餓狀況：它為讀取和寫入動作發出票證（預設為各有 128 個票證），在 128 個後新的讀取或寫入動作就要排隊。serverStatus 的 wiredTiger.concurrentTransactions.read.available 和 wiredTiger.concurrentTransactions.write.available 欄位可以用來追蹤可用票證的數量何時為零，這代表對應的動作正在排隊。

你可以藉由查看排隊的請求數量來知道是否堆積了一堆請求。通常來說，隊列大小應該要是較小的。很大且始終存在的隊列，代表 *mongod* 無法跟上它的負載。此時應該要盡快減少伺服器上的負載。

追蹤可用空間

另一個基本但重要的指標是監控硬碟使用率。有時，使用者會等到硬碟空間用盡後才考慮要如何處理硬碟。藉由監控硬碟使用情況並追蹤可用硬碟空間，你可以預測目前的硬碟將在多久時間後用盡，並且可以提前計劃在硬碟不可用時該怎麼辦。

當空間不足時，有幾種選擇：

- 如果有使用分片，新增另一個分片。
- 如果有未使用的索引，將其刪除。可以在特定集合上使用聚集 $indexStats 來找到未使用的索引。
- 如果尚未執行壓縮動作，在次要伺服器上執行壓縮動作，看看是否有幫助。這通常只有在從集合中刪除了大量資料或索引，並且不會被替換的情況下才有用。
- 關閉複製組的每個成員（一次一個），然後將它的資料複製到更大的硬碟上，然後再重新啟動。重新啟動成員，然後繼續對下一個成員做一樣的事情。
- 將複製組中的成員替換為具有更大硬碟的成員：刪除一個舊成員並且新增一個新成員，並且讓這個成員趕上組內的其他成員。對組內的每個成員重複這件事。
- 如果有使用 `directoryperdb` 選項，且資料庫成長的特別快，可以將它移至它自己的硬碟上。然後將該裝置作為目錄掛載到資料目錄中。這樣，其餘的資料就不必移動。

無論選擇哪種技術，都應該要預先計劃，來最大程度地減少對應用程式的影響。你需要時間進行備份，依次修改組中的每個成員，並且複製資料。

監控複製

複製延遲和 oplog 長度是要追蹤的重要指標。延遲是次要伺服器無法跟上主要伺服器的時間。它是藉由從主要伺服器上的上次操作時間，減去次要伺服器上套用最後一個動作的時間而得出的。舉例來說，如果次要伺服器剛剛套用了時間戳記為下午 3:26:00 的動作。而主要伺服器剛套用了時間戳記為下午 3:29:45 的操作，那麼次要伺服器延遲了 3 分 45 秒。你希望延遲盡可能的接近於 0，並且通常為毫秒等級的。如果次要伺服器與主要伺服器保持同步，則複製延遲應類似於圖 22-9 中所示的圖形：始終為 0。

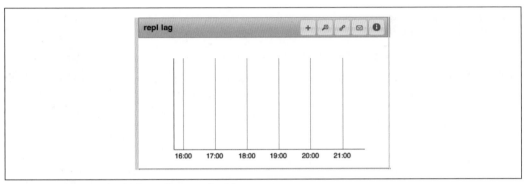

圖 22-9　無延遲的複製組；這就是你想看到的

如果次要伺服器無法像主要伺服器一樣快地複製寫入內容，你將開始看到非零的延遲。最極端的情況是複製卡住了：由於某種原因，次要伺服器無法再套用任何操作。此時，延遲將會每秒增加一秒，進而產生如圖 22-10 所示的陡峭斜率。這可能是由於網路問題或缺少 "_id" 索引所引起的，每個集合都需要該索引才能使複製正常運行。

如果集合缺少 "_id" 索引，要將伺服器從複製組中移出，將它作為獨立伺服器啟動，然後建立 "_id" 索引。要確定將 "_id" 索引建立為唯一索引。建立後，就不能刪除或更改 "_id" 索引（除非刪除整個集合）。

如果系統過載，則次要伺服器可能會逐漸落後。有些複製仍會發生，因此你通常不會看到圖表中「每秒增加一秒」的斜率。不過，重要的是要知道次要伺服器是否無法跟上高峰流量或是正在逐漸落後。

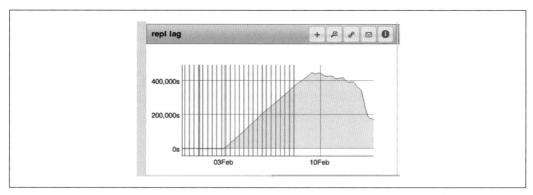

圖 22-10　複製卡住了，並且在 2 月 10 日之前開始恢復；垂直線是伺服器重新啟動

主要伺服器不會限制寫入來「幫助」次要伺服器追趕，因此，在高負載的系統上，次要伺服器通常會落後（尤其是當 MongoDB 傾向將寫入優先於讀取時，這代表複製可能在主要伺服器上是處於飢餓狀態）。你可以藉由在寫入關注中使用 "w" 來在某種程度上強制主伺服器進行調節。你可能還想嘗試藉由將次要伺服器正在處理的任何請求路由到另一個成員來減輕次要伺服器的負載。

如果你的系統負載極低，則可能會看到另一種有趣的模式：複製延遲的突然尖峰，如圖 22-11 所示。圖中顯示的尖峰實際上並不是延遲－它們是由樣本變化所引起的。*mongod* 每幾分鐘處理一次寫入。因為延遲的測量方式為主要伺服器和次要伺服器時間戳記之間的差異，因此在對主要伺服器進行寫入動作之前測量次要伺服器的時間戳記會使它看起來落後了幾分鐘。如果你增加寫入頻率，這些尖峰應該會消失。

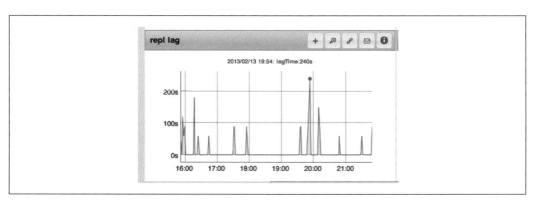

圖 22-11　低寫入系統可能導致「虛幻」延遲

另一個要追蹤的重要複製指標是每個成員的 oplog 的長度。每個可能成為主要伺服器的成員都應該有一天以上的 oplog。如果某個成員可能是另一個成員的同步來源，則它的 oplog 應該比完成初始同步所需的時間更長。圖 22-12 呈現標準 oplog 長度圖。這個 oplog 的長度非常長：一個月的資料量有 1,111 個小時！通常來說，oplog 應該盡可能的長，只要你有足夠的硬碟空間即可。考慮到使用它們的方式，它們基本上不會佔用任何記憶體，而較長的 oplog 可能意味著痛苦的動作經驗和簡單的動作經驗之間的區別。

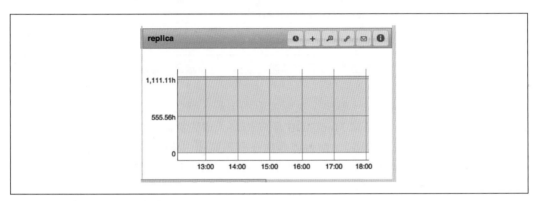

圖 22-12　典型的 oplog 長度圖

圖 22-13 顯示了由相當短的 oplog 和變動流量導致的異常變化。機器仍然是健康的，但是這台機器上的 oplog 可能太短了（維護 6 到 11 個小時之間）。管理員可能會希望在有機會時延長 oplog 的時間。

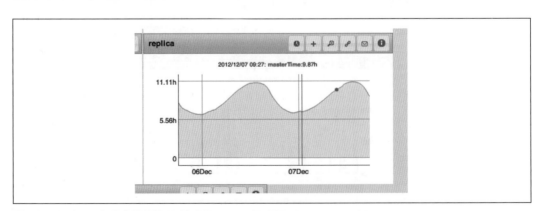

圖 22-13　每天流量高峰的應用程式的 oplog 長度圖

## 第二十三章

製作備份

定期備份系統是非常重要的。備份是防止多數類型的故障的良好保護方式，只有少數的故障是從乾淨備份中還原無法解決。本章會介紹製作備份的常用選項：

- 單一伺服器備份，包括快照備份和還原程序
- 備份複製組的特殊注意事項
- 備份分片叢集

只有當你有信心在緊急情況下能夠馬上部署時，備份才是有用的。因此，對於你選擇的任何備份技術，務必要練習製作備份並且從備份中還原，直到你非常熟悉還原程序為止。

備份方法

MongoDB 中有許多用來備份叢集的選項。MongoDB 官方雲端服務 MongoDB Atlas 提供連續備份和雲端提供商快照。連續備份對叢集中的資料進行增量備份，進而確保備份通常只會比作業系統慢幾秒鐘。雲端提供商快照使用叢集的雲端服務提供商的快照功能（例如，Amazon Web Services、Microsoft Azure 或 Google Cloud Platform）來提供本地化的備份儲存。對於大多數方案來說，最佳的備份解決方案是使用連續備份。

MongoDB 也藉由 Cloud Manager 和 Ops Manager 提供備份功能。Cloud Manager 是 MongoDB 的託管備份、監控和自動化服務。Ops Manager 是一種本機解決方案，具有跟 Cloud Manager 類似的功能。

對於直接管理 MongoDB 叢集的個人和團隊，有幾種備份策略可以使用。我們將在本章的其餘部分中概述這些策略。

備份伺服器

有許多種建立備份的方法。無論採用哪種方法，進行備份都會給系統造成壓力：通常需要將所有資料讀入記憶體中。因此，通常應該要在複製組次要伺服器（而不是主要伺服器）上進行備份，或者對於獨立伺服器來說，則應該要在關閉時進行備份。

除非另有說明，否則本節中的技術適用於任何 *mongod*，無論是獨立伺服器還是複製組的成員皆是。

檔案系統快照

檔案系統快照使用系統層級的工具，來建立包含 MongoDB 資料檔案的裝置的拷貝。這些方法可以快速完成並且可靠地運作，但是需要在 MongoDB 之外做其他系統配置。

當 MongoDB 實體的資料檔案和日誌記錄檔案位於獨立的磁碟上時，MongoDB 3.2 版增加了對使用 WiredTiger 儲存引擎的這些實體的磁碟層級備份的支援。然而，要建立一致的備份，必須在備份過程中鎖定資料庫，而必須暫停所有對資料庫寫入的動作。

在 MongoDB 3.2 版之前，使用 WiredTiger 建立 MongoDB 實體的磁碟層級備份，會要求資料檔案和日誌記錄位於同一磁碟上。

快照藉由在即時資料和特殊快照磁碟之間建立指標來運作。這些指標在理論上等效於「硬連結」。當工作資料與快照不同時，快照程序將使用寫入時複製（copy-on-write）策略。因此，快照只會儲存被修改的資料。

製作快照後，將快照映像檔安裝在檔案系統上，然後從快照中複製資料。生成的備份就會包含所有資料的完整拷貝。

發生快照時，資料庫必須是有效的。這代表資料庫所接受的所有寫入動作都必須完全寫入到硬碟上：不論是日誌記錄或資料檔案都是。如果備份發生時寫入內容並沒有在硬碟上，則備份將不會反映這些修改。

對於 WiredTiger 儲存引擎來說，資料檔案反映了截至最後一個檢查點的一致狀態。檢查點每分鐘會發生一次。

快照會建立整個硬碟或整個磁碟的映像檔。除非需要備份整個系統，否則最好考慮在一個不包含任何其他資料的邏輯硬碟上隔離 MongoDB 資料檔案、日誌記錄（如果有的話）和配置內容。

或者是，將所有 MongoDB 資料檔案儲存在專用硬碟上，這樣在進行備份時就不用複製多餘的資料。

要確定有將資料從快照複製到其他系統上。這樣可以確保資料不會出現主機失效的狀況。

如果你的 *mongod* 實體啟用了日誌功能，那麼就可以使用任何類型的檔案系統或是磁碟 / 區塊層級的快照工具來建立備份。

如果你在類 Linux 的系統上管理自己的基礎架構，可以使用 Linux 邏輯磁碟管理器（Linux Logical Volume Manager, LVM）配置系統，來提供磁碟套裝程式和快照功能。LVM 允許實體硬碟分區的靈活組合和劃分，進而實現可動態調整大小的檔案系統。你還可以在雲端 / 虛擬環境中使用基於 LVM 的設定。

在 LVM 的初始設定中，首先我們將硬碟分區分配給實體磁碟（pvcreate），然後將其中一個或多個分區分配給一個磁碟組（vgcreate），然後建立引用這些磁碟組的邏輯磁碟（lvcreate）。我們可以在邏輯磁碟上構建檔案系統（mkfs），該檔案系統在建立後可以被掛載使用（mount）。

快照備份和還原程序

本節會簡介在 Linux 系統上使用 LVM 的簡單備份過程。雖然在你的系統上的工具、指令和路徑可能（略有）不同，但是以下步驟提供了備份操作的概述。

僅將以下程序用作備份系統和基礎架構的準則。正式環境的備份系統必須考慮許多特定於應用程式的要求和特定環境所獨有的因素。

要使用 LVM 建立快照，以 root 身分用以下格式發出指令：

```
# lvcreate --size 100M --snapshot --name mdb-snap01 /dev/vg0/mongodb
```

這個指令在 vg0 磁碟組中建立 mongodb 磁碟的 mdb-snap01 的 LVM 快照（使用 --snapshot 選項），該快照會位於 /dev/vg0/mdb-snap01。系統、磁碟組和裝置的位置和路徑可能會略有不同，取決於作業系統的 LVM 配置。

由於有使用參數 `--size 100M`，所以快照的上限為 100 MB。這個大小並不會反映硬碟上的資料總量，而是反映 */dev/vg0/mongodb* 的目前狀態和快照（*/dev/vg0/mdb-snap01*）之間的差異量。

當指令回傳時，快照就會存在。你可以隨時直接從快照還原，或是建立新的邏輯磁碟，然後從快照還原到別的映像檔。

雖然快照非常適合快速建立高品質的備份，但它們並不是儲存備份資料的理想格式。快照通常會依賴並且停留在跟原始硬碟映像檔相同的儲存基礎架構上。因此，封存這些快照並且將它們儲存在其他位置是很重要的事。

建立快照後，掛載快照並且將資料複製到獨立的儲存空間中。或者，按照以下步驟對快照映像檔作區塊級複製：

```
# umount /dev/vg0/mdb-snap01
# dd if=/dev/vg0/mdb-snap01 | gzip > mdb-snap01.gz
```

這些指令序列執行以下動作：

- 確定 */dev/vg0/mdb-snap01* 設備已被卸載

- 使用 **dd** 指令執行整個快照映像檔的區塊級複製，並且將結果壓縮到目前工作目錄中的壓縮檔案中

dd 指令會在目前工作目錄中建立一個大型 *.gz* 檔案。確定要在具有足夠可用空間的檔案系統中執行此指令。

要還原使用 LVM 建立的快照，可以發出以下指令序列：

```
# lvcreate --size 1G --name mdb-new vg0
# gzip -d -c mdb-snap01.gz | dd of=/dev/vg0/mdb-new
# mount /dev/vg0/mdb-new /srv/mongodb
```

這個序列會執行以下動作：

- 在 */dev/vg0* 磁碟組中建立一個名為 *mdb-new* 的新邏輯磁碟。新設備的路徑為 */dev/vg0/mdb-new*。你可以使用其他不同的名稱，並將 1G 更改為所需的磁碟大小。

- 將 *mdb-snap01.gz* 檔案解壓縮並解壓縮到 *mdb-new* 硬碟映像檔中。

- 將 *mdb-new* 硬碟映像檔掛載到 */srv/mongodb* 目錄。修改掛載點，使它跟你的 MongoDB 資料檔案位置或其他所需位置相對應。

還原的快照將會有過時的 `mongod.lock` 檔案。如果你不從快照中刪除此檔案，則 MongoDB 可能會認為這個過時的鎖定檔案表示關閉異常。如果你在啟用 `storage.journal.enabled` 的情況下執行，並且沒有使用 `db.fsyncLock()`，則無需刪除 `mongod.lock` 檔案。如果有使用 `db.fsyncLock()`，則需要刪除這個檔案。

要還原備份而不寫入壓縮的 *.gz* 檔案，可以使用以下指令序列：

```
# umount /dev/vg0/mdb-snap01
# lvcreate --size 1G --name mdb-new vg0
# dd if=/dev/vg0/mdb-snap01 of=/dev/vg0/mdb-new
# mount /dev/vg0/mdb-new /srv/mongodb
```

你可以使用組合的程序和 SSH 來實作系統外備份。這個序列，除了它是使用 SSH 在遠端系統上封存和壓縮備份外，跟前面說明的程序相同：

```
umount /dev/vg0/mdb-snap01
dd if=/dev/vg0/mdb-snap01 | ssh username@example.com gzip > /opt/backup/ mdb-snap01.gz
lvcreate --size 1G --name mdb-new vg0
ssh username@example.com gzip -d -c /opt/backup/mdb-snap01.gz | dd of=/dev/vg0/mdb-new
mount /dev/vg0/mdb-new /srv/mongodb
```

從 MongoDB 3.2 版開始，為了要讓使用 WiredTiger 的 MongoDB 實體能夠執行磁碟層級備份，不再需要資料檔案和日誌記錄位於單一磁碟上。然而，在備份過程中必須要鎖定資料庫，並且必須暫停所有對資料庫寫入的動作，以確保備份的一致性。

如果 *mongod* 實體執行時沒有日誌記錄，或者日誌記錄檔案位於獨立的磁碟上，則必須在硬碟備份過程中，要將所有內容寫入到硬碟上，並且鎖定資料庫以防止寫入。如果你有複製組配置，則使用不接收讀取的次要伺服器（也就是隱藏成員）進行備份。

要做到這件事，在 `mongo` 命令列界面中呼叫 `db.fsyncLock()` 方法：

```
> db.fsyncLock();
```

然後執行前述的備份動作。

快照完成後，在 `mongo` 命令列界面中發出以下指令來解鎖資料庫：

```
> db.fsyncUnlock();
```

下一節將更全面地描述這個程序。

複製資料檔案

建立單一伺服器備份的另一種方法是，製作資料目錄中所有內容的拷貝。因為無法在沒有檔案系統支援的狀況下在同一時間複製所有檔案，所以在複製時必須要防止資料檔案被更改。這可以藉由名為 fsyncLock 的指令來完成：

```
> db.fsyncLock()
```

這個指令將鎖定資料庫以防止其他的寫入動作，然後將所有資料儲存到硬碟中（fsync），以確保資料目錄中的檔案具有最新的一致資訊並且不會變更。

當這個指令被執行後，*mongod* 將會把所有傳入的寫入動作放到佇列中。在被解鎖之前，它不會再處理任何寫入動作。注意，這個指令會停止對**所有**資料庫的寫入動作（不單只是 *db* 連接的那一個資料庫）。

fsyncLock 指令回傳後，將資料目錄中的所有檔案複製到備份位置。在 Linux 上，可以使用以下指令來完成這個動作：

```
$ cp -R /data/db/* /mnt/external-drive/backup
```

絕對要確定將每個檔案和每個目錄都從資料目錄複製到備份位置。若有些檔案或目錄沒複製到，可能會使備份無法使用或損壞。

複製完資料後，要解鎖資料庫以允許它再次可以被寫入：

```
> db.fsyncUnlock()
```

你的資料庫將會再次正常開始處理寫入動作。

注意，身分驗證和 fsyncLock 存在一些鎖定問題。如果使用身分驗證，不要在呼叫 fsyncLock 和 fsyncUnlock 之間關閉命令列界面。如果斷線了，可能會無法重新連接，而必須重新啟動 *mongod*。在兩次重新啟動之中，fsyncLock 的設定並不會保存； *mongod* 在啟動後始終會是解鎖的狀態。

作為 fsyncLock 的替代方法，你可以關閉 *mongod*，複製檔案，然後再次啟動 *mongod*。關閉 *mongod* 可以有效地將所有更改儲存到硬碟中，並且防止在備份過程中發生新的寫入。

要從資料目錄的拷貝還原，要確定 *mongod* 沒有在執行，並且要還原到的資料目錄是空的。將備份的資料檔案複製到資料目錄，然後啟動 *mongod*。舉例來說，以下指令將會使用前面呈現過的指令來還原備份的檔案：

```
$ cp -R /mnt/external-drive/backup/* /data/db/
$ mongod -f mongod.conf
```

儘管會出現關於部分資料目錄拷貝的警告，但是如果你知道要複製的內容是什麼，以及它們將 --directoryperdb 選項設定在何處，則可以使用這個方法備份單一資料庫。要備份單一資料庫（舉例來說，*myDB* 資料庫），複製整個 *myDB* 目錄即可（只有在使用 --directoryperdb 選項時可以這樣操作）。只有使用 --directoryperdb 選項，才能實現部分資料目錄拷貝。

你可以藉由只將具有正確資料庫名稱的檔案複製到資料目錄中，來還原特定資料庫。你必須要先乾淨地關閉資料庫，以還原零散的狀態。如果發生當機或是硬關機，就不要嘗試從備份中還原單一資料庫：替換整個目錄並且啟動 *mongod*，讓日誌記錄檔案可以重新被套用。

 切勿將 fsyncLock 與 *mongodump* 結合使用（下一節會介紹）。基於資料庫中的其他操作，如果資料庫被鎖定，*mongodump* 可能會永遠停住不動。

使用 mongodump

進行單一伺服器備份的最後一種方法是使用 *mongodump*。最後才提到 *mongodump*，是因為它有一些缺點。它比較慢（取得備份和從備份還原都是），而且它跟複製組一起使用時會存在一些問題，這些問題在第 457 頁的「複製組的特殊注意事項」中會進行討論。然而，它也有一些好處：它是一個備份單一資料庫、集合或甚至是集合子集的好方法。

mongodump 具有多種選項，你可以藉由執行 mongodump --help 來查看所有選項。在這裡，我們將重點介紹用於備份時最有用的選項。

要備份所有資料庫，只要執行 *mongodump* 即可。如果你在 *mongod* 所在的同一台機器上執行 *mongodump*，只需指定 *mongod* 執行的連接埠：

```
$ mongodump -p 31000
```

mongodump 將在目前的目錄中建立一個 *dump* 目錄，其中包含所有資料的匯出。這個 *dump* 目錄會將資料庫和集合組織成目錄和子目錄。實際的資料會儲存在 *.bson* 檔案中，這個檔案只是將集合中包含的每個文件的 BSON 連結在一起。你可以使用 MongoDB 附帶的 *bsondump* 工具檢查 *.bson* 檔案。

伺服器甚至不一定要正在執行中也可以使用 *mongodump*。你可以使用 --dbpath 選項來指定資料目錄，*mongodump* 將使用資料檔案複製資料：

```
$ mongodump --dbpath /data/db
```

如果 *mongod* 正在執行，則不應使用 --dbpath。

mongodump 的一個問題是它不是即時備份：備份發生時，系統可能正在進行寫入動作。因此，你可能會遇到以下情況：使用者 A 開始進行備份，導致 *mongodump* 匯出資料庫 A，但是同時，使用者 B 丟棄了 A 資料庫。然而，*mongodump* 已經匯出了資料庫，因此你最終會得到跟原始伺服器上的狀態不一致的資料快照。

為避免這種情況，如果你搭配 --replSet 執行 *mongod*，則可以使用 *mongodump* 的 --oplog 選項。它會持續追蹤，在發生匯出時伺服器上發生的所有動作，因此可以在還原備份時重新套用這些動作。這樣可以為你提供跟來源伺服器一致的資料的時間點快照。

如果你將複製組連接字串傳送給 *mongodump*（例如 "setName/seed1, seed2, seed3"），它會自動選擇從主要伺服器中匯出資料。如果要使用次要伺服器，則可以指定 read preference。可以藉由 --uri connection string、uri readPreferenceTags 選項或是 --readPreference 命令列選項來指定 read preference。有關各種設定和選項的更多詳細資訊，請參閱 MongoDB 文件頁面中 *mongodump* 的部分（*https://oreil.ly/GH3-O*）。

要從 *mongodump* 備份還原，可以使用 *mongorestore* 工具：

```
$ mongorestore -p 31000 --oplogReplay dump/
```

如果匯出資料庫時有使用 --oplog 選項，則必須將 --oplogReplay 選項與 *mongorestore* 一起使用來取得時間點快照。

如果要替換正在執行的伺服器上的資料，則你可能（或可能不）希望使用 --drop 選項，它會在還原之前先刪除集合。

mongodump 和 *mongorestore* 的行為隨著時間一直在更改。為了避免相容性問題，使用者兩個程式時要盡量要使用相同的版本（你可以執行 mongodump --version 和 mongorestore --version 來查看它們的版本）。

 從 MongoDB 4.2 版及更新版本開始，你不能將 *mongodump* 或 *mongorestore* 用來作為備份分片叢集的策略。這些工具不能保證跨分片交易的原子性。

使用 mongodump 和 mongorestore 移動集合和資料庫

你可以還原到跟匯出完全不同的資料庫和集合。如果在不同的環境使用不同的資料庫名稱（如 *dev* 和 *prod*）但使用相同的集合名稱時，這將會很有用。

要將 *.bson* 檔案還原到特定的資料庫和集合中，在命令列上指定目標：

```
$ mongorestore --db newDb --collection someOtherColl dump/oldDB/oldColl.bson
```

也可以將這些工具跟 SSH 一起使用，讓使用這些工具的封存功能在沒有任何硬碟 I/O 的情況下執行資料移植。以前，你必須備份到硬碟上，然後將這些備份檔案複製到目標伺服器，然後在該伺服器上執行 *mongorestore* 來還原備份，這樣可以將三個步驟簡化為一個動作。

```
$ ssh eoin@proxy.server.com mongodump --host source.server.com\ --archive
      | ssh eoin@target.server.com mongorestore --archive
```

可以將壓縮與這些工具的封存功能結合使用，以進一步減少在執行資料移植時發送的資訊的大小。以下是同時使用這些工具的封存和壓縮功能的 SSH 資料移植範例：

```
$ ssh eoin@proxy.server.com mongodump --host source.server.com\ --archive
      --gzip | ssh eoin@target.server.com mongorestore --archive --gzip
```

唯一索引管理上的麻煩

如果你的每個集合上都有唯一索引（"_id" 除外），則應該要考慮使用跟 *mongodump/ mongorestore* 不同的備份類型。唯一索引要求資料在複製期間不得以違反唯一索引限制的方式進行更改。要保證達到這一點的最安全方法，是選擇一種「凍結」資料的方法，然後按照前兩節中的說明進行備份。

如果確定要使用 *mongodump/mongorestore*，則在從備份還原時可能會需要預先處理資料。

複製組的特殊注意事項

備份複製組時，主要額外要考量的事項是，除了資料之外，也必須要抓取複製組的狀態，以確保對部署進行了準確的時間點快照。

通常來說，你應該從次要伺服器進行備份：這樣可以減輕主要伺服器的負擔，而且可以鎖定次要伺服器又不影響到你的應用程式（只要你的應用程式不向它發送讀取請求）。你可以使用前面介紹過的三種方法中的任何一種來備份複製組成員，但是建議使用檔案系統快照或資料檔案拷貝。任何這些技術都可以不經修改就套用在複製組的次要伺服器上。

啟用複製後，*mongodump* 的使用並不是非常簡單。首先，如果使用 *mongodump*，則必須要搭配 --oplog 選項進行備份來獲得時間點快照；要不然，備份狀態將與叢集中其他成員的狀態不相符。從 *mongodump* 備份還原時，還必須建立 oplog，要不然被還原的成員將會不知道它之前同步到何處了。

要從 *mongodump* 備份中還原複製組成員，先以空的資料目錄的獨立伺服器形式啟動，並使用 --oplogReplay 選項執行 *mongorestore*（如上一節所述）。現在它應該具有資料的完整拷貝，但是它仍然需要 oplog。使用 createCollection 指令建立 oplog：

```
> use local
> db.createCollection("oplog.rs", {"capped" : true, "size" : 10000000})
```

以位元組為單位指定集合的大小。有關調整 oplog 的建議，請參閱第 291 頁的「調整 oplog 大小」。

現在，你需要填充 oplog。最簡單的方法是將匯出中的 *oplog.bson* 備份檔案還原到 *local.oplog.rs* 集合中：

```
$ mongorestore -d local -c oplog.rs dump/oplog.bson
```

注意，這不是 oplog 本身的匯出（*dump/local/oplog.rs.bson*），而是在匯出期間發生的 oplog 動作。這個 *mongorestore* 完成後，你可以將伺服器重新啟動為複製組成員。

分片叢集的特殊注意事項

使用本章中的方法備份分片叢集時，主要額外要考量的事項是，只有當各個部分處於活動狀態時才可以備份，而分片叢集在活動時無法「完美地」備份：你無法獲得某個時間點叢集的整個狀態的快照。然而，這個限制通常會被以下事實所遮蓋：隨著你的叢集變得越來越大，你必須從備份中還原整個資料庫的可能性變得越來越小。因此，在處理分片叢集時，我們專注於備份各個部分：分別備份配置伺服器和複製組。如果你需要將整個叢集備份到特定時間點的能力，或者希望使用自動化解決方案，則可以使用 MongoDB 的 Cloud Manager 或 Atlas 的備份功能。

在分片叢集上執行任何這些動作（備份或還原）之前，要關閉負載平衡器。你無法在資料塊飛來飛去的世界中取得的一致快照。有關打開和關閉負載平衡器的說明，請參見第 369 頁的「平衡資料」。

備份和還原整個叢集

當叢集非常小或正在開發中時，你可能希望匯出並還原整個內容。你可以藉由關閉負載平衡器然後在 *mongos* 中執行 *mongodump* 來完成此操作。這將在執行 *mongodump* 的任何機器上建立所有分片的備份。

要從這種類型的備份還原，在連接到 *mongos* 的地方執行 *mongorestore*。

或者，在關閉負載平衡器後，你可以對每個分片和配置伺服器進行檔案系統或資料目錄備份。然而，不可避免地會在些微不同的時間從每個地方獲得拷貝，這可能是或可能不是個問題。另外，一旦打開負載平衡器並且發生移植時，從一個分片備份的某些資料將不再存在。

備份和還原單一分片

通常，你只需要還原叢集中的單一分片。如果你不太挑剔，則可以使用前面介紹過單一伺服器的備份和還原方法之一，從分片的備份中還原。

然而，有一個重要的問題需要注意。假設你在星期一備份了叢集。在星期四，你的硬碟壞了，而你必須從備份中還原。在這中間的幾天裡，新的資料塊可能已移至該分片。你從星期一開始的分片備份將不包含這些新區塊。你也許可以使用配置伺服器備份來找出星期一消失的資料塊所在的位置，但是這比單純還原分片要困難得多。在大多數情況下，還原分片並且遺失那些資料塊中的資料是較可取的方法。

你可以直接連接到分片來從備份還原（而不是藉由 *mongos* 還原）。

## 第二十四章

部署 MongoDB

本章提供有關設置伺服器來進入正式環境的建議。具體來說涵蓋了：

- 選擇要購買的硬體以及如何進行設定
- 使用虛擬化環境
- 重要的系統核心和硬碟 I/O 設置
- 網路設定：誰需要連接到誰

設計系統

你通常會希望針對資料安全性和負擔得起的最快存取裝置進行優化。本節討論在選擇硬碟、RAID 配置、CPU、其他硬體和底層軟體元件時，實現這些目標的最佳方法。

選擇儲存媒體

按照優先順序，我們想從以下地方儲存和檢索資料：

1. 記憶體
2. SSD
3. 傳統硬碟

不幸的是，大多數人的預算有限或資料太多而無法將所有內容儲存在記憶體中，而且 SSD 又太昂貴。因此，典型的部署是少量的記憶體（相對於總資料大小）和在傳統硬碟上擁有大量空間。如果你也是如此部署，那麼重要的是你的工作集要比記憶體小，並且要做好準備，假如工作集變大就應該要進行擴展。

如果你能夠在硬體上花錢，就購買大量記憶體和 / 或 SSD。

從記憶體讀取資料需要幾奈秒（例如 100）。相反地，從硬碟讀取需要幾毫秒（例如 10）。可能很難想像這兩個數字之間的差異，因此讓我們將它們擴展到更能夠理解的數字：如果存取記憶體需要 1 秒鐘，那麼存取硬碟將會需要一天的時間！

> 100 奈秒 × 10,000,000 = 1 秒

> 10 毫秒 × 10,000,000 = 1.16 天

這些只是非常粗略的計算（你的硬碟速度可能更快，而記憶體速度可能會稍慢），但是這種差異的幅度並沒有太大變化。因此，我們希望能夠盡量少存取硬碟。

推薦的 RAID 配置

RAID 是讓你可以將多個硬碟視為單一硬碟的硬體或軟體。它可以被用於可靠性、效能或是兩者一起。使用 RAID 的一組硬碟稱為 RAID 陣列（有點冗餘，因為 RAID 的全名是廉價硬碟的冗餘陣列（redundant *array* of inexpensive disks））。

根據想要的功能，有許多種配置 RAID 的方法－通常是速度和容錯能力的組合。以下是最常見的幾種：

RAID0

將硬碟分段以提高效能。每個硬碟都包含部分的資料，類似於 MongoDB 的分片。由於是存在多個基礎硬碟，因此可以將許多資料同時寫入硬碟。這提高了寫入吞吐量。然而，如果有台硬碟發生故障而資料遺失了，則不會有任何副本。這也可能導致讀取速度慢，因為某些資料磁碟可能會比其他資料磁碟慢。

RAID1

鏡像可提高可靠性。資料的相同副本將會寫入陣列中的每個成員。它的效能比 RAID0 低，因為硬碟速度慢的單一成員可能會減慢所有寫入速度。然而，如果有台硬碟發生故障，你仍然可以在陣列的另一個成員上找到資料的副本。

RAID5

> 將硬碟分段，並且會儲存有關已儲存資料的額外資料，以防止伺服器發生故障時遺失資料。基本上來說，RAID5 可以處理一個故障的硬碟的問題，並且向使用者隱藏該故障。然而，它會比在此處列出的任何其他方法都要慢，因為每當要寫入資料時，它都需要計算這些額外的資訊。對於 MongoDB 來說，這尤其耗費資源，因為典型的工作負載中會執行許多小的寫入動作。

RAID10

> RAID0 和 RAID1 的組合：為了提高速度而對資料進行分段，為了提高可靠性而對資料進行鏡像。

我們建議使用 RAID10：它比 RAID0 安全，並且可以消除 RAID1 可能出現的效能問題。然而，有些人認為在複製組之上還使用 RAID1 太過誇張，因此選擇 RAID0。這是個人的選擇：你願意為效能付出多少風險？

不要使用 RAID5：它非常非常慢。

CPU

MongoDB 過去在 CPU 上使用率很低，但是在使用 WiredTiger 儲存引擎後，情況已經不再如此。WiredTiger 儲存引擎是多執行緒的，可以利用其他 CPU 系統核心。因此，你應該在記憶體和 CPU 之間平衡地投資。

在速度和核心數量之間進行選擇時，優先選擇速度。跟增加平行化相比，MongoDB 更善於在單一處理器上執行更多的周期。

作業系統

MongoDB 最好在 64 位元 Linux 上運行。如果可能的話，使用其中的一些發行版本。CentOS 和 Red Hat Enterprise Linux 可能是最受歡迎的選擇，但是任何發行版本都可以使用（Ubuntu 和 Amazon Linux 也很常見）。要確定使用的是最新的穩定版本的作業系統，因為舊的且充滿錯誤的套件或系統核心有時會引起問題。

對於 64 位元 Windows 也有很好的支援。

Unix 的其他發行版則未得到很好的支援：如果你使用的是 Solaris 或 BSD 變體之一，要小心謹慎地操作。至少從歷史上看，這些系統的建構版本存在很多問題。MongoDB 在 2017 年 8 月明確停止了對 Solaris 的支援，並指出在使用者之間鮮少人使用它。

有一個關於交叉相容性的重要說明：MongoDB 使用相同的線路協議，並且在所有系統上均以相同的方式存放資料檔案，因此可以在多種作業系統上進行部署。舉例來說，你可以在 Windows 上執行 *mongos* 程序，而在 Linux 上執行 *mongods* 的分片。你也可以將資料檔案從 Windows 複製到 Linux，反之亦然，而不會出現兼容性問題。

從 3.4 版開始，MongoDB 不再支援 32 位元 x86 平台。所以不要在 32 位元機器上運行任何類型的 MongoDB 伺服器。

MongoDB 支援小端序（little-endian）架構和一種大端序（big-endian）架構：IBM 的 zSeries。大多數驅動程序都支援小端序和大端序系統，因此你可以在任何一種上執行客戶端。然而，伺服器通常會在小端序的機器上運行。

交換空間

你應該分配少量的交換空間，以防達到記憶體限制時系統核心刪除 MongoDB 程序。它通常不會使用任何交換空間，但是在極端情況下，WiredTiger 儲存引擎可能會使用一些交換空間。如果發生這種情況，則應該要考慮增加機器的記憶體容量或是檢查工作負載，以免出現效能和穩定性方面的問題。

MongoDB 使用的大部分記憶體都是「滑溜式」的：一旦系統請求空間，記憶體內的內容將會被儲存到硬碟中，並且替換為其他內容。因此，永遠不要將資料庫資料寫入到交換空間：它會最先儲存回硬碟。

然而，有時 MongoDB 會將交換空間用在需要排序資料的操作：不論是建立索引或是排序。它嘗試不要讓這些類型的動作使用過多的記憶體，但是藉由同時執行許多動作，你可能可以強制進行交換。

如果你的應用程式會使 MongoDB 使用交換空間，則應該要考慮重新設計應用程式或是減少交換伺服器上的負載。

檔案系統

對於 Linux 來說，建議將 XFS 檔案系統用在使用 WiredTiger 儲存引擎的資料磁碟上。ext4 檔案系統可以跟 WiredTiger 一起使用，但要注意存在已知的效能問題（特別是它可能會在 WiredTiger 檢查點上停滯）。

在 Windows 上，使用 NTFS 或 FAT 都可以。

 不要將 MongoDB 儲存直接掛載在網路檔案儲存（NFS）上。某些客戶端版本會包含刷新、隨機重新掛載和刷新分頁快取，並且不支援獨占檔案鎖定。使用 NFS 可能會導致日誌記錄損壞，因此應不惜一切代價避免使用它。

虛擬化

虛擬化是獲得廉價硬體並且能夠快速擴展的好方法。然而，也有一些缺點－特別是不可預測的網路和硬碟 I/O。本節會介紹特定於虛擬化的問題。

記憶體過量使用

`memory overcommit` 這個 Linux 系統核心設定，可以控制程序從作業系統請求過多記憶體時發生的情況。根據設定的方式，即使記憶體實際上是不可用的，系統核心可能也會為程序提供記憶體（希望在程序需要時會變得可用）。這就是所謂的**過量使用**（*overcommitting*）：系統核心會承諾實際上不存在的記憶體空間。這個作業系統的系統核心設定並不適用於 MongoDB。

`vm.overcommit_memory` 的可能值為 0（系統核心猜測要過量使用多少）；1（記憶體分配總是會成功）；或 2（提交的虛擬位址空間不要超過交換空間再加上過量分配比例的一小部分）。值設為 2 時很複雜，但它是最好的選擇。要進行設定，執行如下指令：

```
$ echo 2 > /proc/sys/vm/overcommit_memory
```

更改這個作業系統設定後，不用重新啟動 MongoDB。

神秘記憶體

有時，虛擬化層無法正確處理記憶體供應。因此，你可能擁有一個號稱擁有 100 GB 記憶體的虛擬機器，但只允許你存取其中的 60 GB。相反地，我們也發現應該只擁有 20 GB 記憶體的人，最終竟然可以將整個 100 GB 的資料集放入記憶體中！

假設你並不是在運氣好的那一邊，那你也無能為力。如果預先設置了適當的作業系統預先讀取功能，並且你的虛擬機器不會用盡所有應該有的記憶體，則可能只需要切換虛擬機器即可。

處理網路硬碟 I/O 問題

使用虛擬化硬體的最大問題之一是，你通常會跟其他使用者共享硬碟，這加劇了前面提到的硬碟速度慢的狀況，因為每個人都在爭奪硬碟 I/O。因此，虛擬硬碟的效能可能無法預測：在鄰居不忙的情況下，它們可以正常工作，但如果其他人開始對硬碟進行大量存取時，它們會突然減速到非常緩慢。

另一個問題是，該儲存通常並沒有物理連接到執行 MongoDB 的機器上，因此，即使你擁有一整個硬碟，但 I/O 的速度還是會比本地硬碟慢。還有一個不太容易發生但可能會發生的狀況，就是 MongoDB 伺服器失去了與資料的網路連接。

亞馬遜可能是使用最廣泛的網路化區塊儲存，稱為彈性區塊儲存（Elastic Block Store, EBS）。EBS 磁碟可以連接到 Elastic Compute Cloud（EC2）實體，讓你可以立即為機器提供幾乎任何容量的硬碟。如果你使用的是 EC2，如果可以用於你的實體類型，還應該要啟用 AWS Enhanced Networking，並禁用動態電壓和頻率縮放（DVFS）、CPU 省電模式以及超執行緒。從好的方面來說，EBS 使備份變得非常容易（從次要伺服器拍攝快照，將 EBS 磁碟掛載在另一個實體上，然後啟動 *mongod* 即可）。它的缺點則是，你可能會遇到效能變動的情況。

如果你需要更能夠被預測的效能，有幾種選擇。一種是將 MongoDB 放在你自己的伺服器上，那樣，你就知道沒有其他人會減慢伺服器速度。然而，對於很多人來說，這不是一個選項，因此，下一個最好的選項就是在雲中取得一個實體，以保證每秒有一定數量的 I/O 動作（IOPS）。有關託管產品的最新建議，請參見 *http://docs.mongodb.org*。

如果你無法採用這兩種方法，並且需要的硬碟 I/O 數量超出了過載的 EBS 磁碟所能承受的範圍，有一種繞過這個問題的解決方法。基本上，你可以做的就是繼續監控 MongoDB 正在使用的磁碟。如果該磁碟的速度變慢，則立即終止該實體，並用另一個不同的資料磁碟來啟動一個新實體。

有一些統計資料需要查看：

- I/O 利用率激增（Cloud Manager/Atlas 上的「IO 等待」），由於某些明顯的原因。

- 分頁錯誤率激增。注意，應用程式行為的變更也可能導致工作集變更：你應在部署新版本的應用程式之前禁用這個暗殺腳本程式。

- 遺失的 TCP 資料封包數量上升（Amazon 特別不擅於此：當效能開始下降時，它會在所有地方丟棄 TCP 資料封包）。

- MongoDB 的讀寫隊列增加（可以在 Cloud Manager/Atlas 或 *mongostat* 的 qr/qw 欄位中看到）。

如果你的負載在一天或一周中有所變化，要確保你的腳程式本考慮到了這一點：你不希望由於週一早上的異常繁忙而導致流氓例的行性工作排程殺死所有實體。

這個繞過的方法取決於你擁有最新備份或相對能夠快速同步的資料集。如果每個實體都保存了數 TB 的資料，則可能需要採用另一種方法。此外，這 **不一定** 有效：如果你的新磁碟也是被別的使用者大量存取，則它的速度將與舊磁碟一樣慢。

使用非網路硬碟

 本節使用特定於 Amazon 的詞彙。然而，它可能也適用於其他提供商。

臨時磁碟（ephemeral drive）是連接到執行 VM 的實體機器的實際硬碟。它們並沒有許多在網路硬碟會遇到的問題。本地硬碟仍然可以被同一箱子內的其他使用者超載，但是對於一個大箱子來說，你可以合理地確定不會跟太多其他使用者共享硬碟。即使實體較小，只要其他租戶沒有做大量的 IOPS，臨時磁碟通常也會比網路磁碟提供更好的效能。

缺點就在名稱之中：這些硬碟是臨時的。如果你的 EC2 實體發生故障，則無法保證重啟實體時最終會出現在同一個箱子中，然後你的資料將消失。

因此，應該要謹慎使用臨時磁碟。應該要確定不要在這些硬碟上儲存任何重要或不可被複製的資料。特別是，請勿將日誌記錄放在這些臨時磁碟上，也不要將資料庫放在網路儲存空間上。通常來說，將臨時磁碟視為慢速快取而不是快速磁碟，並適當地使用它們。

配置系統設定

有幾種系統設定可以幫助 MongoDB 更加平穩地執行，這主要跟硬碟和記憶體存取有關。本節介紹了每個選項以及要如何調整它們。

關閉 NUMA

當機器只有一個 CPU 時，所有記憶體的存取時間基本上都相同。隨著機器開始具有更多的處理器時，工程師意識到使所有記憶體跟每個 CPU 的距離都相等（如圖 24-1 所示）較沒有效率。若使每個 CPU 的都有某些記憶體特別接近它並且對於該特定 CPU 存取跟它較近的記憶體會較快（圖 24-2）。每個 CPU 都有自己的「本地」記憶體的架構稱為非一致記憶體架構（*nonuniform memory architecture, NUMA*）。

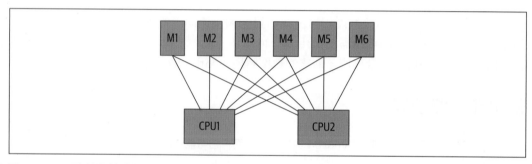

圖 24-1　一致的記憶體架構：所有記憶體對每個 CPU 的存取成本相同

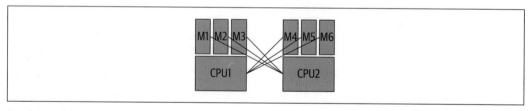

圖 24-2　非一致的記憶體架構：某些記憶體直接連接到 CPU，使 CPU 可以更快地存取該記憶體；CPU 仍然可以存取其他 CPU 的記憶體，但是存取成本會比存取它們自己的記憶體要高

對於許多應用程式而言，NUMA 可以運作得很好：處理器執行的程序不同，它們通常需要不同的資料。然而，這對於一般的資料庫，尤其是 MongoDB 來說，是非常糟糕的，因為資料庫跟其他類型的應用程式相比，具有非常不同的記憶體存取模式。MongoDB 使用大量的記憶體，並且需要能夠存取對於其他 CPU 來說是「本地」的記憶體。然而，許多系統上預設的 NUMA 設定會使此操作變得很困難。

CPU 偏好使用直接連接的記憶體，程序傾向於偏好某一個 CPU 而不是其他 CPU。這代表記憶體通常會不平均地被填充，可能會讓你使用一個處理器並且使用它 100% 的本地記憶體，而另一個處理器只使用它的記憶體的一小部分，如圖 24-3 所示。

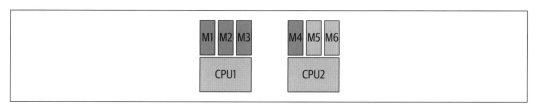

圖 24-3　NUMA 系統中的記憶體使用情況範例

在圖 24-3 中，假設 CPU1 需要一些尚未在記憶體中的資料。它一定會使用它的本地記憶體來儲存尚無「家」的資料，但它的本地記憶體已滿。因此，即使連接到 CPU2 的記憶體中還有足夠的空間，它也必須逐出它的本地記憶體中的某些資料才能為新資料騰出空間！這個過程往往會導致 MongoDB 的執行速度比預期的慢得多，因為它只有一部分的可用記憶體。MongoDB 非常喜歡普通效能地存取更多資料，而不是極其高效能地存取較少資料。

在 NUMA 硬體上執行 MongoDB 伺服器和客戶端時，應該要配置一個記憶體交錯策略，讓主機以非 NUMA 方式運行。當部署在 Linux 和 Windows 機器上時，MongoDB 在啟動時會檢查 NUMA 設定。如果 NUMA 的配置可能會降低效能，MongoDB 將顯示警告。

在 Windows 上，必須透過機器的 BIOS 才能啟用記憶體交錯。有關詳細資訊，請查閱系統文件。

在 Linux 上執行 MongoDB 時，應該要使用以下指令之一，在 *sysctl* 設定中禁用區域回收：

```
echo 0 | sudo tee /proc/sys/vm/zone_reclaim_mode
sudo sysctl -w vm.zone_reclaim_mode=0
```

然後，你應該要使用 *numactl* 啟動 *mongod* 實體，包括配置伺服器，*mongos* 實體和任何的客戶端。如果你沒有 numactl 指令，請參考作業系統的文件以安裝 *numactl* 軟體套件。

以下指令展示要如何使用 *numactl* 啟動 MongoDB 實體：

```
numactl --interleave=all <path> <options>
```

<path> 是你正要啟動的程式的路徑，而 *<options>* 是任意可以傳遞給程式的選項參數。

若要完全禁用 NUMA 行為，必須執行這兩個動作。有關更多資訊，請參閱文件（*https://oreil.ly/cm-_D*）。

預先讀取設定

預先讀取是一種最佳化，它會讓作業系統從硬碟讀取的資料比實際請求的要多。這是很有用的，因為大多數機器處理的工作負載都是有順序性的：如果讀取影片的前 20 MB，則可能會需要接下來的幾個 MB 的資料。因此，以防萬一你接下來就會需要它，系統會從硬碟讀取超出你的實際要求的內容，並且將其儲存在記憶體中。

對於 WiredTiger 儲存引擎來說，無論儲存媒介的類型（傳統硬碟、SSD……等）是什麼，都應將預先讀取設定為 8 到 32 之間。將其設定的更高有利於順序性的 I/O 動作，但是由於 MongoDB 磁碟存取模式通常是隨機的，因此較高的預先讀取值提供的好處有限，甚至可能會導致效能下降。對於大多數的工作負載來說，預先讀取介於 8 到 32 之間可提供最佳的 MongoDB 效能。

通常來說，除非測試後的結果表示較高的值是可測量、可重複且可靠地有幫助，否則應該要將預先讀取設定在此範圍內。MongoDB Professional Support 可以為非零值的預先讀取配置提供建議和指導。

禁用透明大分頁（Transparent Huge Page, THP）

THP 跟過高的預先讀取值都會導致類似的問題。不要使用此功能，除非：

- 你的所有資料都可以放入記憶體。
- 你沒有計劃使它超出記憶體範圍。

MongoDB 需要分頁儲存大量微小的記憶體，因此使用 THP 可能會導致更多的磁碟 I/O。

系統將資料從硬碟移到記憶體中，然後以分頁方式回傳。分頁通常為幾 KB（x86 預設分頁為 4,096 Bytes）。如果一台機器有數 GB 的記憶體，那麼追蹤這些（相對小的）分頁中的每一個分頁，可能比只追蹤幾個較大顆粒度的分頁要慢。THP 是一種解決方案，讓你擁有最大到 256 MB 的分頁（在 IA-64 架構上）。然而，使用它代表你正在將一部分硬碟中的數 MB 的資料保留在記憶體中。如果你的資料無法放入記憶體中，那麼從硬碟中交換較大的資料區塊只會使你的記憶體迅速充滿了即將需要再次被交換的資料。此外，將任何變更儲存回硬碟上也會變得更慢，因為硬碟必須寫入數 MB 的「髒」資料，而不只是幾 KB 的資料。

THP 實際上是為讓資料庫受益而被開發的，因此這對於經驗豐富的資料庫管理員來說可能是令人驚訝的。然而，與關聯式資料庫相比，MongoDB 進行順序性地磁碟存取往往會少許多。

在 Windows 上，它被稱為 Large Page，而不是 Huge Page。Windows 的某些版本在預設情況下會啟用此功能，而在某些版本中則沒有啟用，因此要檢查並且確定它已被關閉。

選擇磁碟排程演算法

磁碟控制器從作業系統接收請求，並且按照排程演算法決定的順序處理它們。有時候修改這個演算法可以提高硬碟效能。對於其他硬體和工作負載來說，可能沒有什麼不同。要決定使用哪種演算法的最佳方法，是自己在工作負載上進行測試。截止時間（deadline）和完全公平排隊（completely fair queueing, CFQ）都是不錯的選擇。

在某些情況下，noop 排程器（"no-op" 的縮寫）是最佳選擇。如果你處於虛擬化環境中，就要使用 noop 排程器。該排程器基本上會將動作盡可能快地傳遞給基礎磁碟控制器。這樣做會最快，讓真正的硬碟控制器處理任何需要進行重新排序的動作。

同地樣，在 SSD 上，noop 排程器通常會是最佳選擇。SSD 並沒有傳統硬碟有的本地性問題。

最後，如果你使用 RAID 控制器搭配快取，也要使用 noop。快取的行為跟 SSD 類似，它會負責有效率地將寫入傳播到硬碟中。

如果你在未虛擬化的實體伺服器上，作業系統應該使用截止時間排程器。截止時間排程器可以限制每個請求的最大延遲，並保持合理的硬碟吞吐量，最適合用在磁碟存取密集型的資料庫 / 應用程式。

你可以藉由在啟動配置中設定 `--elevator` 選項來修改改排程演算法。

該選項之所以被稱為「電梯」，是因為排程器的行為就像電梯一樣，從不同的樓層（程序 / 時間）接人（I/O 請求），然後以可爭議的最佳方式將人放在某個樓層。

通常，所有演算法都能很好地運作。你可能看不到它們之間的太大差異。

禁用存取時間追蹤

預設情況下,系統會追蹤檔案上次被存取的時間。由於 MongoDB 使用的資料檔案流量很高,因此可以藉由禁用這個追蹤功能來提高效能。你可以在 Linux 上藉由在 */etc/fstab* 中將 atime 修改為 noatime 來實現:

```
/dev/sda7 /data xfsf rw,noatime 1  2
```

你必須重新掛載設備才能使修改生效。

在較舊的系統核心(例如 ext3)上,atime 有許多問題; 較新的版本預設會使用 relatime,它的更新會比較少。此外要注意,設定 noatime 可能會影響使用該分區的其他程式,例如 *mutt* 或是備份工具。

同樣地,在 Windows 上,應該要設定 disablelastaccess 選項。要關閉上次存取時間記錄,執行:

```
C:\> fsutil behavior set disablelastaccess 1
```

必須重新啟動才能使這個設定生效。設定此項可能會影響遠端儲存服務,但是你可能不應該使用會自動將資料移動到其他磁碟的服務。

修改限制

MongoDB 容易受到兩個限制:一個程序允許產生的執行緒數量和一個程序允許打開的檔案描述符的數量。通常應該將這兩者都設定為無限制。

每當 MongoDB 伺服器接受連接時,它都會生成一個執行緒來處理該連接上的所有活動。因此,如果你有 3,000 個與資料庫的連接,則資料庫將會有 3,000 個正在執行的執行緒(加上一些跟客戶端無關的任務的其他執行緒)。根據你的應用程式伺服器配置,你的客戶端可能會生成十幾個到數千個跟 MongoDB 的連接。

如果你的客戶端隨著流量的增加而動態地產生更多的子程序(大多數應用程式伺服器會這樣做),那麼重要的是要確保這些子程序不會太多,不能讓它們超出 MongoDB 的限制。舉例來說,如果你有 20 個應用程式伺服器,每個伺服器允許產生 100 個子程序,且每個子程序可以產生 10 個連接到 MongoDB 的執行緒,則在尖峰流量時可能會產生 20,000 個連接(20×100×10=20,000)。MongoDB 對於產生數萬個執行緒可能不會很高興,而且如果每個程序的執行緒用完了,就只會開始拒絕新的連接。

另一個要修改的限制是，允許 MongoDB 打開的檔案描述符的數量。每個傳入和傳出連接都使用檔案描述符，因此剛才提到的客戶端連接風暴將建立 20,000 個打開的檔案描述符。

尤其是 *mongos* 傾向於跟許多分片建立連接。當客戶端連接到 *mongos* 並發出請求時，*mongos* 將打開任何要滿足該請求所需的所有分片的連接。因此，如果叢集有 100 個分片，且客戶端連接到 *mongos* 並嘗試查詢所有資料，則 *mongos* 必須打開 100 個連接：每個分片一個連接。正如你從上一個範例中可以想像到的那樣，這樣會迅速導致連接數量激增。假設一個自由配置的應用伺服器跟 *mongos* 程序建立了一百個連接。這可以轉換為 100 個傳入連接 × 100 個分片 = 10,000 個分片連接！（這假設每個連接上都存在非目標查詢，而這將會是一個糟糕的設計，因此這是一個極端的範例。）

因此，需要作一些調整。許多人藉由使用 maxConns 選項有目的地將 *mongos* 程序配置為只能允許一定數量的傳入連接。這是一種強制你的客戶端表現良好的好方法。

你還應該要增加檔案描述符數量的限制，因為預設值（通常為 1,024）太低了。將檔案描述符的最大數量設定為沒有限制（*https://oreil.ly/oTGLL*），如果你對此感到不安，則將其設定為 20,000。每個系統要變更這個限制的方法都不同，但是通常來說，要確定同時更改硬性限制和軟性限制。硬性限制是由系統核心強制執行的，只能由管理員更改，而軟限制則是使用者可自行配置的。

如果最大連接數為 1,024，Cloud Manager 將會在主機列表中以黃色顯示主機來警告你。如果觸發警告的問題是限制太低，則「Last Ping」分頁中應顯示類似於圖 24-4 的訊息。

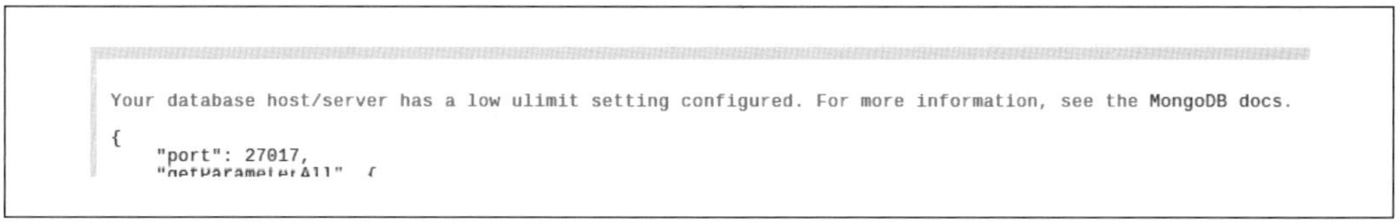

```
Your database host/server has a low ulimit setting configured. For more information, see the MongoDB docs.

{
    "port": 27017,
    "getParameterAll": {
```

圖 24-4　Cloud Manager 低 ulimit（檔案描述符）設定警告

就算你是使用非分片設置，而應用程式也只使用少量的連接，將硬性限制和軟性限制至少增加到 4,096 會是一個好主意。以防萬一，這將會阻止 MongoDB 向你發出警告，並給你一些喘息的機會。

配置網路

本節介紹哪些伺服器應該要與哪些其他伺服器建立連接。通常來說，基於網路安全性（和敏感性）的原因，可能會希望限制 MongoDB 伺服器的連接性。注意，多伺服器的 MongoDB 部署應該要處理網路分割或關閉的問題，但不建議將其作為常規部署策略。

對於獨立伺服器來說，客戶端必須能夠連接到 *mongod*。

複製組的成員必須要能夠跟其他所有成員建立連接。客戶端必須要能夠連接到所有的非隱藏成員、非仲裁成員。根據網路配置，成員還可能嘗試連接到自己，因此應該要允許 *mongods* 建立與自己的連接。

分片會有點複雜。有四個元件：*mongos* 伺服器，分片，配置伺服器和客戶端。連接性可以歸納為以下三點：

- 客戶端必須能夠連接到 *mongos*。

- *mongos* 必須能夠連接到分片和配置伺服器。

- 分片必須能夠連接到其他分片和配置伺服器。

完整的連接性會在表 24-1 中描述。

表 24-1　分片連接性

連接性 到伺服器的類型	從伺服器的類型 mongos	分片	配置伺服器	客戶端
mongos	不需要	不需要	不需要	需要
分片	需要	需要	不需要	不推薦
配置伺服器	需要	需要	不需要	不推薦
客戶端	不需要	不需要	不需要	跟 MongoDB 無關

表中有三個可能的值。「需要」表示若要讓分片正常運作，則這兩個元件之間的連接性是必要的。如果 MongoDB 因為網路問題而失去了這些連接，它會嘗試降級，但是不應該故意以這種方式進行配置。

「不需要」表示這兩個元素從不會按照指定方向溝通，因此不需要連接。

「不推薦」表示這兩個元素應該永遠都不要溝通，但是由於使用者犯的一些錯誤，它們可能會溝通。舉例來說，建議客戶端只跟 *mongos* 連接，而不與分片建立連接，這樣客戶端才不會不經意的直接向分片發出請求。同樣地，客戶端不應該直接存取配置伺服器，以免客戶端意外修改配置資料。

注意，*mongos* 程序和分片會跟配置伺服器通訊，但是配置伺服器不會與任何人建立連接，甚至彼此之間也無法建立連接。

分片在移植期間必須進行通信：分片會直接相互連接以傳輸資料。

如前所述，組成分片的複製組成員應該要能夠與自己連接。

系統整理

本節會介紹在部署之前應該要注意的一些常見問題。

同步時鐘

通常來說，將系統時鐘彼此之間的間隔設置在一秒之內是最安全的。複製組應該要能夠處理幾乎任何時鐘偏差。分片可以處理一些偏差（如果超過幾分鐘，你將會開始在日誌記錄中看到警告），但是最好將偏差最小化。擁有同步的時鐘還可以更輕鬆地從日誌記錄中找出正在發生的事情。

你可以使用 Windows 上的 *w32tm* 工具或 Linux 上的 *ntp* 系統服務來保持時鐘同步。

OOM 殺手

偶爾，MongoDB 為了分配足夠的記憶體，而被記憶體不足（out-of-memory, OOM）殺手當成目標。這種情況在索引構建期間尤其容易發生，因為這是 MongoDB 的常駐記憶體唯一幾次給系統帶來任何壓力。

如果你的 MongoDB 程序沒有發生錯誤突然消失，或者在日誌記錄中有退出訊息，檢查 */var/log/messages*（或是系統核心記錄此類訊息的地方），來查看它是否包含有關終止 *mongod* 的消息。

如果系統核心由於記憶體過度使用而殺死了 MongoDB，在系統核心日誌中應該會看到類似以下內容：

```
kernel: Killed process 2771 (mongod)
kernel: init invoked oom-killer: gfp_mask=0x201d2, order=0, oomkilladj=0
```

如果你正在運行日誌記錄功能，則此時只需重啟 *mongod* 即可。如果沒有執行該功能，就要從備份還原或從複製組重新同步資料。

如果沒有交換空間並且記憶體開始不足時，OOM 殺手會特別緊張，因此，防止這種狀況發生的一個好方法是配置適度的交換空間。如前所述，MongoDB 絕對不應該使用它，但是它能夠使 OOM 殺手滿足。

如果 OOM 殺手殺死了 *mongos*，則只需重新啟動它即可。

關閉定期任務

檢查是否沒有任何例行性工作排程、病毒掃描程式或是系統服務會定期出現並且竊取資源。我們看到的罪魁禍首是軟體套件管理器的自動更新。這些程式將會自己執行、消耗大量的記憶體和 CPU、然後消失。這不是你要在正式環境伺服器上運行的東西。

部署 MongoDB

預先編譯好的二元進位檔案在 Linux、Mac OS X、Windows 以及 Solaris 上都有對應的版本。這代表，在多數的平台上，你能夠從 MongoDB Download Center 頁面（*https://www.mongodb.com/download-center*）下載檔案、展開它然後執行二元進位檔案。

MongoDB 伺服器需要一個目錄讓它能夠寫入資料庫檔案，以及一個連接埠讓它能夠監聽連接。本節涵蓋了在兩個不同系統上的完整安裝過程：Windows 以及其他（Linux/Unix/macOS）。

當我們提到 " 安裝 MongoDB" 時，通常我們說的是設定 *mongod*，也就是核心資料庫伺服器。*mongod* 可以用在單一伺服器或是複製組的一個成員上。多數的時候，這將是你正在使用的 MongoDB 程序。

選擇一個版本

MongoDB 使用非常簡單的版本規則：雙數的發佈版本代表穩定版本，而奇數的發佈版本代表開發版本。舉例來說，任何起始為 4.2 的版本代表是穩定版本，如 4.2.0、4.2.1 以及 4.2.8。任何起始為 4.3 的版本代表是開發版本，如 4.3.0、4.3.2 或 4.3.12。讓我們用 4.2 與 4.3 發佈版本當做範例來展示版本時間軸是如何運作的：

1. MongoDB 4.2 版釋出。這是主要的釋出版本，並且將會有複雜的變更歷史訊息記錄。

2. 在開發者開始在 4.4 版（下一個主要的穩定釋出版本）的里程碑上工作時，他們會釋出 4.3.0 版。這是一個新的開發分支，它跟 4.2.0 版本非常類似，但也許會包含一兩個額外的功能，並且也許會修正一些問題。

3. 當開發者繼續增加功能時，他們會釋出 4.3.1 版、4.3.2 版並且繼續。

4. 一些小的錯誤修正，將會往回發佈到 4.2 版的分支，然後是 4.2.1、4.2.2 並且繼續下去。開發者對於往回發佈的態度非常保守，只有很少的幾個新功能曾經被加入穩定發佈版本中。

5. 在 4.4.0 版本的所有主要里程碑都達到後，4.3.7 版（或其他最新的開發版本）會變為 4.4.0-rc0 版本。

6. 4.4.0-rc0 版本在經過大量的測試之後，通常會有一些小的問題需要被修復。開發者會修復這些問題，並且發佈 4.4.0-rc1 版。

7. 開發者重複步驟 6，直到沒有新的問題出現，然後 4.4.0-rc2 版（或是任何最新發佈的版本）將會被重新命名為 4.4.0 版。

8. 開發者從第一步開始，將所有的版本加上 0.2。

你可以在 MongoDB 錯誤追蹤器（*http://jira.mongodb.org*）上瀏覽核心伺服器準則，來查看有多接近正式發佈版。

若你在正式環境中執行，那麼你應該要使用一個穩定的釋出版本。如果你計畫要在正式環境中使用開發版本，首先先藉由郵件清單或是 IRC 來取得開發者的意見。

若你正要開始開發一個專案，使用開發釋出版本也許會是個較好的選擇。在你發佈至正式環境時，也許會有個你目前正在使用的功能的穩定發佈版本（MongoDB 嘗試維持每 12 個月就發佈穩定版本的循環）。然而，你必須要有可能會遭遇到一些伺服器問題的心理準備，這可能對多數的新使用來說，都是很疑惑與挫折的。

在 Windows 上安裝

要在 Windows 上安裝 MongoDB，從 MongoDB Download Center 頁面（*https://oreil.ly/nZZd0*）下載 Windows 的 *.msi* 檔案。用前一節的建議來選擇正確的 MongoDB 版本。當你點擊連結時，它會下載 *.msi* 檔案。雙點擊 *.msi* 檔案圖示來啟動安裝程式。

現在，你需要建立一個目錄，讓 MongoDB 可以寫入資料庫檔案。預設來說，MongoDB 會嘗試使用在目前磁碟中的 *\data\db* 來當成它的資料目錄（如果你在 Windows 的 C: 上執行 *mongod*，它將會使用 *C:\Program Files\MongoDB\Server\&<VERSION>\data*）。這會自動由安裝程式幫你建立。若你選擇使用一個不是 *\data\db* 的目錄，你將必需要在起始 MongoDB 時，指定路徑，稍後會提到。

現在你擁有了一個資料目錄，打開命令列提示（*cmd.exe*）。找到該目錄，在這邊解壓縮 MongoDB 二元進位檔案，然後執行如下的指令：

```
$ C:\Program Files\MongoDB\Server\&<VERSION>\bin\mongod.exe
```

若你選擇了一個不是 *C:\Program Files\MongoDB\Server\&<VERSION>\data* 的目錄，你將需要在這邊使用 --dbpath 參數來指定它：

```
$ C:\Program Files\MongoDB\Server\&<VERSION>\bin\mongod.exe \
      --dbpath C:\Documents and Settings\Username\My Documents\db
```

見第二十一章來取得更多的常用選項，或是執行 mongod.exe --help 來看到所有的選項。

安裝為服務

MongoDB 也能夠在 Windows 被安裝為一個服務。要安裝它，只要簡單的使用完整路徑、跳脫任何的空白並且使用 --install 選項來執行。舉例來說：

```
$ C:\Program Files\MongoDB\Server\4.2.0\bin\mongod.exe \
      --dbpath "\"C:\Documents and Settings\Username\My Documents\db\"" \
      --install
```

然後它就可以從控制台被起始或是被停止。

在 POSIX(Linux 及 Mac OS X) 上安裝

基於在第 477 頁上「選擇一個版本」中的建議，選擇一個 MongoDB 的版本。到 MongoDB Download Center 頁面（*https://oreil.ly/XEScg*），並且為你的 OS 選擇正確的版本。

 若你使用 Mac，並且執行 macOS Catalina 10.15 版及更新的版本時，你應該要使用 */System/Volumes/Data/db* 而不是 */data/db*。這個版本進行了更改，使根文件夾變為唯讀狀態，並且會在重新啟動後重置，這樣將會導致 MongoDB 資料夾遺失。

你必須要為資料庫建立一個目錄來放檔案。預設來說，資料庫將會使用 */data/db* 目錄，但你也能夠指定任何其他目錄。若你建立了預設目錄，請保證它擁有正確的寫入權限。你可以藉由以下的指令來建立目錄以及設定權限：

```
$ mkdir -p /data/db
$ chown -R $USER:$USER /data/db
```

mkdir -p 指令會建立該目錄以及，若有需要的話也會建立所有它的父目錄（也就是說，若 */data* 目錄不存在，它會建立 */data* 目錄，然後建立 */data/db* 目錄）。chown 指令則會更改 */data/db* 的擁有人，所以你的使用者才可以寫入它。當然，你也可以就在你的家目錄中建立一個目錄，然後當你啟動資料庫時，指定 MongoDB 應該使用該目錄，這樣就可以消除任何權限的問題了。

解壓縮從 MongoDB Download Center 下載的 *.tar.gz* 檔案。

```
$ tar zxf mongodb-linux-x86_64-enterprise-rhel62-4.2.0.tgz
$ cd mongodb-linux-x86_64-enterprise-rhel62-4.2.0
```

現在你可以啟動資料庫了：

```
$ bin/mongod
```

或者是，若你想要使用別的資料庫路徑，使用 --dbpath 選項來指定它：

```
$ bin/mongod --dbpath ~/db
```

你可以執行 mongod.exe --help 來看到所有的選項。

從套件管理員安裝

在這些系統上，存在許多套件管理員，也可以用來安裝 MongoDB。若你偏好使用它們，那麼在 Red Hat、Debian 以及 Ubuntu 中有提供官方套件，而在許多其他系統中則有非官方套件。若你使用非官方的版本，要確定它是安裝相對新的版本。

在 MacOS 上，在 Homebrew 以及 MacPorts 中也有非官方套件。要使用 MongoDB Homebrew Tap（*https://oreil.ly/9xoTe*），先安裝該 Tap，然後藉由 Homebrew 來安裝所需的 MongoDB 版本。以下範例重點介紹要如何安裝最新的正式環境版本的 MongoDB Community Edition。你可以使用以下指令在 macOS 終端機中使用：

```
$ brew tap mongodb / brew
```

然後使用以下指令安裝 MongoDB Community Server 的最新可用正式環境版本（包括所有命令列工具）：

```
$ brew install mongodb-community
```

若你使用 MacPorts，那要先警告你：它將要花數小時來編譯 Boost 函式庫，且該函式庫是 MongoDB 所需要的。所以開始下載後，就把它放到隔天吧。

不管是使用什麼套件管理員，在你遇到問題之前，先了解 MongoDB 的歷史訊息記錄檔案放在何處是個好主意，以免到時出問題了還找不到它。而在發生任何問題之前，事先確認這些檔案有正確的被儲存起來，也是件重要的事情。

MongoDB 內部運作

要有效率的使用 MongoDB，並不需要了解它的內部結構，但對於希望開發工具、進行貢獻或只是想要了解背後工作的開發人員而言，它們可能會很有趣。本附錄涵蓋了一些基礎知識。MongoDB 原始碼可從 *https://github.com/mongodb/mongo* 獲得。

BSON

在 MongoDB 中的文件是一個抽象概念：文件的具體表現方式，依照使用的驅動程式以及程式語言的不同而不同。因為在 MongoDB 中文件大量的被用在通訊中，所以必須要有個共同的文件表示方式讓所有在 MongoDB 生態系統中的驅動程式、工具以及程序共享。這種表示方式稱作二元進位的 JSON 或是 BSON（沒人知道 J 跑哪裡去了）。

BSON 是一個輕量的二元進位格式，它能夠用位元組的字串來表示任何的 MongoDB 文件。資料庫了解 BSON，並且 BSON 也是文件被存至磁碟上的格式。

當驅動程式要求要插入一個文件，要做查詢或是其他的動作，它會在文件被送至伺服器之前，將該文件編碼為 BSON 格式。同樣的，文件在從伺服器傳回客戶端時也是使用 BSON 字串。BSON 資料在被傳送回客戶端之前，會被驅動程式解碼為它的文件表現方式。

使用 BSON 格式主要有三個目的：

效率

BSON 是設計來有效率的呈現資料，而不用使用太多的額外空間。在最差的狀況中，BSON 的效率會比 JSON 差一些，而在最佳狀況中（如儲存二元資料或是大型數值時），它會非常的有效率。

移動性

在某些狀況中，BSON 犧牲了一些空間效率，讓這個格式能夠更簡單的被移動。舉例來說，字串值會擁有長度的前綴，而不是依賴終端字元來表示字串的尾端。當 MongoDB 伺服器需要檢查文件時，移動性是非常有用的。

效能

最終，BSON 是設計成能夠非常快速的編碼以及解碼。它的型態是使用 C 語言形式的表示方式，這在多數的程式語言中都能夠很快的被處理。

想要取得完整的 BSON 定義請見 *http://www.bsonspec.org*。

傳送協定

驅動程式存取 MongoDB 伺服器時，是使用一個輕量的 TCP/IP 傳送協定。該協定在 MongoDB 的文件網站（*https://oreil.ly/rVJAr*）上有定義，但基本上它就是在 BSON 資料外，包薄薄的一層資料所組成。舉例來說，一個插入訊息是由 20 bytes 的標頭資料（包含了一個告訴伺服器要執行插入的代碼，以及訊息長度）、要插入的集合名稱以及要被插入的 BSON 文件所組成的。

資料檔案

在 MongoDB 的資料目錄（預設是 */data/db*）中，每個集合跟每個索引都有一個獨立的檔案。檔案名稱跟集合或索引的名稱無關，但是你可以使用 *mongo* 命令列界面中的 stats 來辨識出特定集合的相關檔案。"wiredTiger.uri" 欄位會包含要在 MongoDB 資料目錄中尋找的檔案的名稱。

在 *sample_mflix* 資料庫的 *movies* 集合上使用 stats，在 "wiredTiger.uri" 欄位中的結果為 "collection-14--2146526997547809066"：

```
>db.movies.stats()
{
    "ns" : "sample_mflix.movies",
    "size" : 65782298,
    "count" : 45993,
    "avgObjSize" : 1430,
    "storageSize" : 45445120,
    "capped" : false,
    "wiredTiger" : {
        "metadata" : {
            "formatVersion" : 1
        },
        "creationString" : "access_pattern_hint=none,allocation_size=4KB,\
    app_metadata=(formatVersion=1),assert=(commit_timestamp=none,\
    read_timestamp=none),block_allocation=best,\
    block_compressor=snappy,cache_resident=false,checksum=on,\
    colgroups=,collator=,columns=,dictionary=0,\
    encryption=(keyid=,name=),exclusive=false,extractor=,format=btree,\
    huffman_key=,huffman_value=,ignore_in_memory_cache_size=false,\
    immutable=false,internal_item_max=0,internal_key_max=0,\
    internal_key_truncate=true,internal_page_max=4KB,key_format=q,\
    key_gap=10,leaf_item_max=0,leaf_key_max=0,leaf_page_max=32KB,\
    leaf_value_max=64MB,log=(enabled=true),lsm=(auto_throttle=true,\
    bloom=true,bloom_bit_count=16,bloom_config=,bloom_hash_count=8,\
    bloom_oldest=false,chunk_count_limit=0,chunk_max=5GB,\
    chunk_size=10MB,merge_custom=(prefix=,start_generation=0,suffix=),\
    merge_max=15,merge_min=0),memory_page_image_max=0,\
    memory_page_max=10m,os_cache_dirty_max=0,os_cache_max=0,\
    prefix_compression=false,prefix_compression_min=4,source=,\
    split_deepen_min_child=0,split_deepen_per_child=0,split_pct=90,\
    type=file,value_format=u",
        "type" : "file",
        "uri" : "statistics:table:collection-14--2146526997547809066",
    ...
}
```

然後，可以在 MongoDB 資料目錄中驗證檔案的詳細資訊：

```
ls -alh collection-14--2146526997547809066.wt
-rw-------  1 braz  staff  43M 28 Sep 23:33 collection-14-2146526997547809066.wt
```

可以使用聚集框架來用以下方式為特定集合中的每個索引尋找 URI：

```
db.movies.aggregate([{
    $collStats:{storageStats:{}}}]).next().storageStats.indexDetails
{
    "_id_" : {
    "metadata" : {
        "formatVersion" : 8,
        "infoObj" : "{ \"v\" : 2, \"key\" : { \"_id\" : 1 },\
        \"name\" : \"_id_\", \"ns\" : \"sample_mflix.movies\" }"
    },
    "creationString" : "access_pattern_hint=none,allocation_size=4KB,\
    app_metadata=(formatVersion=8,infoObj={ \"v\" : 2, \"key\" : \
    { \"_id\" : 1 },\"name\" : \"_id_\", \"ns\" : \"sample_mflix.movies\" }),\
    assert=(commit_timestamp=none,read_timestamp=none),block_allocation=best,\
    block_compressor=,cache_resident=false,checksum=on,colgroups=,collator=,\
    columns=,dictionary=0,encryption=(keyid=,name=),exclusive=false,extractor=,\
    format=btree,huffman_key=,huffman_value=,ignore_in_memory_cache_size=false,\
    immutable=false,internal_item_max=0,internal_key_max=0,\
    internal_key_truncate=true,internal_page_max=16k,key_format=u,key_gap=10,\
    leaf_item_max=0,leaf_key_max=0,leaf_page_max=16k,leaf_value_max=0,\
    log=(enabled=true),lsm=(auto_throttle=true,bloom=true,bloom_bit_count=16,\
    bloom_config=,bloom_hash_count=8,bloom_oldest=false,chunk_count_limit=0,\
    chunk_max=5GB,chunk_size=10MB,merge_custom=(prefix=,start_generation=0,\
    suffix=),merge_max=15,merge_min=0),memory_page_image_max=0,\
    memory_page_max=5MB,os_cache_dirty_max=0,os_cache_max=0,\
    prefix_compression=true,prefix_compression_min=4,source=,\
    split_deepen_min_child=0,split_deepen_per_child=0,split_pct=90,type=file,\
    value_format=u",
    "type" : "file",
    "uri" : "statistics:table:index-17--2146526997547809066",
...
    "$**_text" : {
...
      "uri" : "statistics:table:index-29--2146526997547809066",
...
    "genres_1_imdb.rating_1_metacritic_1" : {
...
      "uri" : "statistics:table:index-30--2146526997547809066",
...
    }
```

WiredTiger 將每個集合或索引儲存在一個任意大的檔案中。影響該檔案的潛在最大大小的唯一限制是檔案系統大小限制。

每當文件被更新時，WiredTiger 都會寫入該文件的新拷貝。硬碟上的舊拷貝會被標記為可重複使用，並且最終將在之後的某個時刻（通常在下一個檢查點期間）被覆蓋。這將回收 WiredTiger 檔案中使用的空間。可以執行 `compact` 指令將該檔案中的資料移動到開頭，讓未使用的空間放在尾端。WiredTiger 會定期刪減檔案，來移除多餘的空白空間。在壓縮過程結束時，多餘的空間將回傳到檔案系統內。

名稱空間

每個資料庫都組織成*名稱空間*（*namespace*），這些名稱空間會對映到 WiredTiger 檔案。這種抽象將儲存引擎的內部詳細資訊跟 MongoDB 查詢層分開。

WiredTiger 儲存引擎

MongoDB 預設的儲存引擎是 WiredTiger 儲存引擎。伺服器啟動時，它會打開資料檔案，並且開始檢查點和日誌記錄程序。它跟作業系統協同工作，它的職責是將資料分頁輸入和輸出以及將資料儲存到硬碟上。這個儲存引擎具有幾個重要屬性：

- 預設情況下，集合和索引的壓縮功能處於打開狀態。預設的壓縮演算法是 Google 的 snappy。其他選項包括 Facebook 的 Zstandard（zstd）和 zlib，或者實際上不壓縮。這樣可以最大程度地減少資料庫中儲存空間的使用，但會增加 CPU 的需求。

- 文件層級同步性允許同時更新集合中多個客戶端的不同文件。WiredTiger 使用多版本同步控制（MultiVersion Concurrency Control, MVCC）來隔離讀取和寫入動作，以確保客戶端在動作開始時就可以看到一致的資料時間點檢視。

- 檢查點建立一致的時間點資料快照，每 60 秒發生一次。它涉及將快照中的所有資料寫入硬碟並且更新相關的元數據。

- 具有檢查點的日記功能確保在任何時候，如果 *mongod* 程序錯誤，資料也不會遺失。WiredTiger 使用預寫日誌（日記），它會在套用修改之前將其儲存。

索引

※提醒您：由於翻譯書排版的關係，部分索引名詞的對應頁碼會和實際頁碼有一頁之差。

B

N

T

關於作者

Shannon Bradshaw 是 MongoDB 的教育副總裁。Shannon 管理 MongoDB 文件和 MongoDB University 團隊。這些團隊開發和維護 MongoDB 社群所使用的大多數 MongoDB 學習資源。Shannon 擁有西北大學的電腦科學博士學位。在加入 MongoDB 之前，Shannon 是一位電腦科學教授，專門研究資訊系統和人機互動。

Eoin Brazil 是 MongoDB 的高級課程工程師。他致力於使用 MongoDB University 提供的線上和講師指導的培訓產品，並曾在 MongoDB 的技術服務支援組織中擔任過多個職位。Eoin 擁有利默里克大學的電腦科學博士學位和理學碩士學位，以及愛爾蘭國立大學戈爾韋分校的技術商業化博士學位。加入 MongoDB 之前，他領導了學術研究部門的移動服務和高效能計算團隊。

Kristina Chodorow 是一位軟體工程師，在 MongoDB 系統核心上工作了五年。她領導 MongoDB 的複製組開發以及編寫 PHP 和 Perl 驅動程式。她在世界各地的聚會和會議上以MongoDB 為主題進行許多演講，並在 *http://www.kchodorow.com* 上維護了有關技術主題的部落格。她目前在 Google 工作。

出版記事

本書封面的動物是貓鼬狐猴（mongoose lemur），是在馬達加斯加區域中高度多樣性的靈長類中的成員。狐猴的祖先，相傳是在約六千五百萬年前不小心從非洲跑到馬達加斯加的（至少 350 英哩的旅程）。在與其他非洲的物種（如猴子或是松鼠）自由競爭之下，狐猴變得能夠適應且滿足生態利基的廣泛性，進而衍生至目前已知約 100 種的分支。這些動物的名字是從羅馬神話中的 lemures（鬼怪）而來，空靈的叫聲、夜行的活動以及發亮的眼睛讓牠們得到這樣的名字。馬拉加西的文化也將狐猴跟超自然連結，廣泛地認為牠們是祖先的靈魂、禁忌的來源或是決心要復仇的精靈。有些村莊甚至認為某個特定種類的狐猴是他們的祖先。

貓鼬狐猴（*Eulemur mongoz*）是中型的狐猴，大約長 12～18 英吋，重 3 至 4 磅。毛茸茸的尾巴讓原本的體長額外加了 16 至 25 英吋。雌狐猴及幼狐猴有白色的鬍子，而雄狐猴則有紅色的鬍子以及臉頰。貓鼬狐猴吃水果以及花朵，對於這些植物而言牠們也是傳遞花粉的媒介，而牠們特別喜歡木棉樹的花蜜。牠們也吃葉子及昆蟲。

貓鼬狐猴主要棲息在馬達加斯加西北邊的乾燥叢林裡。有兩種狐猴在馬達加斯加之外被發現，牠們是其中之一，牠們也生活在科摩洛群島（據信是被人類引入的）。牠們的作息行為很不尋常，可以分佈在整天之中（而不是只在白天或是夜晚），還會改變牠們的活動模式以適應雨季或是乾季的到來。貓鼬狐猴因為棲息地的減少而遭受到威脅，牠們已經被列為受威脅的物種。

許多 O'Reilly 的封面動物都是瀕危物種，牠們對於世界來說都是很重要的。

封面圖片是由 Karen Montgomery 繪圖的，從 Lydekker 的 *Royal Natural History* 基於黑白雕刻而來。

MongoDB 技術手冊第三版

作　　者：Shannon Bradshaw, Eoin Brazil
　　　　　Kristina Chodorow
譯　　者：吳曜撰
企劃編輯：莊吳行世
文字編輯：詹祐甯
設計裝幀：陶相騰
發 行 人：廖文良

發 行 所：碁峰資訊股份有限公司
地　　址：台北市南港區三重路 66 號 7 樓之 6
電　　話：(02)2788-2408
傳　　真：(02)8192-4433
網　　站：www.gotop.com.tw
書　　號：A634
版　　次：2020 年 11 月二版
建議售價：NT$780

國家圖書館出版品預行編目資料

MongoDB 技術手冊 / Shannon Bradshaw, Eoin Brazil, Kristina Chodorow 原著；吳曜撰譯. -- 二版. -- 臺北市：碁峰資訊, 2020.11
　　面；　公分
　　譯自：MongoDB: The Definitive Guide: Powerful and Scalable Data Storage
　　ISBN 978-986-502-666-0(平裝)
　　1.資料庫管理系統　2.關聯式資料庫
312.7565　　　　　　　　　　　　　　　　109017175